主编 袁艳红

大学物理学

上册（第3版）

清華大學出版社
北 京

内 容 简 介

本书参照了教育部物理基础课程教学指导分委员会制订的《理工科类大学物理课程教学基本要求》，涵盖了基本要求中的核心内容。在内容选取上采用压缩经典、简化近代；削枝强干，突出重点；简化理论论证，适度增加应用等方法，以适应不同院校和专业对大学物理的要求。同时考虑到应用型院校的特点和实际情况，在保证必要的基本训练的基础上，适度降低了例题和习题的难度，并吸收了国内外优秀教材的精髓，充实了大量物理学史和最新科技进展后编写而成。

本书不仅融入了作者多年教学经历所积累的成功经验，而且考虑到学生和教师教学的新特点，还配备了习题解答、学习指导和电子教案等教学资源。全书分上、下两册。上册内容包括力学、机械振动、机械波、狭义相对论和热学，下册内容包括电磁学、光学和量子物理。

本书可作为应用型高等院校工科类各专业大学物理课程的教材，也可作为非物理类专业大学物理课程的教材或参考书，还可供文理科相关专业选用和社会读者阅读。

图书在版编目(CIP)数据

大学物理学. 上册 / 袁艳红主编. -- 3 版. -- 北京 : 清华大学出版社，2024. 9. -- ISBN 978-7-302-67207-4

Ⅰ. O4

中国国家版本馆 CIP 数据核字第 2024XT8243 号

责任编辑：佟丽霞
封面设计：常雪影
责任校对：赵丽敏
责任印制：曹婉颖

出版发行：清华大学出版社
网　　址：https://www.tup.com.cn，https://www.wqxuetang.com
地　　址：北京清华大学学研大厦 A 座　　**邮　　编**：100084
社 总 机：010-83470000　　**邮　　购**：010-62786544
投稿与读者服务：010-62776969，c-service@tup.tsinghua.edu.cn
质量反馈：010-62772015，zhiliang@tup.tsinghua.edu.cn
印 装 者：三河市龙大印装有限公司
经　　销：全国新华书店
开　　本：185mm×260mm　　**印　　张**：17.25　　**字　　数**：416 千字
版　　次：2010 年 8 月第 1 版　2024 年 10 月第 3 版　　**印　　次**：2024 年 10 月第1 次印刷
定　　价：69.00 元

产品编号：096989-01

FOREWORD

序

物理学是研究物质结构、性质、运动和相互作用基本规律的科学，也是一门与实践紧密结合的科学，是自然科学和技术科学的基础之一。物理学的教学不仅传授本学科的基本知识，更重要的是使学生掌握科学的认识论、方法论，培养学生的思维方法，提高学生的思辨能力。因此，大学物理不仅是一门重要的基础课，也是大学生素质教育的重要内容。这就是目前非物理类理工专业均开设大学物理课的原因。然而要写好既满足理工科不同专业的要求而又有别于物理专业的教科书，并非易事。

袁艳红教授主编的《大学物理学》是一本适合应用型高等院校非物理类理工专业使用的教材。本书不仅渗透了编者的教学经验，而且还体现了她在教学改革方面的一些创新思路，较全面地介绍了物理学的基本内容，体现了一定的时代性、应用性。本书注重物理概念阐述，避免复杂的数学推导；内容由浅入深、由易到难、由具体到抽象，图文并茂，文字流畅，并重视趣味性和直观性，通俗易懂，便于自学。书中除介绍大学本科学生所必需的物理基本知识外，还适当地向学生介绍一些现代物理前沿知识，有利于学生开阔眼界、启迪思维、丰富想象，培养创新能力。此外，对于物理知识在高新技术中的某些应用，如量子信息技术、纳米技术、激光技术、声悬浮技术、磁悬浮技术、全息技术等，结合教学作了一些介绍并留有感兴趣者进一步学习具体技术的“接口”，这有利于培养学生分析问题、解决问题，理论联系实际的能力。在资源建设上借助了现代信息技术，在书中一些章节增加动画、视频等多媒体教学资源，并配以数字课程教学平台，增加了学生学习物理学的兴趣。本教材内容在深度和广度上，符合教育部规定的有关大学物理课程教学的基本要求，例题和习题选配得当，难易程度适中，适合应用型高等院校工科类各专业用作大学物理课程的教材，也可供其他非物理类理科专业用作大学物理课程的教材或参考书，还可供社会读者阅读。

作为高等教育教学改革和教材建设的一项成果，该书具有一定的创新性。编著这套《大学物理学》教材对高等教育教材的建设作出了贡献，对应用型工科院校大学物理教育大有裨益。

作为一位年轻教授，肯花时间和精力编写教材实属难能可贵，特为之序。

中国科学院院士　侯洵

2010 年 6 月 16 日

前言

PREFACE

物理学是研究物质基本结构、基本运动形式及相互作用规律的科学。物理学最初主要研究力学运动规律，后来又研究热现象、电磁现象、光现象以及辐射的规律。到19世纪末，物理学已经形成了一个完整的体系，称为经典物理学。在20世纪初的30年里，物理学经历了一场伟大的革命，诞生了相对论和量子力学，形成了近代物理学。相对论和量子力学是近代物理学的两大理论支柱，它直接导致了现代科学技术的革命。超大规模集成电路、人工设计的新型材料、激光技术的应用和发展、低温与超导、新能源的开发和应用等，究其根源，无不以现代物理学基本原理为基础。

以经典物理学、近代物理学和现代科学技术中的物理基础为主要内容的大学物理，是高等院校非物理类理工专业学生的一门重要的课程。该课程在培养学生综合素质、丰富科学知识、提高技术能力等方面发挥着重要的作用。

针对培养应用型人才的高等学校，为适应新世纪高等教育改革必须坚持“育人为本”的宗旨，本书修订了第2版的原理应用、例题、习题，体现了育人内容，保留了第2版的以下特点：

（1）基本内容：为了适应应用型人才培养的大学物理教学，本书内容包括基本知识、拓展内容和阅读材料三大板块。基本知识内容以《理工科类大学物理课程教学基本要求》为根据，构成了本书的核心。同时选取少量的拓展内容，作为知识的扩展和延伸，这部分内容以“*”号标出。教师授课时，删去带“*”号的内容，并不影响全书的系统性和连贯性。书中还安排了一定数量的阅读材料，这些阅读材料与教材内容相匹配，主要是一些基本原理的应用。增加这些内容目的是使学生掌握基础性物理学的知识，了解物理学的前瞻发展，同时让学生感受到物理学与人们日常生活的密切相关性，增强学习趣味、拓宽学生视野、提高创新意识和学以致用的意识。

（2）叙述特点：考虑到应用型人才的特点和物理学自身的特点，本书在论述方式上重视物理概念的准确性、物理推论的逻辑性和物理内容的基础性。由浅入深、由易到难、由具体到抽象、由特殊到一般，尽可能避免复杂的数学推理，力求通俗易懂、便于学习。对现代物理学内容的介绍深入浅出，力争不让学生感到过分抽象和复杂。

（3）内容衔接：为了避免与中学物理内容重复，本书以中学物理为基础，以应用型工科院校为特色编写。在内容衔接点上，综合考虑了不同地区、不同专业大学物理教学的情况，适度地降低了部分衔接点内容的难度，企盼绝大多数学生都能较好地与中学物理基础相衔接，同时也注意到与大学后续课程的承上启下。

（4）习题安排：为了使学生对所学内容加以巩固，书中安排了一定量的例题和习题。习题和例题涵盖基础、应用两个方面。有些题目与实际联系较密切，且物理原理清楚，有较强的实际应用意义和一定的趣味性。 习题内容和数量选择与教材内容相配合，类型有填空题、选择题和计算题。 难度由浅到深，有较好的适用性。

（5）版式格式： 版式采用了与国际接轨的彩版印制； 在编排上注重版面设计、图文并茂； 在内容叙述上保留了原教材的基本特色，即力求做到生动形象、通俗易懂，强调了物理图像和物理思想，使学生在欣赏的过程中体验并学习物理学知识； 在资源建设上借助现代信息技术，在书中某些章节增加动画、视频（物理演示实验）等多媒体教学资源（扫描纸质书或电子书中的二维码即可看到动画和视频），并配以数字课程教学平台，期望突破书中知识难点，增加学生学习物理学的兴趣。 由纸质教材、纸质辅助教材、电子教案和网络课程等组成了立体化系列教材。

全书采用国际单位制（SI）单位，书后有矢量运算，物理量的名称、符号及单位，常用物理常量表，习题参考答案及参考文献。

本书是上海市“十二五”规划教材，并作为核心成果获得了上海市第十一届教育科学研究优秀成果一等奖，是国家一流本科课程的指定教材。 全书分上、下两册，内容包括力学、机械振动、机械波、狭义相对论、热学、电磁学、光学和量子物理，由袁艳红教授编写。 苗扬和赵华修订原理应用，陈国红修订习题。 书中的彩图由陈锐绘画，演示实验视频由柯磊、赵润宁拍摄，动画资源由贾鑫、杨俊伟设计，黄才杰、赵华、陈锐负责校稿工作。

在本书的编写过程中，参考了国内外大量的文献资料。 此外，也从网络上搜集了有关资料和图片，在此向原作者表示感谢。 在本书的编写和修改过程中，得到了校内外许多教师的关心和帮助，在此谨向他们表示诚挚的感谢。

由于编者学识和教学经验有限，可能对基本要求理解不深，处理不当，书中缺点和错误在所难免，真诚企盼使用本书的读者批评指正。

编　者

2024 年 6 月

CONTENTS

目录

Chapter 1

第1章

质点运动学

物理学是人们对自然界中物质运动和转变的知识做出规律性的总结，这种运动和转变有两种。一是早期人们通过感官视觉的延伸。公元1600年以前是物理学的萌芽时期，特别是在文艺复兴时期，即我国明末以前，这个时期我国和欧洲成了东西方两个科学技术发展中心。当时物理学还没有从哲学中分化出来，人们对自然的认识主要通过直觉的观察和哲学思辨。这一时期特别是宋朝，中国科学技术取得了辉煌的成就，走在了世界前列。二是近代人们通过发明创造供观察测量用的科学仪器，实验得出的结果，间接认识了物质内部组成。公元1600—1900年，伽利略（Galileo Galilei，1564—1642年，意大利著名数学家、物理学家、天文学家、哲学家、工程师）、牛顿（Isaac Newton，1643—1727年，英国伟大的数学家、物理学家、天文学家、自然哲学家）、迈尔（Julius Robert Meyer，1814—1878年，德国医生、物理学家）、焦耳（James Prescott Joule，1818—1889年，英国物理学家）、卡诺（Nicolas Léonard Sadi Carnot，1796—1832年，法国数学家、工程师、热力学的创始人之一）、克劳修斯（Rudolf Julius Enmanvel Clausius，1822—1888年，德国物理学家）、库仑（Charlse-Augustin de Coulomb，1736—1806年，法国工程师、物理学家）、安培（André-Marie Ampère，1775—1836年，法国物理学家、化学家、数学家）、法拉第（Michael Faraday，1791—1867年，英国著名物理学家、化学家）、麦克斯韦（James Clerk Maxwell，1831—1879年，英国物理学家、数学家）等科学家建立了以系统的观察实验和严密的数学推理相结合的研究方法，形成了比较完整的经典物理学体系。20世纪至今是物理学革命的时期，19世纪末一系列物理学重大发现使经典物理理论体系发生危机，引起了物理学的革命。相对论与量子力学的建立完成了从经典物理学到现代物理学的转变，并导致许多新学科的飞速发展，使得实验手段、数学工具和逻辑推理方法等都得到了极大的提高和发展。

物理学之所以被人们公认为一门重要的科学，不仅仅在于它深刻地揭示客观世界的规律，还因为它在发展、成长的过程中，形成了一整套独特而卓有成效的思想方法体系。诚如诺贝尔物理学奖得主玻恩（Max Born，1882—1970年，德国物理学家、量子力学奠基人之一）所言："与其说是因为我发表的工作里包含了一个自然现象的发现，倒不如说是因为那里包含了一个关于自然现象的科学思想方法基础"。正因为如此，使得物理学当之无愧地成为了人类智慧的结晶，文明的瑰宝。

大量事实表明，物理思想与方法不仅对物理学本身有价值，而且对整个自然科学，乃至社会科学的发展都有着重要的贡献。有人统计过，自20世纪中叶以来，在诺贝尔化学奖、生物及医学奖，甚至经济学奖的获奖者中，有一半以上的人具有物理学的背景——这意味着他们从物理学中汲取了智慧，转而在非物理领域里获得了成功。反过来，却从未发现有非物理专业出身的科学家问鼎诺贝尔物理学奖的事例。这就是物理智慧的力量。

物理学的研究方法和科学态度：一是从新的观测事实或实验事实中提炼出来，或从已有原理中推演出来提出物理命题；二是尝试用已知理论对命题作解释、逻辑推理和数学演算。如现有理论不能完美解释，需修改原有模型或提出全新的理论模型，然后由新理论模型提出预言，并且预言能够为实验所证实；三是物理理论最终都要以观测或实验事实为准则，当一个理论与实验事实不符时，它就面临着被修改或被推翻的境况。

著名物理学家费曼（Richard Phillips Feynman，1918—1988年，美国理论物理学家）说：

“科学是一种方法。它教导人们：一些事物是怎样被了解的，什么事情是已知的，了解到了什么程度，如何对待疑问和不确定性，证据服从什么法则；如何思考事物，做出判断，如何区别真伪和表面现象。”著名物理学家爱因斯坦说：“发展独立思考和独立判断的一般能力，应当始终放在首位，而不应当把专业知识放在首位。如果一个人掌握了他的学科的基础理论，并且学会了独立思考和工作，他必定会找到自己的道路，而且比起那种主要以获得细节知识为其培训内容的人来，他一定会更好地适应进步和变化。”

物理学是研究物质最普遍、最基本的运动形式及其基本规律的一门学科，这些运动形式包括机械运动、分子热运动、电磁运动、原子和原子核运动以及其他微观粒子的运动等。物体之间或物体各部分之间相对位置的变化称为机械运动（mechanical motion）。机械运动是这些运动中最简单、最基本的运动形式，例如地球的自转、河水的流动、车辆的行驶，都是机械运动。物理学中把研究机械运动的规律及其应用的学科称为力学。17 世纪，伽利略研究地面上物体的运动，打开了通向近代物理学的大门。牛顿“站在巨人的肩膀上”，把地面上物体的运动和天体运动统一起来，揭示了天上地下一切物体的普遍运动规律，建立了经典力学体系，实现了物理学史上第一次综合。力学是一门基础学科，同时又是一门技术学科。它研究能量和力以及它们与固体、液体及气体的平衡、变形或运动的关系。力学可区分为静力学、动力学和运动学三部分，静力学研究力的平衡或物体的静止问题；动力学讨论物体运动和所受力的关系；运动学只考虑物体怎样运动，不讨论它与所受力的关系。运动学是在动力学之前产生的，在运动学方面，在伽利略提出加速度以后，惠更斯（Christiaan Huygens，1629—1695 年，荷兰物理学家、天文学家、数学家）考虑点在曲线运动中的加速度，科里奥利（Coriolis，Gustave Gaspard de，1792—1843 年，法国物理学家）指出旋转参考系中存在附加加速度。1834 年，物理学家安培（Andre-Marie Ampere，1775—1836 年，法国物理学家、电动力学的创始人）提出“运动学”一词，并建议把运动学作为力学的独立部分。

机械运动的基本形式有平动和转动。在平动过程中，若物体内各点的位置没有相对变化，那么各点的运动路径完全相同，可用物体上的任一点的运动来代替整个物体的运动。在力学中，研究物体平动的位置随时间而变化的内容称为**质点运动学**（particle kinematics）。

本章主要内容有：位置矢量（position vector）、位移（displacement）、速度（velocity）、加速度（acceleration）、质点的运动方程、切向加速度（tangential acceleration）和法向加速度（normal acceleration）、相对运动（relative motion）等。

亚里士多德（Aristotle，公元前 384—前 322 年），古代先哲，古希腊人，世界古代史上伟大的哲学家、科学家和教育家之一。他是柏拉图的学生，亚历山大的老师。公元前 335 年，他在雅典办了一所叫吕克昂的学校，被称为逍遥学派。马克思曾称亚里士多德是古希腊哲学家中最博学的人物，恩格斯称他是“古代的黑格尔”。作为一位百科全书式的科学家，他几乎对每个学科都作出了贡献。他的写作涉及伦理学、形而上学、心理学、经济学、神学、政治学、修辞学、自然科学、教育学、诗歌、风俗，以及雅典法律。亚里士多德的著作构建了西方哲学的第一个广泛系统，包含道德、美学、逻辑、科学、政治和玄学。

伽利略·伽利雷(Galileo Galilei，1564—1642年)，意大利著名数学家、物理学家、天文学家、哲学家、工程师、欧洲近代自然科学的创始人，实验科学的先驱者。1590年，伽利略在比萨斜塔上做了“两个球同时落地”的著名实验，从此推翻了亚里士多德“物体下落速度和重量成比例”的学说。伽利略的著作有《星际使者》《关于太阳黑子的书信》《关于两种世界体系的对话》和《两种新科学的对话》。

1.1 参考系 坐标系 质点

1.1.1 参考系和坐标系

单纯从运动学的观点看，任何运动的描述都是相对的，即一切运动都是相对的，绝对静止的物体是没有的，这就是说任何物体的运动总是相对于其他物体或物体系来确定的。这个其他的物体或物体系就叫做参照物或参考系，简言之：**为确定一物体位置或描述其运动，而把被选作参考标准的另一物体或相对位置不变的物体组合**称为**参考系**(**reference frame**)。同一物体的运动，由于所选取的参考系不同，对它的运动描述就不同。例如，行驶车厢中自由下落的物体相对于车厢参考系的运动是自由落体运动，而相对于地面参考系，则是沿抛物线运动，这就是运动的相对性。因此，在描述某一物体的运动状态时，必须指明是对哪个参考系而言。一般约定，如果采用的是地面参考系可以不必特别指出。

参考系的选取是任意的，一般主要由问题的性质和视研究问题的方便而定，例如，如果要研究物体在地面上的运动，最方便的是选取地球为参考系；一个宇宙飞船在火箭刚发射时，主要研究它相对于地面的运动，所以就选地面作为参考系；当飞船绕地球运行时，则选取地球为参考系，而当飞船飞离地球，绕太阳运行时，则应选太阳为参考系。

选取某个参考系后，为了定量地确定物体的位置，就需要在参考系上建立适当的**坐标系**(**coordinates system**)。常用的坐标系有笛卡儿直角坐标系、极坐标系、自然坐标系、柱面坐标系和球面坐标系等。选取什么样的坐标系，要视问题的性质和研究问题的方便程度而定。

参考系是具体的物体，而坐标系是参考系的一个数学抽象。

1.1.2 质点

自然界的一切客观物体都有大小和形状。一般来说，物体运动时各部分的位置变化是不同的。因此，要精确描述物体各部分的运动状态不是一件容易的事。根据问题的性质，在某些情况下，往往可以忽略物体的大小和形状，把物体看成一个具有一定质量的点，这样抽象化后的理想模型称为**质点**(**mass point**，**particle**)。例如，在研究地球绕太阳运动的公转时，由于地球的直径不到平均日地距离的万分之一，直径与此距离相比要小得多，因此，地球上各点相对于太阳的运动可认为是相同的，也就是说可以忽略地球的线度和形状，把地球当作一个质点。另外，当物体作平移运动时，物体上各点的运动情况都一样，物体各点都作同等的运动，因而任一点的运动都能代表整体运动，物体的形状大小就可以不加考虑。因此，平动的物体都可以简化为一个质点。

能否把一个物体抽象成质点，不是决定于物体的大小，而是取决于问题的性质，同一个物体在一问题中可以当作是质点，在另外一个问题中可能就不能当作质点。例如，在研究地球的自转运动时，就不能把地球当作质点了。一般地，当物体间的距离远大于物体本身的线度时，物体可抽象为质点。

质点运动是研究物体运动的基础。在不能把物体当作质点时，可把整个物体视为由许多质点组成，弄清这些质点的运动，就可以了解整个物体的运动。

在本书有关力学的各章中，除刚体一章外，都是把物体当作质点来处理的。

在物理学中有大量的理想化模型，它们都是对实际研究对象的一种抽象。在力学中有质点模型、刚体模型等。建立理想化的模型是物理学中一个十分重要的科学研究方法，它往往根据所研究的问题的性质，去寻找事物的主要矛盾，忽略一些次要因素，使研究对象和问题得以简化，便于比较准确地描述。在学习大学物理学时，应该高度注意这一点。

1.2 描述质点运动的物理量

为了全面掌握物体的运动状况，必须要获知它在每一时刻的空间位置、运动的快慢和方向以及运动快慢的变化情况，例如飞机指挥中心就必须时刻了解飞行中飞机的整个运动情况。以下将介绍描述质点运动的这三个方面的物理量。

1.2.1 位置矢量 运动方程 位移和路程

1. 位置矢量

在描述质点的运动时，首先必须知道质点的位置，例如跑步运动员的位置随时间变化，如图 1-1 所示。质点在空间的位置可以用一个矢量 $\boldsymbol{r}$ 来表示。如图 1-2 所示，设质点在时刻

图 1-1 跑步运动员的位置随时间变化

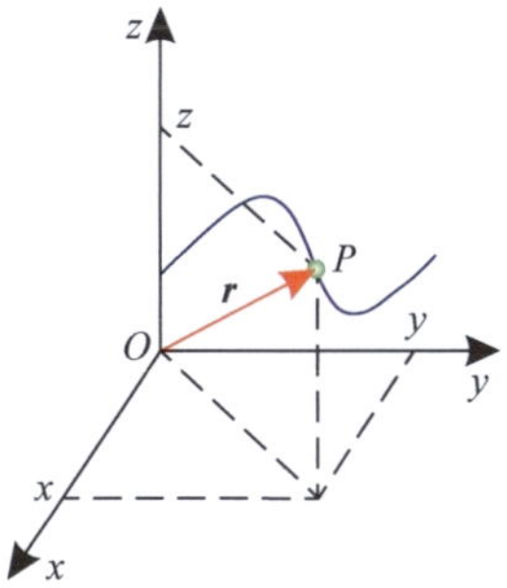

图 1-2 位置矢量

t 处于位置 P，我们从坐标原点 O 向此点引一条有向线段 OP，并记作矢量 $\boldsymbol{r}$，$\boldsymbol{r}$ 的方向确定了 P 点相对于坐标轴的方位，$\boldsymbol{r}$ 的大小就是 P 点到原点的距离。方位和距离都确定了，P 点的位置也就完全确定了。用来确定质点位置的这一矢量 $\boldsymbol{r}$ 叫做**质点的位置矢量**(**position vector**)，简称**位矢**。

在直角坐标系中，质点的位置 P 也可以用它在 x，y，z 轴的坐标来表示，位矢 $\boldsymbol{r}$ 可以写为

$$\boldsymbol{r}=x\boldsymbol{i}+y\boldsymbol{j}+z\boldsymbol{k} \tag{1-1}$$

式中，$\boldsymbol{i}$、$\boldsymbol{j}$、$\boldsymbol{k}$ 分别表示沿 x，y，z 轴正方向的单位矢量。单位矢量是大小为 1 的长度单位的矢量，在直角坐标系中，$\boldsymbol{i}$、$\boldsymbol{j}$、$\boldsymbol{k}$ 都是大小和方向均不变的常矢量。$\boldsymbol{r}$ 的大小为

$$r=|\boldsymbol{r}|=\sqrt{x^2+y^2+z^2}$$

位矢 $\boldsymbol{r}$ 的方向余弦由下式确定：

$$\cos\alpha=\frac{x}{r},\quad \cos\beta=\frac{y}{r},\quad \cos\gamma=\frac{z}{r}$$

式中，α、β、γ 分别为 $\boldsymbol{r}$ 与 Ox 轴、Oy 轴和 Oz 轴之间的夹角。

位矢具有以下特征：①矢量性：$\boldsymbol{r}$ 是矢量，有大小和方向；②瞬时性：质点在运动时，不同时刻其位矢不同；③相对性：位矢 $\boldsymbol{r}$ 依赖于坐标系的选取。

2. 运动方程

当质点运动时，它相对坐标原点 O 的位矢 $\boldsymbol{r}$ 是随时间 t 变化的，因此，$\boldsymbol{r}$ 是时间的函数，即

$$\boldsymbol{r}=x(t)\boldsymbol{i}+y(t)\boldsymbol{j}+z(t)\boldsymbol{k} \tag{1-2}$$

这给出了任意时刻质点在空间的位置，也称为**质点的运动方程**(**equation of motion**)，质点的运动方程反映了质点运动的全部情况。式(1-2)中的坐标值 x、y、z 一般都是随时间变化的，是时间 t 的函数。

在直角坐标系中，质点的运动方程式(1-2)也可以写成坐标分量的形式

$$\begin{cases}x=x(t)\\ y=y(t)\\ z=z(t)\end{cases} \tag{1-3}$$

坐标分量形式的运动方程可以看作是质点在坐标轴方向同时进行的三个分运动，或者说，我们可以把一个质点的运动分解为各个坐标轴方向上的独立分运动；反过来说，$\boldsymbol{r}$ 是各个分运动叠加的结果。

从式(1-3)中消去参数 t 便得到质点的轨迹方程，所以式(1-3)也是运动轨迹的参数方程。质点运动学的重要任务之一就是找出质点运动所遵循的运动方程。

[例题 1-1]

一质点在平面上的运动方程为 $\boldsymbol{r}=(t+1)\boldsymbol{i}+(t^2+2)\boldsymbol{j}$，式中 $\boldsymbol{r}$ 的单位是 m，时间 t 的单位是 s，试求该质点的运动轨迹。

解 质点在 x，y 坐标轴上的分运动方程分别为

$$x=t+1$$

$$y=t^2+2$$

将上面两式消去 t 后，便得到质点的轨迹方程为

$$y=(x-1)^2+2$$

单位是 m。显然，质点的运动轨迹是抛物线。

3. 位移和路程

要了解质点的运动，不仅要知道它的位置，还要知道它的位置变化情况。如图 1-3 所示，设质点在 t_1 时刻处于位置 P_1 点，在 t_2 时刻处于位置 P_2 点，P_1 和 P_2 的位矢分别为 $\boldsymbol{r}(t_1)$和 $\boldsymbol{r}(t_2)$，则质点在 $t_1 \sim t_2$ 时间间隔内位矢的增量为

$$\Delta \boldsymbol{r}=\boldsymbol{r}(t_2)-\boldsymbol{r}(t_1) \tag{1-4}$$

$\Delta \boldsymbol{r}$ 称为质点在 $t_1 \sim t_2$ 时间内的**位移矢量**(**displacement vector**)，简称为**位移**。位移是描述质点空间位置变化的物理量，它是从质点初始时刻位置指向终点时刻位置的有向线段。

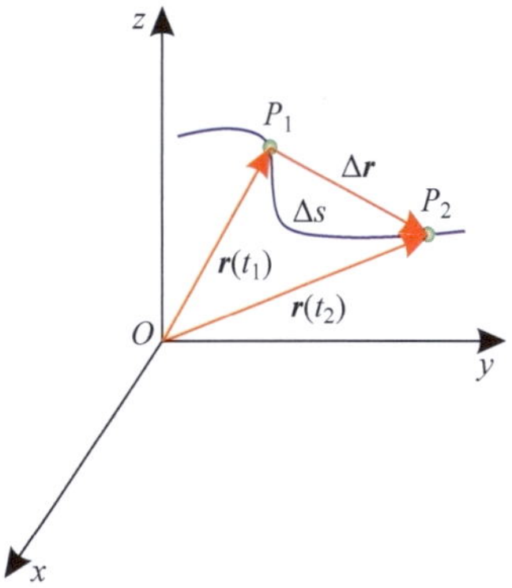

图 1-3　位移与路程

在直角坐标系中，设质点在 t_1 时刻的坐标为 x_1、y_1、z_1，在 t_2 时刻的坐标为 x_2、y_2、z_2，则这段时间内，质点的位移为

$$\begin{aligned}\Delta \boldsymbol{r}&=(x_2-x_1)\boldsymbol{i}+(y_2-y_1)\boldsymbol{j}+(z_2-z_1)\boldsymbol{k}\\&=\Delta x\boldsymbol{i}+\Delta y\boldsymbol{j}+\Delta z\boldsymbol{k}\end{aligned} \tag{1-5}$$

式中，Δx、Δy、Δz 分别为质点在 $t_1 \sim t_2$ 时间间隔内各坐标分量的增量。与位矢一样，位移也具有矢量性、瞬时性和相对性等特性。

质点运动的实际路径是图 1-3 中的曲线段 Δs，其长度叫做**路程**(**path**)。特别需要注意的是位移 $\Delta \boldsymbol{r}$ 和路程 Δs 的区别：首先 $\Delta \boldsymbol{r}$ 是矢量，仅与质点的始、末位置矢量 $\boldsymbol{r}(t_1)$和 $\boldsymbol{r}(t_2)$有关，而与中间过程无关，Δs 是**标量**(**scalar**)，与过程有关，它是质点运动轨迹的长度；其次，一般情况下路程并不等于位移的大小，即 $\Delta s \neq |\Delta \boldsymbol{r}|$，例如，当质点经一闭合路径回到起始位置时，其位移为零，而路程则不为零，只有当时间间隔 Δt 取无穷小的极限情况下，位移大小 $|\mathrm{d}\boldsymbol{r}|$ 才等于路程 $\mathrm{d}s$。

我们应当注意，当参考系确定后，质点的位矢依赖于坐标系的选取，而它的位移则与坐标系的选取无关。这点很容易证明。

[例题 1-2]

一质点作直线运动，其运动方程为 $x=2+2t-t^2$，式中 t 的单位为 s，x 的单位为 m。试求：从 $t=0$ 到 $t=4\mathrm{s}$ 时间间隔内质点位移的大小和它走过的路程。

解　位移大小为

$$|\Delta x|=\left|x|_{t=4}-x|_{t=0}\right|=8\mathrm{m}$$

将 x 对时间 t 求一阶导数

$$\frac{dx}{dt}=2-2t=0$$

可得 $t=1s$,即质点在 $t=0$ 到 $t=1s$ 内沿 x 轴正向运动,然后反向运动。

分段计算路程:

$$\Delta x_1 = x\Big|_{t=1} - x\Big|_{t=0} = 1\text{m}$$

$$|\Delta x_2| = \left| x\Big|_{t=4} - x\Big|_{t=1} \right| = 9\text{m}$$

路程为

$$\Delta x_1 + |\Delta x_2| = 10\text{m}$$

1.2.2 速度

在力学中,仅知道质点在某时刻的位矢还不能完全确定质点的运动状态,为确定质点的运动状态,还需要知道质点运动的方向和快慢,描述质点运动的方向和快慢的物理量是**速度**(**velocity**)。只有当质点的位矢和速度同时被确定时,其运动状态才被确定。所以,位矢和速度是描述质点运动状态的两个物理量。

如图 1-3 所示,质点在时间 $\Delta t=t_2-t_1$ 内的位移是 $\Delta \boldsymbol{r}$,为表示质点在这一段时间内的运动快慢和方向,定义质点的平均速度(mean velocity)

$$\bar{\boldsymbol{v}}=\frac{\Delta \boldsymbol{r}}{\Delta t} \tag{1-6}$$

由式(1-6)可知,由于位移 $\Delta \boldsymbol{r}$ 是矢量,所以平均速度也是矢量,其方向与位移 $\Delta \boldsymbol{r}$ 的方向相同。

当 $\Delta t \to 0$ 时,平均速度的极限值叫做质点在时刻 t 的**瞬时速度**(**instantaneous velocity**),简称为**速度**,用 $\boldsymbol{v}$ 表示,即

$$\boldsymbol{v}=\lim_{\Delta t \to 0}\frac{\Delta \boldsymbol{r}}{\Delta t}=\frac{d\boldsymbol{r}}{dt} \tag{1-7}$$

显然,速度 $\boldsymbol{v}$ 是矢量,从图 1-3 中可以看出,速度 $\boldsymbol{v}$ 的方向是位移 $\Delta \boldsymbol{r}$ 在 $\Delta t \to 0$ 时的极限方向,当 $\Delta t \to 0$ 时,位移 $\Delta \boldsymbol{r}$ 趋向于和轨道相切,即某点速度沿着该点轨迹的切线方向,从数学上看,速度 $\boldsymbol{v}$ 就是位矢 $\boldsymbol{r}$ 对时间的一阶导数。

动画:瞬时速度

与位矢、位移一样,速度也具有矢量性、瞬时性和相对性。将式(1-1)代入式(1-7),就得到直角坐标系中速度矢量 $\boldsymbol{v}$ 的表达式

$$\boldsymbol{v}=v_x\boldsymbol{i}+v_y\boldsymbol{j}+v_z\boldsymbol{k} \tag{1-8}$$

式中,$v_x=\frac{dx}{dt}$,$v_y=\frac{dy}{dt}$,$v_z=\frac{dz}{dt}$ 分别是速度在三个坐标轴方向的分量,由上式,速度大小也可表示为

$$v=\sqrt{v_x^2+v_y^2+v_z^2} \tag{1-9}$$

速度的大小叫做**速率**(**speed**),以 v 表示:

$$v=\lim_{\Delta t\to 0}\frac{|\Delta \boldsymbol{r}|}{\Delta t}=\frac{|\mathrm{d}\boldsymbol{r}|}{\mathrm{d}t} \tag{1-10}$$

前面讲到,当时间间隔 $\Delta t\to 0$ 时,位移大小 $|\mathrm{d}\boldsymbol{r}|$ 等于路程 $\mathrm{d}s$,因此,式(1-10)可以写成

$$v=\lim_{\Delta t\to 0}\frac{\Delta s}{\Delta t}=\frac{\mathrm{d}s}{\mathrm{d}t} \tag{1-11}$$

即速率 v 等于质点所走过的路程 s 对时间的变化率。

速度描述了质点在某一瞬时的运动状态,一般来说,速度就是随时间变化的,即

$$\boldsymbol{v}=\boldsymbol{v}(t) \tag{1-12}$$

物理量的单位采用国际单位制,简称 SI。在国际单位制中,长度的单位是 m(米),时间单位是 s(秒),速度的单位是 m/s(米/秒)。

[例题 1-3]

设质点的运动方程为 $\boldsymbol{r}=(t+2)\boldsymbol{i}+(0.25t^2+2)\boldsymbol{j}$ (m),求:(1) $t=3$s 时的速度;(2)质点的运动轨迹方程。

解 (1) 由题意可得速度分量分别为

$$v_x=\frac{\mathrm{d}x}{\mathrm{d}t}=1\,\mathrm{m/s},\quad v_y=\frac{\mathrm{d}y}{\mathrm{d}t}=0.5t\,(\mathrm{m/s})$$

故 $t=3$s 时的速度分量为 $v_x=1$m/s 和 $v_y=1.5$m/s,于是 $t=3$s 时的速度为

$$\boldsymbol{v}=\boldsymbol{i}+1.5\boldsymbol{j}\,(\mathrm{m/s})$$

(2) 由已知的运动方程 $\boldsymbol{r}=(t+2)\boldsymbol{i}+(0.25t^2+2)\boldsymbol{j}$,可得 $x=t+2$,$y=0.25t^2+2$,从 x、y 中消去 t 可得轨迹方程

$$y=0.25x^2-x+3\,(\mathrm{m})$$

1.2.3 加速度

质点在运动中,其速度的大小和方向会发生变化,或者二者同时变化。**加速度**(**acceleration**)就是描述质点运动速度变化的物理量。

设质点在 t 与 $t+\Delta t$ 时刻的位置分别在 P、Q 处,其速度分别为 $\boldsymbol{v}(t)$ 和 $\boldsymbol{v}(t+\Delta t)$,如图 1-4(a)所示,速度的变化为 $\Delta\boldsymbol{v}$,如图 1-4(b)所示。定义这段时间内的平均加速度(mean acceleration)

$$\bar{\boldsymbol{a}}=\frac{\Delta\boldsymbol{v}}{\Delta t} \tag{1-13}$$

平均加速度只能粗略地描述质点速度在一段时间内的变化。当 Δt 趋于零时,式(1-13)的极限就是速度对时间的变化率,称为质点在时刻 t 的**瞬时加速度**(**instantaneous acceleration**),简称为**加速度**,用 $\boldsymbol{a}$ 表示,即

$$\boldsymbol{a}=\lim_{\Delta t\to 0}\frac{\Delta\boldsymbol{v}}{\Delta t}=\frac{\mathrm{d}\boldsymbol{v}}{\mathrm{d}t}=\frac{\mathrm{d}^2\boldsymbol{r}}{\mathrm{d}t^2} \tag{1-14}$$

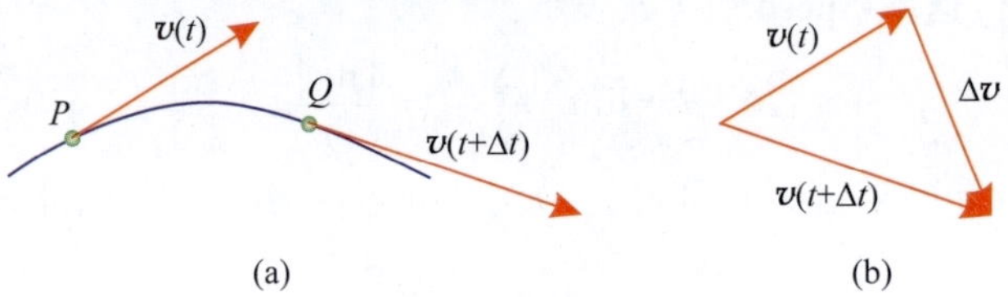

图 1-4 速度的变化

加速度精确地描述了质点在时刻 t 速度变化的快慢和方向，从数学上看，加速度 $\boldsymbol{a}$ 就是 $\boldsymbol{v}$ 对时间 t 的一阶导数，或者是位矢 $\boldsymbol{r}$ 对时间 t 的二阶导数。

将式(1-8)代入式(1-14)，就得到直角坐标系中加速度矢量 $\boldsymbol{a}$ 的表达式：

$$\boldsymbol{a}=a_x\boldsymbol{i}+a_y\boldsymbol{j}+a_z\boldsymbol{k} \tag{1-15}$$

式中，$a_x=\dfrac{\mathrm{d}v_x}{\mathrm{d}t}=\dfrac{\mathrm{d}^2x}{\mathrm{d}t^2}$，$a_y=\dfrac{\mathrm{d}v_y}{\mathrm{d}t}=\dfrac{\mathrm{d}^2y}{\mathrm{d}t^2}$，$a_z=\dfrac{\mathrm{d}v_z}{\mathrm{d}t}=\dfrac{\mathrm{d}^2z}{\mathrm{d}t^2}$分别是加速度在三个坐标方向的分量。加速度的大小

$$a=\sqrt{a_x^2+a_y^2+a_z^2} \tag{1-16}$$

加速度 $\boldsymbol{a}$ 是一个矢量，它的方向是 $\Delta t\to 0$ 时 $\Delta\boldsymbol{v}$ 的极限方向，注意到描述质点运动状态的速度 $\boldsymbol{v}$ 是矢量，所以加速度 $\boldsymbol{a}$ 不仅表示质点速度大小的变化，也表示速度方向的变化。一般情况下，质点任一时刻的加速度方向并不沿着该时刻质点速度的方向(轨迹的切线方向)。

加速度与速度一样具有矢量性、瞬时性、相对性三个特征。在国际单位制中，加速度的单位是 $\mathrm{m/s^2}$(米/秒^2)。

一般质点运动学中所研究的问题可以分为两类。一是已知质点运动方程，求质点在任意时刻的速度和加速度。求解这类问题的基本数学方法是求导。二是已知质点的加速度或速度，以及 $t=0$ 时的初始条件(例如初始位置 $\boldsymbol{r}_0$ 和初始速度 $\boldsymbol{v}_0$)，求物体的运动方程或运动轨迹，这类问题可以通过利用式(1-7)和式(1-14)对时间积分求解。下面举例说明。

[例题 1-4]

一质点沿 Ox 轴作加速直线运动，$t=0$ 时的位置是 x_0、速度是 v_0，加速度为 $a=a_0+bt$，其中 a_0 和 b 是常量，求经过时间 t 后质点运动的速度和位置。

解 质点作直线运动，由定义 $a=\dfrac{\mathrm{d}v}{\mathrm{d}t}$，得

$$\mathrm{d}v=a\,\mathrm{d}t=(a_0+bt)\mathrm{d}t$$

当 $t=0$ 时，$v=v_0$，对上式两边从初始时刻到任意 t 时刻积分，得

$$\int_{v_0}^{v}\mathrm{d}v=\int_0^t(a_0+bt)\mathrm{d}t$$

经过 t 秒后质点的速度大小为

$$v=v_0+a_0t+\frac{b}{2}t^2$$

质点沿 Ox 轴运动，由定义 $v=\dfrac{\mathrm{d}x}{\mathrm{d}t}$，得

$$\mathrm{d}x = v\mathrm{d}t$$

当 $t=0$ 时，$x=x_0$，对上式两边从初始时刻到任意 t 时刻积分，得

$$x - x_0 = \int_0^t v\mathrm{d}t = \int_0^t \left(v_0 + a_0 t + \frac{b}{2}t^2\right)\mathrm{d}t = v_0 t + \frac{1}{2}a_0 t^2 + \frac{b}{6}t^3$$

经过 t 秒后质点的位置

$$x = x_0 + v_0 t + \frac{1}{2}a_0 t^2 + \frac{b}{6}t^3$$

如果 $b=0$，则质点作匀加速直线运动，有

$$v = v_0 + a_0 t$$

$$x = x_0 + v_0 t + \frac{1}{2}a_0 t^2$$

这些就是我们熟知的匀加速直线运动的速度和位置公式。

在 v 和 x 的表达式中消去 t，还可以得到速度与位置之间的函数关系。这一关系也可以从下式得到：

$$a = \frac{\mathrm{d}v}{\mathrm{d}t} = \frac{\mathrm{d}v}{\mathrm{d}x}\frac{\mathrm{d}x}{\mathrm{d}t} = v\frac{\mathrm{d}v}{\mathrm{d}x}$$

$$v\mathrm{d}v = a\mathrm{d}x$$

两边积分，有

$$\int_{v_0}^{v} v\mathrm{d}v = \int_{x_0}^{x} a\mathrm{d}x$$

即得

$$v^2 - v_0^2 = 2a(x - x_0)$$

这些结论都是我们熟知的匀变速直线运动公式。

［例题 1-5］

如图 1-5 所示，设在地球表面附近有一个可视为质点的抛体，以初速 $\boldsymbol{v}_0$ 在 Oxy 平面内沿与 Ox 轴正向成 α 角的方向抛出，并略去空气对抛体的作用。求：(1) 抛体的运动方程和其运动的轨迹方程；(2) 抛体的最大射程。

解　(1) 由题意可知，物体在地球表面附近作加速度为 $\boldsymbol{a}=\boldsymbol{g}=-g\boldsymbol{j}$ 的斜抛运动。又从图中可以看出，在 $t=0$ 时，抛体位于原点 O，其位矢 $\boldsymbol{r}_0=\boldsymbol{0}$。于是，由 $\mathrm{d}\boldsymbol{v}/\mathrm{d}t=\boldsymbol{a}=\boldsymbol{g}$，可解得抛体在时刻 t 的速度为

$$\boldsymbol{v} = \boldsymbol{v}_0 + \boldsymbol{g}t \tag{a}$$

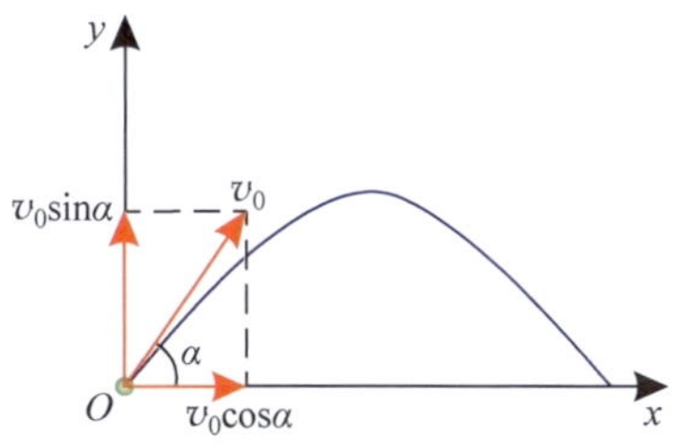

图 1-5　抛物运动

初速度沿 x 轴和 y 轴的分量分别是

$$\begin{cases} v_{0x} = v_0\cos\alpha \\ v_{0y} = v_0\sin\alpha \end{cases}$$

又由 $\mathrm{d}\boldsymbol{r}/\mathrm{d}t=\boldsymbol{v}$ 和式(a)，可得抛体在时刻 t 的位矢为

$$\boldsymbol{r} = \boldsymbol{v}_0 t + \frac{1}{2}\boldsymbol{g}t^2 \tag{b}$$

式(b)就是斜抛物体的运动方程的矢量式。它在 Ox 轴和 Oy 轴上的分量式为

$$x=v_0t\cos\alpha \tag{c}$$

$$y=v_0t\sin\alpha-\frac{1}{2}gt^2 \tag{d}$$

这清楚地表明：抛体运动是由沿 x 轴的匀速直线运动和沿 y 轴的匀加速直线运动叠加而成的，这就是抛体运动的可叠加性。式(b)、式(c)和式(d)都是斜抛物体的运动方程。只是矢量式更加简洁而概括。

消去式(c)和式(d)中的 t 可得

$$y=x\tan\alpha-\frac{g}{2v_0^2\cos^2\alpha}x^2 \tag{e}$$

这就是斜抛物体的轨迹方程。它表明在略去空气阻力的情况下，抛体在空间运动的轨迹为抛物线。

(2) 当抛体落回地面，即 $y=0$ 时，抛体距离原点 O 的距离 d_0 称为射程。由式(e)可得

$$d_0=\frac{2v_0^2}{g}\sin\alpha\cos\alpha$$

显然，射程 d_0 是抛射角 α 的函数，由最大射程的条件：

$$\frac{\mathrm{d}d_0}{\mathrm{d}\alpha}=\frac{2v_0^2}{g}\cos2\alpha=0$$

可得 $\alpha=\frac{\pi}{4}$。这就是说，当抛射角 $\alpha=\frac{\pi}{4}$ 时，抛体的射程最远，其值为

$$d_{0\mathrm{m}}=\frac{v_0^2}{g}$$

在研究物体的运动学问题时，如果已知物体的运动方程(即位矢表达式)，就可以通过运动方程对时间求导数，得到物体的速度和加速度。

[例题 1-6]

一质点的运动方程为 $\boldsymbol{r}=t\boldsymbol{i}+t^2\boldsymbol{j}$，式中 t 的单位为 s，$\boldsymbol{r}$ 的单位为 m。求：(1)任意时刻质点的速度和加速度；(2)在 $t=1$s 到 $t=2$s 内，质点的位移、位矢大小的变化量、平均速度。

解 (1) 任意时刻质点的速度

$$\boldsymbol{v}=\frac{\mathrm{d}\boldsymbol{r}}{\mathrm{d}t}=\boldsymbol{i}+2t\boldsymbol{j}\,(\mathrm{m/s})$$

任意时刻质点的加速度

$$\boldsymbol{a}=\frac{\mathrm{d}\boldsymbol{v}}{\mathrm{d}t}=2\boldsymbol{j}\,(\mathrm{m/s^2})$$

(2) 当 $t=1$s 时，

$$\boldsymbol{r}(1)=\boldsymbol{i}+\boldsymbol{j}\,(\mathrm{m})$$

当 $t=2$s 时，

$$\boldsymbol{r}(2)=2\boldsymbol{i}+4\boldsymbol{j}\,(\mathrm{m})$$

在 $t=1$s 到 $t=2$s 内，质点的位移

$$\Delta \boldsymbol{r}=\boldsymbol{r}(2)-\boldsymbol{r}(1)=\boldsymbol{i}+3\boldsymbol{j}\,(\mathrm{m})$$

质点位矢大小的变化量

$$\Delta r=\sqrt{20}\,\mathrm{m}-\sqrt{2}\,\mathrm{m}=3.06\,\mathrm{m}$$

平均速度

$$\bar{\boldsymbol{v}}=\frac{\Delta \boldsymbol{r}}{\Delta t}=\boldsymbol{i}+3\boldsymbol{j}\,(\mathrm{m/s})$$

[例题 1-7]

一质点的加速度 $\boldsymbol{a}=2\boldsymbol{i}-2t\boldsymbol{j}$，式中 t 的单位为 s，$\boldsymbol{a}$ 的单位为 $\mathrm{m/s^2}$。当 $t_0=0$ 时，$\boldsymbol{v}_0=2\boldsymbol{j}\,\mathrm{m/s}$，$\boldsymbol{r}_0=5\boldsymbol{i}\,\mathrm{m}$，求：质点的速度和运动方程。

解　(1) 由于

$$\mathrm{d}\boldsymbol{v}=\boldsymbol{a}\,\mathrm{d}t$$

$$\int_{\boldsymbol{v}_0}^{\boldsymbol{v}}\mathrm{d}\boldsymbol{v}=\int_{t_0}^{t}\boldsymbol{a}\,\mathrm{d}t$$

代入数据

$$\int_{2\boldsymbol{j}}^{\boldsymbol{v}}\mathrm{d}\boldsymbol{v}=\int_{0}^{t}(2\boldsymbol{i}-2t\boldsymbol{j})\,\mathrm{d}t$$

积分得质点的速度

$$\boldsymbol{v}=2t\boldsymbol{i}+(2-t^2)\boldsymbol{j}\,(\mathrm{m/s})$$

(2) 由于

$$\mathrm{d}\boldsymbol{r}=\boldsymbol{v}\,\mathrm{d}t$$

$$\int_{\boldsymbol{r}_0}^{\boldsymbol{r}}\mathrm{d}\boldsymbol{r}=\int_{t_0}^{t}\boldsymbol{v}\,\mathrm{d}t$$

代入数据

$$\int_{5\boldsymbol{i}}^{\boldsymbol{r}}\mathrm{d}\boldsymbol{r}=\int_{0}^{t}[2t\boldsymbol{i}+(2-t^2)\boldsymbol{j}]\,\mathrm{d}t$$

积分得质点的运动方程

$$\boldsymbol{r}=(5+t^2)\boldsymbol{i}+\left(2t-\frac{1}{3}t^3\right)\boldsymbol{j}\,(\mathrm{m})$$

原理应用

跳台跳水游泳池的深度

如何确定跳台跳水游泳池的水深呢？下面就 10m 跳台跳水作一简要分析。

运动员自起跳至落水前的运动可看成自由落体，其落到水面时的速度

$$v_0=\sqrt{2gh}=\sqrt{2\times 9.8\times 10}\,\mathrm{m\cdot s^{-1}}=14.0\,\mathrm{m/s}$$

运动员入水后，除受到向下的重力外，还受到向上的浮力和水的阻力作用。重力与浮力大小几乎相等(因人体的密度和水的密度几乎相等)。则运动员所受合外力即为水的阻力。一般来说，阻力的大小与垂直截面积及表面的光滑程度有关，通常把阻力公式写为

$$F=-bv^2$$

式中，$b=c\rho A$，$\rho=1.0\times10^3\mathrm{kg/m^3}$ 为水的密度，$A=0.08\mathrm{m^2}$ 为运动员的身体与运动方向垂直的截面积，c 为阻力系数。运动员的手和腿以伸直的姿势入水，阻力较小，取阻力系数 $c=0.25$，则 $b=0.25\times1.0\times10^3\times0.08\mathrm{kg/m}=20\mathrm{kg/m}$。选水面为坐标原点，竖直向下为 x 轴正向，根据牛顿第二定律有

$$m\frac{\mathrm{d}v}{\mathrm{d}t}=-bv^2$$

把 $\mathrm{d}t=\mathrm{d}x/v$ 代入上式，得

$$\frac{\mathrm{d}v}{v}=-\frac{b}{m}\mathrm{d}x$$

两边积分

$$\int_{v_0}^{v}\frac{\mathrm{d}v}{v}=-\frac{b}{m}\int_0^x\mathrm{d}x$$

得

$$x=\frac{m}{b}\ln\frac{v_0}{v}$$

如果运动员的质量 $m=50\mathrm{kg}$，当其速率减小到 $v=2.0\mathrm{m/s}$ 时翻身，并以脚蹬池底上浮，则

$$x=4.9\mathrm{m}$$

实际上，运动员从10m跳台跳下，会深入到水中4.80～5.00m处。因此，国际跳水规则规定，10m跳水台前端下面的水深为5.00m以上。水太浅对运动员不安全，水太深不利于运动员顺利完成翻身后脚蹬池底的动作。

1.3 圆周运动及其描述

圆周运动是一种常见的曲线运动，是曲线运动的一个重要的特例，例如，绕固定轴转动的轮子上的每个质点都作半径不同的圆周运动，所以，圆周运动又是研究物体转动的基础。为了较简洁地描述质点在圆周上的位置和运动情况，下面先引入平面极坐标系。

动画：质点的圆周运动

视频：质点的圆周运动

1.3.1 平面极坐标系

设有一质点在如图 1-6 所示的 Oxy 平面内运动，某时刻它位于点 A。由坐标原点 O 到点 A 的有向线段 $\boldsymbol{r}$ 称为**位矢**（亦称**径矢**），$\boldsymbol{r}$ 与 Ox 轴之间的夹角为 θ。于是，质点在点 A 的位置可由极坐标 $(\boldsymbol{r},\theta)$ 来确定。这种以 $(\boldsymbol{r},\theta)$ 为坐标的参考系称为**平面极坐标系**。而在平面直角坐标系内，点 A 的坐标则为 (x,y)。这两个坐标系的坐标之间的变换关系为 $x=r\cos\theta$ 和 $y=r\sin\theta$。

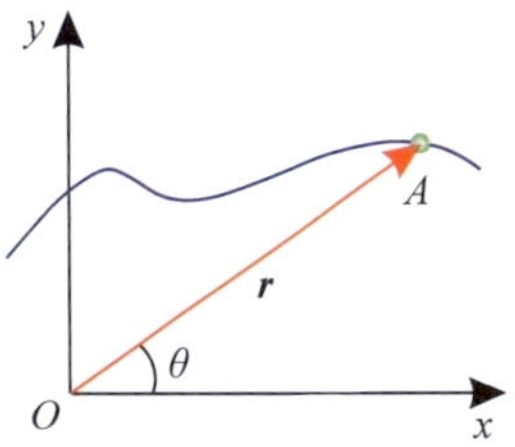

图 1-6　平面坐标图

1.3.2 匀速率圆周运动

如果质点以不变的速率沿圆周轨道运动，这种运动称为**匀速率圆周运动**。在匀速率圆周运动中，虽然速度的大小即速率不变，但是速度的方向在不断变化，所以它是变速运动，也有加速度。我们先从匀速率圆周运动这个特例来求圆周运动的法向加速度。

如图 1-7(a)所示，设圆轨道的圆心为 O，半径为 R，质点在 t 与 $t+\Delta t$ 时刻的位置分别在 P、Q，其速度分别为 $\boldsymbol{v}(t)$ 和 $\boldsymbol{v}(t+\Delta t)$，转过角度为 $\Delta\theta$，移动的路程为 Δs。如图 1-7(b)所示，Δt 时间内速度的变化为 $\Delta\boldsymbol{v}$。由于是匀速率圆周运动，故 $\boldsymbol{v}(t)$ 和 $\boldsymbol{v}(t+\Delta t)$ 两个矢量的大小相等，且等于速率 v，根据加速度的定义，t 时刻质点的加速度为

$$\boldsymbol{a}=\frac{\mathrm{d}\boldsymbol{v}}{\mathrm{d}t}=\lim_{\Delta t\to 0}\frac{\Delta\boldsymbol{v}}{\Delta t}$$

下面分别求匀速率圆周运动中质点的加速度 $\boldsymbol{a}$ 的大小和方向，加速度的大小为

$$a=\lim_{\Delta t\to 0}\frac{|\Delta\boldsymbol{v}|}{\Delta t}$$

从图 1-7 可以看出，图(b)的矢量三角形和图(a)中的三角形 OPQ 是两个相似的等腰三角形，因此得到

$$\frac{|\Delta\boldsymbol{v}|}{v}=\frac{|\Delta\boldsymbol{r}|}{R},\quad |\Delta\boldsymbol{v}|=\frac{v}{R}|\Delta\boldsymbol{r}|$$

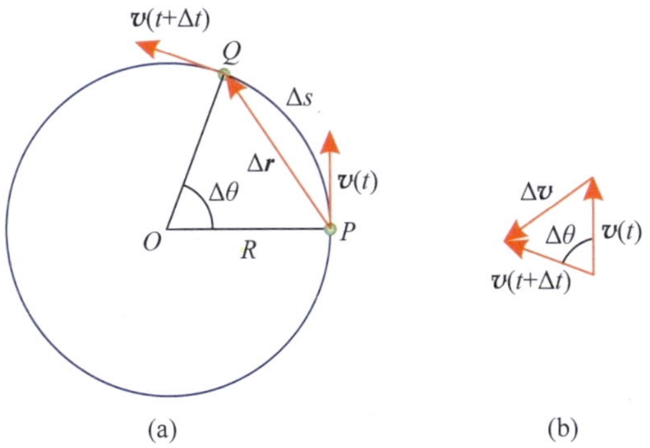

图 1-7　匀速率圆周运动

$$a = \lim_{\Delta t \to 0} \frac{|\Delta \boldsymbol{v}|}{\Delta t} = \lim_{\Delta t \to 0} \frac{v}{R} \frac{|\Delta \boldsymbol{r}|}{\Delta t} = \frac{v}{R} \lim_{\Delta t \to 0} \frac{|\Delta \boldsymbol{r}|}{\Delta t}$$

利用式(1-10)，得到

$$a = \frac{v^2}{R} \tag{1-17}$$

加速度 $\boldsymbol{a}$ 的方向是当 $\Delta t \to 0$ 时 $\Delta \boldsymbol{v}$ 的极限方向。由图 1-7 可以看出，$\Delta t \to 0$ 时，$\Delta\theta \to 0$，$\Delta \boldsymbol{v}$ 趋向与 $\boldsymbol{v}$ 垂直，即 $\boldsymbol{a}$ 与 $\boldsymbol{v}$ 垂直，由此得到：加速度 $\boldsymbol{a}$ 的方向沿半径指向圆心。因此，$\boldsymbol{a}$ 叫做**向心加速度**。注意：向心加速度描述质点作圆周运动时速度方向的变化。

1.3.3 变速圆周运动

在一般圆周运动中，质点速度的大小和方向都在变化着，则称质点在作变速圆周运动。如图 1-8(a)所示，质点沿半径为 R 的圆周从点 A 运动到点 B，经过的时间为 Δt，速度则从 $\boldsymbol{v}_A$ 变到 $\boldsymbol{v}_B$，速度的大小和方向都发生了变化。

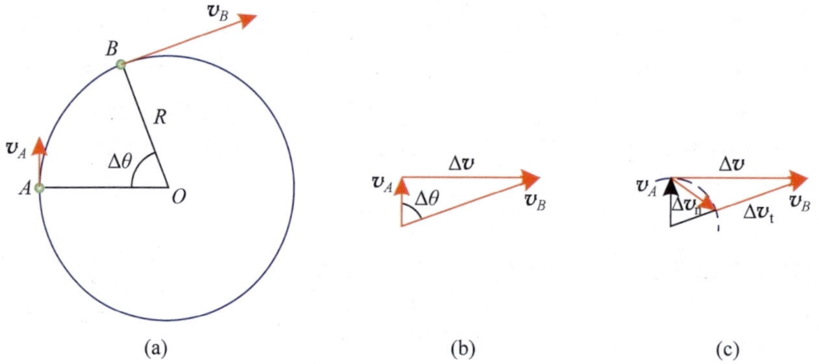

图 1-8 圆周运动

如图 1-8(b)所示，速度增量为 $\Delta \boldsymbol{v} = \boldsymbol{v}_B - \boldsymbol{v}_A$。我们把矢量 $\Delta \boldsymbol{v}$ 分成如图 1-8(c)所示的两个分矢量 $\Delta \boldsymbol{v}_n$ 和 $\Delta \boldsymbol{v}_t$，则有

$$\Delta \boldsymbol{v} = \Delta \boldsymbol{v}_n + \Delta \boldsymbol{v}_t$$

其中 $\Delta \boldsymbol{v}_t$ 的数值是 $\boldsymbol{v}_A$ 和 $\boldsymbol{v}_B$ 的数值之差，它表示了 A、B 两点速度大小的改变。而 $\Delta \boldsymbol{v}_n$ 则表示了速度方向的改变。把上式代入式(1-14)得

$$\boldsymbol{a} = \lim_{\Delta t \to 0} \frac{\Delta \boldsymbol{v}_n}{\Delta t} + \lim_{\Delta t \to 0} \frac{\Delta \boldsymbol{v}_t}{\Delta t} = \boldsymbol{a}_n + \boldsymbol{a}_t \tag{1-18}$$

当 $\Delta t \to 0$ 时，点 B 接近于 A，这时 $\Delta \boldsymbol{v}_n / \Delta t$ 的极限方向指向圆心 O，而且 $\boldsymbol{a}_n \left(\boldsymbol{a}_n = \lim_{\Delta t \to 0} \frac{\Delta \boldsymbol{v}_n}{\Delta t}\right)$ 的值与匀速率圆周运动的向心加速度 $\frac{v^2}{R}$ 相同，$\boldsymbol{a}_n$ 也叫做**法向加速度**。$\boldsymbol{a}_t$ 是**切向加速度**，方向为 $\Delta \boldsymbol{v}_t$ 的极限方向，即与 $\boldsymbol{v}_A$ 同向，沿轨道过点 A 的切线方向，其大小为

$$a_{\mathrm{t}}=\frac{\mathrm{d}v}{\mathrm{d}t} \tag{1-19}$$

加速度 $\boldsymbol{a}$ 的大小和方向分别为

$$a=\sqrt{a_{\mathrm{t}}^{2}+a_{\mathrm{n}}^{2}} \tag{1-20}$$

$$\tan\varphi=\frac{a_{\mathrm{n}}}{a_{\mathrm{t}}} \tag{1-21}$$

式中 φ 是 $\boldsymbol{a}_{\mathrm{t}}$ 与 $\boldsymbol{a}$ 之间的夹角，如图 1-9 所示。

以上结果也适用于一般曲线运动，只是式(1-18)可以写为

$$\boldsymbol{a}=a_{\mathrm{n}}\boldsymbol{e}_{\mathrm{n}}+a_{\mathrm{t}}\boldsymbol{e}_{\mathrm{t}}=\frac{v^{2}}{\rho}\boldsymbol{e}_{\mathrm{n}}+\frac{\mathrm{d}v}{\mathrm{d}t}\boldsymbol{e}_{\mathrm{t}} \tag{1-22}$$

式中，ρ 为曲线在该点的曲率半径。

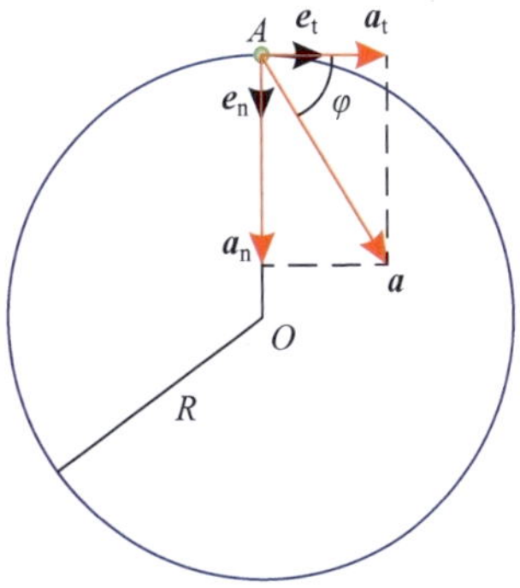

图 1-9 切向加速度和法向加速度

还需指出，在图 1-9 中，若以动点 A 为原点，以切向单位矢量 $\boldsymbol{e}_{\mathrm{t}}$ 和法向单位矢量 $\boldsymbol{e}_{\mathrm{n}}$ 为垂直轴，所建立的二维坐标系称为**自然坐标系**(natural coordinate system)。

1.3.4 圆周运动的角量描述

1. 角位移

如图 1-10 所示，一质点在 Oxy 平面上作半径为 R 的圆周运动，某时刻它位于 P 点。当质点在圆周上运动时，由于它到圆心的距离保持不变，可以仅用质点所在处的半径与坐标轴 Ox 的夹角 θ 就能完全确定质点在圆周上的位置，θ 称为**角坐标**(angular position)。当质点沿圆周运动时，角坐标 θ 随时间而改变，即 θ 是时间的函数 $\theta(t)$。

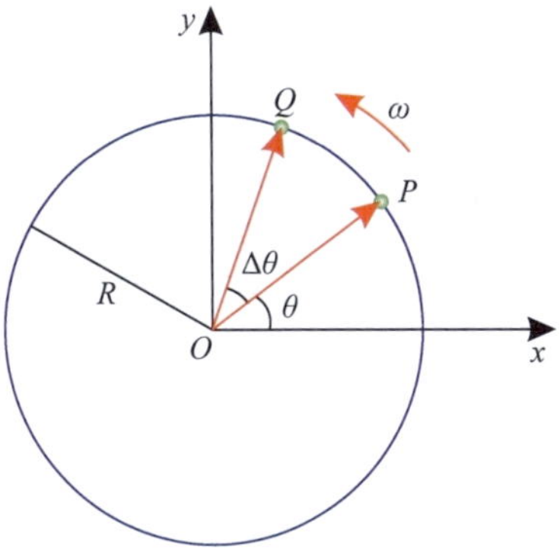

图 1-10 圆周运动的角量描述

设经过时间 Δt，质点从 P 点运动到 Q 点，质点转过的角度 $\Delta\theta$ 称为**角位移**(angular displacement)。角位移不但有大小而且有转向，一般规定沿逆时针转向的角位移为正值，沿顺时针转向的角位移为负值。

2. 角速度

角位移 $\Delta\theta$ 与 Δt 之比，称为在 Δt 这段时间内质点的平均角速度，表示为

$$\bar{\omega}=\frac{\Delta\theta}{\Delta t}$$

当 Δt 趋于零时，上式的极限就是角坐标对时间的变化率，称为质点在该时刻的**瞬时角速度**，简称**角速度**(angular velocity)。即

$$\omega=\lim_{\Delta t\to 0}\frac{\Delta\theta}{\Delta t}=\frac{\mathrm{d}\theta}{\mathrm{d}t} \tag{1-23}$$

3. 角加速度

设质点在某一时刻的角速度为 ω_0，经过 Δt 时间后，角速度为 ω，因此，Δt 时间内角速度的增量为 $\Delta\omega=\omega-\omega_0$。角速度的增量 $\Delta\omega$ 与时间 Δt 的比值称为这段时间内的平均角加

速度，表示为

$$\bar{\alpha}=\frac{\Delta\omega}{\Delta t} \tag{1-24}$$

当 Δt 趋于零时，上式的极限就是角速度对时间变化率，称为质点在该时刻的**瞬时角加速度**，简称**角加速度**(**angular acceleration**)，用 α 表示：

$$\alpha=\lim_{\Delta t\to 0}\frac{\Delta\omega}{\Delta t}=\frac{\mathrm{d}\omega}{\mathrm{d}t}=\frac{\mathrm{d}^2\theta}{\mathrm{d}t^2} \tag{1-25}$$

在国际单位制中，角坐标和角位移的单位都是 rad(弧度)，所以角速度的单位为 rad/s(弧度/秒)，角加速度的单位为 $\mathrm{rad/s^2}$(弧度/$秒^2$)。

质点在作圆周运动时，我们可以把角速度看成是矢量$\boldsymbol{\omega}$，这在讨论一些复杂问题时，尤其是在解决角速度合成问题时，会有很大的方便。角速度矢量的方向由右手螺旋定则确定，即右手的四指循着质点的转动方向弯曲，拇指的指向为角速度$\boldsymbol{\omega}$ 的方向。角速度和角加速度的方向均沿轴向。

4. 匀变角加速圆周运动

质点作匀速率圆周运动时，角速度 ω 是常量，角加速度 α 为零。质点作变速率圆周运动时，角速度 ω 不是常量；如果角加速度 α 是常量，质点的运动就是匀变速圆周运动。

质点作匀速率或匀变速圆周运动时，用角量表示的运动方程与匀速或匀变速直线运动的运动方程完全相似。匀速率圆周运动的运动方程为

$$\theta=\theta_0+\omega t \tag{1-26}$$

匀变速圆周运动的运动方程为

$$\begin{cases}\omega=\omega_0+\alpha t\\ \theta=\theta_0+\omega_0 t+\dfrac{1}{2}\alpha t^2\end{cases} \tag{1-27}$$

式中，θ、θ_0、ω、ω_0 和 α 分别表示角坐标、初始角坐标、角速度、初始角速度和角加速度。

下面用上述角量来表示圆周运动的法向加速度和切向加速度。

如图 1-10 所示，在时间 Δt 内质点从点 P 运动到点 Q，所经过的圆弧 PQ 的长度 $\Delta s=R\Delta\theta$，则质点在 P 点的速率为

$$v=\lim_{\Delta t\to 0}\frac{\Delta s}{\Delta t}=\frac{\mathrm{d}s}{\mathrm{d}t} \tag{1-28}$$

即圆周运动的速率等于质点走过的弧长对时间的变化率，可以将式(1-28)改写成

$$v=\lim_{\Delta t\to 0}\frac{\Delta s}{\Delta t}=\lim_{\Delta t\to 0}\frac{R\Delta\theta}{\Delta t}=R\frac{\mathrm{d}\theta}{\mathrm{d}t}=R\omega \tag{1-29}$$

式(1-29)是质点作圆周运动时速率和角速率之间的瞬时关系。用角速度和角加速度表示的圆周运动的法向加速度和切向加速度分别为

$$a_{\mathrm{t}}=\frac{\mathrm{d}v}{\mathrm{d}t}=R\frac{\mathrm{d}\omega}{\mathrm{d}t}=R\alpha \tag{1-30}$$

$$a_{\mathrm{n}}=\frac{v^2}{R}=\omega^2 R \tag{1-31}$$

[例题 1-8]

一质点作半径 $R=2\text{m}$ 的圆周运动，其角坐标随时间的变化关系为 $\theta=\frac{1}{2}t^2+2(\text{rad})$，$t$ 以秒计。(1)求质点的速度和加速度；(2)问 θ 多大时，该质点的切向加速度与法向加速度大小相等？

解 (1) 由式(1-29)，可得速度的大小

$$v=R\frac{\mathrm{d}\theta}{\mathrm{d}t}=2t(\text{m/s})$$

速度的方向沿圆周的切向。

根据式(1-30)和式(1-31)，切向加速度和法向加速度的大小分别为

$$a_t=\frac{\mathrm{d}v}{\mathrm{d}t}=\frac{\mathrm{d}(2t)}{\mathrm{d}t}=2\text{m/s}^2$$

$$a_n=\frac{v^2}{R}=\frac{(2t)^2}{2}=2t^2(\text{m/s}^2)$$

所以，质点的加速度

$$\boldsymbol{a}=2\boldsymbol{e}_t+2t^2\boldsymbol{e}_n\text{m/s}^2$$

(2) 由题意，$a_n=a_t$，可得

$$t^2=1$$

此时质点的角坐标是 $\theta=\frac{1}{2}t^2+2=\left(\frac{1}{2}\times1+2\right)\text{rad}=2.5\text{rad}$

即此处质点的切向加速度和法向加速度的大小相等。

[例题 1-9]

一质点沿半径为 R 的圆周运动，其路程用圆弧 s 表示，s 随时间 t 的变化规律是 $s=v_0t-\frac{b}{2}t^2$，其中 v_0、b 都是正的常量，求：(1)质点总加速度的大小；(2)总加速度大小达到 b 值时，质点沿圆周已运行的圈数。

解 (1) 由题意可得质点沿圆周运动的速率为

$$v=\frac{\mathrm{d}s}{\mathrm{d}t}=\frac{\mathrm{d}}{\mathrm{d}t}\left(v_0t-\frac{b}{2}t^2\right)=v_0-bt$$

质点切向加速度的大小

$$a_t=\frac{\mathrm{d}v}{\mathrm{d}t}=\frac{\mathrm{d}}{\mathrm{d}t}(v_0-bt)=-b$$

法向加速度的大小

$$a_n=\frac{v^2}{R}=\frac{(v_0-bt)^2}{R}$$

质点的总加速度大小

$$a=\sqrt{a_t^2+a_n^2}=\sqrt{(-b)^2+\left[\frac{(v_0-bt)^2}{R}\right]^2}=\frac{1}{R}\sqrt{R^2b^2+(v_0-bt)^4}$$

(2) 总加速度大小达到 b 值时，所需时间 t 可由

$$a=\frac{1}{R}\sqrt{R^2b^2+(v_0-bt)^4}=b$$

求得

$$t=\frac{v_0}{b}$$

代入路程方程式，质点已转过的圈数

$$N=\frac{s}{2\pi R}=\frac{v_0\left(\frac{v_0}{b}\right)-\frac{1}{2}b\left(\frac{v_0}{b}\right)^2}{2\pi R}=\frac{v_0^2}{4\pi Rb}$$

原理应用

洲际导弹及其射程

1. 洲际导弹简介

洲际导弹是指射程在8000km以上的导弹，是战略核武器的重要组成部分。由于各国所处地理位置不同，对洲际导弹的射程规定不尽一致。例如，有的国家把洲际导弹射程定在5000km以上，有的国家定在6000km以上。按飞行弹道可分为洲际弹道导弹和洲际巡航导弹；按发射点与目标位置可分为地地洲际导弹和潜地洲际导弹。洲际弹道导弹通常为多级的液体推进剂导弹或固体推进剂导弹，采用惯性制导或复合制导，携带核装药单弹头或多弹头，它具有推力大、飞行速度快、射程远、命中精度高、威力大等优点。地地洲际弹道导弹多数尺寸大、笨重、不便机动，一般配置在导弹发射井内，采用自力发射(热发射)或外力发射(冷发射)。潜地洲际弹道导弹配置在核动力潜艇内，采用水下冷发射。

最早的洲际导弹是1957年8月21日苏联首次试射成功的SS-6地地洲际弹道导弹，射程约8000km。同年，美国研制成功射程为8000km的“鲨蛇”地地洲际巡航导弹，由于性能较差，停止发展，尔后研制射程达12000km的“宇宙神”地地洲际弹道导弹，于1959年开始装备部队，1965年退役。此后，洲际弹道导弹得到迅速发展。70年代，出现了潜地洲际弹道导弹。地地洲际弹道导弹几经更新换代，战术技术性能大大提高，命中精度(圆概率偏差)从数千米精确到百米左右；射程可达万余千米；采取了抗核加固措施；发展了集束式多弹头和分导式多弹头，提高了突防和摧毁目标的能力。美国现役洲际弹道导弹有“民兵Ⅲ”“和平卫士”等地地洲际弹道导弹。苏联装备的洲际弹道导弹近20种，其中有SS-18、SS-19、SS-24、SS-25等地地洲际导弹和SS-N-20、SS-N-23等潜地洲际导弹。中国已拥有自行研制的洲际导弹，如图P1-1所示。

图 P1-1 梁思礼洲际导弹

洲际导弹总的发展趋势是：在改进和完善大型导弹的同时，注重发展小型、机动的地地洲际弹道导弹，增大潜地洲际弹道导弹的射程，研制新型洲际巡航导弹，采用机动式弹头，进一步提高导弹命中精度、生存能力和突防能力。

2. 洲际导弹的射程

从例题1-5中，我们得出抛射体运动的方程式为

$$\boldsymbol{r}=\boldsymbol{v}_0 t+\frac{1}{2}\boldsymbol{g}t^2 \tag{P1-1}$$

式中，$\boldsymbol{v}_0$ 为初速度，$\boldsymbol{g}$ 为重力加速度。

上述结论是对地球表面附近的抛射体而言的，而洲际导弹飞行距离很远，研究其射程时不能再将地面看作平面，而要考虑地面是球面。为了进行简单估算，把洲际导弹的运动近似地看成是绕地球中心的匀速圆周运动与垂直于地球表面的上抛运动的叠加，把前者看成是“水平”方向的匀速运动，后者看成“铅直”方向的匀变速运动，如图P1-2所示，两种运动叠加后，导弹在 y 方向的重力加速度修正为

$$-G=-\left(g-\frac{v_0^2\cos^2\theta}{R}\right)$$

式中，θ 为初速度的仰角，y 的方向铅直向上。

在式(P1-1)中以 G 代替 g，得

$$\boldsymbol{r}=\boldsymbol{v}_0 t+\frac{1}{2}\boldsymbol{G}t^2 \tag{P1-2}$$

由例题1-5知，抛射体的最大高度及水平射程分别为

$$h=\frac{v_0^2\sin^2\theta}{2g},\quad d=\frac{v_0^2\sin 2\theta}{g}$$

将上面两式中的 g 用 G 代替，可得导弹飞行的最大高度及“水平”射程分别为

$$h=\frac{v_0^2\sin^2\theta}{2g(1-c^2\cos^2\theta)},\quad d=\frac{v_0^2\sin 2\theta}{g(1-c^2\cos^2\theta)}$$

式中，$c=v_0/\sqrt{gR}$，表示导弹的初速度大小 v_0 与第一宇宙速度 $\sqrt{gR}$ 之比。显然，$c<1$。d 是导弹发射点与落地点之间的大圆弧的弧长，如图P1-3所示。令 $\frac{\mathrm{d}d}{\mathrm{d}\theta}=0$，可得，当 $\theta=\arctan\sqrt{1-c^2}$ 时，导弹的最大射程为

$$d_{\mathrm{m}}=\frac{c^2R}{\sqrt{1-c^2}}$$

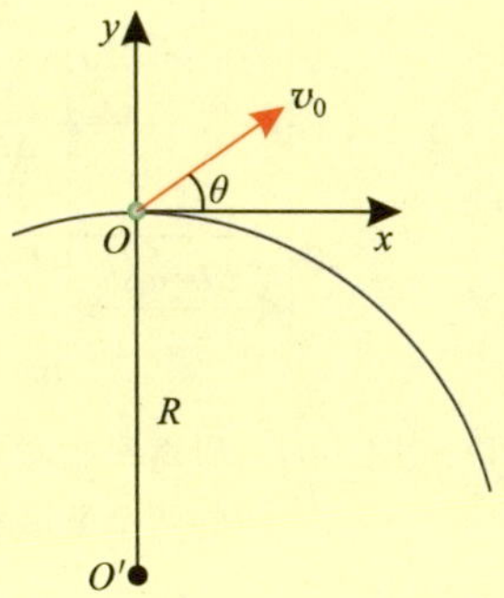

图P1-2　洲际导弹飞行轨迹

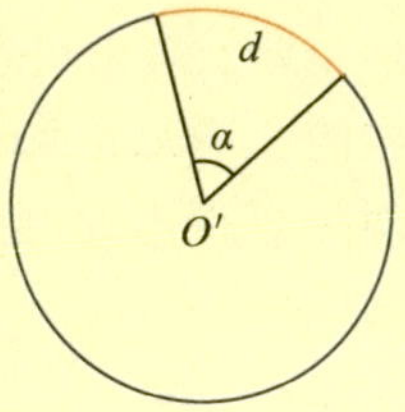

图P1-3　导弹发射点与落脚点

因此，图 P1-3 所示的大圆弧所张的圆心角的最大值 α_m 为

$$\alpha_m = \frac{c^2}{\sqrt{1-c^2}} \tag{P1-3}$$

当 $c=0.85$ 时，由式(P1-3)所得的各种射程与较精确的计算结果相比，其平均误差小于 7%。这说明，式(P1-3)的近似计算具有较理想的可用性。

1.4 相对运动

由运动的相对性，同一运动质点在不同的参考系中可以具有不同的位置和不同的速度。下面从相对运动的关系中，得到同一质点对于不同参考系的位置和速度之间的关系。

动画：相对运动

如图 1-11 所示，设有两个参考系，一个 S 系(即 Oxy 坐标系)，另一个为 S' 系(即 $O'x'y'$ 坐标系)，开始时(即 $t=0$)，这两个参考系相重合。某质点在 S 系中的位置以 P 表示，而在 S' 系中的位置以 P' 表示。显然，在 $t=0$ 时，点 P 与点 P' 共居于一点(见图 1-11(a))。

如果在 Δt 时间内，S' 系沿 Ox 轴以速度 $\boldsymbol{u}$ 相对 S 系运动的同时，质点运动到 Q，则在这段时间内，S' 系沿 Ox 轴相对 S 系的位移为 $\Delta\boldsymbol{D}=\boldsymbol{u}\Delta t$。在同样的时间里，在 S' 系中，质点从点 P' 运动到点 Q，其位移为 $\Delta\boldsymbol{r}'$；而在 S 系中，质点从点 P 运动到点 Q，其位移为 $\Delta\boldsymbol{r}$。质点犹如同时参与两种运动：质点除随系 S' 以速度 $\boldsymbol{u}$ 沿 Ox 轴运动外，还要从点 P' 运动到点 Q(见图 1-11(b))。显然 $\Delta\boldsymbol{r}$ 和 $\Delta\boldsymbol{r}'$ 是不相等的。质点在 S 系中的位移 $\Delta\boldsymbol{r}$ 应等于 S' 系相对 S 系的位移 $\Delta\boldsymbol{D}$ 与质点在 S' 系中的位移 $\Delta\boldsymbol{r}'$ 之和，即

$$\Delta\boldsymbol{r} = \Delta\boldsymbol{r}' + \Delta\boldsymbol{D} = \Delta\boldsymbol{r}' + \boldsymbol{u}\Delta t \tag{1-32}$$

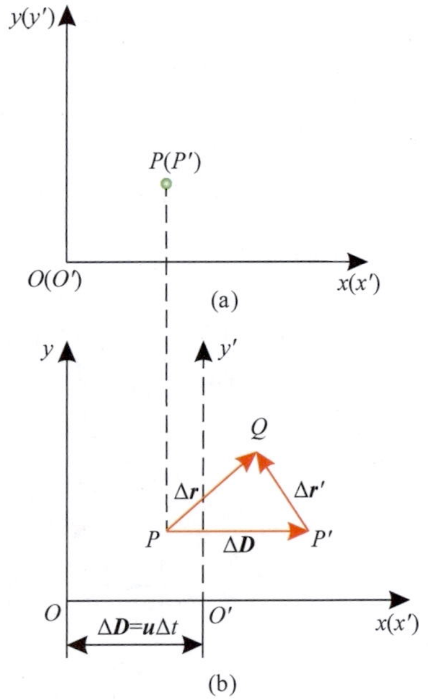

图 1-11 质点在相对作匀速直线运动的两个坐标系中的位移

式(1-32)表明，质点的位移矢量取决于参考系的选择，若 S' 系相对 S 系处于静止状态(即 $\boldsymbol{u}=\boldsymbol{0}$)，那么，质点在两参考系中的位移矢量应相等，即 $\Delta\boldsymbol{r}=\Delta\boldsymbol{r}'$。

由位移的相对性可得出速度的相对性。用时间间隔 Δt 除式(1-32)，有

$$\frac{\Delta\boldsymbol{r}}{\Delta t} = \frac{\Delta\boldsymbol{r}'}{\Delta t} + \boldsymbol{u}$$

取 $\Delta t \to 0$ 时的极限值，得

$$\frac{\mathrm{d}\boldsymbol{r}}{\mathrm{d}t}=\frac{\mathrm{d}\boldsymbol{r}'}{\mathrm{d}t}+\boldsymbol{u}$$

即

$$\boldsymbol{v}=\boldsymbol{v}'+\boldsymbol{u} \tag{1-33}$$

式中，$\boldsymbol{u}$ 为 S' 系相对 S 系的速度，$\boldsymbol{v}'$ 为质点相对 S' 的速度，$\boldsymbol{v}$ 为质点相对 S 系的速度。式(1-33)的物理意义是：质点相对 S 系的速度等于它相对 S' 系的速度与 S' 系相对 S 系的速度之矢量和(见图 1-12)。

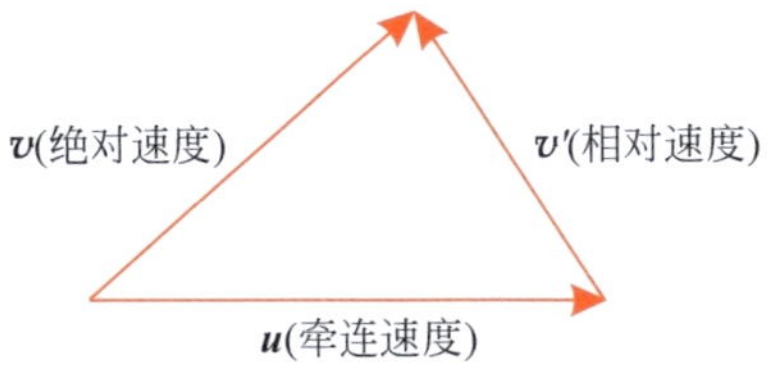

图 1-12　速度的相对性

习惯上，常把视为静止的参考系 S 作为基本参考系，把相对 S 系运动的参考系 S' 作为运动参考系。这样，质点相对基本参考系 S 的速度 $\boldsymbol{v}$ 就叫做**绝对速度**，质点相对运动参考系 S' 的速度 $\boldsymbol{v}'$ 叫做**相对速度**，而运动参考系 S' 相对基本参考系 S 的速度 $\boldsymbol{u}$ 叫做**牵连速度**，于是式(1-33)可理解为：**质点相对于基本参考系的绝对速度 v，等于质点相对运动参考系的相对速度 v' 与运动参考系相对基本参考系的牵连速度 u 之和。**

式(1-33)给出了在两个以恒定的速度作相对运动的参考系中质点的速度与参考系的关系，即质点的速度变换关系式，这个式子叫做**伽利略速度变换式**。需要指出的是，当质点的速度接近光速时，伽利略速度变换公式就不适用了，此时速度的变换应当遵循洛伦兹(Hendrik Antoon Lorentz，1853—1928 年，荷兰物理学家、数学家、电子论的创立者)速度变换式。

[例题 1-10]

如图 1-13 所示，一实验者 A 在以 10m/s 的速度沿水平轨道前进的平板车上控制一台弹射器，此弹射器在与车前进的反方向呈 60°方向上斜向上射出一弹丸，此时站在地面上的另一实验者 B 看到弹丸沿直线向上运动，求弹丸上升的高度。

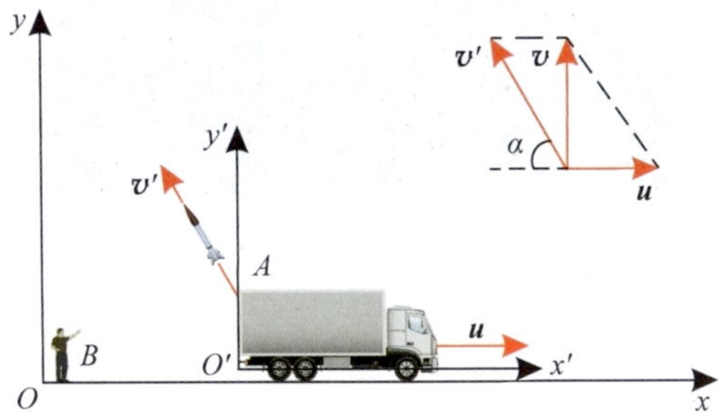

图 1-13　例题 1-10 用图

解　设地面参考系为 S 系，其坐标系为 Oxy，平板车参考系为 S' 系，其坐标系为 $O'x'y'$，且 S' 系以速率 $u=10\text{m/s}$ 沿 Ox 轴正向相对 S 系运动。由图 1-13 中所选定的坐标可知，在 S' 系中的实验者 A 射出的弹丸，其速度 $\boldsymbol{v}'$ 在 x'、y' 轴上的分量分别为 v'_x、v'_y，它们与抛出角 α 的关系为

$$\tan\alpha=\frac{v'_y}{v'_x} \tag{a}$$

若以 $\boldsymbol{v}$ 代表弹丸相对 S 系的速度，那么它在 x、y 轴上的分量分别为 v_x、v_y，由速度变换

式(1-33)及题意可得

$$v_x = u + v'_x \tag{b}$$

$$v_y = v'_y \tag{c}$$

由于 S 系(地面)的实验者 B 看到弹丸是铅直向上运动的,故 $v_x=0$。于是由式(b),有

$$v'_x = -u = -10\text{m/s}$$

另由式(c)和式(a)可得

$$|v_y| = |v'_y| = |v'_x \tan\alpha| = 10\tan 60°\text{m/s} = 17.3\text{m/s}$$

由匀变速直线运动公式可得弹丸上升的高度为

$$y = \frac{v_y^2}{2g} = 15.3\text{m}$$

原理应用

北斗系统和应用

中国北斗卫星导航系统(BeiDou navigation satellite system,BDS)是中国自行研制的全球卫星导航系统,如图 P1-4 所示。该系统可以在全球范围内全天候地为地面目标提供信息,从而确定该目标在地面上的精确位置、速度等参数。

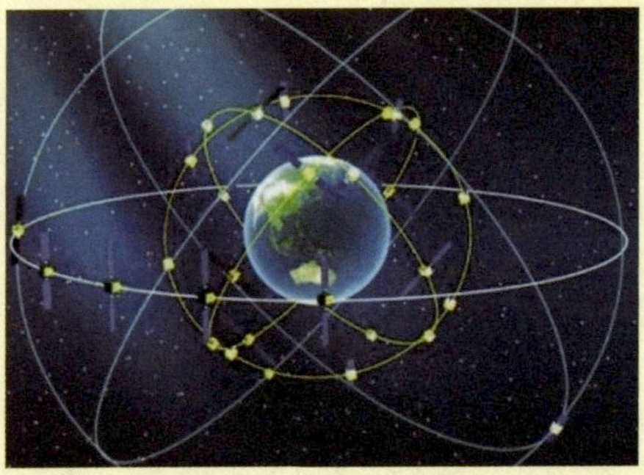

图 P1-4　北斗系统

1. BDS 简介

自从赫兹证实了麦克斯韦的电磁波辐射理论以后,人们便开始了对无线电导航定位系统的研究。无线电导航定位系统是根据无线电波的传播特性,利用接收机测定在地面上的方位、距离、距离差等参数,确定测量点的位置,以完成对船舶、车辆、飞机等运载体的定位和导航的系统。

早期的无线电导航系统都是由建立在地面或地面载体上的发射台和用户接收机组成,称为地面无线电导航系统或者陆基无线电导航系统。陆基无线电导航系统的作用距离或者定位精度难以提高,只能满足小部分用户的需求。

1957年，苏联发射了世界上第一颗人造地球卫星，标志着人类已经进入了空间时代。1958年美国海军武器试验室委托霍普金斯大学应用物理研究室研制美国海军导航卫星系统（Navy navigation satellite system，NNSS）。该系统于1964年研制成功并交付使用。卫星导航具有无线电波传播不受地面的影响、可进行全球定位、定位精度高等优点。苏联于20世纪70年代也建成了类似于NNSS的奇卡达（Tsikada）卫星导航系统。这类卫星导航系统与陆基无线电导航系统相比具有全球全天候、定位精度较高等优点，但是由于卫星高度低、卫星数目少（仅6颗），系统存在定位不连续、实时性差的缺点；此外定位信息为二维，缺少高度，卫星轨道容易产生摄动，限制了定位精度的进一步提高。因此这种卫星导航系统逐渐不能满足许多用户对定位的要求。**全球定位系统**就在这种情况下产生了。

1973年12月，美国国防部批准海陆空三军及其他机构组成联合计划局，研制新型卫星导航系统——NAVSTAR GPS（navigation satellite timing and ranging/global positioning system），即通常所说的GPS或者“全球卫星定位系统”。GPS被美国列为重点空间计划之一，成为继阿波罗登月计划、航天飞机计划之后的第三项庞大的空间计划。GPS系统经过漫长的方案论证、工程研制、生产作业等三个研制阶段，于1994年3月10日全面运行。GPS卫星运行高度为20183km，轨道倾角为55°，运行周期接近12h。它不仅能在全球范围内向用户提供4颗卫星以上的信号从而实行高精度的三维位置测定，还能实时测定运载体的三维速度，并能够提供高精度的授时服务。

中国北斗卫星导航系统（BDS）是中国自行研制的全球卫星导航系统，也是继GPS之后的成熟的卫星导航系统。与GPS系统不同的是，北斗除了定位之外，还支持卫星通信功能，应用更加广泛。可在全球范围内全天候、全天时为各类用户提供高精度、高可靠定位、导航、授时服务，并且具备短报文通信能力，已经具备区域导航、定位和授时能力，定位精度为分米、厘米级别，测速精度0.2m/s，授时精度10ns。

北斗卫星导航系统由基本组成和增强系统组成。其基本组成由空间段、地面段和用户段三部分组成。空间段由若干地球静止轨道卫星、倾斜地球同步轨道卫星和中圆地球轨道卫星组成；地面段包括主控站、时间同步/注入站和监测站等若干地面站，以及星间链路运行管理设施；用户段包括北斗及兼容其他卫星导航系统的芯片、模块、天线等基础产品，以及终端设备、应用系统与应用服务等。

北斗增强系统包括地基增强系统与星基增强系统。北斗地基增强系统是北斗卫星导航系统的重要组成部分，按照“统一规划、统一标准、共建共享”的原则，整合国内地基增强资源，建立以北斗为主、兼容其他卫星导航系统的高精度卫星导航服务体系。利用北斗高精度接收机，通过地面基准站网，利用卫星、移动通信、数字广播等播发手段，在服务区域内提供1～2米、分米级和厘米级实时高精度导航定位服务。系统建设分两个阶段实施，一期为2014年到2016年，主要完成了框架网基准站、区域加强密度网基准站、国家数据综合处理系统，以及国土资源、交通运输、中科院、地震、气象、测绘地理信息等6个行业数据处理中心等建设任务，建成基本系统，在全国范围提供基本服务；二期为2017年至2018年，主要完成了区域加强密度网基准站补充建设，进一步提升系统服务性能和运行连续性、稳定性、可靠性，使系统具备全面服务能力。

北斗星基增强系统是北斗卫星导航系统的重要组成部分，通过地球静止轨道卫星搭载卫星导航增强信号转发器，可以向用户播发星历误差、卫星钟差、电离层延迟等多种修正信息，实现对于原有卫星导航系统定位精度的改进。按照国际民航标准，开展北斗星基增强系统设计、试验与建设。

2. BDS的发展历程

中国坚持“自主、开放、兼容、渐进”原则建设发展BDS，坚持自主建设、发展和运行北斗系统，具备向全球用户独立提供卫星导航服务的能力；免费提供公开的卫星导航服务，鼓励开展全方位、多层次、高水平的国际交流与合作；提倡与其他卫星导航系统开展兼容与互操作，鼓励国际交流与合作，致力于为用户提供更好的服务；分步骤推进北斗系统建设，持续提升北斗系统服务性能，不断推动卫星导航产业全面、协调和可持续发展。

20世纪后期，中国开始探索适合国情的卫星导航系统发展道路，逐步形成了三步走发展战略：2000年，建成了北斗卫星导航试验系统即北斗一号，向中国提供服务；2012年，建成了北斗二号区域系统，向亚太地区提供服务；2020年，建成了北斗三号全球系统，向全球提供服务。2035年前还将建设完善更加泛在、更加融合、更加智能的综合时空体系。

2020年我国已经完成了由3颗地球静止轨道(geostationary Earth orbit，GEO)卫星、3颗倾斜地球同步轨道(inclined geosynchronous orbits，IGSO)卫星和24颗中圆地球轨道(medium Earth orbit，MEO)卫星组成的完整星座，全面建成北斗三号。

北斗系统具有的特点：一是北斗系统空间段采用三种轨道卫星组成的混合星座，与其他卫星导航系统相比高轨卫星更多，抗遮挡能力强，尤其低纬度地区性能特点更为明显；二是北斗系统提供多个频点的导航信号，能够通过多频信号组合使用等方式提高服务精度；三是北斗系统创新融合了导航与通信能力，具有实时导航、快速定位、精确授时、位置报告和短报文通信服务五大功能。

3. 应用

北斗系统的发展目标是满足国家安全与经济社会发展需求，为全球用户提供连续、稳定、可靠的服务；发展北斗产业，服务经济社会发展和民生改善；深化国际合作，共享卫星导航发展成果，提高全球卫星导航系统的综合应用效益。

支持北斗三号新信号的28nm工艺射频基带一体化SoC芯片，已在物联网和消费电子领域得到广泛应用，22nm工艺双频定位芯片已具备市场化应用条件，全频一体化高精度芯片正在研发，全球首颗全面支持北斗三号民用导航信号体制的高精度基带芯片“天琴二代”在北京正式发布，北斗芯片性能将再上一个台阶，性能指标与国际同类产品相当。截至2019年，国产北斗导航型芯片模块累计销量已突破8000万片，高精度板卡和天线销量已占据国内30%和90%的市场份额，并输出到100余个国家和地区。

我国卫星导航定位基准服务系统已启用，能免费向社会公众提供开放的实时亚米级导航定位服务。北斗系统在高精度算法和高精度板卡制造方面取得突破，运用实时动态差分(Real-time kinematic，RTK)技术能够将精度提升至厘米级，高精度定位技术未来发展空间广阔。国家北斗精准服务网已为全国超过400座城市的各种行业应用提供北斗精准服务，有效推动智慧城市基础设施的优化和完善。

北斗卫星导航系统在船舶运输、公路交通、铁路运输、海上作业、渔业作业、森林火灾预防、环境管理监测等领域应用广泛，覆盖部队、公安、海关等其他有特殊指挥调度要求的单位，产生显著的经济效应和社会效应。北斗的应用规模和范围也随着北斗卫星导航系统功能和性能的不断提高与完善，将逐渐扩大，前景可观。

在海上作业方面，中国船舶工业系统工程研究院的北斗渔船终端和运营平台、北斗疏浚船舶监控终端和运营平台等已经研制完成。2016年，该研究院根据市场需求开展多项北斗系列系统研制，例如北斗遇险救生终端以及基于北斗的"智能船"通导系统和电子通关系统等。"十三五"初期，基于北斗的内河船舶监管示范工程，由交通运输部和中央军委装备发展部联合启动，取得良好成效，已经成功搭建完成北斗应急无线电示位标法定检验检测的环境。公路交通、铁路运输方面，北斗卫星导航系统可用于监控设施安全和车辆的运输过程，据统计，在全国约有480万辆危险品车、大客车、班线客车安装了北斗终端，监控管理各个车辆的效率和维护道路运输过程中的安全水平，均得到了有效提升。森林防火、救灾减灾方面，北斗卫星导航系统以其精确定位技术，准确及时上报和共享灾情信息，实时进行指挥调度，短报文通信功能和应急通信功能显著提高了救灾减灾的决策部署能力和反应能力。在环境监测的方面，基于北斗的一系列气象测报型的终端设备形成的系统应用，不仅提高了国内高空气象探空系统的观测精度，而且其自动化水平和应急观测能力都可到了相应的提升。

北斗卫星导航系统的应用存在着无限可能，2019年10月，国庆阅兵期间，由陆军军事交通学院牵头研发的北斗阅兵训练考核辅助系统，可保障32个方队580台车辆整体车速控制在10km/h，其定位精度达到厘米级，已经赶超世界先进水平。随着北斗系统的不断提升，其系统建设不断增强，在2020年6月已完成全球组网，实现全球的短报文通信、星基增强、国际搜救、精密定位等服务。2020年，新冠肺炎疫情暴发。在危难时刻，北斗系统火线驰援武汉市火神山和雷神山医院建设。通过利用北斗高精度技术，多数测量工作一次性完成，为医院建设节省了大量时间，保障抗击疫情"主阵地"迅速完成建设，为抗击疫情贡献北斗智慧与力量。北斗卫星导航系统已经走出国门在印尼土地确权、科威特建筑施工、乌干达国土测试、缅甸精准农业、马尔代夫海上打桩、泰国仓储物流、巴基斯坦机场授时、俄罗斯电力巡检等方面得到广泛应用。

卫星导航系统是全球性公共资源，多系统兼容与互操作已成为发展趋势。中国始终秉持和践行"中国的北斗，世界的北斗"的发展理念，服务"一带一路"建设发展，积极推进北斗系统国际合作。与其他卫星导航系统携手，与各个国家、地区和国际组织一起，共同推动全球卫星导航事业发展，让北斗系统更好地服务全球、造福人类。

内容提要

1. 描述质点运动的物理量

位置矢量(位矢，运动方程)：$\boldsymbol{r}=\boldsymbol{r}(t)$

位移矢量：$\Delta\boldsymbol{r}=\boldsymbol{r}(t+\Delta t)-\boldsymbol{r}(t)$

速度：$\boldsymbol{v}=\lim\limits_{\Delta t\to 0}\dfrac{\Delta\boldsymbol{r}}{\Delta t}=\dfrac{\mathrm{d}\boldsymbol{r}}{\mathrm{d}t}$

加速度：$\boldsymbol{a}=\lim\limits_{\Delta t\to 0}\dfrac{\Delta\boldsymbol{v}}{\Delta t}=\dfrac{\mathrm{d}\boldsymbol{v}}{\mathrm{d}t}=\dfrac{\mathrm{d}^2\boldsymbol{r}}{\mathrm{d}t^2}$

2. 已知物体的运动方程，可得物体的速度和加速度

如果已知物体的运动方程，就可以通过运动方程对时间求导数，得到所求物体的速度和加速度。

3. 已知物体的加速度和初始条件，可得物体的速度和运动方程

$$\int_{\boldsymbol{v}_0}^{\boldsymbol{v}} \mathrm{d}\boldsymbol{v} = \int_{t_0}^{t} \boldsymbol{a}\,\mathrm{d}t\,; \quad \int_{\boldsymbol{r}_0}^{\boldsymbol{r}} \mathrm{d}\boldsymbol{r} = \int_{t_0}^{t} \boldsymbol{v}\,\mathrm{d}t$$

4. 圆周运动

圆周运动的加速度：切向加速度 $a_t = \dfrac{\mathrm{d}v}{\mathrm{d}t}$ 和法向加速度 $a_n = \dfrac{v^2}{R}$。

圆周运动的角量描述：角坐标和角位移，角速度和角加速度。

角量与线量的关系：$v = R\omega$，$a_n = \dfrac{v^2}{R} = \omega^2 R$，$a_t = R\alpha$。

5. 相对运动

质点相对于基本参考系的绝对速度 $\boldsymbol{v}$，等于质点相对运动参考系的相对速度 $\boldsymbol{v}'$ 与运动参考系相对基本参考系的牵连速度 $\boldsymbol{u}$ 之和：

$$\boldsymbol{v} = \boldsymbol{v}' + \boldsymbol{u}$$

习题

一、选择题

1-1 对质点的运动，有以下几种表述，正确的是(   )。

(A) 在直线运动中，质点的加速度和速度的方向相同

(B) 在某一过程中平均加速度不为零，则平均速度也不可能为零

(C) 若某质点加速度的大小和方向不变，其速度的大小和方向可不断变化

(D) 在直线运动中，加速度不断减小，则速度也不断减小

1-2 某质点的运动方程为 $x = 2t - 3t^3 + 12$(m)，则该质点作(   )。

(A) 匀加速直线运动，加速度沿 Ox 轴正向

(B) 匀加速直线运动，加速度沿 Ox 轴负向

(C) 变加速直线运动，加速度沿 Ox 轴正向

(D) 变加速直线运动，加速度沿 Ox 轴负向

1-3 一质点在平面上作一般曲线运动，其瞬时速度为 $\boldsymbol{v}$，瞬时速率为 v，某一段时间内的平均速率为 $\bar{v}$，平均速度为 $\bar{\boldsymbol{v}}$，它们之间必定有(   )的关系。

(A) $|\boldsymbol{v}| = v$，$|\bar{\boldsymbol{v}}| = \bar{v}$　　(B) $|\boldsymbol{v}| \neq v$，$|\bar{\boldsymbol{v}}| = \bar{v}$

(C) $|\boldsymbol{v}| \neq v$，$|\bar{\boldsymbol{v}}| \neq \bar{v}$　　(D) $|\boldsymbol{v}| = v$，$|\bar{\boldsymbol{v}}| \neq \bar{v}$

1-4 质点作圆周运动时，下列表述中正确的是(   )。

(A) 速度方向一定指向切向，所以法向加速度一定为零

(B) 法向分速度为零，所以法向加速度一定为零

(C) 必有加速度，但法向加速度可以为零

(D) 法向加速度一定不为零

1-5 某物体的运动规律为$\frac{\mathrm{d}v}{\mathrm{d}t}=-kv^2t$，式中，$k$为大于零的常量。当$t=0$时，初速为$v_0$，则速率$v$与时间$t$的函数关系为(　　)。

(A) $v=\frac{1}{2}kt^2+v_0$　　(B) $\frac{1}{v}=\frac{kt^2}{2}+\frac{1}{v_0}$

(C) $v=-\frac{1}{2}kt^2+v_0$　　(D) $\frac{1}{v}=-\frac{kt^2}{2}+\frac{1}{v_0}$

二、填空题

1-6 已知质点位置矢量随时间变化的函数关系为$\boldsymbol{r}=4t^2\boldsymbol{i}+(2t+3)\boldsymbol{j}$，则从$t=0$到$t=1$s时的位移为________，$t=1$s时的加速度为________。

1-7 一跑步者围绕一400m周长的操场跑了一圈，25s后回到出发点，则跑步者的平均速率为________，平均速度的大小为________。

1-8 一飞轮作匀减速转动，在5s内角速度由40π rad/s减到10π rad/s，则飞轮在这5s内总共转过了________圈，飞轮再经过________的时间停止转动。

1-9 一质点从静止出发沿半径为3m的圆周运动，切向加速度为3m/s^2并保持不变，则经过________后它的总加速度恰好与半径成45°角。在此时间内质点经过的路程为________，角位移为________，在1s末总加速度大小为________。

1-10 半径为30cm的飞轮，从静止开始以0.5π rad/s的匀角速度转动，则飞轮边缘上一点在飞轮转过240°时的切向加速度$a_t=$________，法向加速度$a_n=$________。

三、计算题

1-11 一电子的位置由$\boldsymbol{r}=3.00t\boldsymbol{i}-4.00t^2\boldsymbol{j}+2.00\boldsymbol{k}$描述，式中$t$的单位为s，$\boldsymbol{r}$的单位为m。求：(1)电子的速度$\boldsymbol{v}$；(2)在$t=2.00$s时，电子速度的大小。

1-12 质点作直线运动，其运动方程为$x=12t-6t^2$(式中x以m计，t以s计)，求：(1)质点的速度和加速度；(2)什么时刻质点速度为零。

1-13 一质点沿x轴运动，加速度$a=-2t$，$t=0$时$x_0=3$m，$v_0=1$m/s。求：(1)t时刻质点的速度和位置；(2)速度为零时质点的位置和加速度；(3)从开始($t=0$)到速度为零这段时间内质点的位移大小。

1-14 质点沿直线运动，速度$v=t^3+3t^2+2$(式中v以m/s计，t以s计)，如果当$t=2$s时，质点位于$x=4$m处，求$t=3$s时质点的位置、速度和加速度。

1-15 质点在Oxy平面上作加速运动，其加速度$\boldsymbol{a}=6\boldsymbol{i}+4\boldsymbol{j}(\text{m/s}^2)$，初始时刻，速度为零，位置矢量$\boldsymbol{r}_0=10\boldsymbol{i}$(m)。求：

(1) 质点的速度和位矢；

(2) 质点在平面上的轨迹方程。

1-16 一个质点自原点开始沿抛物线$2y=x^2$运动，它在x轴上的分速度为一常量，其值为4.0m/s，求质点在$x=2$m处的速度和加速度。

1-17 (1) 若已知一质点的位置由 $x=4-12t+3t^2$(式中 t 的单位为 s,x 的单位为 m)给出,它在 $t=1$s 末的速度为何值?(2)该时刻质点正在向 x 的正方向还是负方向运动?(3)该时刻质点速率为何值?

1-18 已知质点的运动方程为:$x=2t$,$y=2-t^2$(x、y 以 m 为单位,t 以 s 为单位)。(1)求质点运动的轨道方程;(2)写出 $t=1$s 和 $t=2$s 时质点的位置矢量,并计算 1s 到 2s 的平均速度;(3)计算 1s 末和 2s 末的瞬时速度;(4)分别计算 1s 末和 2s 末的瞬时加速度。

1-19 一小轿车作直线运动,刹车时速度为 v_0,刹车后其加速度与速度成正比而反向,即 $a=-kv$,k 为已知的大于零的常量。试求:(1)刹车后轿车的速度与时间的函数关系;(2)刹车后轿车最多能行多远?

1-20 一质点沿 Ox 轴作变加速度直线运动,加速度为 $a=-kx$,k 为大于零的常量,假定质点在 x_0 处的速度是 v_0,试求质点速度的大小 v 与坐标 x 的函数关系。

1-21 一飞轮以 $n=1500$r/min 的转速运动,受到制动后均匀地减速,经 $t=50$s 后静止。试求:(1)角加速度 α;(2)制动后 $t=25$s 时飞轮的角速度,以及从制动开始到停转,飞轮的转数 N;(3)设飞轮的半径 $R=1$m,则 $t=25$s 时飞轮边缘上一点的速度和加速度的大小。

1-22 一质点沿半径为 R 的圆周运动,质点所经过的弧长与时间的关系为 $s=bt+\frac{1}{2}ct^2$,其中 b、c 为常量,且 $Rc>b^2$,求切向加速度与法向加速度大小相等之前所经历的时间。

1-23 一质点作半径 $R=10$m 的圆周运动,其角加速度 $\alpha=\pi$ rad/s^2,若质点由静止开始运动,求:(1)质点在第 1 秒末的角速度、法向加速度和切向加速度;(2)总加速度的大小和方向。

1-24 设有一架飞机从 A 处向东飞到 B 处,然后又向西飞回 A 处,飞机相对于空气的速率为 v',而空气相对于地面的速率为 v_r,A、B 之间的距离为 l,飞机相对空气的速率 v' 保持不变。(1)假定空气的速度向东,求来回飞行时间;(2)假定空气的速度向北,求来回飞行时间。

1-25 一个人骑车以 18km/h 的速率自东向西行进时,看见雨点垂直下落。当他的速率增至 36km/h 时,看见雨点与他前进的方向成 120°下落,求雨点相对于地面的速度。

Chapter 2

第2章

质点动力学

在第 1 章，我们讨论了描述质点运动状态的位置矢量和速度以及表示质点运动状态变化的加速度，但没有涉及质点运动状态发生变化的原因。在力学中，把物体与物体之间的相互作用称为**力**(**force**)，质点运动状态的变化，则是与作用在质点上的力有关的，这部分内容属于牛顿运动定律涉及的范围。以牛顿运动定律为基础建立起来的宏观物体运动规律的**动力学**(**dynamics**)理论，称为牛顿力学。

通过研究力对物体运动状态的影响，我们发现力不仅具有瞬时性，而且具有持续性，牛顿运动定律研究的是力的瞬时性。力的持续性表现为对时间的持续，也可表现为对空间的持续，这两种持续作用中，质点或质点系的动量、动能或能量将发生变化或转移。在一定条件下，质点系内的动量或能量将保持守恒。动量守恒定律和能量守恒定律不仅适用于机械运动，而且适用于物理学中各种运动形式。可以这样说，它们是自然界中已知的一些基本守恒定律中的两个重要定律。

本章将概括地阐述牛顿运动定律的内容及其质点运动方面的初步应用，学习动量、冲量、功和能等描述运动状态和过程变化的物理量，着重讲述两个定理和两个守恒定律，即动量定理和动量守恒定律、功能原理和机械能守恒定律。

艾萨克·牛顿(Isaac Newton，1643—1727 年)是英国伟大的数学家、物理学家、天文学家和自然哲学家。牛顿被誉为人类历史上最伟大的科学家之一，他发明了微积分，发现了万有引力定律，创建了经典力学体系。在光学方面，他说明了色散的起因，发现了色差及牛顿环，还提出了光的微粒说。

2.1 牛顿运动定律

牛顿在伽利略研究成果的基础上，通过深入的分析和研究，于 1687 年出版了名著《自然哲学的数学原理》，其中以定律形式提出了力学运动的三条规律，这三条规律统称为**牛顿运动定律**。牛顿运动定律是经典力学的基础，虽然牛顿运动定律一般是对质点而言的，但这并不限定它们的广泛适用性，因为复杂的物体在原则上可看作是质点的组合，从牛顿运动定律出发可以导出刚体、流体、弹性体等的运动规律，从而建立起整个经典力学的体系。牛顿力学的核心体系的建立在科学史上是一个激动人心的时刻，在牛顿时代以前，像行星之类事物的运动是一个谜，但在牛顿力学的核心体系建立之后，一切都了如指掌了，甚至连由于行星之间的扰动而引起的与开普勒定律的微小偏离也可以计算出来。摆的运动，用弹簧和重物组成的振子的运动等，在牛顿运动定律被阐明后全能圆满地加以分析。

视频：牛顿第一定律

视频：牛顿第二定律

2.1.1 牛顿第一定律

16 世纪以前，古希腊哲学家亚里士多德关于“力是维持物体运动的原因”的观点一直居统治地位。直到 17 世纪，伽利略通过一个简单的小球沿斜面滚下实验推翻了亚里士多德的观点，认为“力并不是维持运动的原因”。以后牛顿把伽利略的实验结论归结为“惯性定律”。

牛顿第一定律表述为：**任何物体都将保持静止或匀速直线运动的状态，除非作用在它上面的力迫使它改变这种状态**。牛顿第一定律的数学表示形式为

$$\boldsymbol{F}=0\text{ 时}，\quad \boldsymbol{v}=\text{恒矢量} \tag{2-1}$$

这个定律表明，静止状态或匀速直线运动状态是物体不受外界影响时所保持的状态。可见保持静止或匀速直线运动状态是物体具有的固有属性，这个属性叫做**惯性**(inertia)。因此牛顿第一定律又叫做**惯性定律**。

牛顿第一定律也阐明了力的概念。力是物体之间的相互作用，从效果上讲，它是物体运动状态变化的原因。

我们已经明确，任何物体的运动都是相对于一定的参考系才有意义，牛顿第一定律还定义了一种参考系，在这种参考系中观察，一个不受力作用的物体或处于受力平衡状态下的物体，将保持静止或匀速直线运动的状态，这样的参考系叫**惯性参考系**，简称**惯性系**。相对一个惯性系静止或作匀速直线运动的参考系都是惯性系。一个参考系是否为惯性系只能通过观察和实验来确定，在不考虑地球自转时，地面参考系可近似认为是惯性系。牛顿定律只有在惯性系中才能成立。

应当指出，自然界中完全不受其他物体作用的物体是不存在的，因此，牛顿第一定律不能简单地用实验直接加以证明。

2.1.2 牛顿第二定律

物体在运动时总具有速度。我们把物体的质量 m 与其运动速度 $\boldsymbol{v}$ 的乘积叫做物体的**动量**(momentum)，用 $\boldsymbol{p}$ 表示，即

$$\boldsymbol{p}=m\boldsymbol{v} \tag{2-2}$$

动量显然也是矢量，其方向与速度 $\boldsymbol{v}$ 的方向相同。与速度可表示物体的运动状态一样，动量也是描述运动状态的量，但动量比速度的内涵更为广泛，意义更为重要。当外力作用于物体时，其动量要发生变化。牛顿第二定律阐明了作用于物体的外力与物体动量变化的关系。

在国际单位制中,动量的单位是 kg·m/s(千克·米/秒)。

牛顿第二定律表明,**物体动量随时间的变化率** $\mathrm{d}\boldsymbol{p}/\mathrm{d}t$ **等于作用于物体的合外力** $\boldsymbol{F}$,即

$$\boldsymbol{F}=\frac{\mathrm{d}\boldsymbol{p}}{\mathrm{d}t}=\frac{\mathrm{d}(m\boldsymbol{v})}{\mathrm{d}t} \tag{2-3a}$$

当物体在低速运动情况下,即物体的运动速度 $\boldsymbol{v}$ 远小于光速时,物体的质量可以视为不依赖于速度的常量。于是式(2-3a)可写成

$$\boldsymbol{F}=m\boldsymbol{a}=m\mathrm{d}\boldsymbol{v}/\mathrm{d}t \tag{2-3b}$$

牛顿第二定律是一个矢量方程,在实际应用中经常需要把它写成沿选定坐标系各个轴上的投影式,即将合外力与加速度都分解为分量,然后写出相应的各个分量式。在直角坐标系中,我们把力和加速度分解为

$$\boldsymbol{F}=F_x\boldsymbol{i}+F_y\boldsymbol{j}+F_z\boldsymbol{k}$$

$$\boldsymbol{a}=a_x\boldsymbol{i}+a_y\boldsymbol{j}+a_z\boldsymbol{k}$$

牛顿第二定律在 Ox、Oy、Oz 坐标轴上的分量式分别为

$$F_x=ma_x,\quad F_y=ma_y,\quad F_z=ma_z$$

或

$$F_x=m\frac{\mathrm{d}^2x}{\mathrm{d}t^2},\quad F_y=m\frac{\mathrm{d}^2y}{\mathrm{d}t^2},\quad F_z=m\frac{\mathrm{d}^2z}{\mathrm{d}t^2} \tag{2-3c}$$

当质点在平面上作曲线运动时,我们可取自然坐标系,$\boldsymbol{e}_\mathrm{n}$ 为法向单位矢量,$\boldsymbol{e}_\mathrm{t}$ 为切向单位矢量。于是质点在某一时刻的加速度在自然坐标系中的两个相互垂直方向上的分矢量为 $\boldsymbol{a}_\mathrm{n}$ 和 $\boldsymbol{a}_\mathrm{t}$。如果质点在该处的曲率半径为 ρ,则质点在平面上作曲线运动时,在自然坐标系中牛顿第二定律可写成

$$\boldsymbol{F}=m\boldsymbol{a}=m(\boldsymbol{a}_\mathrm{n}+\boldsymbol{a}_\mathrm{t})=m\frac{v^2}{\rho}\boldsymbol{e}_\mathrm{n}+m\frac{\mathrm{d}v}{\mathrm{d}t}\boldsymbol{e}_\mathrm{t} \tag{2-4a}$$

如以 $\boldsymbol{F}_\mathrm{n}$ 和 $\boldsymbol{F}_\mathrm{t}$ 分别代表合外力在法向和切向的分矢量,则有

$$\begin{cases}\boldsymbol{F}_\mathrm{n}=m\dfrac{v^2}{\rho}\boldsymbol{e}_\mathrm{n}\\[2ex]\boldsymbol{F}_\mathrm{t}=m\dfrac{\mathrm{d}v}{\mathrm{d}t}\boldsymbol{e}_\mathrm{t}\end{cases} \tag{2-4b}$$

式中,$\boldsymbol{F}_\mathrm{n}$ 和 $\boldsymbol{F}_\mathrm{t}$ 分别代表法向合力和切向合力;$\boldsymbol{a}_\mathrm{n}$ 和 $\boldsymbol{a}_\mathrm{t}$ 相应地叫做法向加速度和切向加速度。

牛顿第二定律是研究质点动力学问题的核心,也称为**质点的动力学方程**。应用它解决问题时必须注意以下几点:

(1) 牛顿第二定律中的加速度与所受合外力之间的关系是瞬时关系。$\boldsymbol{a}$ 表示瞬时加速度,$\boldsymbol{F}$ 表示瞬时力,它们同时存在,同时改变,同时消失,有着瞬时对应的关系。当作用在物体上的外力撤去时,物体的加速度立即消失,但这并不意味着物体会立即停止运动,按照牛顿第一定律,此物体将作匀速直线运动。物体有无运动,表现在有无速度,而运动状态有无改变取决于有无加速度。加速度和力的方向始终相同。

(2) 牛顿第二定律中的质量是物体惯性大小的量度。物体的惯性不仅表现为物体不受外力时要保持其运动状态不变,而且还表现为改变其运动状态的难易程度。在一定外力作

用下，物体的惯性越大，要使它改变运动状态就越难，物体获得的加速度就越小；反之，物体的惯性越小，要使它改变运动状态就越容易，物体获得的加速度就越大。从牛顿第二定律可以看出，在外力一定时，不同物体的加速度与物体的质量成反比，质量越大，加速度越小，质量越小，加速度越大，所以，式(2-2)中的质量是物体惯性的量度，也称为**惯性质量**。在国际单位制中，质量的单位是 kg(千克)。

(3) 力的叠加原理。牛顿第二定律中的力是作用在该物体上所有外力的合力，几个力对物体的共同作用效果与它们的合力对物体的作用效果是一样的，这就是力的**叠加原理**。合外力是各个分力的矢量和。

牛顿第二定律有一定的适用范围，即适用于惯性系中低速运动的质点或平动物体。在物体的运动速度与光速可以相比时，牛顿力学不再适用。

2.1.3 牛顿第三定律

牛顿第三定律表述为：**对于每一个作用，总有一个相等的反作用与之相应，或者说，两个物体对各自对方的相互作用总是相等的，而且指向相反的方向**。

若以 $\boldsymbol{F}_{12}$ 表示第一个物体受到的第二个物体的作用力，以 $\boldsymbol{F}_{21}$ 表示第二个物体受到的第一个物体的作用力，则这一定律可用数学形式表示为

$$\boldsymbol{F}_{12}=-\boldsymbol{F}_{21} \tag{2-5}$$

式中，$\boldsymbol{F}_{12}$、$\boldsymbol{F}_{21}$ 互为**作用力**(acting force)和**反作用力**(reacting force)。

作用力与反作用力的特点是：①作用力和反作用力的性质必定相同；②作用力和反作用力没有主从之分，总是同时产生、同时消失；③作用力和反作用力分别作用在两个不同的物体上，与一物体所受的平衡力(equilibrant)不同。

牛顿第一定律定性地给出了力与运动的关系，而第二定律定量地给出了力与运动的关系，第三定律则是一条有关力的一般性质的规律。

2.1.4 几种常见的力

近代物理学研究表明，自然界中存在四类基本力，即**万有引力**(universal gravitation)、**电磁力**(electromagnetic force)、**强相互作用力**(strong interaction)和**弱相互作用力**(weak interaction)。在四种基本作用力中，强相互作用力最强，万有引力最弱。如果将强相互作用力的强度规定为 1，那么电磁力就是 1/173，弱相互作用力就是 10^{-13}，万有引力就是 10^{-39}。万有引力和电磁力是长程力，其作用范围在理论上讲可以抵达无穷远，而强相互作用和弱相互作用都是短程力，它们的作用距离分别只有 10^{-17} m 和 10^{-19} m。在力学中常见的力有**万有引力**、**重力**(gravity)、**弹性力**(elastic force)、**摩擦力**(frictional force)等。

在国际单位制中，力的单位是 N(牛顿)。在力学中，力的大小通常可用测力计(例如弹簧秤)测定。要完全确定一个力，必须同时指出力的大小、方向和作用点，这就是力的三要素。由于力是矢量，因此可按照矢量合成和分解的平行四边形法则求合力与分力。

1. 万有引力　重力

1665 年，22 岁的牛顿继承了前人的研究成果，认为把月球束缚于轨道上的力与使苹果

落地的力是同样的力。后来牛顿得出结论，不仅地球吸引苹果，而且月亮和宇宙中任何物体都吸引其他物体，这种使物体产生相向运动趋势的力叫做**万有引力**。**万有引力定律**可表述为：两个质量分别为 m_1 和 m_2 的质点相距为 r 时，各自受到的万有引力 $\boldsymbol{F}_1$ 和 $\boldsymbol{F}_2$ 是一对作用力与反作用力，方向如图 2-1 所示，而万有引力的大小为

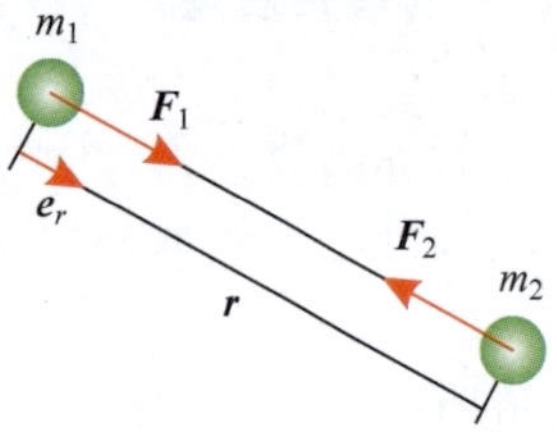

图 2-1 万有引力示意图

$$F_1 = F_2 = G\frac{m_1 m_2}{r^2} \tag{2-6}$$

式中，G 叫做引力常量，在国际单位制中，它的大小测定为

$$G = 6.67\times 10^{-11}\mathrm{N\cdot m^2/kg^2}$$

用矢量形式表示，万有引力定律可写成

$$\boldsymbol{F} = -G\frac{m_1 m_2}{r^2}\boldsymbol{e}_r \tag{2-7}$$

如以由 m_1 指向 m_2 的有向线段为 m_2 的位矢 $\boldsymbol{r}$，那么沿位矢方向的单位矢量 $\boldsymbol{e}_r$ 等于 $\boldsymbol{r}/r$。上式负号则表示 m_1 施于 m_2 的万有引力的方向始终与沿位矢的单位矢量 $\boldsymbol{e}_r$ 的方向相反。

万有引力定律只适用于质点和可以视为质点的物体。地球可以近似看作是质量均匀分布的球体，计算它对地面上的物体的万有引力时，可以把地面物体看作质点，而地球的质量全部集中在地心，引力方向指向地心。

通常把地球对它表面附近的物体的万有引力叫做**重力 $\boldsymbol{P}$**，其方向指向地球中心。生活中人们通常把重力的大小称为**重量**。在重力作用下，产生的加速度称为**重力加速度**，按照牛顿第二定律，重力 $\boldsymbol{P}$ 和重力加速度 $\boldsymbol{g}$ 之间满足关系

$$\boldsymbol{P} = m\boldsymbol{g} \tag{2-8}$$

设地球的质量为 m'，半径为 R，物体的质量为 m，重力等于万有引力，故有

$$mg = G\frac{m'm}{R^2}$$

由此得到

$$g = G\frac{m'}{R^2} \tag{2-9}$$

式(2-9)表明：地球表面上各物体的重力加速度是与物体本身的质量无关的一个常量，这里我们把地球表面附近物体到地心的距离 r 用地球平均半径 R 来计算。通常，取重力加速度的值为 $g=9.8\mathrm{m/s^2}$。

2. 弹性力

物体在外力作用下发生形变，在形变物体内部产生的企图恢复物体为原来形状的力称为**弹性力**。它的方向要根据物体形变的情况来决定。弹性力产生在直接接触的物体之间，常见的表现形式有三种：弹簧的弹性力、物体间相互挤压而引起的弹性力以及绳子的拉力。

实验表明，在弹簧的形变(伸长或压缩)较小时，弹性力的大小 F 与形变即弹簧伸长或压缩的长度 x 成正比：

$$F = -kx \tag{2-10}$$

式(2-10)称为**胡克定律**，其中 k 为弹簧的**劲度系数**(coefficient of stiffness)，弹性力的方向力图使弹簧恢复原状。

两个物体通过一定接触面积相互挤压，两个物体都会发生形变，因而产生施于对方的弹性力作用，这种弹性力通常称为**正压力**或**支持力**。在物体的形变（伸长或压缩）较小时，这种挤压弹性力总是垂直于物体间的接触点的公切面，故亦称为**法向力**，而它们的大小取决于相互挤压的程度。

绳子因受力而发生拉伸形变时所引起的弹性力称**绳子的拉力**。这种弹性力是由于绳子发生伸长形变而产生的，其大小取决于绳子收紧的程度，方向总是沿着绳子并指向绳子收紧的方向。

绳子产生拉力时，其内部各段之间也有相互的弹性力作用，这种内部的弹性力称为**张力**（tension）。当绳子的质量可以忽略不计时，绳子上张力处处相等，且等于绳子两端的拉力。

3. 摩擦力

摩擦力产生在直接接触的物体之间，并以两物体之间是否有相对运动或相对运动的趋势为先决条件，摩擦力的方向沿着物体接触的切线方向，并与物体相对运动趋势的方向相反。

(1) 静摩擦力

两个相互接触的物体之间有相对运动的趋势但尚未相对滑动时，在接触面上便产生阻碍发生相对滑动的力，这个力称为**静摩擦力**（static friction force）。把物体放在一水平面上，有一外力 $\boldsymbol{F}$ 沿水平面作用在物体上。若外力 $\boldsymbol{F}$ 较小，物体尚未滑动，这时静摩擦力 $\boldsymbol{F}_s$ 与外力在数值上相等，方向则与 $\boldsymbol{F}$ 相反。随着 $\boldsymbol{F}$ 的增大，静摩擦力 $\boldsymbol{F}_s$ 也相应增大，直到 $\boldsymbol{F}$ 增大到某一定数值时，物体即将滑动，静摩擦力达到最大，称为**最大静摩擦力** $\boldsymbol{F}_{max}$。实验表明，最大静摩擦力的值与物体的正压力 $\boldsymbol{F}_N$ 成正比，其大小为

$$F_{max} = \mu_s F_N \tag{2-11}$$

式中，μ_s 称为**静摩擦因数**（coefficient of static friction），它与两物体接触面的材料性质、粗糙程度、干湿情况等因素有关，通常由实验测定。应强调指出，在一般情况下，静摩擦力的大小总是满足下述关系：

$$F_s \leqslant F_{max}$$

(2) 滑动摩擦力

当作用在上述物体的力超过最大静摩擦力而使两物体之间发生相对滑动时，两接触面之间的摩擦力称为**滑动摩擦力**（sliding friction force）。滑动摩擦力的方向与两物体之间相对滑动的方向相反，大小为

$$F = \mu F_N \tag{2-12}$$

式中，μ 称为**动摩擦因数**（coefficient of kinetic friction），通常它比静摩擦因数稍小一些，计算时对二者一般可不加区别，近似地认为 $\mu_s = \mu$。

(3) 黏性阻力

当固体在流体（液体、气体等）中运动，或流体内部的各部分间发生相对运动时，流体与固体之间或流体内部相互之间也存在着另一种摩擦力，即**黏性阻力**（viscosity resistance）。黏性阻力的方向和物体相对于流体的速度方向相反，其大小和相对速度的大小有关。在相对运动速率 v 较小时，阻力 $\boldsymbol{F}_d$ 的大小与 v 成正比：

$$F_d = kv \tag{2-13}$$

式中，比例系数 k 决定于物体的大小和形状以及流体的性质。

摩擦产生的影响有利弊两个方面。所有机器的运动部分都有摩擦，它既磨损机器又浪

费大量的能量。此外摩擦也是生产和生活中必需的，例如，人的行走、车轮的滚动、货物借助皮带输送的传输等，都是依赖于摩擦才能进行的。

[例题 2-1]

一辆火车装有货物，货物与火车底板之间的静摩擦因数为 0.25，如果火车以 36km/h 的速度行驶，问：要使货物不发生滑动，火车从刹车到完全静止所经过的最短路程是多少？

解 设货物质量为 m，火车行驶方向为正方向。货物所受最大静摩擦力的大小为

$$F_{\max}=\mu_s F_N=\mu_s mg$$

刹车时，静摩擦力使货物减速，方向与行驶方向相反，要使货物不发生滑动，火车的最大加速度满足下列条件：

$$-\mu_s mg=ma$$

得

$$a=-\mu_s g$$

此时，火车从刹车到完全静止所经过的路程最短。由

$$v^2-v_0^2=2aS$$

得，当 $v=0$ 时，最短路程为

$$S=\frac{v_0^2}{2\mu_s g}=20.4\text{m}$$

2.1.5 牛顿运动定律的应用

利用牛顿运动定律原则上能解决经典质点动力学中的所有问题，本节将通过举例来说明如何应用牛顿定律分析问题和解决问题。求解质点动力学问题一般分为两类，一是已知物体的受力情况，由牛顿运动定律来求解其运动状态；另一是已知物体的运动状态，求作用于物体上的力。在应用牛顿定律解质点动力学问题时，其最基本的方法如下：

(1) 认物体：根据问题确定一个物体作为研究对象，如果问题涉及几个物体，就要一个一个地作为对象进行分析。

(2) 看运动：分析所认定的研究对象的运动状态，包括运动轨迹、速度、加速度、初始运动状态等；如果问题涉及几个物体时，还要确定出它们运动之间的关系。

(3) 查受力：对每一个研究对象独立地进行受力分析，并画出受力图。

(4) 建坐标：牛顿运动定律是矢量公式，必须根据需要建立合适的坐标系，将位矢、速度、加速度、力等矢量分解成各个坐标轴上的分量。

(5) 列方程：根据牛顿第二定律列出物体在各坐标轴方向上的分量方程。

(6) 求结果：对方程进行求解，并对求出的结果进行适当的分析，求解时应尽量进行代数运算，最后代入数字计算，并注意各物理量单位的正确使用。

[例题 2-2]

一滑轮两边分别挂着A和B两物体，它们的质量分别为$m_A=20\text{kg}$，$m_B=10\text{kg}$，今用力F将滑轮提起，如图2-2(a)所示。求：当$F=784\text{N}$时，物体A和B的加速度以及绳中的张力(滑轮和绳子的质量与摩擦均忽略不计)。

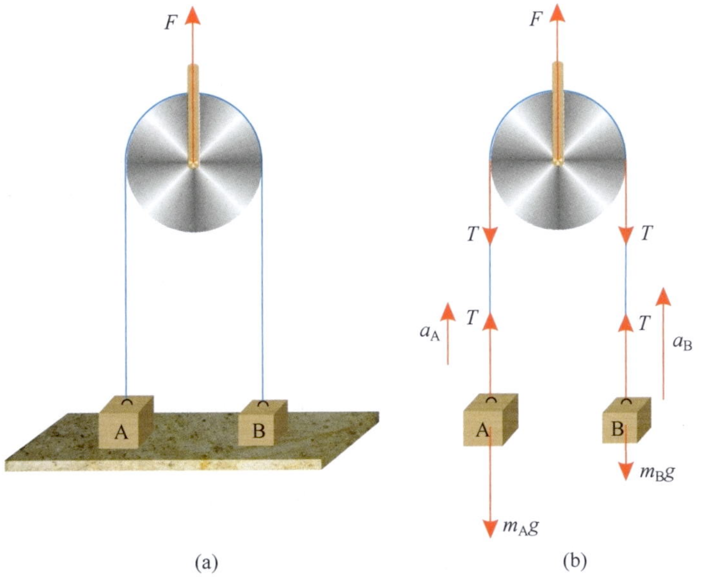

图2-2 例题2-2用图

解 设物体A、B的加速度均向上，分别为a_A和a_B，向上为正方向。受力分析如图2-2(b)所示，由牛顿第二定律列方程如下：

$$T-m_Ag=m_Aa_A$$

$$T-m_Bg=m_Ba_B$$

$$F=2T$$

解得

$$a_A=\frac{F}{2m_A}-g$$

$$a_B=\frac{F}{2m_B}-g$$

$$T=\frac{F}{2}$$

当$F=784\text{N}$时，

$$a_A=9.8\text{m/s}^2$$

$$a_B=29.4\text{m/s}^2$$

$$T=392\text{N}$$

[例题 2-3]

如图 2-3 所示，质量为 $m=1.0\text{kg}$ 的小球挂在倾角 $\theta=30°$ 的光滑斜面上。当斜面以加速度 $a=4.0\text{m/s}^2$ 沿图 2-3(a) 中所示方向运动时，绳中的张力及小球对斜面的正压力各是多大？

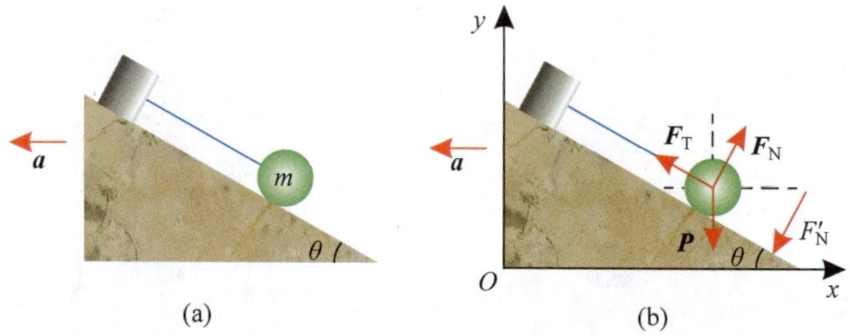

图 2-3　例题 2-3 用图

解　由题意，确定小球为研究对象。小球受力分析如图 2-3(b) 所示。小球受到三个力：重力 $\boldsymbol{P}$，方向竖直向下；绳的拉力 $\boldsymbol{F}_T$，沿斜面方向；斜面的支持力 $\boldsymbol{F}_N$，垂直于斜面。

小球与斜面以加速度 $\boldsymbol{a}$ 一起运动。建立如图 2-3(b) 所示的直角坐标系，在该坐标系中，将小球的受力及加速度分别投影到 Ox 轴和 Oy 轴方向上，应有

$$F_x=ma_x,\quad F_y=ma_y$$

对小球分别写出 Ox 轴和 Oy 轴方向的牛顿第二定律的分量方程。

x 方向　　$-F_T\cos\theta+F_N\sin\theta=-ma$

y 方向　　$F_T\sin\theta+F_N\cos\theta-mg=0$

联立解此两式，可得

$$F_T=m(a\cos\theta+g\sin\theta)=1.0\times(4.0\times\cos30°+9.8\times\sin30°)\text{N}=8.36\text{N}$$

$$F_N=m(g\cos\theta-a\sin\theta)=1.0\times(9.8\times\cos30°-4.0\times\sin30°)\text{N}=6.49\text{N}$$

上面求出的是斜面对小球的支持力 F_N，根据牛顿第三定律，小球对斜面的正压力的大小为

$$F'_N=F_N=6.49\text{N}$$

[例题 2-4]

图 2-4 所示为一圆锥摆，长为 l 的细绳一端固定在天花板上，另一端悬挂质量为 m 的小球。小球经推动后，在水平面内绕铅直轴作角速度为 ω 的匀速率圆周运动，圆心在 O 点，问绳和铅直方向所成的角度 θ 为多少？设空气阻力不计。

解　小球受重力 $\boldsymbol{P}$ 和绳子的拉力 $\boldsymbol{F}$ 作用，其运动方程为

$$\boldsymbol{F}+\boldsymbol{P}=m\boldsymbol{a}$$

式中 $\boldsymbol{a}$ 为小球的加速度。

由于小球在绳子的约束下在水平面上作匀速率圆周运动，因此，加速度 $\boldsymbol{a}$ 一定位于水平面内，且加速度 $\boldsymbol{a}$ 的方向一定指向圆心，即 $\boldsymbol{a}=\boldsymbol{a}_n$，根据牛顿第二定律，小球受的力在圆周法向上的分量式为

$$F\sin\theta=ma_n=m\frac{v^2}{R}=mR\omega^2 \qquad \text{(a)}$$

由图 2-4 可知，$R=l\sin\theta$，式(a)可写为

$$F=m\omega^2 l \qquad \text{(b)}$$

小球在铅直方向没有运动，因此

$$F\cos\theta-P=0 \qquad \text{(c)}$$

由式(b)和式(c)可得

$$\theta=\arccos\frac{g}{\omega^2 l}$$

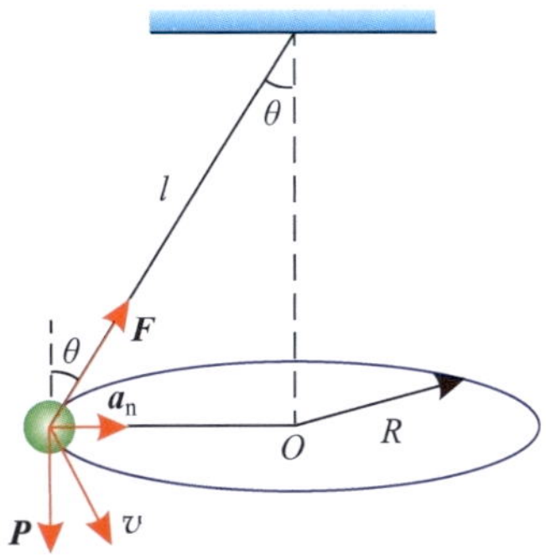

图 2-4 例题 2-4 用图

[例题 2-5]

水对快艇的阻力与其速度的关系为 $f=-kv$，当速度为 v_0 时，关发动机，求关机后的 v-t，v-s 关系式(s 为快艇运动的路程)。

解 因为 $f=-kv$，所以加速度是变化的，不能直接写成 $a=\dfrac{f}{m}=\dfrac{dv}{dt}$，必须要分离变量，根据牛顿第二定律，$m\dfrac{dv}{dt}=-kv$，分离变量，得

$$m\frac{dv}{v}=-k\,dt$$

两边同时积分，有 $\displaystyle\int_{v_0}^{v}\frac{dv}{v}=-\frac{k}{m}\int_{t_0}^{t}dt$ (注意 $t_0\leftrightarrow v_0$，$t\leftrightarrow v$ 对应)，其中 $t_0=0$，结果为

$$\ln\frac{v}{v_0}=-\frac{k}{m}t \quad\Rightarrow\quad v=v_0 e^{-\frac{k}{m}t}$$

下面求 v-s 关系式(变量代换)。因为

$$F=m\frac{dv}{dt}=m\frac{dv}{ds}\frac{ds}{dt}=-kv$$

所以

$$m\frac{dv}{ds}v=-kv$$

$$m\frac{dv}{ds}=-k,\quad m\,dv=-k\,ds$$

两边同时积分，得

$$m\int_{v_0}^{v}dv=-k\int_{0}^{s}ds$$

则 v-s 关系式为

$$s=-\frac{m}{k}(v-v_0)$$

v 在逐渐减小，s 在逐渐增大。

原理应用

地球同步卫星的发射

绕地球的周期和地球的自转同步的人造卫星称为**地球同步卫星**(geostationary satellite),它的优点是使用者只要对准人造卫星就可进行沟通而不必再追踪卫星的轨迹。地球同步卫星是人为发射的一种卫星,它相对于地球静止于赤道上空。从地面上看,卫星保持不动,故也称为静止卫星;从地球之外看,卫星与地球共同转动,角速度与地球自转角速度相同,故称为地球同步卫星。

若把三颗同步卫星相隔120°均匀分布,卫星的直线电波将能覆盖全球有人居住的绝大部分区域(除两极以外),可构成全球通信网,如图P2-1所示。目前已经有十几个国家和组织发射了100多颗同步卫星。1984年4月,中国的同步卫星发射成功,如图P2-2所示。

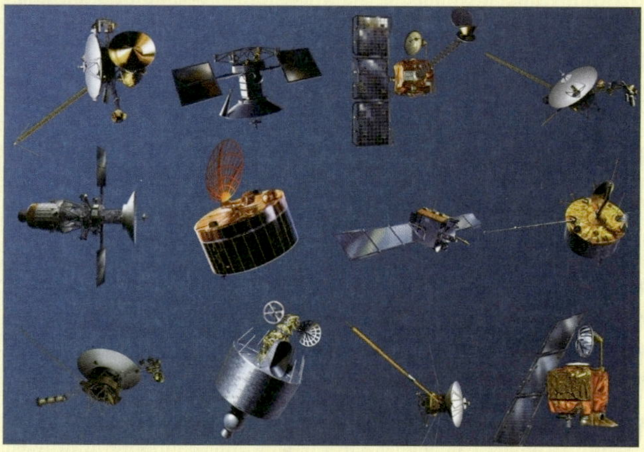

图 P2-1 同步卫星

图 P2-2 我国首颗探月卫星嫦娥一号由长征三号甲运载火箭在西昌卫星发射中心点火发射

1. 同步卫星的轨道

卫星的运动轨道可看成是以地球为圆心、以 r 为半径的圆。当卫星绕地心旋转,与地球自转的角速度相同时,卫星旋转角速度

$$\omega=\frac{2\pi}{T}=\frac{2\pi}{24\times 60\times 60}\text{rad/s}=7.27\times 10^{-5}\ \text{rad/s}$$

由于卫星运转所需的向心力等于卫星所受地球的万有引力,即

$$\frac{GMm}{r^2}=mr\omega^2$$

因此,得

$$r=\sqrt[3]{\frac{GM}{\omega^2}}=4.22\times 10^7\ \text{m}$$

式中，m 为卫星的质量，M 为地球的质量，G 为引力常量。地球的半径约为 $R=6.37\times10^6\,\mathrm{m}$，因此，卫星离开地面的高度

$$H=r-R=3.58\times10^7\,\mathrm{m}$$

卫星的运转速度

$$v=r\omega=3.07\times10^3\,\mathrm{m/s}$$

2. 地球同步卫星的发射过程

发射地球同步卫星通常采用一个椭圆形的中间转移轨道作为过渡。卫星可在地面上任何地点发射。首先由运载火箭的第一级和第二级依次启动，使火箭垂直向上加速，将三级火箭和卫星的组合体送入高度为 200～400km 的近地轨道。到第二级火箭脱离后，转弯进入一个高度较低的圆形轨道作短暂停泊，这一轨道称为**初始轨道**或**停泊轨道**。在此轨道上运行少许时间后，第三级火箭点火，使装有远地点发动机的卫星进入一个椭圆形的轨道，称为**转移轨道**或**过渡轨道**，又称为**霍曼**(Hohman)轨道。该轨道所在平面与赤道平面的夹角因发射地点不同而异，但椭圆的远地点和近地点都在赤道平面内，远地点与同步轨道相交，高度为 35830km，如图 P2-3 所示。进入转移轨道后，卫星与第三级火箭脱离，同时启动卫星两侧的切向喷嘴，使卫星开始自旋。在转移轨道上绕行几圈的过程中，地面控制站要对卫星的姿态进行调整。当卫星到达转移轨道的远地点时，启动卫星上的远地点发动机，使它改变航向，进入地球赤道平面；同时加速卫星，使之达到在同步轨道上运行所需的速度 3.07km/s。然后还需对卫星的姿态作进一步调整，这样才能准确地把卫星定点在赤道上空的同步轨道上。

图 P2-3 所示是以地球为参考系同步卫星发射过程中所经历的轨道，图 P2-4 所示是以太阳为参考系同步卫星的发射轨道。

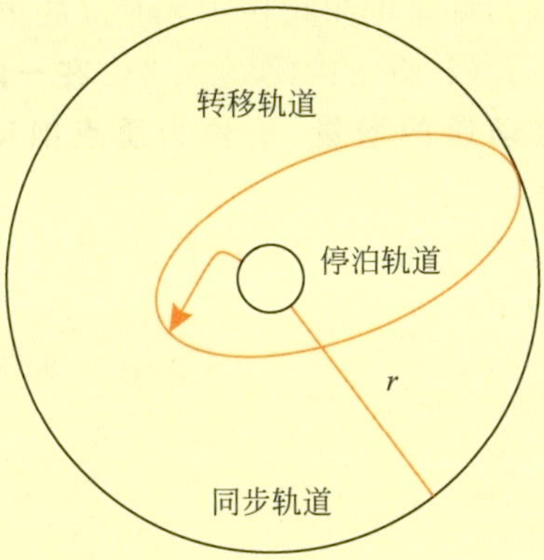

图 P2-3 以地球为参考系的同步卫星发射轨道

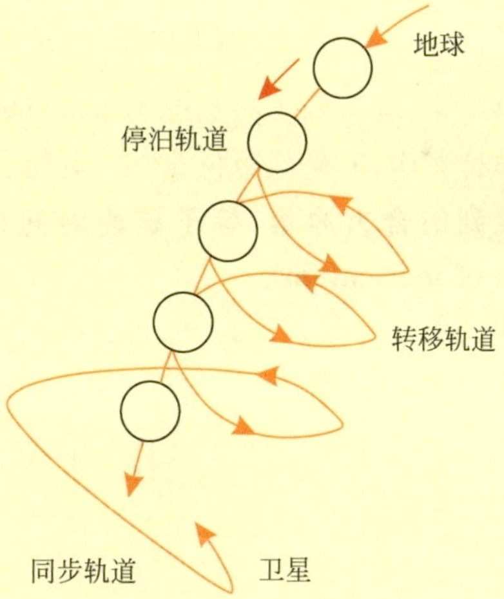

图 P2-4 以太阳为参考系的同步卫星发射轨道

2.2 动量 动量守恒定律

通过研究力对物体运动状态的影响，我们发现力不仅具有瞬时性，而且也具有持续性，牛顿运动定律研究的是力的瞬时性。力的持续性表现为对时间的持续，这种持续作用中，质点或质点系的动量将发生变化或转移。在一定条件下，质点系内的动量将保持守恒。动量守恒定律不仅适用于机械运动，而且适用于物理学中各种运动形式。可以这样说，它是自然界中已知的一些基本守恒定律的其中之一。

2.2.1 质点的动量及动量定理

当一个力作用于物体并维持一定时间，会产生什么效果呢？为此我们将引入描写力的时间积累作用的物理量。设一质量为 m 的质点受到合力 $\boldsymbol{F}(t)$ 作用，牛顿第二定律给出 $\boldsymbol{F}=\frac{\mathrm{d}\boldsymbol{p}}{\mathrm{d}t}=\frac{\mathrm{d}(m\boldsymbol{v})}{\mathrm{d}t}$，在外力对质点持续作用的一段时间内，力对时间的积分

$$\int \boldsymbol{F}(t)\mathrm{d}t=\int \mathrm{d}\boldsymbol{p} \tag{2-14}$$

假定在时刻 t_1、t_2 质点相应的速度分别为 $\boldsymbol{v}_1$ 和 $\boldsymbol{v}_2$，将式(2-14)从 $t_1 \to t_2$ 这段时间进行积分，得

$$\int_{t_1}^{t_2} \boldsymbol{F}(t)\mathrm{d}t=\boldsymbol{p}_2-\boldsymbol{p}_1=m\boldsymbol{v}_2-m\boldsymbol{v}_1 \tag{2-15}$$

我们把 $\int_{t_1}^{t_2}\boldsymbol{F}(t)\mathrm{d}t$ 称为力 $\boldsymbol{F}(t)$ 在时间间隔 t_2-t_1 内对质点的**冲量**(**impulse**)，用 $\boldsymbol{I}$ 表示。它是矢量，其方向一般与外力 $\boldsymbol{F}(t)$ 的方向相同。冲量的单位由力和时间的单位确定，在国际单位制中，冲量的单位是 N·s(牛顿·秒)。式(2-15)的物理意义是：**在一段时间内质点所受到的合力冲量，等于这段时间内该质点动量的增量**，这称为**质点的动量定理**(**theorem of momentum**)。

上述动量定理的表达式是矢量式，为计算方便，我们建立直角坐标系，把冲量、力和动量都分解成沿 x 轴、y 轴和 z 轴的分量，于是动量定律可写成分量形式：

$$\begin{cases} I_x=\int_{t_1}^{t_2}F_x\mathrm{d}t=mv_{2x}-mv_{1x} \\ I_y=\int_{t_1}^{t_2}F_y\mathrm{d}t=mv_{2y}-mv_{1y} \\ I_z=\int_{t_1}^{t_2}F_z\mathrm{d}t=mv_{2z}-mv_{1z} \end{cases} \tag{2-16}$$

式(2-16)表明，冲量在某个方向的分量等于在该方向上质点动量分量的增量。冲量在某一方向的分量只能改变该方向的动量分量，而不能改变与它相垂直的其他方向的动量分量。

如果物体(质点)所受的外力 $\boldsymbol{F}$ 为一恒力，则在 $t_1 \sim t_2$ 时间内，力 $\boldsymbol{F}$ 对物体的冲量可写为

$$\boldsymbol{I}=\boldsymbol{F}\cdot(t_2-t_1) \tag{2-17}$$

在直角坐标系中，式(2-17)在各坐标轴方向的分量式是

$$\begin{cases} I_x = \int_{t_1}^{t_2} F_x \mathrm{d}t = \bar{F}_x (t_2 - t_1) \\ I_y = \int_{t_1}^{t_2} F_y \mathrm{d}t = \bar{F}_y (t_2 - t_1) \\ I_z = \int_{t_1}^{t_2} F_z \mathrm{d}t = \bar{F}_z (t_2 - t_1) \end{cases} \tag{2-18}$$

质点的动量是一个状态量，而力的冲量表征力的时间累积效应是一个与过程有关的量。

在动量定理中，$\boldsymbol{F}$ 是方向和大小都可以变化的力，但是，我们可以不去管力的变化的细节，力的冲量总等于始末动量的矢量差，冲量的方向指向质点动量增量的方向。这就是利用动量定理解决问题的优点所在。

由动量定理可以知道，在相同的冲量作用下，不同质量物体的速度变化是不相同的，质量大的物体速度变化小，质量小的物体速度变化大，但它们的动量变化却是相同的，所以用动量的变化能更好地反映物体机械运动的状态变化。

质点的动量定理是牛顿第二定律的推论，因此它与牛顿第二定律一样只适用于惯性系。

动量定理在处理打击和碰撞等问题中特别有用。两物体碰撞时互相作用的力称为**冲力**(**impulsive force**)。冲力的特点是作用时间极短，而力的大小变化极快，这就是所谓的脉冲。一般而言，冲力大小随时间而变化，情况比较复杂，所以很难把每一时刻的冲力测量出来，因此，无法直接应用牛顿第二定律求解。但若我们能够知道两物体在碰撞前、后的动量，那么根据动量定理，就可得出物体所受的冲量。若能测出碰撞时间 Δt，那么还可以由冲量算出在碰撞时间 Δt 内的物体所受到的平均冲力 $\bar{\boldsymbol{F}}$。

如图 2-5 所示，假设冲力的方向不变，冲量的大小 I 就是冲力随时间变化的曲线下的面积。可以找到一个不变的力 $\bar{\boldsymbol{F}}$，使它在相同的时间 $\Delta t = t_2 - t_1$ 内的冲量与 I 相等，即图 2-5 中所示的阴影矩形面积与冲力曲线下的面积相等，因此得到

$$\bar{\boldsymbol{F}} \Delta t = \int_{t_1}^{t_2} \boldsymbol{F} \mathrm{d}t = m\boldsymbol{v}_2 - m\boldsymbol{v}_1$$

$$\bar{\boldsymbol{F}} = (m\boldsymbol{v}_2 - m\boldsymbol{v}_1)/\Delta t \tag{2-19}$$

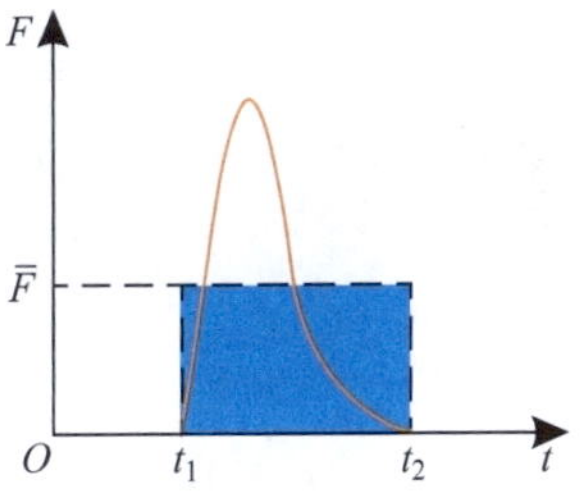

图 2-5 平均冲力

平均冲力的计算避开了复杂的冲力计算，对于估算打击或者碰撞的强度十分方便，读者可从下面的例题中体会。

[例题 2-6]

有一冲力作用在质量为 0.3kg 的物体上，物体最初处于静止状态，已知力大小 F 与时间 t 的关系为

$$F(t) = \begin{cases} 2.5 \times 10^4 t, & 0 \leqslant t \leqslant 0.02 \\ 2.0 \times 10^5 (t - 0.07)^2, & 0.02 < t \leqslant 0.07 \end{cases}$$

式中 F 的单位为 N，t 的单位为 s。求：(1)上述时间内的冲量、平均冲力大小；(2)物体的末速度大小。

解 (1) 由冲量的定义式有

$$I=\int_{t_1}^{t_2}F(t)\mathrm{d}t=\int_0^{0.02}2.5\times10^4t\mathrm{d}t+\int_{0.02}^{0.07}2.0\times10^5(t-0.07)^2\mathrm{d}t=13.3\mathrm{N\cdot s}$$

而平均冲力的大小为

$$\overline{F}=\frac{1}{t_2-t_1}\int_{t_1}^{t_2}F(t)\mathrm{d}t=\frac{1}{0.07-0}\times13.3\mathrm{N}=190\mathrm{N}$$

(2) 由动量定理得物体的末速度大小为

$$v_2=v_1+\frac{I}{m}=\left(0+\frac{13.3}{0.3}\right)\mathrm{m/s}=44.3\mathrm{m/s}$$

[例题 2-7]

如图 2-6 所示，一质量为 0.05kg、速率为 10m/s 的钢球，以与钢板法线成 45°的方向撞击在钢板上，并以相同的速率和角度弹出。设球与钢板的碰撞时间为 0.05s。求在此碰撞时间内钢板所受到的平均冲力。

解 由题意知 $v_1=v_2=v=10\mathrm{m/s}$，按图 2-6 所选定的坐标，$\boldsymbol{v}_1$ 和 $\boldsymbol{v}_2$ 均在 Oxy 平面内，故 $\boldsymbol{v}_1$ 在 Ox 轴和 Oy 轴上的分量为 $v_{1x}=-v\cos\alpha$，$v_{1y}=v\sin\alpha$，$\boldsymbol{v}_2$ 在 Ox 轴和 Oy 轴上的分量为 $v_{2x}=v\cos\alpha$，$v_{2y}=v\sin\alpha$。由动量定理的分量式(2-16)可得，在碰撞过程中球所受的冲量为

$$\overline{F}_x\Delta t=mv_{2x}-mv_{1x}=2mv\cos\alpha$$

$$\overline{F}_y\Delta t=mv_{2y}-mv_{1y}=0$$

因此，球所受的平均冲力为

$$\overline{F}=\overline{F}_x=\frac{2mv\cos\alpha}{\Delta t}$$

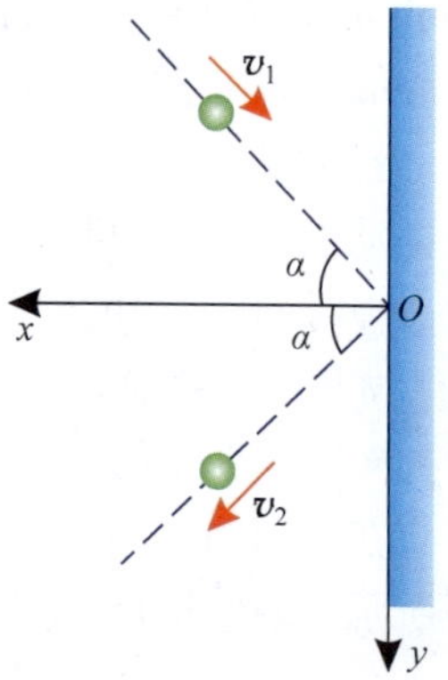

图 2-6 例题 2-7 用图

如令 $\overline{\boldsymbol{F}}'$ 为球对钢板作用的平均冲力，则由牛顿第三定律有 $\overline{\boldsymbol{F}}=-\overline{\boldsymbol{F}}'$，即球对钢板作用的平均冲力与钢板对球作用的平均冲力大小相等，方向相反，故有

$$\overline{F}'=\frac{2mv\cos\alpha}{\Delta t}$$

代入已知数据，得

$$\overline{F}'=14.1\mathrm{N}$$

$\overline{\boldsymbol{F}}'$ 的方向与 Ox 轴正向相反。

2.2.2 质点系的动量定理

在许多问题中常常会遇到由彼此间存在相互作用的若干个质点组成的系统，例如太阳

和行星组成的系统,**由存在相互作用的若干个质点组成的系统**称为**质点系**。

质点系内各质点的相互作用力称为**内力**,系统以外的其他物体对系统内任意一质点的作用力称为**外力**。内力总是成对出现的,大小相等,方向相反,它们是作用力与反作用力。

外力和内力都是相对系统而言的。例如,如果把地球、月球和太阳当作一个系统,那么它们之间的万有引力都是内力;如果把地球、月球当作一个系统,那么太阳对地球和月球的万有引力就变成外力,而地球和月球之间的万有引力才是内力。

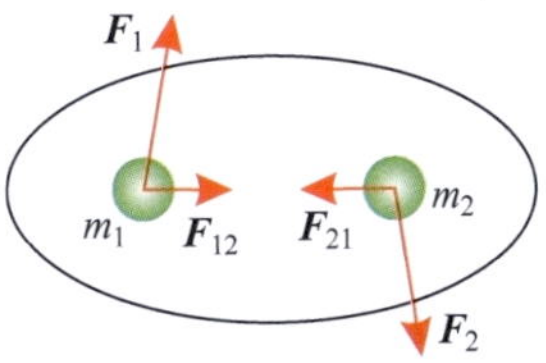

图 2-7 内力与外力

为简单起见,我们首先考虑由两个质量分别为 m_1、m_2 的质点组成的质点系,用 $\boldsymbol{F}_1$、$\boldsymbol{F}_2$ 分别表示 m_1、m_2 受到的外力,它们间的相互作用内力分别为 $\boldsymbol{F}_{12}$ 和 $\boldsymbol{F}_{21}$,如图 2-7 所示。

设两个物体在开始时刻 t_1 的初速度分别为 $\boldsymbol{v}_{10}$、$\boldsymbol{v}_{20}$,在结束时刻 t_2 的末速度分别为 $\boldsymbol{v}_1$、$\boldsymbol{v}_2$。对两个质点分别应用质点的动量定理,有

$$\int_{t_1}^{t_2}(\boldsymbol{F}_1+\boldsymbol{F}_{12})\mathrm{d}t=m_1\boldsymbol{v}_1-m_1\boldsymbol{v}_{10}$$

$$\int_{t_1}^{t_2}(\boldsymbol{F}_2+\boldsymbol{F}_{21})\mathrm{d}t=m_2\boldsymbol{v}_2-m_2\boldsymbol{v}_{20}$$

将两式相加,得到

$$\int_{t_1}^{t_2}(\boldsymbol{F}_1+\boldsymbol{F}_2)\mathrm{d}t+\int_{t_1}^{t_2}(\boldsymbol{F}_{12}+\boldsymbol{F}_{21})\mathrm{d}t=(m_1\boldsymbol{v}_1+m_2\boldsymbol{v}_2)-(m_1\boldsymbol{v}_{10}+m_2\boldsymbol{v}_{20})$$

因两内力的大小相等、方向相反,即 $\boldsymbol{F}_{12}=-\boldsymbol{F}_{21}$,因此上式变成

$$\int_{t_1}^{t_2}(\boldsymbol{F}_1+\boldsymbol{F}_2)\mathrm{d}t=(m_1\boldsymbol{v}_1+m_2\boldsymbol{v}_2)-(m_1\boldsymbol{v}_{10}+m_2\boldsymbol{v}_{20}) \tag{2-20}$$

式(2-20)的左边是作用于质点系中各质点的合外力的冲量,也就是系统所受合外力的总冲量,右边第一项是系统内两个质点的末动量之和,称为系统的**末动量**,而第二项是系统内两个质点的初动量之和,称为系统的**初动量**。因此,作用于系统的总冲量等于系统动量的增量。

如果系统包含两个以上的质点,可按照上述步骤对各个质点写出动量定理的表达式,再相加。由于系统质点间的内力总是成对出现的,所以其矢量和必为零。因此可得到

$$\int_{t_1}^{t_2}\boldsymbol{F}\mathrm{d}t=\boldsymbol{p}-\boldsymbol{p}_0 \tag{2-21}$$

其中,$\boldsymbol{F}$ 为系统所受的合外力,$\boldsymbol{p}$ 为系统的末动量,$\boldsymbol{p}_0$ 为系统的初动量。式(2-21)表明:**质点系受到的合外力的冲量等于系统动量的增量**,这就是**质点系的动量定理**。

应当指出,系统内各质点间相互作用的内力不会引起系统总动量的改变,系统总动量的改变完全由所受合外力的冲量来决定。但是,系统内各个质点动量的变化不仅与该质点所受外力的冲量有关,也和内力的冲量有关。

在实际生产和生活中常常利用动量定理处理一些问题。例如,轮船在停靠码头时,在码头和船体相接触处都有橡胶轮胎作为缓冲装备,这是为了延长碰撞时间以减小冲力。火车车厢两端的缓冲器和车底下的减振器都是为了达到这样的目的。当人们用手去接触抛过来

的篮球时，手在接触球后要先向后退缩一下，再把球握住，其目的也是延缓篮球对手的冲击时间，从而减小球对手的冲力。

[例题 2-8]

质量为1500kg的汽车在静止的驳船上在5s内自静止加速到5m/s，问缆绳作用于驳船的平均力有多大？

解 根据题意，将驳船和汽车作为研究系统。由题意可知，初始时刻，驳船和汽车系统的初动量为零，即 $p_0=0$。$t=5\text{s}$ 时系统的总动量为

$$p=mv=1500\times 5\text{kg}\cdot\text{m/s}=7500\text{kg}\cdot\text{m/s}$$

根据质点系的动量定理，系统在水平方向总动量的增量等于合外力 $\boldsymbol{F}$（即缆绳作用于驳船的平均力）的总冲量 $F\Delta t=\Delta p$，因此缆绳作用于驳船的平均力的大小为

$$F=\frac{\Delta p}{\Delta t}=\frac{7500}{5}\text{N}=1500\text{N}$$

2.2.3 动量守恒定律及其意义

动画：动量守恒定律

从式(2-21)可以看出，系统所受外力之矢量和等于零或完全不受外力，即满足 $\boldsymbol{F}=\boldsymbol{F}_1+\boldsymbol{F}_2+\cdots+\boldsymbol{F}_n=0$ 时，系统总动量的增量为零，即

$$\boldsymbol{p}-\boldsymbol{p}_0=0$$

也可以写成如下形式：

$$\boldsymbol{p}=\boldsymbol{p}_0=\text{常矢量} \tag{2-22}$$

这表明，**如果一个质点系所受的合外力为零，那么这一质点系的总动量就保持不变**。这就是**质点系的动量守恒定律**(law of conservation of momentum)。

动量守恒定律式(2-22)是矢量式，在实际问题中常常需要把它应用到某一个方向上。为计算方便，我们建立直角坐标系，把合外力和系统的动量都分解成沿 x 轴、y 轴和 z 轴的分量，于是动量守恒定律可写成分量形式：

$$\begin{cases}\text{当 } F_x=0 \text{ 时}, & p_x=C_1\\ \text{当 } F_y=0 \text{ 时}, & p_y=C_2\\ \text{当 } F_z=0 \text{ 时}, & p_z=C_3\end{cases} \tag{2-23}$$

式中，C_1、C_2 和 C_3 均为恒量。

特别地，在两个物体组成的系统中，若合外力的矢量和 $\boldsymbol{F}_1+\boldsymbol{F}_2=0$，则由

$$\int_{t_1}^{t_2}(\boldsymbol{F}_1+\boldsymbol{F}_2)\mathrm{d}t=(m_1\boldsymbol{v}_1+m_2\boldsymbol{v}_2)-(m_1\boldsymbol{v}_{10}+m_2\boldsymbol{v}_{20})=0$$

可得

$$(m_1\boldsymbol{v}_1-m_1\boldsymbol{v}_{10})=-(m_2\boldsymbol{v}_2-m_2\boldsymbol{v}_{20})$$

这表明：每个物体的动量都发生了变化，其中一个物体动量的增加，等于(或来源于)另一个物体动量的减少(即负的动量增量)，亦即两者交换了动量。物体动量变化和彼此交换动量的原因是它们之间内力的冲量分别对两个物体的作用。

应用动量守恒定律解决动力学问题时，可以不考虑系统在内力作用下发生的复杂变化，只需考虑变化前后系统的总动量，因此可带来很大方便。在应用动量守恒定律时应该注意以下几点：

(1) 动量是矢量，系统的总动量是指系统内所有质点的动量之矢量和，而一般不指代数和。动量守恒定律说明的是系统的总动量是不变量，并不表示其中某个质点的动量不变。实际上，系统内部各个质点的动量仍在变化，这一变化与质点所受的外力和内力的冲量有关，在内力的作用下，动量可以在系统内的各个质点之间转移。动量是物体机械运动的一种量度，动量守恒定律反映了系统内机械运动的转移。

(2) 动量守恒是对某一系统而言，它与系统的划分密切相关。在应用动量守恒定律时必须指明所考察的系统。另外，动量守恒定律式(2-22)中各个物体的速度应是相对于同一惯性系的速度，并且对各个质点的动量求和应是对某一时刻的各质点动量求和。

(3) 质点系动量守恒的条件是作用于质点系中各质点的所有外力的矢量和为零，因此，在应用质点系统的动量守恒定律时，必须明确动量守恒是有条件的。如果在所考虑的时间内，系统所受外力之矢量和不为零，但是系统所受外力与系统的内力相比甚小而可忽略不计时，系统的总动量仍然可以近似看成是守恒的。例如，对于碰撞、爆炸等过程，虽外力不为零，但过程极为短暂且内力远大于外力(如空气阻力、摩擦力或重力等)，外力往往可忽略，认为系统动量仍然保持守恒。

(4) 根据式(2-23)，如果系统受到的合外力不为零，但是合外力在某一方向上的分量为零，此时尽管系统的总动量并不守恒，但是系统在该方向上的动量仍然保持守恒，即动量守恒定律可在某一方向上成立。

(5) 质点系的动量守恒定律虽然由牛顿运动定律推导而来，但近代的科学实验和理论分析表明，动量守恒定律不仅适用于宏观物体的运动过程，也适用于分子、原子、原子核等微观粒子的相互作用过程，不仅适用于低速运动物体的运动过程，也适用于高速运动物体的运动过程，它比牛顿运动定律具有更大的普遍性，是物理学最普遍、最基本的定律之一，是自然界的普适定律。

[例题 2-9]

一炮弹以速率 v_0 沿仰角 θ 的方向发射出去后，在轨道的最高点爆炸为质量相等的两块，一块沿 45°仰角向上飞，一块沿 45°俯角向下冲，如图 2-8 所示，问：刚爆炸后，这两块碎片的速率各为多少？

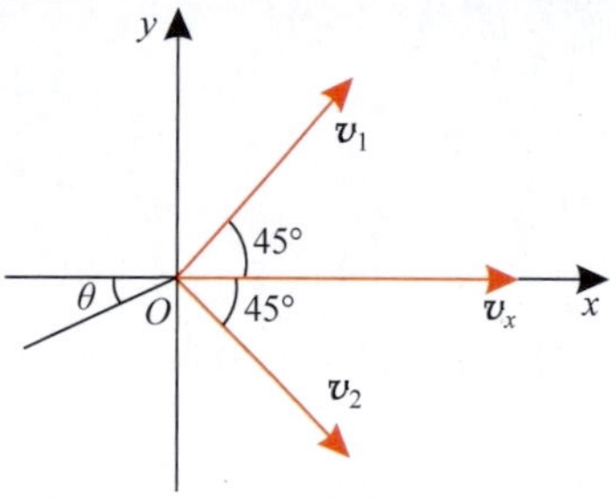

图 2-8　例题 2-9 用图

解　建立如图 2-8 所示的直角坐标系，由抛体运动可知，在最高点，炮弹竖直方向的速率为零，水平方向的速率为

$$v_x = v_0\cos\theta$$

设爆炸后两块碎片的质量均为$\frac{m}{2}$，沿 45°仰角向上飞的碎片速率为 v_1，沿 45°俯角向下冲的碎片速率为 v_2，由动量守恒定律式(2-23)得，在 Ox 轴和 Oy 轴上的分量式如下：

$$\frac{m}{2}v_1\cos45° + \frac{m}{2}v_2\cos45° = mv_0\cos\theta$$

$$\frac{m}{2}v_1\sin45° - \frac{m}{2}v_2\sin45° = 0$$

解得

$$v_1 = v_2 = \sqrt{2}\,v_0\cos\theta$$

2.3 能量守恒定律

2.2 节我们研究了力对时间的累积效应，而当一个力作用于物体上，使质点的位置发生一定变化时，物体的运动状态也要改变。我们把外力对物体作用一段距离而产生的效果，称为**力对物体的空间累积效应**。描写这个累积效应的物理量就是**功**(**work**)。外力对物体做功，物体运动的能量必然要发生相应的变化，为此本节进一步讨论功与能的关系。

2.3.1 功和功率

功的概念是在人类长期的生产实践中逐渐形成的。在力学中，恒力的功的定义是：**恒力对质点所做的功等于力在质点位移方向上的分量与位移大小的乘积**。

设物体(可视为质点)在恒力 $\boldsymbol{F}$ 作用下作直线运动，其位移为 $\Delta\boldsymbol{r}$，力与位移的夹角为 α，如图 2-9 所示，由恒力的功的定义可得，力在这段位移上所做的功为

$$W = \boldsymbol{F}\cdot\Delta\boldsymbol{r} = F\,|\Delta\boldsymbol{r}|\cos\alpha \qquad (2\text{-}24)$$

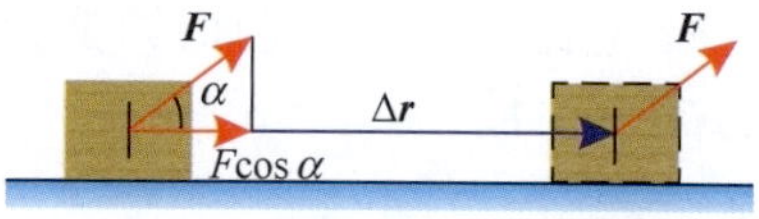

图 2-9　恒力的功

功是标量。功的大小随力 $\boldsymbol{F}$ 与位移之间的夹角 θ 的变化而变化。从式(2-24)可以看出，当 $0°<\alpha<90°$时，$W>0$，$\boldsymbol{F}$ 对物体做正功；当 $\alpha=90°$时，即力的方向与位移的方向垂直时，$W=0$，$\boldsymbol{F}$ 对物体不做功；当 $180°\geqslant\alpha>90°$时，$W<0$，$\boldsymbol{F}$ 对物体做负功。

下面讨论变力做功的问题。如图 2-10 所示，一质点在变力 $\boldsymbol{F}$ 的作用下沿曲线路径 l 运

动。设经时间间隔 dt，质点的位移为 $d\boldsymbol{r}$，相应的元路程是 ds，ds 近似为与 $d\boldsymbol{r}$ 重合的直线，且 $ds=|d\boldsymbol{r}|$。在这段无穷小的元路程上，可以认为力 $\boldsymbol{F}$ 的大小和方向的变化都很小，即 $\boldsymbol{F}$ 可以看作是恒力。按照功的定义式(2-24)，$\boldsymbol{F}$ 对质点所做的元功为

$$dW=F\cos\alpha\, ds=F\cos\alpha\,|d\boldsymbol{r}|=\boldsymbol{F}\cdot d\boldsymbol{r} \tag{2-25}$$

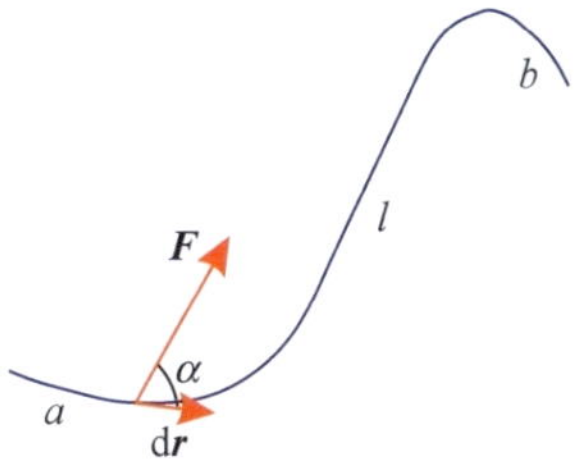

图 2-10 变力的功

如果质点在力 $\boldsymbol{F}$ 的作用下沿曲线 l 从点 a 移动到点 b，则力 $\boldsymbol{F}$ 所做的总功为所有位移元上该力所做元功之总和，即对 dW 积分：

$$W_{ab}=\int_a^b \boldsymbol{F}\cdot d\boldsymbol{r} \tag{2-26}$$

在直角坐标系中，可以把力 $\boldsymbol{F}$ 和位移元 $d\boldsymbol{r}$ 分解，因此，式(2-26)可写成

$$W_{ab}=\int_a^b (F_x dx+F_y dy+F_z dz) \tag{2-27}$$

功常用图示法来表示，这种计算方法比较简单。如图 2-11 所示，图中的曲线表示 $F\cos\alpha$ 随路径变化的函数关系，曲线下的面积等于变力所做功的代数值。

上面仅讨论了一个力对质点所做的功。若有几个力同时作用在质点上，它们所做的功是多少呢？设有力 $\boldsymbol{F}_1,\boldsymbol{F}_2,\cdots,\boldsymbol{F}_n$ 同时作用在质点上，它们的合力为 $\boldsymbol{F}$。根据功的定义，合力 $\boldsymbol{F}$ 所做的功为

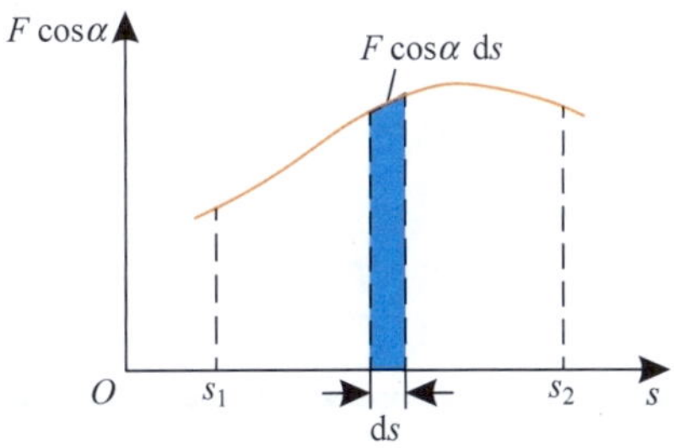

图 2-11 变力做功的图示

$$\begin{aligned}W&=\int_a^b \boldsymbol{F}\cdot d\boldsymbol{r}\\&=\int_a^b(\boldsymbol{F}_1+\boldsymbol{F}_2+\boldsymbol{F}_3+\cdots+\boldsymbol{F}_n)\cdot d\boldsymbol{r}\\&=\int_a^b\boldsymbol{F}_1\cdot d\boldsymbol{r}+\int_a^b\boldsymbol{F}_2\cdot d\boldsymbol{r}+\cdots+\int_a^b\boldsymbol{F}_n\cdot d\boldsymbol{r}\\&=W_1+W_2+\cdots+W_n\end{aligned} \tag{2-28}$$

式(2-28)表明：**合力所做的功为各分力所做的功的代数和**。

在国际单位制中，力的单位是 N(牛顿)，位移的单位是 m(米)，所以功的单位是 N · m(牛顿 · 米)，称为 J(焦耳或焦)。

[例题 2-10]

一个物体沿 x 轴作直线运动，所受合力沿 x 轴方向，大小为 $F=1+3x^2$(N)，试求该物体从 $x=0$ 处运动到 $x=2$m 处时合力所做的功。

解 由题意可知，物体受到一个变力作用。由于物体只在 x 轴上移动，所以该力对该物体所做的功为

$$W=\int_{x_1}^{x_2}F dx=\int_0^2(1+3x^2)dx=(x+x^3)\Big|_0^2=(2+2^3)\text{J}=10\text{J}$$

［例题 2-11］

一质量为 m 的物体由静止出发作直线运动，受到力 $F=t$ 作用，求在时间 T 内此力所做的功。

解 由题意可知，物体受到一个变力 $F=t$ 作用，该变力是时间 t 的函数，因此，需要进行积分变量的变换。力 $\boldsymbol{F}$ 所做的元功 $\mathrm{d}W=\boldsymbol{F}\cdot\mathrm{d}\boldsymbol{r}=F\mathrm{d}x$，利用关系 $\mathrm{d}x=v\mathrm{d}t$，有

$$W=\int F\mathrm{d}x=\int_0^T tv\mathrm{d}t$$

根据牛顿运动定律

$$F=m\frac{\mathrm{d}v}{\mathrm{d}t}=t$$

$$\mathrm{d}v=\frac{t}{m}\mathrm{d}t \tag{a}$$

由题意可知，当 $t=0$ 时，初速率 $v_0=0$。设任意时刻 t 的速率为 v，对式(a)进行积分：

$$\int_0^v \mathrm{d}v=\int_0^t \frac{t}{m}\mathrm{d}t$$

积分后得到速率 v 随时间 t 变化的函数关系为

$$v=\frac{t^2}{2m} \tag{b}$$

将式(b)代入前面的功的积分式 $W=\int_0^T tv\mathrm{d}t$，得到此力所做的功为

$$W=\int_0^T t\frac{t^2}{2m}\mathrm{d}t=\frac{T^4}{8m}$$

在实际问题中，我们不仅要知道力做功的大小，而且要知道做功的快慢。为了描述力做功的快慢，我们引入**功率**(**power**)的概念。它定义为：**力在单位时间内所做的功**。设在时间间隔 Δt 内力所做的功为 ΔW，那么在这段时间内的平均功率为

$$\overline{P}=\frac{\Delta W}{\Delta t} \tag{2-29}$$

当 $\Delta t\to 0$ 时，上式的极限就是 t 时刻的瞬时功率 P，简称为功率

$$P=\lim_{\Delta t\to 0}\frac{\Delta W}{\Delta t}=\frac{\mathrm{d}W}{\mathrm{d}t} \tag{2-30}$$

根据式(2-25)有

$$P=\frac{\mathrm{d}W}{\mathrm{d}t}=\boldsymbol{F}\cdot\frac{\mathrm{d}\boldsymbol{r}}{\mathrm{d}t}=\boldsymbol{F}\cdot\boldsymbol{v} \tag{2-31}$$

式(2-31)表明，功率等于力 $\boldsymbol{F}$ 与物体速度 $\boldsymbol{v}$ 的标积。由式(2-31)可知，当汽车的发动机功率一定时，若要加大牵引力，就得降低速度；反之，若要获得较大的速度，牵引力就得减小。一般汽车发动机的功率是恒定的(如早先的上海桑塔纳轿车，发动机的最大功率是 66kW)，在汽车刚启动行驶或爬坡时，因所需驱动力较大，司机总是调到低速挡驾驶。

在国际单位制中，功率的单位是 J/s(焦耳/秒)，符号为 W(瓦特或瓦)，也常用 kW(千

瓦)作单位,1kW=10^3 W。

2.3.2 质点的动能定理

力对空间有了累积效应,我们就说力对质点做了功。那么力的空间累积效应(做功)将会产生怎样的效果呢?本节将从牛顿运动定律出发,导出力对质点做功与质点动能改变的关系。

如图 2-12 所示,一质量为 m 的质点在合力 $\boldsymbol{F}$ 作用下自起点 a 沿曲线路径 l 运动到终点 b,设质点在 a 点的速度为 $\boldsymbol{v}_a$,在 b 点速度为 $\boldsymbol{v}_b$,作用在位移元 d$\boldsymbol{r}$ 上的合外力 $\boldsymbol{F}$ 与 d$\boldsymbol{r}$ 之间的夹角为 θ,合力 $\boldsymbol{F}$ 的切向分量 $F_t = F\cos\theta = ma_t$,则合力 $\boldsymbol{F}$ 所做的功为

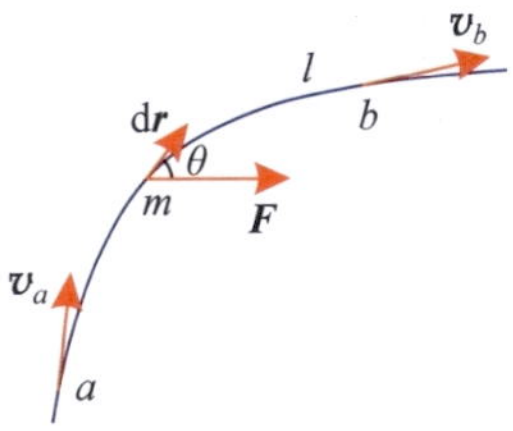

图 2-12 质点的动能定理

$$W_{ab} = \int_a^b \boldsymbol{F} \cdot \mathrm{d}\boldsymbol{r} = \int_a^b F_t \mathrm{d}s = \int_a^b m a_t \mathrm{d}s = \int_a^b m \frac{\mathrm{d}v}{\mathrm{d}t}\mathrm{d}s$$

进行如下积分变换:

$$\frac{\mathrm{d}v}{\mathrm{d}t}\mathrm{d}s = \frac{\mathrm{d}s}{\mathrm{d}t}\mathrm{d}v = v\mathrm{d}v$$

因此,上述路径积分就变换为对速率 v 的积分

$$W_{ab} = \int_{v_a}^{v_b} mv\mathrm{d}v$$

对式右边进行积分,即得

$$W_{ab} = \frac{1}{2}mv_b^2 - \frac{1}{2}mv_a^2 \tag{2-32}$$

式中,$\frac{1}{2}mv^2$ 是与质点运动状态有关的参量,叫做质点的**动能**(**kinetic energy**),用 E_k 表示,这样 $E_{ka} = \frac{1}{2}mv_a^2$ 和 $E_{kb} = \frac{1}{2}mv_b^2$ 分别表示质点在起始和终了位置时的动能,式(2-32)可写成

$$W_{ab} = E_{kb} - E_{ka} \tag{2-33}$$

式(2-33)表明,**合力对质点所做的功等于质点动能的增量**,这个结论称为**质点的动能定理**(**theorem of kinetic energy**)。它表述了做功与质点运动状态改变(即动能的增量)之间的关系。

关于质点的动能和动能定理还应说明以下几点:

(1) 功与动能之间的联系和区别。由质点动能定理式(2-33)可知,只有合外力对质点做功,才能使质点的运动发生变化。所以,质点动能的改变可用功来量度。但是不能把功与动能混为一谈。前面讲过,动能是反映物体运动状态的物理量,是一种状态量。亦即物体在某时刻(或相应的位置)处于一定的运动状态,就相应地具有一定的动能。而功涉及力所经历的位移过程,是一个与空间过程有关的过程量。如果说质点在某一时刻或某一位置有多少功,是没有任何意义的。

(2) 动能和动量之间的联系和区别。动能和动量都是利用质量和速度来表示物体的运动状态的,它们都是运动状态的函数,因而两者之间必然存在着内在联系。不难看出,两者在数量上的关系为

$$E_k = \frac{p^2}{2m} \tag{2-34}$$

当然，两者也是有区别的，动量是矢量，它与过程中力的问题相联系，纯属机械运动的性质；而动能是标量，它与运动过程中力的功相联系，它是能量的一种形式。能量并不限于机械运动，还有其他形式的能量，如热能、电磁能、核能等。

动能是标量，其单位与功的单位相同，也是J(焦耳)。

应该指出，若在一个力学问题中涉及质点在力的作用下经历一段位移过程，虽然也可以运用牛顿运动定律求解，但是若从功与能的观点出发，运用质点动能定理求解，往往要简便得多。

[例题 2-12]

质量为 m 的质点系在一端固定的绳子上，在粗糙水平面上作半径为 R 的圆周运动。当它运动一周时，速度由初速 v_0 减小为 $v_0/3$。求：(1)摩擦力做的功；(2)静止前质点运动了多少圈。

解 (1) 由动能定理，质点在运动一周的过程中，摩擦力对它所做的功等于质点动能的增量，即

$$W=\frac{1}{2}mv^2-\frac{1}{2}mv_0^2=\frac{1}{2}m\left(\frac{v_0}{3}\right)^2-\frac{1}{2}mv_0^2=-\frac{4}{9}mv_0^2$$

计算结果表明，摩擦力对质点做负功，或者说质点克服摩擦力做了正功，损失了动能。

(2) 设质点在静止前运动了 n 圈，则质点走的路程是 $n2\pi R$，摩擦力做的功为

$$\int_0^{n\cdot 2\pi R} f\cos\theta \mathrm{d}s=-\int_0^{n\cdot 2\pi R}\mu mg\,\mathrm{d}s=-n\mu mg2\pi R$$

静止时质点的动能为零，根据质点的动能定理得

$$-n\mu mg2\pi R=0-\frac{1}{2}mv_0^2$$

利用 $-\mu mg2\pi R=-\frac{4}{9}mv_0^2$ 可解得质点转的圈数为

$$n=\frac{9}{8}$$

2.3.3 保守力与非保守力　势能

2.3.2 节我们介绍了作为机械运动能量之一的动能。现在从重力、万有引力、弹性力和摩擦力做功的特点出发，引出**保守力**(conservative force)与**非保守力**(nonconservative force)的概念，然后介绍重力势能、引力势能与弹性势能。

1. 保守力做功

不同性质的力所做的功具有不同的特征。下面我们讨论重力、万有引力和弹性力所做的功，并分析其特征。

(1) 重力做功

设一质量为 m 的质点，在重力 $\boldsymbol{P}=m\boldsymbol{g}$ 作用下，从位置 a 沿一曲线路径 acb 运动到位置

b，始、末位置 a 点和 b 点相对于地面的高度分别为 h_a 和 h_b，建立竖直向上的 Oh 轴，如图 2-13 所示。我们把曲线 acb 分成许多位移元，在位移元 $\mathrm{d}\boldsymbol{r}$ 中，重力所做的元功为

$$\mathrm{d}W=\boldsymbol{P}\cdot\mathrm{d}\boldsymbol{r}=m\boldsymbol{g}\cdot\mathrm{d}\boldsymbol{r}=mg\ |\mathrm{d}\boldsymbol{r}|\ \cos\theta=-mg\,\mathrm{d}h$$

这样，在全部路程中，重力 $\boldsymbol{P}$ 所做的功为

$$W_{ab}=\int_{acb}\mathrm{d}W=\int_{h_a}^{h_b}(-mg)\,\mathrm{d}h$$
$$=mgh_a-mgh_b \tag{2-35}$$

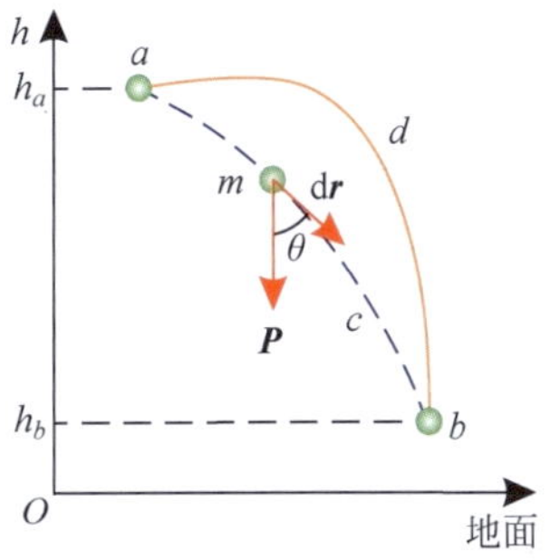

图 2-13　重力的功

如果质点从位置 a 沿另外一条曲线路径 adb 运动到位置 b，重力 $\boldsymbol{P}$ 所做的功也是这个数值。上述结果表明，**重力所做的功与质点所经过的路径无关，只与质点的始、末位置有关**。这是重力做功的一个重要特点。

(2) 万有引力做功

如图 2-14 所示，有两个质量分别为 m_0 和 m 的质点，其中质点 m_0 固定不动，质点 m 在万有引力的作用下从 a 点经任意曲线路径运动到 b 点。以 m_0 所在处为坐标原点，a、b 两点距 m_0 的距离分别为 r_a 和 r_b。设在某一时刻质点 m_0 指向 m 的方向为矢径 r 的正方向，当 m 沿路径移动位移元 $\mathrm{d}\boldsymbol{r}$ 时，万有引力所做的元功为

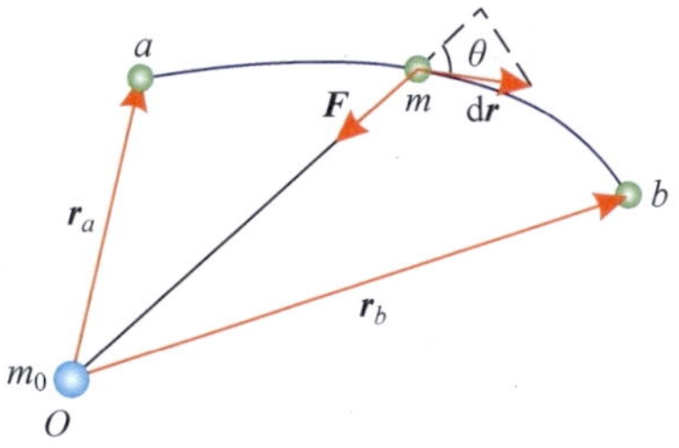

图 2-14　万有引力做功

$$\mathrm{d}W=\boldsymbol{F}\cdot\mathrm{d}\boldsymbol{r}$$

这样，质点 m 在万有引力的作用下从 a 点经任意曲线路径运动到 b 点，万有引力所做的功为

$$W=\int_{r_a}^{r_b}\boldsymbol{F}(r)\cdot\mathrm{d}\boldsymbol{r}$$

由于 $\boldsymbol{F}\cdot\mathrm{d}\boldsymbol{r}=F\,|\mathrm{d}\boldsymbol{r}|\cos(\pi-\theta)=-F\,|\mathrm{d}\boldsymbol{r}|\cos\theta=-F\mathrm{d}r$，这样就将式中对矢径 $\boldsymbol{r}$（矢量）的积分变换为对矢径长度 r（标量）的积分，因此

$$W_{ab}=\int_{r_a}^{r_b}-\frac{Gm_0m}{r^2}\mathrm{d}r=\left(-\frac{Gm_0m}{r_a}\right)-\left(-\frac{Gm_0m}{r_b}\right) \tag{2-36}$$

式中 G 为万有引力常量。

如果质点从位置 a 沿另外一条路径运动到位置 b，引力 $\boldsymbol{F}$ 所做的功也是这个数值，即万有引力所做的功与质点所经过的路径无关，只与质点的始、末位置（r_a 和 r_b）有关。

(3) 弹性力做功

如图 2-15 所示，一放置在光滑平面上劲度系数为 k 的弹簧，其一端固定，另一端与质量为 m 的物体相连接。当弹簧在水平方向不受外力作用时，它将不发生形变，此时物体位于 O 点，即 $x=0$，这一位置称为平衡位置。取 x 轴正向向右，相应的单位矢量为 $\boldsymbol{i}$，将弹簧向右拉 $x(x>0)$ 位移时，物体受到弹簧向左的弹性力，即 $\boldsymbol{F}=-kx\boldsymbol{i}$。

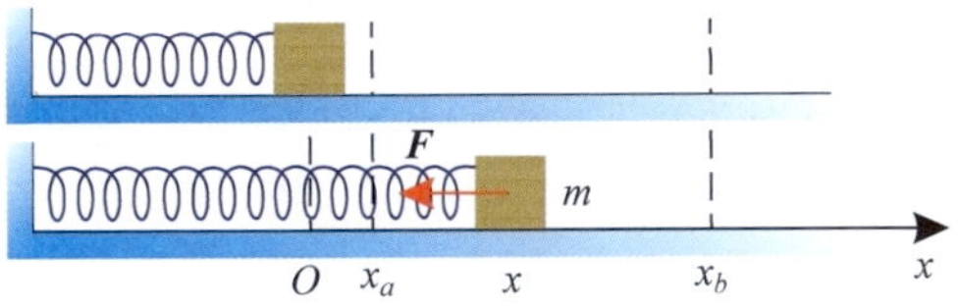

图 2-15　弹性力做功

在弹簧被拉长的过程中，弹性力是变力，但弹簧伸长 $\mathrm{d}x$ 时的弹性力近似看成是不变

的，于是，当物体产生位移 $\mathrm{d}x\boldsymbol{i}$ 时，弹性力做的元功为

$$\mathrm{d}W=\boldsymbol{F}\cdot\mathrm{d}x\boldsymbol{i}=-kx\,\mathrm{d}x$$

这样，当物体从初始位置 x_a(即 a 点)运动到末位置 x_b(即 b 点)的过程中，弹性力对物体所做的功为

$$W_{ab}=\int_{x_a}^{x_b}-kx\,\mathrm{d}x=\frac{1}{2}kx_a^2-\frac{1}{2}kx_b^2 \tag{2-37}$$

同样地，弹性力所做的功只和始末位置 x_a、x_b 有关，而与物体移动的具体路径无关。这个特点与重力做功和万有引力做功的特点是相同的。

2. 保守力和非保守力

从上面介绍的重力、万有引力和弹性力做功的讨论中可以看出，它们都有一个共同的特点，即所做的功只和始末位置有关，而与物体经历的具体路径无关。我们把具有这种特点的力称为**保守力**。保守力做功与路径无关的特点，可用另一种方式表述：**物体沿任意闭合路径 L 绕行一周时，保守力 $\boldsymbol{F}$ 对它所做的功为零**，用数学式表示为

$$W=\oint_L\boldsymbol{F}\cdot\mathrm{d}\boldsymbol{r}=0 \tag{2-38}$$

然而，在物理学中并非所有的力都具有做功与路径无关这一特点，例如常见的摩擦力(一个物体在一个不光滑的平面上移动时，若经历不同的路径从同一始位置到达同一末位置，则显然在路程较长的路径上摩擦力做了更多的功)，物体间相互作用非弹性碰撞时的冲击力，我们把这种做功与路径有关的力称为**非保守力**。因此，物体沿任意闭合路径 L 绕行一周时，非保守力 $\boldsymbol{F}$ 对它所做的功不等于零。即

$$W=\oint_L\boldsymbol{F}\cdot\mathrm{d}\boldsymbol{r}\neq 0 \tag{2-39}$$

3. 势能

上面关于保守力做功的特征表明：如果物体在保守力的作用下运动，那么物体从初始位置运动到末位置的过程中，无论它经历了什么路径，保守力对它所做的功都是相同的。为此，可以引入势能的概念。我们把**物体处在保守力作用下的某个位置所具有的能量**称为**势能**(**potential**)，用 E_{p} 表示。于是，三种势能分别为

重力势能(gravitational potential energy)

$$E_{\mathrm{p}}=mgh$$

引力势能(gravitational potential energy)

$$E_{\mathrm{p}}=-\frac{Gm_0m}{r}$$

弹性势能(elastic potential energy)

$$E_{\mathrm{p}}=\frac{1}{2}kx^2$$

因此，式(2-35)、式(2-36)和式(2-37)可统一写成

$$W=-(E_{\mathrm{p2}}-E_{\mathrm{p1}})=-\Delta E_{\mathrm{p}} \tag{2-40}$$

式(2-40)表明，保守力对物体所做的功等于物体势能的减少。

势能是一个标量，势能的单位与功的单位相同。

对于势能概念的理解,还应注意以下几点:

(1) 势能是态函数。

在保守力作用下,只要确定了物体的起始和终了位置,保守力所做的功也就确定了,所以说势能是坐标的函数,即态函数,可写成 $E_p=E_p(x,y,z)$。

(2) 势能的相对性。

用保守力做功定义的只是势能的变化,因此,势能只有相对意义,客观上并不存在某一位置绝对的势能,某一位置的势能是相对于一个基准位置来说的。通常可把基准位置的势能人为地规定为零,即**势能零点**。势能零点可任意选取,但选取不同的势能零点,势能值将不同。无论势能零点如何选取,两固定位置之间的势能差总是相同的。一般选地面作为重力势能零点,无限远处为引力势能的零点,弹簧处于原长(其伸长或压缩量 $x=0$)时的平衡位置作为弹性势能的零点。

(3) 势能是属于系统的。

势能是属于参与保守力相互作用的物体所组成的系统的,而不是属于其中个别物体的。例如,重力势能是属于地球与受重力作用的物体所组成的系统。对弹簧的弹性势能来说也是如此,它属于物体与弹簧所组成的弹性系统。但为了叙述方便,把系统等字省去,常常说成是"物体的势能"。

[例题 2-13]

一质量为 m 的陨石从距地面高 h 处,由静止开始落向地面,设地球半径为 R,引力常量为 G,地球质量为 M,忽略空气阻力。求:陨石下落过程中,万有引力做的功是多少?

解 利用保守力的功和势能变化的关系式(2-36):

$$W_{ab}=\int_{r_a}^{r_b}-\frac{Gm_0m}{r^2}\mathrm{d}r=\left(-\frac{Gm_0m}{r_a}\right)-\left(-\frac{Gm_0m}{r_b}\right)$$

可得陨石和地球间的引力所做的功为

$$W_{ab}=\left(-\frac{GMm}{R+h}\right)-\left(-\frac{GMm}{R}\right)=\frac{GMmh}{R(R+h)}$$

这一例子说明,在已知势能公式的条件下,求保守力的功时,可以不管路径如何,也就可以不做积分运算了,这当然简化了计算过程。

2.3.4 机械能守恒定律

前面我们讨论了质点机械运动的能量——动能和势能,以及合外力对质点做功引起质点动能改变的动能定理。可是,在许多实际问题中,我们需要研究由许多质点所构成的系统,这时系统内的质点,既受到系统内各质点之间相互作用的内力,又可能受到系统外的质点对系统内质点作用的外力。例如,把弹簧和与弹簧相连接的物体视为一个系统时,弹簧与物体间的作用力为内力，而空气对弹簧和物体的阻力则为外力。

1. 质点系的动能定理

由式(2-33)单个物体(质点)的动能定理，可以推广到由多个物体组成的质点系系统。下面我们讨论质点系中功和能之间的关系。

设质点系由 n 个质点组成，各质点的初动能分别为 $E_{k10}, E_{k20}, E_{k30}, \cdots$，末动能分别为 $E_{k1}, E_{k2}, E_{k3}, \cdots$，作用于各个质点的力所做的功分别为 $W_1, W_2, W_3, \cdots$。由质点的动能定理，可得

$$W_1 = E_{k1} - E_{k10}$$
$$W_2 = E_{k2} - E_{k20}$$
$$W_3 = E_{k3} - E_{k30}$$
$$\vdots$$

将以上各式相加得

$$W = E_k - E_{k0} = \Delta E_k \tag{2-41}$$

式中，W 表示作用在 n 个质点上的力所做功之和，E_k 是系统内所有质点的末动能之和(称为系统的末态总动能)，E_{k0} 是系统内所有质点的初动能之和(称为系统的初态总动能)，ΔE_k 表示质点系总动能的增量。式(2-41)表明：**所有作用于质点系的力对质点系做的功之和等于质点系总动能的增量**。这就是**质点系的动能定理**。

正如前面所说，系统内的质点所受的力，既有来自系统外的力，也有来自系统内各质点间的内力，虽然系统内每一对内力是作用力与反作用力，所有内力的矢量和为零，但一对相互作用的质点受力后的位移不一定相同，内力做功的代数和不一定等于零，所以，作用于质点系的力所做的功应该是所有外力对质点系做的功与所有内力对质点系做的功之和。内力可以改变系统的总动能，质点系的任一运动状态对应一定的总动能，总动能的增量可正可负，视功的正负而定。

[例题 2-14]

如图 2-16 所示，在光滑的水平面上有一质量为 m_B 的静止物体 B，在 B 上又有一质量为 m_A 的静止物体 A。A 在受到冲击后以速率 v_A(相对于水平面)向右运动，A 和 B 之间的摩擦因数为 μ，A 逐渐带动 B 一起运动，问 A 从开始运动到相对于 B 静止时，在 B 上运动多远?

解 确定物体 A 和物体 B 组成的系统为研究对象，A 和 B 之间的摩擦力是内力，在 A 受到冲击以后系统在水平方向不受外力，即 $W_外=0$，因此，水平方向上的动量守恒。设 A 相对于 B 静止时的速度为 v，即此时它们具有共同的速度 v。根据系统的动量守恒定律得

$$m_A v_A = (m_A + m_B) v \tag{a}$$

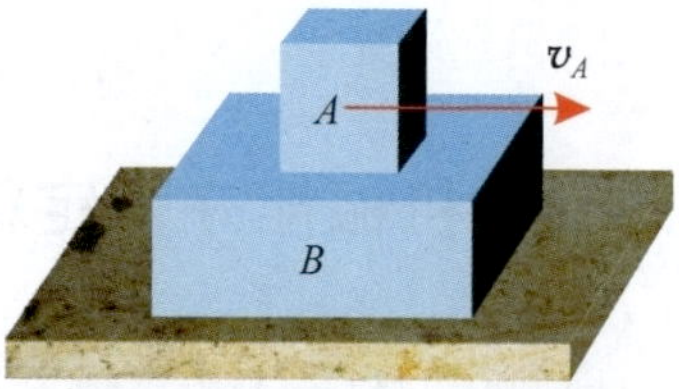

图 2-16　例题 2-14 用图

在垂直方向系统受到的重力始终与水平面的支持力相平衡，且与运动方向垂直，因而不做功。但 A 和 B 之间的摩擦力 $-\mu m_A g$ 是内力，它做的功不为零。设 A 从开始运动到相对于 B 静止时，A 在 B 上移动了 x 的距离，则内力做功为

$W=-\mu m_A gx$。由质点系的动能定理

$$W_{外}+W=E_k-E_{k0}$$

得

$$-\mu m_A gx=\frac{1}{2}(m_A+m_B)v^2-\frac{1}{2}m_A v_A^2 \tag{b}$$

联立解式(a)和式(b)，得到 A 在 B 上移动的距离为

$$x=\frac{m_B v_A^2}{2\mu g(m_A+m_B)}$$

2. 质点系的功能原理

我们知道，作用于质点系的力，如果从力做功的特点来区分，有保守力与非保守力之分，无论是外力或是内力，都可以进一步把它们分为保守力和非保守力。因此，质点系的动能定理中，功是一切力所做的功，包括外力对质点系所做的功和系统保守内力和非保守内力所做的功，它们做的功分别用 $W_{外}$、$W_{保内}$ 和 $W_{非保内}$ 表示，这样，质点系的动能定理表达式可写成

$$W_{外}+W_{保内}+W_{非保内}=E_k-E_{k0} \tag{2-42}$$

对于每一个保守力，都可以定义与之相应的势能。已知保守力所做的功等于势能的减少(势能增量的负值)。设在质点系的运动过程中，质点系初态的势能是 E_{p0}，末态势能是 E_p，则质点系内各保守内力所做的功为

$$W_{保内}=E_{p0}-E_p=-\Delta E_p \tag{2-43}$$

将式(2-43)代入式(2-42)，得到

$$W_{外}+(E_{p0}-E_p)+W_{非保内}=E_k-E_{k0}$$

移项，得到

$$W_{外}+W_{非保内}=(E_k+E_p)-(E_{k0}+E_{p0}) \tag{2-44}$$

将质点系的动能和势能之和定义为质点系的**机械能**(**mechanical energy**)，用符号 E 表示，则

$$E=E_k+E_p \tag{2-45}$$

有了机械能的定义，式(2-44)就可以写成

$$W_{外}+W_{非保内}=E-E_0 \tag{2-46}$$

式(2-46)表明：**质点系在运动过程中，外力所做的功与系统内非保守内力所做的功总和等于质点系机械能的增量**。这就是**质点系的功能原理**(**principle of work and energy**)。

对于机械能和功能原理的理解，还应注意以下几点：

(1) 质点系的机械能是表征质点系机械运动状态的能量，质点系的机械运动状态由质点系内各个质点的速度和各个质点间的相对位置确定，各个质点的速度决定了质点系的动能，各个质点间相对位置决定了质点系的势能。因此，质点系在一定运动状态下就具有一定的动能和势能，因而具有一定的机械能。

(2) 功和机械能是密切相关的，它们之间既有联系，又有区别。功是机械能变化与转换的量度，机械能是物体系统在一定运动状态下所具有的做功本领。

(3) 功能原理实际上是质点系动能定理的另一种表达式，它们都给出了机械运动能量与功之间的关系。但是在利用质点系的功能原理或质点系的动能定理求解力学问题时，需

要注意它们之间的区别。质点系的动能定理要求计算系统外力所做的功和系统的保守内力所做的功及非保守内力所做的功。但保守内力所做的功,例如重力的功和弹性力的功等,在功能原理表述中不再出现,已为系统势能的变化所代替。因此,在解决问题时,如果计算了保守内力所做的功(用质点系动能定理的形式),就不必考虑势能的变化,反之,考虑了势能的变化(用功能原理的形式),就不必计算保守内力所做的功。

3. 机械能守恒定律

根据质点系的功能原理式(2-46),在一个力学过程中,若系统的外力和非保守力都不做功,或者它们所做的功之和为零,即 $W_{外}+W_{非保内}=0$,那么 $E-E_0=0$,也就是

$$E=E_0=常量 \tag{2-47}$$

它的物理意义是,**如果一个质点系的所有外力和非保守内力都不做功或其做功之和为零,则质点系内各物体的动能和势能可以互相转换,但质点系的机械能总是保持为一常量**。这就是**机械能守恒定律**(**law of conservation of mechanical energy**)。

在满足机械能守恒条件的情况下,系统内的动能与势能是可以相互转换的,而其转换是通过系统内保守力做功来实现的。

视频:机械能守恒定律

如果系统存在着非保守内力,并且这种非保守内力做功,则系统的机械能将与其他形式的能量转换。

大量实验事实证明,在系统机械能发生变化的同时,必然有等值的其他形式的能量在变化,使得整个系统内各种形式的能量的总和保持不变。这就是说,**在自然界中任何系统都具有能量,能量有各种不同的形式,可以从一种形式转换为另一种形式,从一个物体传递给另一个物体(或系统),在转换和传递的过程中,能量不会消失,也不能创生**。这一结论称为**能量守恒定律**(**law of transformation and conservation of energy**)。

能量守恒定律是在概括了无数实验事实的基础上建立起来的,它是物理学中最具有普遍性的定律之一,也是整个自然界都服从的普遍规律。

能量守恒定律可以使我们更深刻地理解功的意义。当外界用做功的方式使一个系统的能量变化时,其实质是这个系统和另一个系统(指外界)之间发生了能量的交换,而所交换的能量在数量上就等于功。但是不能把功和能看作是等同的。功是过程量,它总是和能量变化或交换的过程相联系,而能量只决定于系统的状态,能量是状态量。

[例题 2-15]

第一宇宙速度(first cosmic velocity)是指使物体可以环绕地球表面作匀速圆周运动的速度;第二宇宙速度(second cosmic velocity)是指物体逃离地球引力飞向星际空间所需要的在地面上的最小发射速度,又称为逃逸速度(escape velocity)。计算这两个速度。

解 第一宇宙速度可以用牛顿运动定律求出。设将质量为 M、半径为 R 的地球和质量为 m 的物体作为一个系统。物体以速率 v 绕地球作匀速率圆周运动,使物体保持稳定圆周轨道运动的条件是地球的引力等于物体作圆周运动的向心力,即

$$m\frac{v_1^2}{R}=\frac{GMm}{R^2}$$

整理得

$$v_1=\sqrt{\frac{GM}{R}}=\sqrt{Rg}$$

代入 R 和 g 的数值，得

$$v_1=\sqrt{6.4\times10^6\times9.8}\,\mathrm{m/s}=7.9\times10^3\,\mathrm{m/s}$$

这就是地球的第一宇宙速度。

第二宇宙速度要通过机械能守恒定律计算。由于物体在太空运动，可以忽略大气阻力，所以地球和物体系统不受外力作用，唯一的内力（万有引力）是保守内力，因此，系统的机械能守恒。物体逃脱地球引力时的势能为零，如果在地面上以最小发射速度 v_2 发射物体，那么物体逃脱地球引力时的动能也为零。按照机械能守恒定律

$$\frac{1}{2}mv_2^2-\frac{GMm}{R}=0$$

式中左边第一项是物体在地面的发射动能，第二项是物体在地面的引力势能。由此可得

$$v_2=\sqrt{\frac{2GM}{R}}=\sqrt{2Rg}=11.2\times10^3\,\mathrm{m/s}$$

此即地球的第二宇宙速度。

天体的逃逸速度与天体的半径和密度有关。如果天体的半径很小，密度很大，以至于逃逸速度超过光速 c，即 $\sqrt{2GM/R}>c$，那么这个天体即使发光，引力也会把光吸引回来，远处的观察者根本接收不到该天体的任何信息，这种天体称为黑洞（black hole）。令 $\sqrt{2GM/R_c}=c$，则有

$$R_c=\frac{2GM}{c^2}$$

这称为临界半径。对于地球 $R_c=0.9\mathrm{cm}$，当地球缩小到半径小于 1cm 的小球时，它就变成一个黑洞。黑洞附近的引力极强，只有利用广义相对论才能确切地描述。寻找和确定宇宙中的黑洞，是当今天体物理学中的一个研究热点。图 2-17 所示为神舟六号载人飞船，图 2-18 所示为“钱德拉”X 射线观测望远镜发现的黑洞图片。

图 2-17　神舟六号载人飞船

图 2-18　“钱德拉”X 射线观测望远镜发现的黑洞图片

2.3.5 碰撞

在日常生活中常见的一些现象，如踢足球、打桩、锻造、乒乓球的接发和扣杀，可以称之为两个物体之间相互作用时间极短的现象，这种现象称为**碰撞**(collision)。两物体在碰撞过程中，它们之间相互作用的内力较之其他物体对它们作用的外力要大得多，因此，在研究两物体间的碰撞问题时，可将其他物体对它们作用的外力忽略不计。如果在碰撞后，两物体的动能之和完全没有损失，那么，这种碰撞叫做**完全弹性碰撞**(elastic collision)。实际上，在两物体碰撞时，由于非保守力的作用，致使机械能转换为热能、声能、化学能等其他形式的能量，或其他形式的能量转换为机械能，这种碰撞就是**非弹性碰撞**(inelastic collision)。如两物体在非弹性碰撞后以同一速度运动，这种碰撞叫做**完全非弹性碰撞**(completely inelastic collision)。下面通过举例来讨论完全非弹性碰撞和完全弹性碰撞。

视频：完全弹性碰撞

[例题 2-16]

如图 2-19 所示的冲击摆是一种测子弹速率的装置。图中木块的质量为 M，被悬挂在细绳的下端。有一个质量为 m 的子弹以速率 v_0 沿水平方向射入木块后，子弹与木块将一起摆至 h 处。试求此子弹射入木块前的速率。

解 对复杂问题可以分为几个阶段研究，其中前一阶段的结论就是后一阶段的初始条件。该过程可以分为两个阶段来分析。第一阶段是：子弹射入木块并停止在木块内，在此过程中，属完全非弹性碰撞，故机械能不守恒而沿水平方向的动量守恒；第二阶段是：子弹随木块一起摆至最高位置，在这过程中，如把子弹、木块和地球作为一个系统，并略去空气阻力，那么，系统的机械能守恒，木块在子弹的冲击下获得的动能转换为重力势能。如以 v 为子弹进入木块后与木块一道运动的速率，那么，据以上分析可得

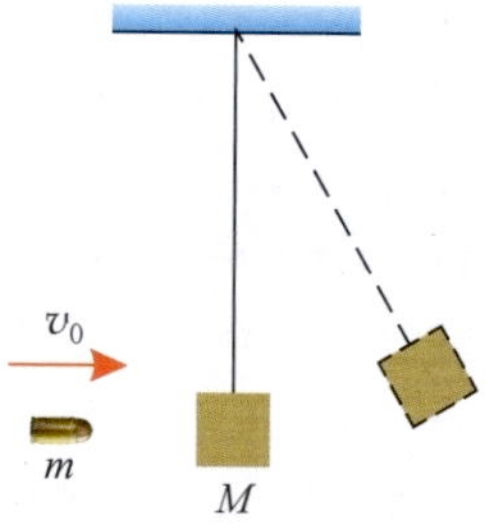

图 2-19 例题 2-16 用图

$$mv_0=(M+m)v$$

$$\frac{1}{2}(M+m)v^2=(M+m)gh$$

由以上两式可解得

$$v_0=\frac{m+M}{m}(2gh)^{\frac{1}{2}}$$

可见，若分别测出 m、M 和 h，就可计算出子弹的速率了。如 $m=5.0\times10^{-3}$kg，$M=2.0$kg，$h=3.0\times10^{-2}$m，那么可计算得 $v_0=307$m/s，$v=0.767$m/s。

[例题 2-17]

如图 2-20 所示，设 A、B 两球的质量相等，B 球静止在水平桌面上，A 球在桌面上以向右的速度 $v_1=30\text{m/s}$ 冲击 B 球，两球相碰后，A 球沿与原来前进的方向成 $\alpha=30°$ 的方向前进，B 球获得的速度与 A 球原来运动方向成 $\beta=45°$。若不计摩擦，求碰撞后 A、B 两球的速率 v_1' 和 v_2' 各为多少？

解 将相碰时的两球看作一个系统，碰撞时的冲力为内力，系统仅在铅直方向受重力和桌面支持力等外力的作用，它们相互平衡，因而，系统所受外力的矢量和为零，于是动量守恒，有

$$m_A\boldsymbol{v}_1+\boldsymbol{0}=m_A\boldsymbol{v}_1'+m_B\boldsymbol{v}_2'$$

沿 v_1 的方向取 x 轴，与它相垂直的方向取 y 轴（见图 2-20），两轴都位于水平桌面上。于是上述矢量式的分量式为

$$m_Av_1+0=m_Av_1'\cos\alpha+m_Bv_2'\cos\beta$$

$$0+0=m_Av_1'\sin\alpha-m_Bv_2'\sin\beta$$

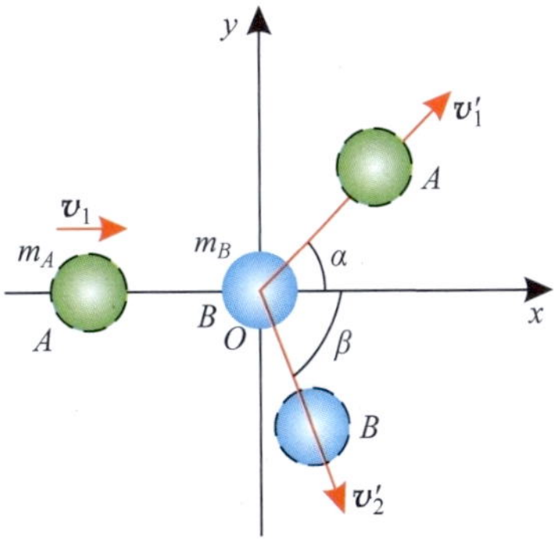

图 2-20 例题 2-17 用图

以 $m_A=m_B$，$\alpha=30°$，$\beta=45°$代入上两式，联立求解；由题可知 $v_1=30\text{m/s}$，得

$$v_1'=\frac{2v_1}{\sqrt{3}+1}=\frac{2\times30}{\sqrt{3}+1}\text{m/s}=22.0\text{m/s}$$

$$v_2'=\frac{\sqrt{2}v_1}{\sqrt{3}+1}=\frac{\sqrt{2}\times30}{\sqrt{3}+1}\text{m/s}=15.5\text{m/s}$$

*2.4 理想流体的性质和伯努利方程

2.4.1 理想流体

流体(fluid)是指具有流动性且自身不能保持一定形状的物体，如液体和气体。在研究流体动力学时实际上是考察流体的宏观运动现象。流体运动时，把流体看作连续介质，也就是把所考察的流体看作是大量质点组成的体系，从而应用质点系的力学规律来讨论流体的运动。

严格地说，流体都是可压缩的，但液体的压缩量很小，例如，水受压从 1 个大气压增加至 100 大气压时，其体积仅减小 0.5%。因此，通常可以忽略液体的可压缩性，这样的流体称为**不可压缩流体**。而气体的可压缩性则非常明显，由热力学可知，当温度不变时，气体的体积与压强成反比，例如用不太大的力推动活塞就可以使气缸中的气体压缩到很小的体积。若

气流速度接近或超过声速，气体的可压缩性会变得非常明显，但在气流速度较小处，气体中各处的密度不随时间发生明显变化的情况下，也可把气体看成不可压缩的。

实际的流体在各层面间有相对运动时，就会出现阻碍这种相对运动的力，称为**黏性力**，又称为**内摩擦力**。流体的这种性质称为黏性。一般流体都有或多或少的黏性，但多数流体，如水、空气、酒精等，黏性很小，在许多问题的研究中往往都可以忽略。在研究流体流动的问题中，如果流体的可压缩性和黏性都处于极为次要的地位，就可以忽略其黏性和可压缩性。忽略黏性后，不可压缩的流体称为**理想流体**(**ideal fluid**)。

2.4.2 连续性方程

分析流体的运动时，在整个流道中，流过各点的流体元的速度不随时间变化的流动称为**稳定流动**或**稳流**。也就是说，流体内的任意一个流体元的速度可以随着它的不同位置而改变，但经过空间每个指定位置时所有流体元都保持一个相同的确定速度。图 2-21 所示是一实际流体元沿它的轨迹运动。可以发现，当它在 a 处时，速度为 $\boldsymbol{v}_1$，而在 b 处时，速度为 $\boldsymbol{v}_2$，如果是稳定流动，则所有的流体元通过 a 点时速度都为 $\boldsymbol{v}_1$，而通过 b 处时，速度为 $\boldsymbol{v}_2$。每个流体元在稳定流动时通过的路径称为**流线**(**streamline**)。在这样的条件下，流体的速度可以被认为是位置的函数。相反，如果各个位置上的速度是时间的函数，流动就是不稳定的，下面仅讨论稳定流动的情形。

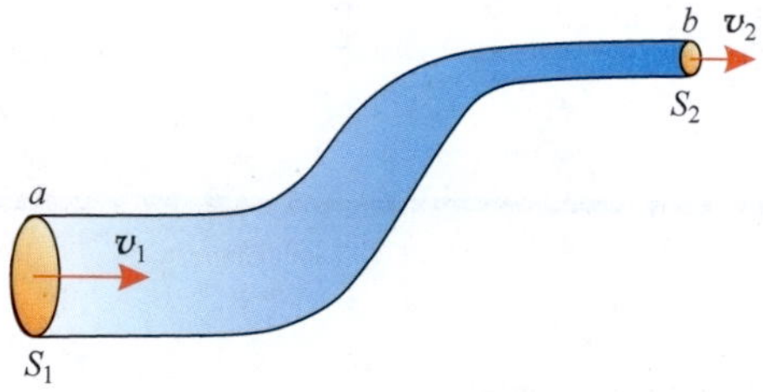

图 2-21 连续性原理

在生活中，你一定看到过小河中流水的速率随河道宽窄而变的景象：河道越窄，流动越快；河道越宽，流动越慢。为了求出理想流体的流速与其截面的定量关系，假设流体在如图 2-21 所示的“流线管”中作稳定流动。在 Δt 时间内通过 a 处横截面积为 S_1 的流体的体积是以 S_1 为底、高为 $v_1\Delta t$ 的圆柱体的体积，其值为 $S_1v_1\Delta t$，同样，在相同时间内通过 b 处横截面积为 S_2 的流体的体积为 $S_2v_2\Delta t$。在稳定流动的条件下，流体就不可能在 S_1 和 S_2 之间发生积聚或短缺，于是流进 S_1 的流体必定等于同一时间内从 S_2 流出的流体的体积。因此

$$S_1v_1\Delta t = S_2v_2\Delta t \tag{2-48}$$

或

$$S_1v_1 = S_2v_2$$

这称为稳流的**连续性方程**，它说明“流线管”中的流速和管的截面积成反比。用橡皮管给花草洒水时，要想流出的水出口速率大一些就把管口用手指封住一些，就是这个道理。

2.4.3 伯努利方程

由牛顿第二定律我们知道，流体速度的变化与流体内各部分的相互作用力或压强相联系。下面我们求出理想流体稳定流动的运动和力的关系。若有一稳定流动的理想液体，其密度为 ρ，初末端面分别为 a、b，在 x 轴对应的坐标分别为 x_1、x_2，如图 2-22 所示。

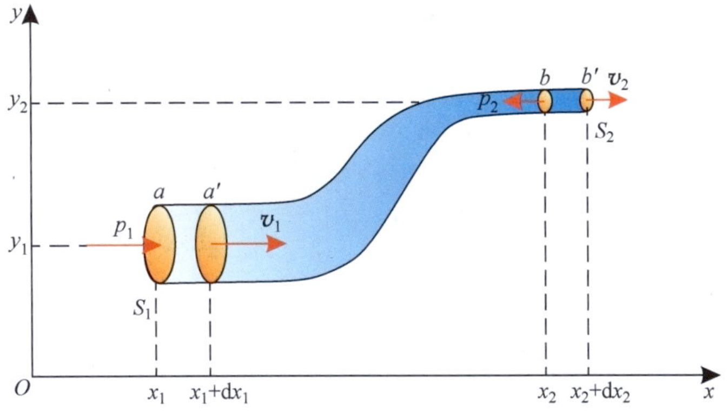

图 2-22 理想流体稳定流动

在很短的时间间隔 Δt 内，流体最初的端面 a 被推进到 a'，位移为 dx_1，端面 b 被推进到 b'，位移为 dx_2。因为 a 和 b 之间流体的体积保持不变，所以只考虑图中两个小体积元内的流体。若流体内 a、b 面上的压强分别为 p_1、p_2，则 a、b 面上的压力对这两个小体积元做的净功为

$$dW = p_1 S_1 dx_1 - p_2 S_2 dx_2$$

因为体积元

$$S_1 dx_1 = S_2 dx_2 = dV$$

所以

$$dW = (p_1 - p_2)dV$$

而重力做功为

$$\begin{aligned} dW' &= -dm \cdot g(y_2 - y_1) \\ &= -\rho \cdot g(y_2 - y_1)dV \end{aligned}$$

由动能定理得

$$(p_1 - p_2)dV - \rho \cdot g(y_2 - y_1)dV = \frac{1}{2}\rho dV v_2^2 - \frac{1}{2}\rho dV v_1^2$$

整理得

$$p_1 + \rho g y_1 + \frac{1}{2}\rho v_1^2 = p_2 + \rho g y_2 + \frac{1}{2}\rho v_2^2$$

写成一般结果：

$$p + \rho g y + \frac{1}{2}\rho v^2 = 常量 \tag{2-49}$$

式(2-49)的结果称为**伯努利原理**或**伯努利方程**(**Bernoulli's equation**),它是能量守恒定律在理想流体情况下的具体形式。

如果流体仅在水平方向上移动,如图 2-23 所示,其重力势能保持常量,则式(2-49)简化为

$$p+\frac{1}{2}\rho v^{2}=\text{常量} \tag{2-50}$$

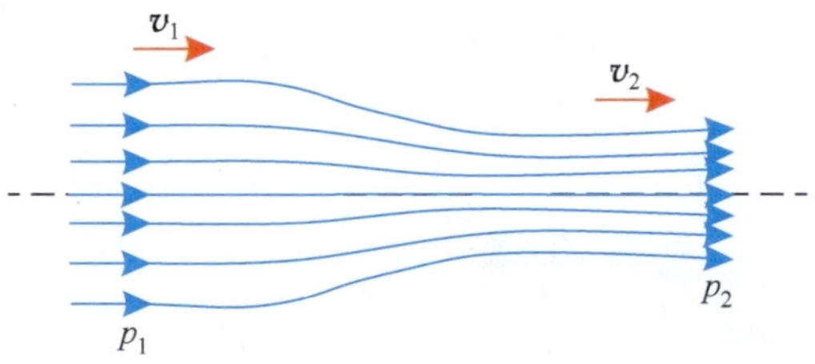

图 2-23　水平方向移动的流体

对于一个水平流线管,流速最大时,压强最小;相反,流速最小时,压强最大。这个结果被用于产生飞机的升力。设计时,机翼前侧的上表面空气的流速比下表面的大,因而上方的压强比下方小。于是,这个压强差的存在就产生一个向上的力。

当流体在管中静止或以恒定的速度运动时,流体的动能是一个常量,伯努利方程变为

$$p+\rho g y=\text{常量}$$

设常量为 p_0,则不可压缩流体的平衡条件为

$$p=p_0-\rho g y$$

例如,湖面($y=0$)的压强是由于它上方的空气引起的,由于湖水可看作不可压缩的,压强随水深 y(y 为负值)的增大而增大。

[例题 2-18]

图 2-24 所示为文丘里流量计,它是用来测定管道中流量或流速的仪器,它具有一狭窄"喉形管",此喉形管和管道分别与一压强计的两端相通,试用压强计所示的压强差表示管中的流速。

解　以 S_1 和 S_2 分别表示管道和喉形管的横截面积,以 $\boldsymbol{v}_1$ 和 $\boldsymbol{v}_2$ 分别表示通过它们的流速,以 p_1 和 p_2 分别表示它们的压强。根据连续性方程,有

$$v_2=S_1v_1/S_2$$

由于管子平放,由式(2-50)形式的伯努利方程可得

$$p_1+\frac{1}{2}\rho v_1^2=p_2+\frac{1}{2}\rho v_2^2$$

$$=p_2+\frac{1}{2}\rho v_1^2(S_1/S_2)^2$$

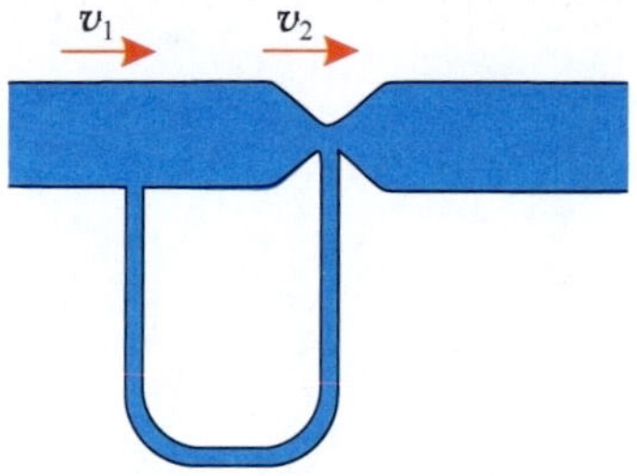

图 2-24　文丘里流量计

由此得管中流速为

$$v_1=\sqrt{\frac{2(p_1-p_2)}{\rho\left[(S_1/S_2)^2-1\right]}}$$

原理应用

分析“哥伦比亚”号航天飞机失事的原因

“哥伦比亚”号是美国第一架正式服役的航天飞机，其舱长 18m，能装运 36t 的货物。航天飞机外形像一架大型三角翼飞机，机尾装有三个主发动机，和一个巨大的推进剂外储箱，里面装着几百吨的液氧、液氢燃料。外储箱附在机身腹部向航天飞机供给进入太空轨道所需的燃料；外储箱两边各有一枚固体燃料助推火箭。整个组合装置约 2000t。

2003 年 2 月 1 日，美国东部标准时间上午 9 时许，美国“哥伦比亚”号航天飞机在返回途中飞临得克萨斯州上空时解体坠毁，7 名机组宇航员全部遇难，酿成航天史上一大悲惨事故。关于“哥伦比亚”号失事的原因，调查美国“哥伦比亚”号航天飞机事故的独立委员会的专家一致认为，一块从主燃料箱脱落的泡沫绝缘材料撞击飞机左翼使其发生严重破损，最后导致航天飞机在返航进入地球大气层途中，因它与大气层的摩擦而产生的超高温气体从破损处入侵，造成内部线路和金属部件融化，出现机毁人亡的事故。那么，泡沫块为何成为“哥伦比亚”号失事的原因呢？这里主要运用力学模型和规律对“哥伦比亚”号失事的原因作些分析解释，以使读者对物理知识在航天器中的运用有所了解。图 P2-5 是美国“哥伦比亚”号航天飞机在佛罗里达州肯尼迪航天中心发射升空照片，图 P2-6 是“哥伦比亚”号航天飞机在降落时解体的照片。

图 P2-5　美国“哥伦比亚”号航天飞机在佛罗里达州肯尼迪航天中心发射升空

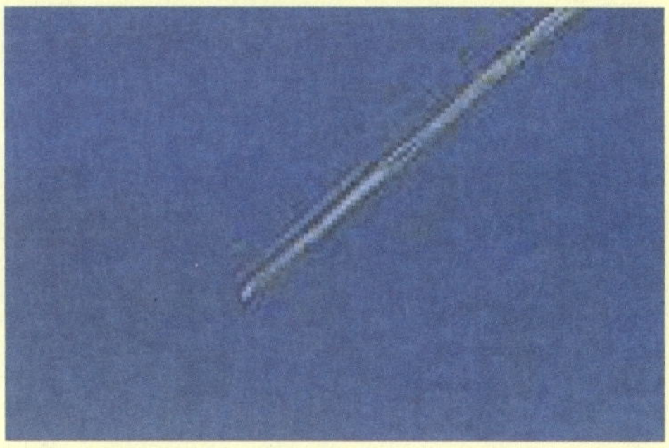

图 P2-6　“哥伦比亚”号航天飞机在降落时解体

据美国宇航局(NASA)负责航天计划的官员于 2003 年 2 月 5 日在新闻发布会上说，撞击航天飞机左翼的泡沫块最大为 20 英寸(约 50.8cm)长，16 英寸(约 40.6cm)宽，6 英寸(约 15.2cm)厚，其质量大约不到 1.3kg，撞击速率约为 250m/s，而航天飞机的上升速率大约为 700m/s。下面，我们根据这些数据将泡沫块与航天飞机的相撞看成完全非弹性碰撞，来估算“哥伦比亚”号航天飞机左翼受到的平均撞击力。

取地面为参考系，按上面提出的力学模型，则泡沫块碰上航天飞机后随同飞机一起运动，设航天飞机的质量为 M，上升速率为 v；泡沫块的质量为 m，撞击速率为 v_0。二者相撞后的共同速率为 u，所有速度方向与航天飞机上升的方向在同一条直线上，设沿航天飞机运动的方向为坐标的正方向，根据动量守恒定律得

$$(M+m)u=(Mv+mv_0)$$

所以

$$u=(Mv+mv_0)/(M+m)=[v+(m/M)v_0]/(1+m/M)$$

因为航天飞机的质量 M 远大于泡沫块的质量 m，所以 $u\approx v=700\text{m/s}$。

将泡沫块看成质点，参考系和坐标系与前面相同，估算“哥伦比亚”号航天飞机左翼受到的平均撞击力。

(1) 如果碰撞前泡沫块的运动方向与航天飞机的运动方向相反，设泡沫块对航天飞机的平均撞击力为 $\bar{F}_1$，根据动量定理得

$$\bar{F}_1\Delta t=mu-mv_0 \tag{P2-1}$$

已知 $m=1.3\text{kg}$，$u=700\text{m/s}$，$v_0=-250\text{m/s}$。对于碰撞时间间隔 Δt，可以利用美国宇航局所提供的研究数据。美国宇航局进行的研究表明，$\Delta t=2.11\times10^{-2}\text{ s}$。将以上数据代入式(P2-1)，得

$$\bar{F}_1=5.85\times10^4\text{N}$$

(2) 如果碰撞前泡沫块的运动方向与航天飞机的运动方向相同，将 $u=700\text{m/s}$，$v_0=250\text{m/s}$ 代入式(P2-1)，可得泡沫块对航天飞机的平均撞击力 $\bar{F}_2$ 为

$$\bar{F}_2=1.3\times(700-250)/(2.11\times10^{-2})\text{N}=2.77\times10^4\text{N}$$

由上述计算可知，无论泡沫块的运动方向与航天飞机的运动方向是相同还是相反，泡沫块对“哥伦比亚”号的平均撞击力的数量级都达到 10^4N，该力足以使航天飞机左翼等处的隔热瓦损坏，造成机毁人亡的事故。当然，对“哥伦比亚”号失事原因的分析讨论只是一种近似的估算。

内容提要

1. 牛顿运动定律

牛顿第一定律： 任何物体都保持静止或匀速直线运动的状态，除非作用在它上面的力迫使它改变这种状态。

牛顿第二定律： 物体受到外力作用时，它所获得的加速度的大小与外力的大小成正比，与物体的质量成反比，加速度的方向与外力的方向相同，即

$$\boldsymbol{F}=m\boldsymbol{a}=m\frac{\mathrm{d}\boldsymbol{v}}{\mathrm{d}t}$$

牛顿第三定律： 对于每一个作用，总有一个相等的反作用与之相应，或者说，两个物体对各自对方的相互作用总是相等的，而且指向相反的方向。

2. 物理学中常见的力

万有引力大小 $F_1=F_2=G\dfrac{m_1m_2}{r^2}$，重力 $P=mg$，弹性力 $F=-kx$，最大静摩擦力 $F_{\max}=\mu_sF_N$ 和滑动摩擦力 $F=\mu F_N$。

3. 牛顿运动定律的简单应用

应用牛顿运动定律解决简单的直线和圆周运动问题。

4. 基本概念

冲量：力 $\boldsymbol{F}$ 对物体的冲量定义为

$$\boldsymbol{I}=\int_{t_1}^{t_2}\boldsymbol{F}(t)\mathrm{d}t$$

在各坐标轴方向的分量式是

$$I_x=\int_{t_1}^{t_2}F_x\mathrm{d}t=\bar{F}_x(t_2-t_1)$$

$$I_y=\int_{t_1}^{t_2}F_y\mathrm{d}t=\bar{F}_y(t_2-t_1)$$

$$I_z=\int_{t_1}^{t_2}F_z\mathrm{d}t=\bar{F}_z(t_2-t_1)$$

动量：物体的质量 m 与速度矢量 $\boldsymbol{v}$ 的乘积定义为物体的动量，即

$$\boldsymbol{p}=m\boldsymbol{v}$$

功：力在质点位移方向上的分量与位移大小的乘积，即

$$W_{ab}=\int_a^b\boldsymbol{F}\cdot\mathrm{d}\boldsymbol{r}$$

功率：力在单位时间内所做的功。

势能：物体处在保守力作用下的某个位置时所具有的能量称为势能。

重力势能：$E_{\mathrm{p}}=mgh$

引力势能：$E_{\mathrm{p}}=-\dfrac{Gm_0m}{r}$

弹性势能：$E_{\mathrm{p}}=\dfrac{1}{2}kx^2$

动能：$E_{\mathrm{k}}=\dfrac{1}{2}mv^2$

5. 基本原理

动量定理：

$$\boldsymbol{I}=\int_{t_1}^{t_2}\boldsymbol{F}\mathrm{d}t=m\boldsymbol{v}_2-m\boldsymbol{v}_1$$

动量守恒定律：

$$m_1v_{1x}+m_2v_{2x}+\cdots+m_nv_{nx}=\text{恒量}\left(\text{在}\sum F_{ix}=0\text{ 条件下}\right)$$

$$m_1v_{1y}+m_2v_{2y}+\cdots+m_nv_{ny}=\text{恒量}\left(\text{在}\sum F_{iy}=0\text{ 条件下}\right)$$

$$m_1v_{1z}+m_2v_{2z}+\cdots+m_nv_{nz}=\text{恒量}\left(\text{在}\sum F_{iz}=0\text{ 条件下}\right)$$

质点的动能定理：

$$W=\int_a^bF\cos\alpha\,\mathrm{d}s=\frac{1}{2}mv_b^2-\frac{1}{2}mv_a^2$$

功能原理：

$$W_{\text{外}}+W_{\text{非保内}}=(E_{\mathrm{k}}+E_{\mathrm{p}})-(E_{\mathrm{k0}}+E_{\mathrm{p0}})$$

机械能守恒定律：

$$E_{\mathrm{k}}+E_{\mathrm{p}}=E_{\mathrm{k0}}+E_{\mathrm{p0}}=\text{恒量}$$

6. 连续性方程：$S_1v_1=S_2v_2$

伯努利方程：$p+\rho gy+\frac{1}{2}\rho v^2=$常量

习题

一、选择题

2-1　关于惯性有下面四种表述，其中正确的为(　　)。

(A) 物体静止或作匀速运动时具有惯性

(B) 物体受力作变速运动具有惯性

(C) 物体受力作变速运动时没有惯性

(D) 物体在任何情况下均有惯性

2-2　下列表述中正确的是(　　)。

(A) 质点运动的方向和它所受的合外力方向相同

(B) 质点的速度为零，它所受的合外力一定为零

(C) 质点作匀速率圆周运动，它所受的合外力必定与运动方向垂直

(D) 摩擦力总是阻碍物体间的相对运动，它的方向总是与物体的运动方向相向

2-3　一质点在力 $F=5m(5-2t)$(SI)的作用下，$t=0$ 时从静止开始作直线运动，式中，m 为质点质量，t 为时间。则当 $t=5\text{s}$ 时，质点的速率为(　　)。

(A) 25m/s　　(B) −50m/s　　(C) 0　　(D) 50m/s

2-4　如图(a)所示，$m_A>\mu m_B$ 时，算出 m_B 向右的加速度为 a，今去掉 m_A 而代之以拉力 $T=m_Ag$，如图(b)所示，算出 m_B 的加速度 a'，则(　　)。

(A) $a>a'$　　(B) $a<a'$　　(C) $a=a'$　　(D) 无法判断

2-5　把一块砖轻放在原来静止的斜面上，砖不往下滑动，如图所示，设斜面与地面之间无摩擦，则(　　)。

(A) 斜面保持静止　　(B) 斜面向左运动

(C) 斜面向右运动　　(D) 无法判断斜面是否运动

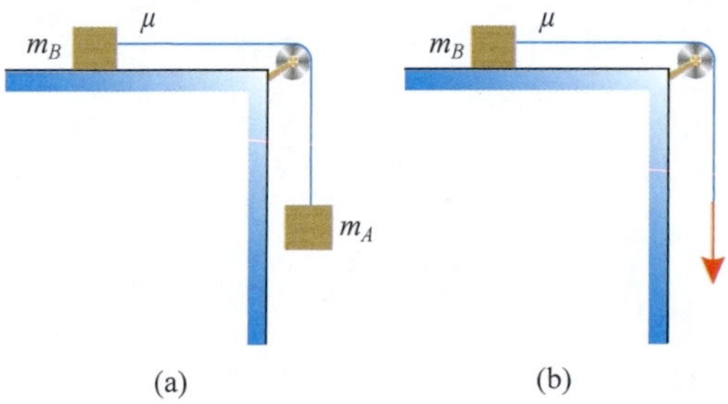

习题 2-4 图

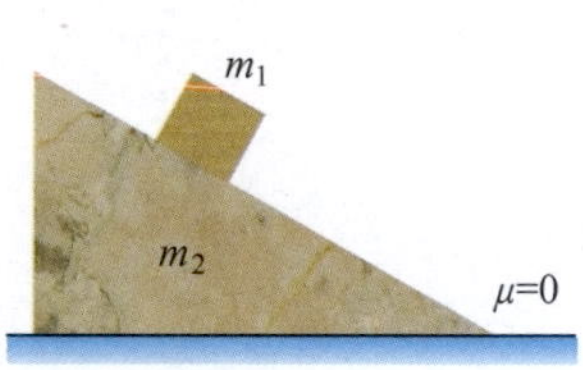

习题 2-5 图

2-6　如图所示，手提一根下端系着重物的轻弹簧，竖直向上作匀加速运动，当手突然停止运动的瞬间，物体将(　　)。

(A) 向上作加速运动

(B) 向上作匀速运动

(C) 立即处于静止状态

(D) 在重力作用下向上作减速运动

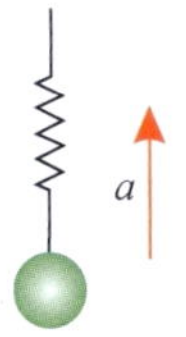

习题 2-6 图

2-7　以下说法正确的是(　　)。

(A) 力大的冲量一定比力小的冲量大

(B) 力小的冲量有可能比力大的冲量大

(C) 速度大的物体动量一定大

(D) 质量大的物体动量一定大

2-8　质量为 m 的铁锤铅直向下打在桩上而静止，设打击时间为 Δt，打击前锤的速率为 v，则打击时铁锤受到的合力大小应为(　　)。

(A) $\dfrac{mv}{\Delta t}+mg$　　(B) mg　　(C) $\dfrac{mv}{\Delta t}-mg$　　(D) $\dfrac{mv}{\Delta t}$

2-9　作匀速率圆周运动的物体运动一周后回到原处，这一周期内物体(　　)。

(A) 动量守恒，合外力为零

(B) 动量守恒，合外力不为零

(C) 动量变化为零，合外力不为零，合外力的冲量为零

(D) 动量变化为零，合外力为零

2-10　宇宙飞船关闭发动机返回地球的过程，可以认为是仅在地球万有引力作用下运动。若用 m 表示飞船质量，M 表示地球质量，G 表示引力常量，则飞船从距地球中心 r_1 处下降到 r_2 处的过程中，动能的增量为(　　)。

(A) $\dfrac{GmM}{r_2}$　　(B) $\dfrac{GmM}{r_2^2}$　　(C) $GmM\dfrac{r_1-r_2}{r_1r_2}$　　(D) $GmM\dfrac{r_1-r_2}{r_1^2r_2^2}$

2-11　一辆炮车放在无摩擦的水平轨道上，以仰角 α 发射一颗炮弹，炮车和炮弹的质量分别为 $m_车$ 和 m，当炮弹飞离炮口时，炮车动能与炮弹动能之比为(　　)。

(A) $\dfrac{m_车}{m}$　　(B) $\dfrac{m}{m_车}$　　(C) $\dfrac{m_车}{m\cos^2\alpha}$　　(D) $\dfrac{m}{m_车}\cos^2\alpha$

2-12　如图所示，一个质点在水平面内作匀速率圆周运动，在自 A 点到 B 点的 1/6 圆周运动过程中，下列几种结论中正确的应为(　　)。

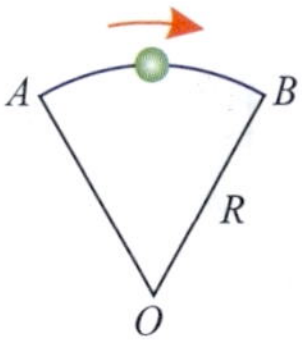

习题 2-12 图

(1) 合力的功为零

(2) 合力为零

(3) 合力的冲量为零

(4) 合力的冲量不为零

(5) 合力不为零

(6) 合力的功不为零

(A) (1)、(4)、(5)　　(B) (1)、(2)、(3)

(C) (1)、(2)、(4)、(6)　　(D) (1)、(2)、(4)、(5)

2-13 如图所示，足够长的木条 A 静止置于光滑水平面上，另一木块 B 在 A 的粗糙平面上滑动，则 A、B 组成的系统的总动能(　　)。

(A) 不变　　(B) 增加到一定值后不变

(C) 减少到零　　(D) 减小到一定值后不变

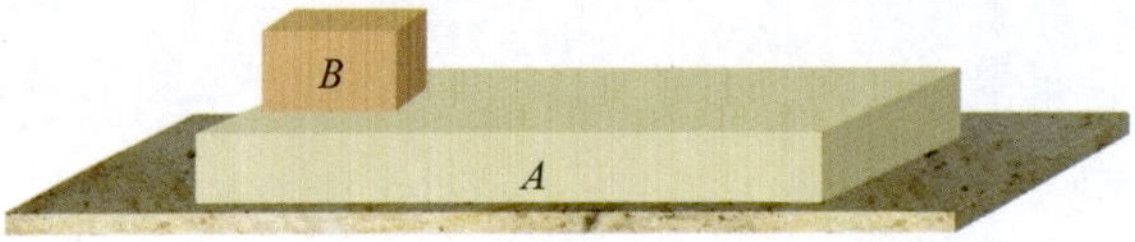

习题 2-13 图

2-14 下列说法正确的是(　　)。

(A) 系统不受外力的作用，内力都是保守力，则机械能和动量都守恒

(B) 系统所受的外力矢量和为零，内力都是保守力，则机械能和动量都守恒

(C) 系统所受的外力矢量和不为零，内力都是保守力，则机械能和动量都不守恒

(D) 系统不受外力作用，则它的机械能和动量都是守恒的

二、填空题

2-15 一根轻弹簧的两端分别固连着质量相等的两个物体 A 和 B。用轻线系住 A 的一端并将它们悬挂在天花板上。现将细线烧断，则在将线烧断的瞬间，物体 A 的加速度大小是________，物体 B 的加速度大小是________。

2-16 如图所示，一根绳子系着一质量为 m 的小球，悬挂在天花板上，小球在水平面内作匀速率圆周运动，有人在铅直方向求合力写出

$$T\cos\theta - mg = 0 \tag{1}$$

也有人在沿绳子拉力方向求合力写出

$$T - mg\cos\theta = 0 \tag{2}$$

显然两式互相矛盾，你认为哪个正确？答：________。

理由是____。

2-17 如图所示，一水平圆盘，半径为 r，其边缘放置一质量为 m 的物体 A，它与盘间的静摩擦因数为 μ，圆盘绕中心轴 OO' 转动，当其角速度 ω 小于或等于________时，物体 A 不至于飞出。

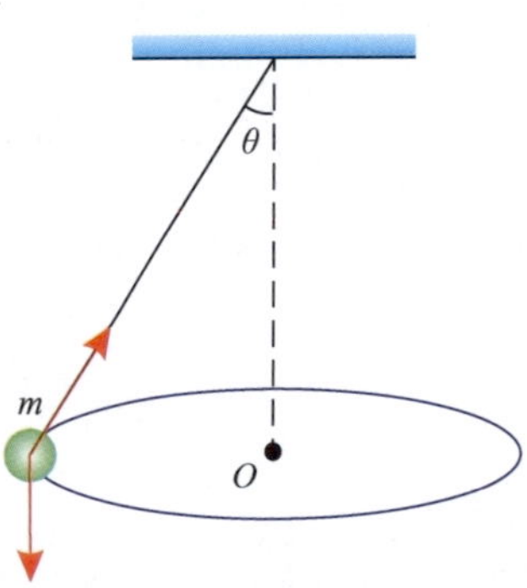

习题 2-16 图

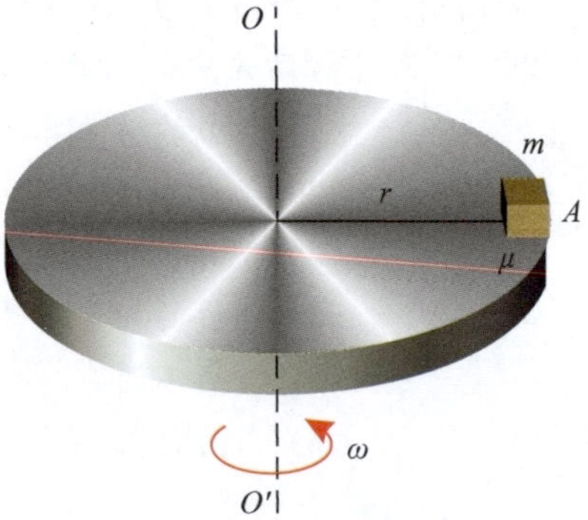

习题 2-17 图

2-18 一作直线运动的物体，质量为 m，初始时刻的速度为 v_0，受到一外力的作用，外力和物体速度间的关系为 $F=-kv$，k 为常量，则物体速度和时间的关系为________。

2-19 一初始静止的质点，其质量 $m=0.5\text{kg}$，现受一随时间变化的外力 $F=10-5t$(N)作用，则在第 2s 末该质点的速度大小为________，加速度大小为________。

2-20 一小车质量 $m_1=200\text{kg}$，车上放一装有沙子的箱子，质量 $m_2=100\text{kg}$，已知小车与沙箱以 $v_0=3.5\text{km/h}$ 的速率一起在光滑的直线轨道上前进，现使一质量 $m_3=50\text{kg}$ 的物体 A 垂直落入沙箱中，如图所示，则此后小车的运动速率为________。

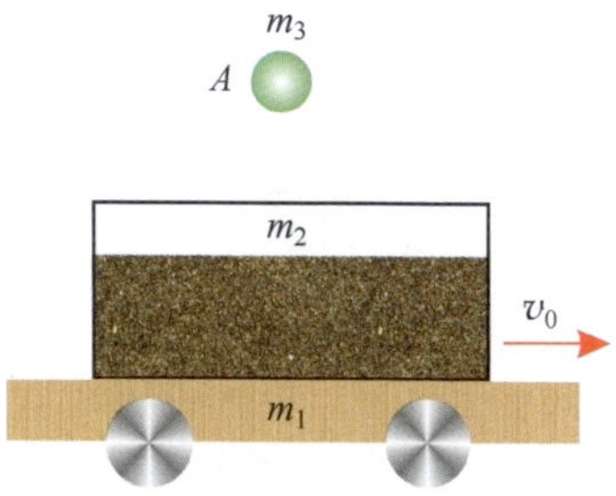

习题 2-20 图

2-21 将力 $\boldsymbol{F}=x\boldsymbol{i}+3y^2\boldsymbol{j}$(SI)作用于其运动方程为 $x=2t$(SI)的作直线运动的物体上，则在 0～1s 内，力 $\boldsymbol{F}$ 做的功 $W=$________。

2-22 一个质点在几个力的作用下运动，它的运动方程为 $\boldsymbol{r}=3t\boldsymbol{i}-5t\boldsymbol{j}+10\boldsymbol{k}$(m)，其中一个力为 $\boldsymbol{F}=2\boldsymbol{i}+3t\boldsymbol{j}-t^2\boldsymbol{k}$(N)，则最初 2s 内这个力对质点做的功为________。

2-23 一劲度系数为 k 的弹簧振子，一端固定，置于水平面上，弹簧的伸长量为 l，如图所示。若选距弹簧原长时自由端 O 点距离为 $\frac{l}{2}$ 的 O' 点为弹性势能的零参考点，则弹性势能为________。

2-24 如图所示，有一半径 $R=0.5\text{m}$ 的圆弧轨道，一质量为 $m=2\text{kg}$ 的物体从轨道的上端 A 点下滑，到达底部 B 点时的速度为 $v=2\text{m/s}$，则重力做功为________，正压力做功为________，摩擦力做功为________。正压力 N 能否写成 $N=mg\cos\alpha=mg\sin\theta$（如图示 C 点）? 答：________。

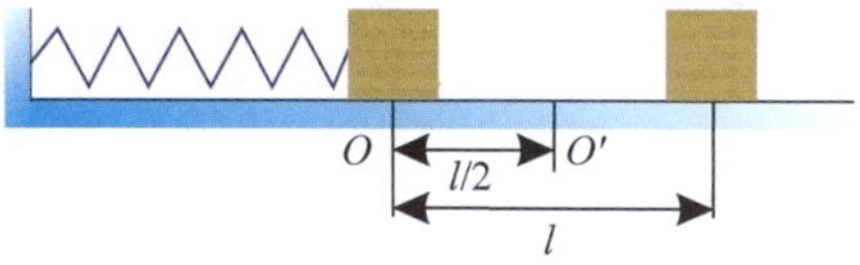

习题 2-23 图

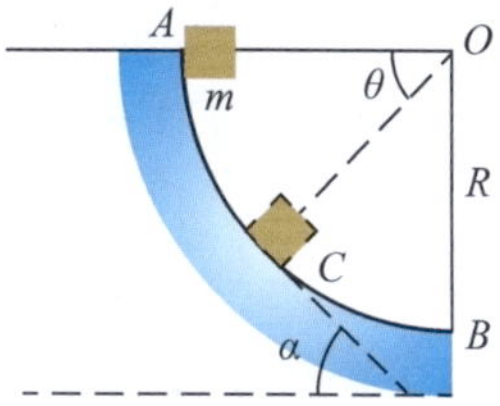

习题 2-24 图

三、计算题

2-25 试由牛顿第二定律导出自由落体运动的运动方程 $y=\frac{1}{2}gt^2$。

2-26 地球的半径 $R=6.4\times10^3\text{km}$，地面上的重力加速度 $g=Gm_E/R^2=9.8\text{m/s}^2$，其中 G 为引力常量，m_E 为地球质量，求在地球赤道上空，转动周期和自转周期（$T=24\text{h/d}$）相同的地球同步卫星离地面的高度。

2-27 质量为 m 的物体放在水平地面上，物体与地面间的静摩擦因数为 μ_s，今对物体施加一与水平方向成 θ 角的斜向上的拉力，试求物体能在地面上运动的最小拉力。

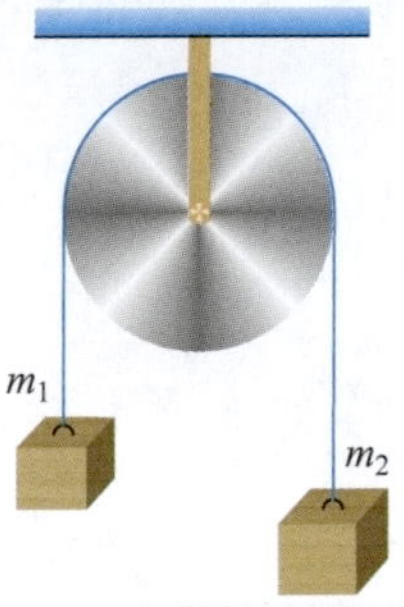

习题 2-28 图

2-28 如图所示，一条细绳跨过定滑轮，在细绳两端分别悬挂质量为 m_1 和 m_2 的物体，且 $m_1<m_2$，假设滑轮的质量与细绳的质量均略去不计，滑轮与细绳间的摩擦力以及轮轴的摩擦力亦略去不计。试求物体的加速度和细绳的张力。

2-29 一质量为 m_1 的人乘降落伞下降，向下的加速度为 a，降落伞的质量为 m_2，试求空气作用在伞上的力和人作用在伞上的力。

2-30 质量为 m 的质点，原来静止，在一方向恒定、大小随时间变化的变力 $F=F_0\left(2-\frac{t}{T}\right)$ 的作用下运动，其中 F_0、T 为常量，求经过 $t=2T$ 时质点的速率。

2-31 用与水平方向成夹角 θ 的力 F，将一个质量为 m 的物块沿水平地板推动，如图所示。物块与地板间的动摩擦因数是 μ。求：(1)地板对物块的摩擦力；(2)物块的加速度。

2-32 如图所示，一块 40kg 的板静置于光滑地面上。一个 10kg 的物块静置在板的上面。物块与板之间的静摩擦因数 μ_s 是 0.6，它们之间的动摩擦因数 μ_k 是 0.4。用一个大小为 100N 的水平力拉 10kg 的物块，所导致的物块和板的加速度各为多少？

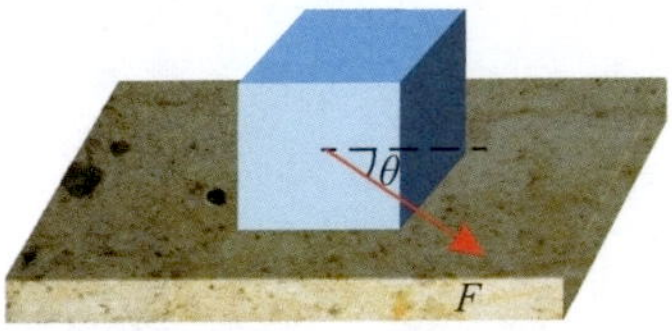

习题 2-31 图

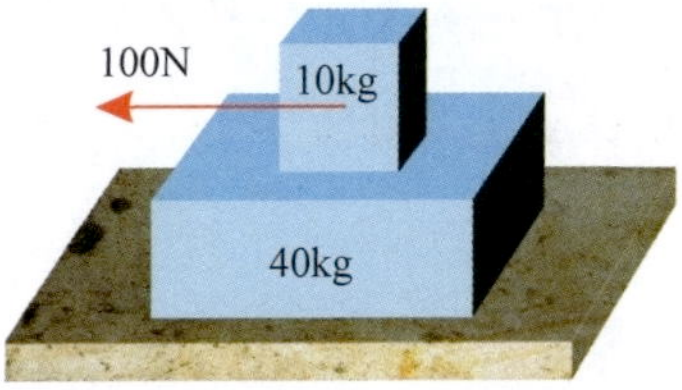

习题 2-32 图

2-33 一质点的质量为 1kg，沿 x 轴运动，所受的力如图所示。当 $t=0$s 时，质点在坐标原点，初速度为零，求质点在 $t=5$s 时的速度和位置。

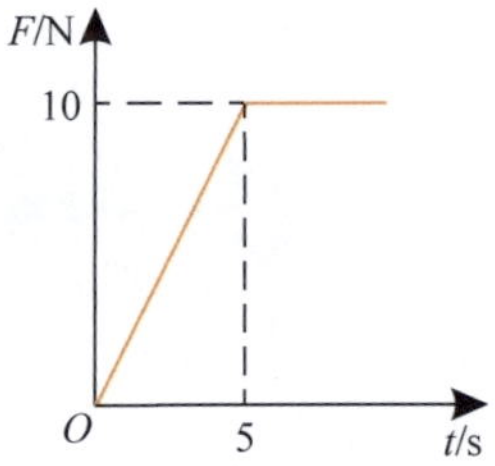

习题 2-33 图

2-34 一质量 150g 的棒球被球棒击打，棒球的初始速率为 45.0m/s，击打时间持续 1.5ms，击打后棒球以 55.0m/s 的速率向相反方向运动，求球棒作用在棒球的平均力的大小为多少？

2-35 一质点受合力作用，合力为 $\boldsymbol{F}=10t\,\boldsymbol{i}+2(2-t)\,\boldsymbol{j}+3t^2\boldsymbol{k}$(N)。求此质点从静止开始在 2s 内所受合力的冲量和质点在 2s 末的动量。

2-36 一个 1.2kg 的球竖直落到地板上，撞击的速率为 25m/s，再以 10m/s 的速率反弹。问：(1)接触期间地板对球的冲量是多少？(2)如果球和地板接触的时间是 0.020s，则球对地板的平均力是多少？

2-37 一颗 4.5g 的子弹水平射入静止在水平面上的 2.4kg 的木块中。木块和水平面间的动摩擦因数为 0.20，子弹停在木块中而木块向前滑动了 1.8m(无转动)。问：(1)子弹相对于木块停止时木块的速率是多少？(2)子弹发射的速率是多少？

2-38 一颗炸弹在空中炸成 A、B、C 三块，其中 $m_A=m_B$，A、B 以相同的速率 30m/s 沿互相垂直的方向分开，$m_C=3m_A$。假设炸弹原来的速度为零，求炸裂后第三块弹片的速度和方向。

2-39　一质量为 2t 的汽车沿笔直公路行驶，它的 v-t 图如图所示。求 $t=1\text{s}$ 到 $t=5\text{s}$ 的过程中合力对汽车所做的功。

2-40　一沿 x 轴正方向的力作用在一个质量为 3.0kg 的质点上。已知质点的运动学方程为 $x=3t-4t^2+t^3$（式中 x 以 m 计，t 以 s 计）。试求：(1)力在最初 4.0s 内做的功；(2)在 $t=1\text{s}$ 时力的瞬时功率。

2-41　一质量为 m 的质点在沿 x 轴方向的力 $F=F_0\text{e}^{-kx}$ 作用下(其中 F、k 为正常量)从 $x=0$ 处自静止出发，求它沿 x 运动时所能达到的最大速率。

2-42　长为 l 的细绳的一端固定，另一端系一质量为 m 的小球，如图所示，小球可在竖直平面内作圆周运动，若将小球在最低点处以水平初速 $v_0=\sqrt{4gl}$ 抛出，求小球上升到什么位置时绳子开始松弛。

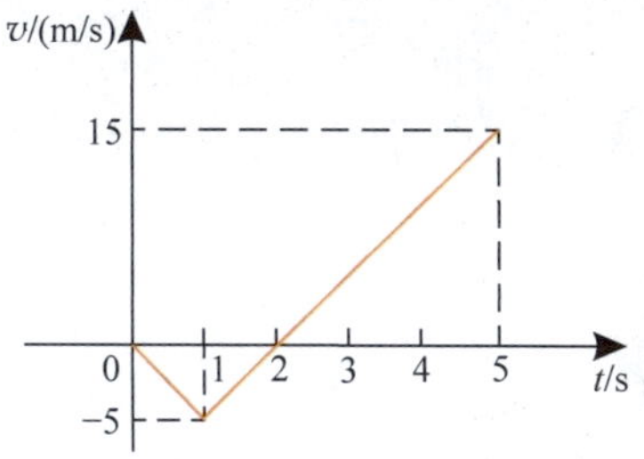

习题 2-39 图

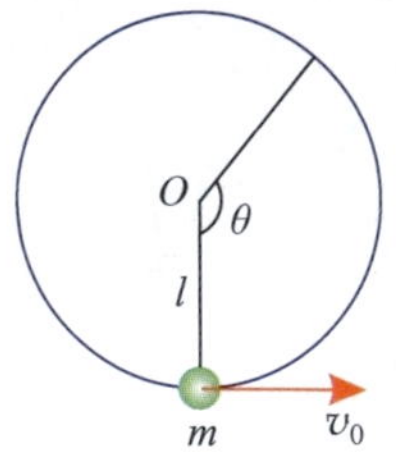

习题 2-42 图

2-43　如图所示，一劲度系数为 360N/m 的弹簧，右端系一质量为 0.25kg 物体 A，左端固定于墙上，置于光滑水平台面上，物体 A 右方放一质量为 0.15kg 的物体 B，将 A、B 和弹簧一同压缩 0.2m，然后撤去外力，求：(1)A、B 刚脱离时的速度，(2)A、B 脱离后，A 继续向右运动的最大距离。

2-44　一质量为 m_1 的球，从质量为 m_2 的圆弧形槽中自静止滑下，设圆弧形槽的半径为 R，如图所示。若所有摩擦都可忽略，求：小球刚离开圆弧形槽时，小球和圆弧形槽的速度？

习题 2-43 图

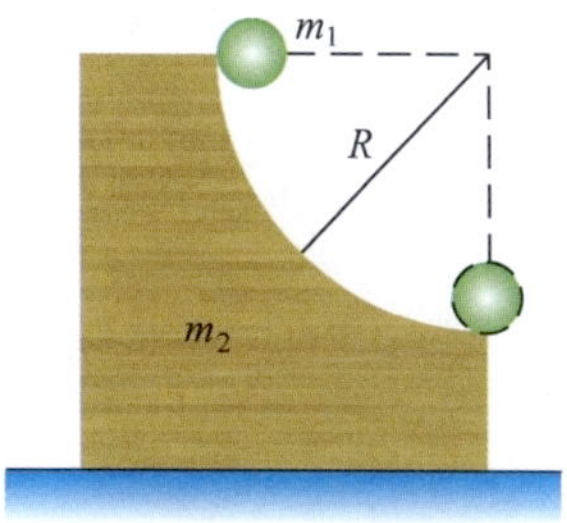

习题 2-44 图

Chapter 3

第3章

刚体的定轴转动

前两章中，我们讲述了质点这个理想模型的运动规律。一般来说，物体在运动过程中，其运动情况比前面讲述的内容要复杂得多，有时物体的形状发生变化，或者物体的大小发生变化，或者两者兼而有之；有时物体的形状和大小均不变化，但各点的运动情况各不相同，这时，都不能把物体当作质点来处理。为此，我们引入一个新的物理模型——**刚体**（**rigid body**），讨论刚体定轴转动的概念和基本规律。1758 年，瑞士科学家欧拉创立了刚体力学，于 1765 年出版了著作《刚体运动理论》，其中有刚体运动学和刚体动力学中最基本的结果：刚体定点有限转动等价于绕过定点某一轴的转动，刚体定点运动可用三个角度（称为欧拉角）的变化来描述；刚体定点转动时角速度变化和外力矩的关系；定点刚体在不受外力矩时的运动规律以及自由刚体的运动微分方程等。至此，以质点系和刚体的运动规律为主要研究对象的经典力学臻于完善。

本章的主要内容有：角速度、角加速度、转动惯量、力矩、转动动能和角动量等物理量，以及转动定律和角动量守恒定律等。

莱昂哈德·欧拉（Leonhard Euler，1707—1783 年），瑞士数学家和自然科学家。1736 年，欧拉出版了《力学，或解析地叙述运动的理论》一书，在这里他最早明确地提出质点或粒子的概念，最早研究质点沿任意一曲线运动时的速度，并在有关速度与加速度问题上应用矢量的概念。同时，他创立了分析力学、刚体力学，研究和发展了弹性理论、振动理论以及材料力学。此外，他把振动理论应用到音乐的理论中去，1739 年，出版了一部音乐理论的著作。在欧拉的“论火”这篇文章中，他把热本质看成是分子的振动。他是数学史上最多产的数学家，平均每年写出八百多页的论文，还写了大量的力学、分析学、几何学、变分法等内容的课本，其中，《无穷小分析引论》《微分学原理》《积分学原理》等都成为数学界中的经典著作。

3.1 刚体的运动

3.1.1 刚体的基本运动

到目前为止，我们学习的是质点的运动或者物体的平动，然而，实际物体是有形状、大小的。一般来说，在外力作用下，物体的形状和大小是要发生变化的，但如果**在外力作用下，物体的形状和大小不发生变化**，也就是说，**组成物体的任意两质点间的距离始终保持恒定**，则这种理想化的物体叫**刚体**。实际上，若在外力作用下，物体的形状和大小变化甚微，以致可以略去不计，这种物体也可近似看作是刚体。在力学中，刚体是质点之外的又一个理想模型。

1830 年，法国几何学家夏莱证明，刚体在空间的任意一个位移是以刚体上某一点为基点的平行移动和相对于通过这基点一轴线的转动的合成，而这个基点可以选择，使平行移动的方向平行于转动的轴线，即刚体任意位移是一个螺旋位移，这称为**夏莱定理**。因此，刚体的基本运动可分为**平动**(translation)和**转动**(rotation)，任何复杂的刚体运动都可以看成是这两种最简单又最基本的运动的合成。

由于刚体是由许多质点构成的特殊系统，因此我们仍可以用质点的运动规律来加以研究，从而使牛顿力学的研究范围从质点向刚体拓展开来，并对两者研究方法、基本概念和规律的相似性进行较深入的理解。在刚体运动过程中，如果其上任一条直线始终保持方向不变，这样的运动叫做刚体的**平动**。例如一个圆柱体的平动，在运动过程中，圆柱体中所有质点的位移都是相同的，而且在任意时刻，各个质点的速度和加速度也都分别相同，因此我们可以选取刚体上任一点的运动来代表圆柱体的运动。刚体平动时，内部各点在任意一段时间内的位移以及任一时刻的速度和加速度都分别相等，也就是说，刚体平动时各点的运动情况相同。

对于平动而言，刚体内任一点的运动都能代表整个刚体的运动。这样，我们就可以用质点运动学和动力学的知识来解决刚体的平动运动学问题及动力学问题。因此，本节不再单独讨论刚体的平动。

刚体运动时，如果刚体内各个**质元**(element mass)都绕同一直线作圆周运动，这种运动称为刚体的**转动**，这一直线称为**轴**(rotation axis)。例如机床飞轮的转动，旋转式门窗的开、关，地球自转等都是转动。如果轴相对我们所取的参考系(如地面)是固定不动的，则称刚体绕固定轴转动，即**刚体的定轴转动**(fixed-axis rotation)；如果在转动过程中刚体的轴是变化的，则称为**非定轴转动**，如保龄球的转动、陀螺的转动。非定轴转动情况较复杂，本章将重点讨论刚体的定轴转动。

3.1.2 刚体的定轴转动

刚体作定轴转动时，刚体内轴上所有各点都保持固定不动。刚体内不在轴上的其他各点，都在通过该点，并垂直于轴的平面内绕轴作圆周运动，圆心在轴上，半径就是该点与轴的垂直距离。刚体内离轴远近不同的各点在同一时间内转过的圆弧长度是不同的，但各点在同一时间内绕轴转过的角度是相等的，各点的角速度和角加速度亦分别相同。因为刚体内各点之间的相对位置不随刚体转动变化，所以我们可用角量来描述整个刚体的运动。

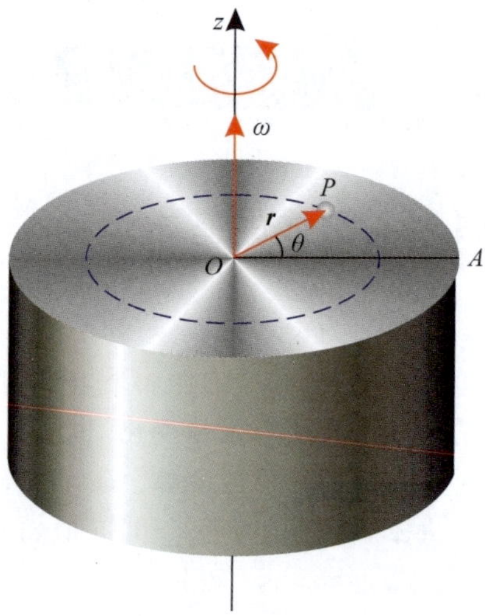

图 3-1 刚体定轴转动

如图 3-1 所示，设刚体绕固定不动的 z 轴转动，为了确定刚体在任一时刻的位置，取垂直于轴的一平面作为参考平面，它与轴交于 O 点，并在该平面内取其某一固定垂直线 OA，作为计算角坐标的参考位置。P 点是参考平面上的刚体质元，由原点 O

到点 P 的连线 OP 与参考轴 OA 之间的夹角 θ 可确定刚体在任一时刻的方位，故 θ 称为刚体的**角坐标**。一般以点 P 沿逆时针方向转动的角坐标为正，反之为负。

当刚体转动时，角坐标 θ 随时间而变，它是时间 t 的单值连续函数，即 $\theta=\theta(t)$，这个函数关系称为**刚体定轴转动的转动方程**。从刚体转动方程出发，仿照质点运动学，我们定义刚体定轴转动的**角速度 ω** 和**角加速度 α** 为

$$\omega=\frac{\mathrm{d}\theta}{\mathrm{d}t} \tag{3-1}$$

$$\alpha=\frac{\mathrm{d}\omega}{\mathrm{d}t}=\frac{\mathrm{d}^2\theta}{\mathrm{d}t^2} \tag{3-2}$$

角速度 ω 的方向沿转轴，其指向与刚体上各质元沿圆周的绕行方向之间遵从右手螺旋定则。角加速度 α 的方向也沿转轴，$\alpha>0$ 时与 ω 方向相同，$\alpha<0$ 时与 ω 方向相反。

当刚体定轴转动时，其上各点都在作圆周运动。若其中某点到轴的距离为 r，则其速度 v、法向加速度 a_{n} 和切向加速度 a_{t} 等线量和角量的数值关系分别为

$$v=r\omega$$

$$a_{\mathrm{n}}=\frac{v^2}{r}=\omega^2 r$$

$$a_{\mathrm{t}}=\frac{\mathrm{d}v}{\mathrm{d}t}=r\alpha$$

上述各式表示描述整个刚体转动的角量与描述刚体内任一点作圆周运动的相应线量的关系。

当刚体绕定轴转动时，如果在任意相等时间间隔 Δt 内角速度的增量都相等，这种变速转动叫做**匀变速转动**。匀变速转动的角加速度为一恒量，即 $\alpha=$恒量。由式(3-1)和式(3-2)可求得刚体绕定轴作匀变速转动时角位移、角速度、角加速度和时间之间的关系式。它们与质点匀变速直线运动公式对比如表 3-1 所示。

表 3-1 匀变速直线运动和匀变速转动公式对比

匀变速直线运动	匀变速转动
$v=v_0+at$	$\omega=\omega_0+\alpha t$
$v^2=v_0^2+2a(r-r_0)$	$\omega^2=\omega_0^2+2\alpha(\theta-\theta_0)$
$r=r_0+v_0t+\frac{1}{2}at^2$	$\theta=\theta_0+\omega_0t+\frac{1}{2}\alpha t^2$

[例题 3-1]

一砂轮在电动机驱动下，以每分钟 1800 转的转速绕定轴作逆时针转动。关闭电源后，砂轮均匀地减速，经时间 $t=15\mathrm{s}$ 而停止转动。求：(1)角加速度 α；(2)到停止转动时，砂轮转过的转数；(3)关闭电源后 $t=10\mathrm{s}$ 时，砂轮的角速度 ω 以及此时砂轮边缘上一点的速度的大小、切向加速度和法向加速度。设砂轮的半径 $r=250\mathrm{mm}$。

解 (1) 选定逆时针转向的角量取正值，则由题设初角速度为正，其值为

$$\omega_0 = 2\pi \times \frac{1800\text{转}}{60\text{s}} = 60\pi \text{ rad/s}$$

按题意，在 $t=15\text{s}$ 时，末角速度 $\omega=0$，由匀变速转动的公式得

$$\alpha = \frac{\omega - \omega_0}{t} = \frac{0 - 60\pi \text{ rad/s}}{15\text{s}}$$

$$= -4\pi \text{ rad/s}^2 = -12.57\text{rad/s}^2$$

α 为负值，即 α 与 ω_0 异号，表明砂轮作匀减速转动。

(2) 砂轮从关闭电源到停止转动，其角位移 θ 及转数 N 分别为

$$\theta = \omega_0 t + \frac{1}{2}\alpha t^2 = \left(60\pi \times 15 + \frac{1}{2} \times (-4\pi) \times (15)^2\right) \text{rad} = 450\pi \text{ rad}$$

$$N = \frac{\theta}{2\pi} = \frac{450\pi \text{ rad}}{2\pi \text{ rad}} = 225\text{ 转}$$

(3) 在时刻 $t=10\text{s}$ 时砂轮的角速度是

$$\omega = \omega_0 + \alpha t = 60\pi \text{ rad/s} + (-4\pi)\text{rad/s}^2 \times 10\text{s} = 20\pi \text{ rad/s} = 62.8\text{rad/s}$$

ω 的转向与 ω_0 相同。

在时刻 $t=10\text{s}$ 时，砂轮边缘上一点的速度 v 的大小为

$$v = r\omega = 0.25\text{m} \times 20\pi \text{ rad/s} = 15.7\text{m/s}$$

相应的切向加速度和法向加速度分别为

$$a_t = r\alpha = 0.25\text{m} \times (-4\pi)\text{rad/s}^2 = -3.14\text{m/s}^2$$

$$a_n = r\omega^2 = 0.25\text{m} \times (20\pi)^2\text{rad/s}^2 = 986\text{m/s}^2$$

3.2 力矩 转动定律 转动惯量

3.1 节只讨论了刚体定轴转动的运动学问题。本节将讨论刚体定轴转动的动力学问题，即研究刚体获得角加速度的原因以及刚体绕定轴转动时所遵守的定律。为此，我们先引入力矩这个物理量。

3.2.1 力矩

经验告诉我们，对绕定轴转动的刚体来说，外力对刚体转动的影响，不仅与力的大小有关，而且还与力的作用点的位置和力的方向有关。例如，用同样大小的力推门，当作用点靠近门轴时，不容易把门打开；当作用点远离门轴时，就容易把门打开；当力的作用线通过门轴，就不能把门推开。我们用**力矩**(**moment of force** 或 **torque**)这个物理量来描述力对刚体转动的作用。

设质量为 m 的质点绕参考点 O 运动，某时刻质点的位置矢量为 $\boldsymbol{r}$，此处质点受到的合力是 $\boldsymbol{F}$，$\boldsymbol{r}$ 和 $\boldsymbol{F}$ 之间的夹角是 θ，如图 3-2 所示。定义力 $\boldsymbol{F}$ 对参考点 O 的力矩的大小为

$$M = Fd = Fr\sin\theta \tag{3-3}$$

参考点 O 到力 $\boldsymbol{F}$ 的作用的垂直距离 d 称为**力臂**。

力矩也是一个矢量，其大小和方向由下面的矢积定义：

$$\boldsymbol{M} = \boldsymbol{r} \times \boldsymbol{F} \tag{3-4}$$

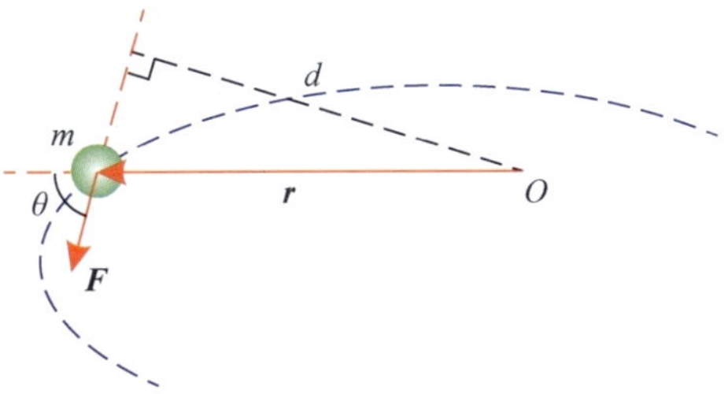

图 3-2　力矩的定义

力矩 $\boldsymbol{M}$ 的大小为 $M = Fr\sin\theta$，力矩 $\boldsymbol{M}$ 的方向垂直于由 $\boldsymbol{r}$ 和 $\boldsymbol{F}$ 所决定的平面，指向按右手螺旋定则确定：**把右手拇指伸直，其余四指弯曲，弯曲的方向是由位矢 r 通过小于 180°的角转向力 F 的方向，这时拇指所指的方向就是力矩的方向**。

在国际单位制中，力矩的单位是 N · m(牛顿 · 米)。

3.2.2　转动定律

在外力的作用下，质点的运动速度会发生变化，即产生加速度。那么是什么使刚体绕定轴转动的角速度发生变化呢？

动画：转动定律

从牛顿第二定律出发可导出刚体角加速度与所受力矩之间的关系。如图 3-3 所示，可以将刚体看成由无限多的质量元组成，其中任意一个质量为 Δm_i 的质量元绕定轴作圆周运动，圆心为 O 点，半径为 r_i，即 Δm_i 相对于参考点 O 的位矢为 $\boldsymbol{r}_i$。设 Δm_i 受到的外力为 $\boldsymbol{F}_i$，内力为 $\boldsymbol{F}_i'$，它们与位矢 $\boldsymbol{r}_i$ 的夹角分别为 φ_i 和 θ_i，$\boldsymbol{F}_i$ 和 $\boldsymbol{F}_i'$ 的作用线都位于 Δm_i 所在垂直于转轴的平面内。

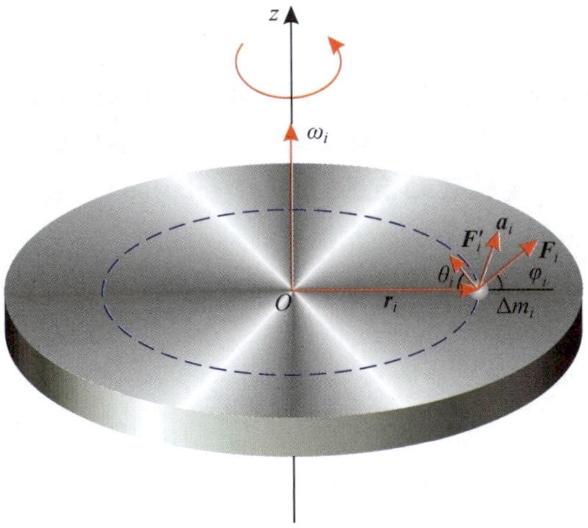

图 3-3　刚体定轴转动

质量元 Δm_i 绕转轴作圆周运动，设它的加速度为 $\boldsymbol{a}_i$，则根据牛顿第二定律，有

$$\boldsymbol{F}_i + \boldsymbol{F}'_i = \Delta m_i \boldsymbol{a}_i$$

因为 $\boldsymbol{F}_i$ 和 $\boldsymbol{F}'_i$ 的法向分量的作用线通过转轴，它们对定轴 Oz 的力矩为零，因此，只需考虑它们的切向分量

$$F_i \sin\varphi_i + F'_i \sin\theta_i = \Delta m_i a_{it} = \Delta m_i r_i \alpha$$

这里利用了关系式 $a_{it} = r_i\alpha$，其中 α 是刚体绕定轴转动的角加速度（对所有质元都一样）。将上式两边乘以 r_i，得

$$F_i r_i \sin\varphi_i + F'_i r_i \sin\theta_i = \Delta m_i r_i^2 \alpha$$

上式左边第一项是外力 $\boldsymbol{F}_i$ 对转轴的力矩，第二项是内力 $\boldsymbol{F}'_i$ 对转轴的力矩。对刚体中的所有质元都可以写成这样的等式，将所有这些式子全部相加，得到

$$\sum_i F_i r_i \sin\varphi_i + \sum_i F'_i r_i \sin\theta_i = \left(\sum_i \Delta m_i r_i^2\right)\alpha \tag{3-5}$$

刚体内各质点之间的内力都是成对出现的，它们大小相等，方向相反，且力的作用线在同一条直线上，它们对转轴的力臂相等，每一对内力矩都因成对出现而相互抵消，因而所有的内力矩之和为零，即 $\sum_i F'_i r_i \sin\theta_i = 0$。我们把对转轴的所有外力矩之和，即合力矩的大小用 M 表示，$M = \sum_i F_i r_i \sin\varphi_i$，将式(3-5)右边括号中的求和用 J 表示，即

$$J = \sum_i \Delta m_i r_i^2 \tag{3-6}$$

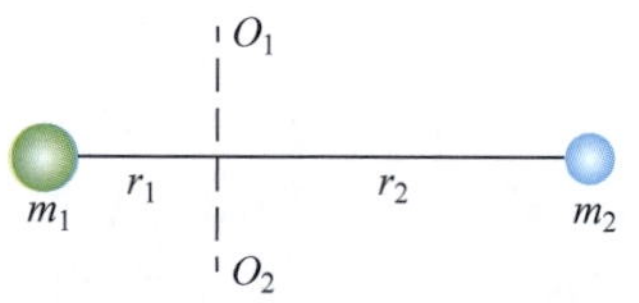

图 3-4　两小球绕 O_1O_2 轴的转动

J 称为刚体对定轴的**转动惯量**（**moment of inertia**），即刚体对某一轴的转动惯量 J 等于此刚体所有各质元的质量与它们各自到该轴距离平方的乘积之总和。例如：如图 3-4 所示，刚体由质量为 m_1、m_2 的两小球构成，两小球距离转轴 O_1O_2 的距离分别为 r_1、r_2，则转动惯量为

$$J = m_1 r_1^2 + m_2 r_2^2$$

这样，式(3-5)就可表示为

$$M = J\alpha \tag{3-7}$$

式(3-7)表明：**刚体在外力对定轴的合外力矩作用下，将获得角加速度，角加速度的大小与合外力矩的大小成正比，与刚体对该轴的转动惯量成反比**，这称为刚体的**定轴转动定律**（**law of rotation**）。该定律表述了刚体在合外力矩作用下绕定轴转动的瞬时效应，即某时刻的合外力矩将引起该时刻刚体转动状态的改变。当合外力矩为零时，角加速度也为零，则刚体处于静止或匀角速度转动状态；若合外力矩为一恒量，则刚体作匀角加速度转动；若合外力矩随时变化，则刚体将作变角加速度转动。

视频：刚体的转动惯量

刚体定轴转动定律反映了外力矩对定轴转动刚体的瞬时作用规律，它在刚体力学中的地位相当于质点力学中的牛顿第二定律。

3.2.3 转动惯量

刚体转动时也表现出惯性，将转动定律 $M=J\alpha$ 与牛顿第二定律 $F=ma$ 比较，可以看出，转动惯量 J 是量度刚体绕相应转轴转动时转动惯性的物理量。刚体的转动惯量可根据式(3-6)计算，对质量连续分布的刚体，式(3-6)可以写成

$$J=\int_m r^2\mathrm{d}m=\int_V r^2\rho\mathrm{d}V \tag{3-8}$$

式中，$\mathrm{d}V$ 是质元 $\mathrm{d}m$ 的体积，ρ 为体积元 $\mathrm{d}V$ 处的密度，积分遍及整个刚体。转动惯量 J 由刚体本身的几何形状、质量分布以及转轴的位置所决定。同样的质量分布，对于不同位置的转轴，有不同的转动惯量；同样的质量，离轴越远，则转动惯量越大。

转动惯量恒为正值。在国际单位制中，它的单位是 $\mathrm{kg\cdot m^2}$（千克·米^2）。具有对称性、几何形状简单、密度均匀（均质）的刚体对不同轴转动的转动惯量都可以较为方便地用式(3-8)的积分计算出来。表 3-2 给出了几种刚体绕某一定轴的转动惯量，读者可从中选择计算。

表 3-2　几种刚体绕定轴的转动惯量

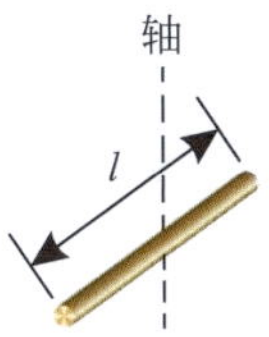

细棒（转动轴通过中心与棒垂直）

$J=\frac{1}{12}ml^2$

(a)

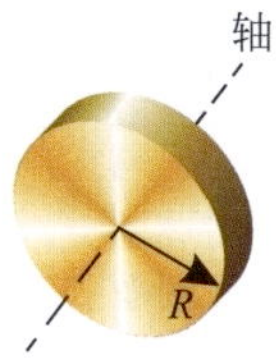

圆柱体（转动轴沿几何轴）

$J=\frac{1}{2}mR^2$

(b)

薄圆环（转动轴沿几何轴）

$J=mR^2$

(c)

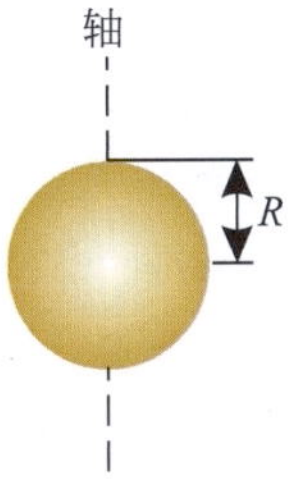

球体（转动轴沿球的任意直径）

$J=\frac{2}{5}mR^2$

(d)

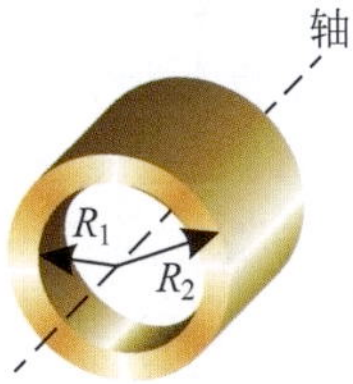

圆筒（转动轴沿几何轴）

$J=\frac{1}{2}m(R_2^2+R_1^2)$

(e)

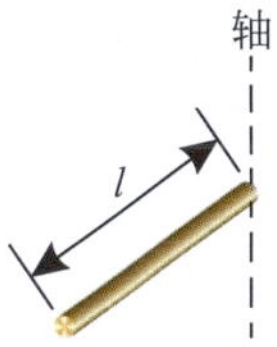

细棒（转动轴通过棒的一端与棒垂直）

$J=\frac{1}{3}ml^2$

(f)

[例题 3-2]

求质量 m 均匀分布、长为 l 的细棒分别绕中点和端点转动的转动惯量(转轴垂直于棒)。

解 在细棒上任取一线元 $\mathrm{d}r$,离转轴的距离为 r,质量元的质量为 $\mathrm{d}m=\lambda\mathrm{d}r$,其中 $\lambda=\frac{m}{l}$,为细棒的质量线密度。该质量元绕转轴的转动惯量为

$$\mathrm{d}J=r^2\mathrm{d}m$$

当转轴通过棒的中心并与棒垂直时,如图 3-5(a)所示,转动惯量为

$$J=\int r^2\mathrm{d}m=\int_{-\frac{l}{2}}^{\frac{l}{2}}r^2\lambda\,\mathrm{d}r=\frac{1}{12}ml^2$$

当转轴通过棒的一端并与棒垂直时,如图 3-5(b)所示,转动惯量为

$$J=\int r^2\mathrm{d}m=\int_0^l r^2\lambda\,\mathrm{d}r=\frac{1}{3}ml^2$$

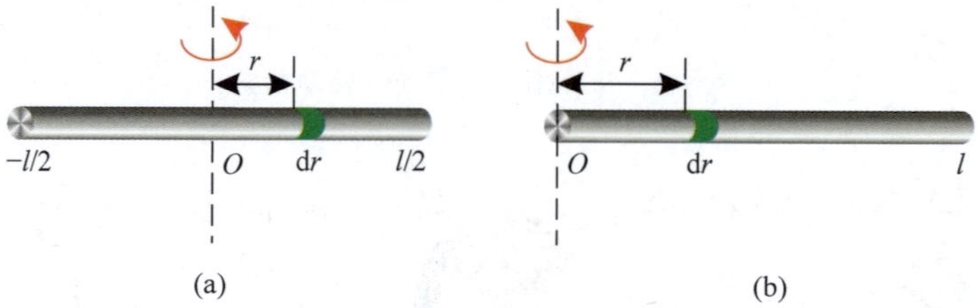

图 3-5 例题 3-2 用图

分析比较说明:同一刚体对不同转轴的转动惯量不同,转动惯量与转轴有关。

[例题 3-3]

如图 3-6(a)所示,质量为 m、半径为 R 的定滑轮(当作均匀圆盘)上面绕有细绳。绳的两端分别悬挂质量为 m_1 和 m_2 的两个物体,$m_2>m_1$,绳与滑轮之间无相对滑动且绳子不伸长,忽略轴处摩擦。求物体的加速度及绳中的张力。

解 由题意可知,本题中有定滑轮和 m_1、m_2 两个物体,分别对它们进行受力分析,如图 3-6(b)所示。两边绳子中的张力的大小为 $F_1=F_1'$,$F_2=F_2'$,因 $m_2>m_1$,故 m_1 向上运动,m_2 向下运动,由于绳子不伸长,可以假设它们加速度的大小 $a_1=a_2=a$,而定滑轮在两边绳子拉力提供的力矩的作用下顺时针旋转,设定轴转动的角加速度为 α。

定滑轮 m 绕通过 O 点的轴转动,设使刚体顺时针方向转动的力矩为正,使刚体逆时针方向转动的力矩为负,应用刚体定轴转动定律式(3-7)有

$$RF_2-RF_1=J\alpha=\frac{1}{2}mR^2\alpha$$

物体 m_1 和 m_2 作直线运动,根据牛顿第二定律分别得到

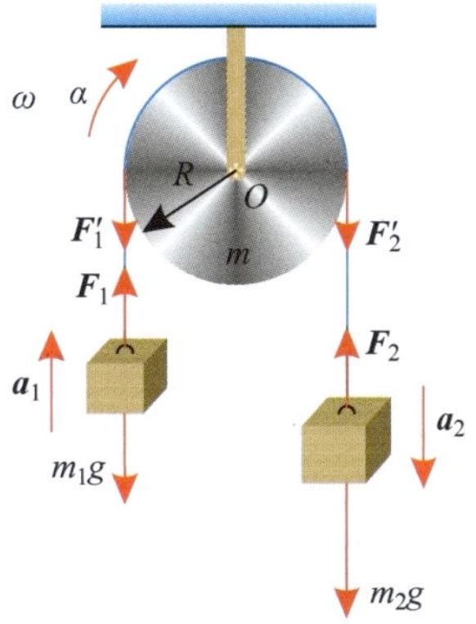

图 3-6 例题 3-3 用图

$$m_2g - F_2 = m_2a$$

$$F_1 - m_1g = m_1a$$

因为绳与滑轮之间无相对滑动，所以滑轮边缘处的切向加速度和两个物体运动的加速度相等，这样就得到滑轮和物体之间的运动学关系为

$$a = R\alpha$$

联立以上四式求解，可得物体运动的加速度为

$$a = \frac{m_2 - m_1}{m_1 + m_2 + m/2}g$$

两滑轮两边绳中的张力分别为

$$F_1 = \frac{(2m_2 + m/2)m_1}{m_1 + m_2 + m/2}g$$

$$F_2 = \frac{(2m_1 + m/2)m_2}{m_1 + m_2 + m/2}g$$

[例题 3-4]

如图 3-7 所示，一长为 l、质量为 m 的匀质细杆竖直放置，其下端与一固定铰链 O 相连，并可绕其转动。当其受到微小扰动时，细杆将在重力的作用下由静止开始绕铰链 O 转动。试计算细杆转到水平位置时的角加速度。

解 在细杆转动过程中，它受到自身重力和铰链的支持力，铰链的支持力始终通过 O 点，对细杆的定轴转动不产生力矩，因此，唯一的外力矩是重力 mg 产生的。

取转动过程中的任一状态，细杆与竖直线夹角为 θ，此时外力矩的大小为 $M=\frac{1}{2}mgl\sin\theta$。由刚体定轴转动定律式(3-7)，有

$$\frac{1}{2}mgl\sin\theta = J\alpha = \frac{1}{3}ml^2\alpha$$

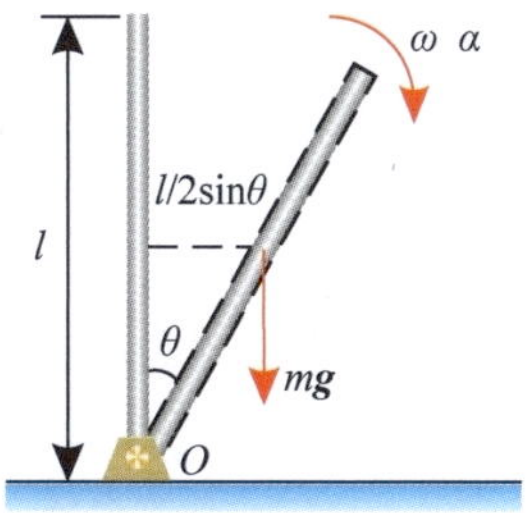

图 3-7 例题 3-4 用图

解出转动过程中任意时刻的角加速度

$$\alpha = \frac{3g}{2l}\sin\theta$$

当细杆转到水平位置时，$\theta=\pi/2$，此时角加速度 $\alpha=\frac{3g}{2l}$。

3.3 角动量 角动量守恒定律

第2章研究了力对改变质点运动状态所起的作用。我们曾从力对时间的累积作用出发，引出动量定理，从而得到动量守恒定律；还从力对空间的累积作用出发，引出动能定理，从而得到机械能守恒定律和能量守恒定律。对于刚体，3.2节讨论了在外力矩作用下刚体绕定轴转动的转动定律，同样力矩作用于刚体总是在一定的时间和空间里进行的。为此，这一节将讨论力矩对时间的累积作用，得出角动量定理和角动量守恒定律。3.4节将讨论力矩对空间的累积作用，得出刚体的转动动能定理。

3.3.1 质点的角动量和刚体的角动量

1. 质点的角动量

设有一质量为 m 的质点 A 在与 Oz 轴相垂直的平面 S 上相对于某一参考点 O 作半径为 r 的圆周运动，如图3-8所示，在某时刻，质点相对于点 O 的位矢为 $\boldsymbol{r}$，其速度为 $\boldsymbol{v}$（动量为 $\boldsymbol{p}=m\boldsymbol{v}$），且 $\boldsymbol{r}$ 与 $\boldsymbol{v}$ 相互垂直。我们定义位置矢量 $\boldsymbol{r}$ 与动量 $\boldsymbol{p}$ 的矢积为质点 m 相对于点 O 的**角动量**（**angular momentum**），用 $\boldsymbol{L}$ 表示。即

$$\boldsymbol{L}=\boldsymbol{r}\times\boldsymbol{p}=m\boldsymbol{r}\times\boldsymbol{v} \tag{3-9}$$

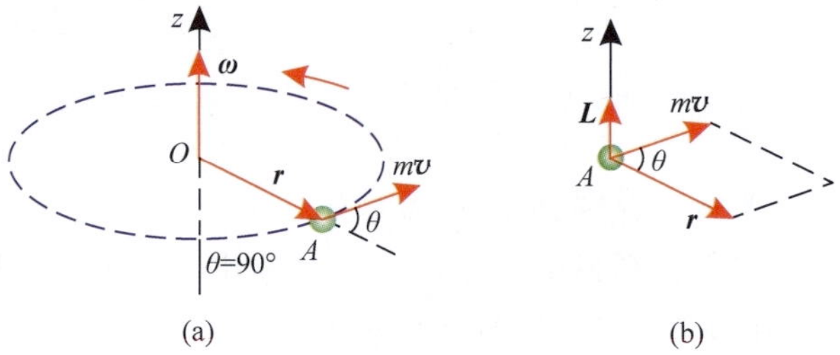

图3-8 质点作圆周运动的角动量

显然，角动量是一个有大小有方向的矢量，由矢量的矢积关系，角动量的大小为

$$L=rmv\sin\theta \tag{3-10}$$

式中 θ 为 $\boldsymbol{r}$ 与 $\boldsymbol{v}$（或 $\boldsymbol{p}$）之间小于180°的夹角。因为质点绕点 O 作圆周运动时，$\boldsymbol{r}$ 与 $\boldsymbol{v}$ 之间的夹角 $\theta=90°$，由式(3-10)可得质点对点 O 的角动量的大小为

$$L=rmv=mr^2\omega \tag{3-11}$$

式中 ω 为质点绕 Oz 轴转动的角速度。至于**角动量 L 的方向则是垂直于如图 3-8 所示的 r 与 v 构成的平面，并遵守右手螺旋法则，即：右手拇指伸直，当四指由 r 经小于 180°的角 θ 转向 v（或 p）时，拇指的指向即是 L 的方向**。

应当指出，式(3-9)及式(3-10)虽然是从讨论质点作圆周运动时给出的，实际上它们适用于质点对任意参考点的角动量的计算。而式(3-11)只适用圆周运动，故式(3-9)和式(3-10)的使用范围更广泛些。角动量概念的引入最初是出于研究物体转动的需要，但角动量的定义本身并不要求一定绕一固定点转动，对于任何运动，只要存在速度，就存在对某点的角动量。

在国际单位制中，角动量的单位是 $kg \cdot m^2/s$。

2. 刚体绕定轴转动的角动量

设有一刚体以角速度 ω 绕定轴 Oz 转动，如图 3-9 所示，刚体上所有质量元都以相同的角速度 ω 绕定轴 Oz 作圆周运动，因而都具有一定的角动量。设第 i 个质量元的质量为 m_i，它到转轴的垂直距离为 r_i，则质量元 m_i 对轴 Oz 的角动量为

$$L_i = r_i m_i v_i = m_i r_i^2 \omega$$

刚体中所有质量元对转轴 Oz 的角动量之和称为刚体对转轴 Oz 的角动量，即

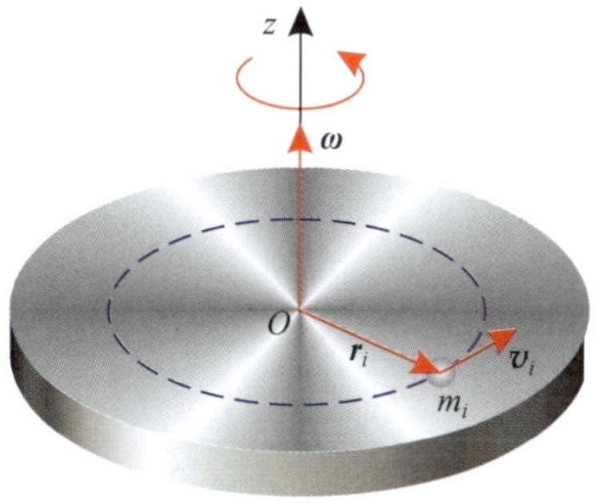

图 3-9 刚体的角动量

$$L = \sum m_i r_i^2 \omega = \left(\sum m_i r_i^2\right)\omega$$

式中 $\sum m_i r_i^2$ 为刚体绕定轴 Oz 的转动惯量 J，于是刚体对定轴 Oz 的角动量为

$$L = J\omega \tag{3-12}$$

这表明，刚体对固定转动轴 Oz 的角动量等于它对该轴的转动惯量和绕该轴转动的角速度的乘积。

3.3.2 刚体绕定轴转动的角动量定理

将式(3-12)对时间取一阶导数，可得

$$\frac{dL}{dt} = \frac{d(J\omega)}{dt}$$

将此式与刚体绕定轴转动的转动定律式(3-7)相比较，考虑到 $\alpha = d\omega/dt$，可以得出

$$M = J\alpha = J\frac{d\omega}{dt} = \frac{dL}{dt} \tag{3-13}$$

这表明，**刚体绕定轴转动时，作用于刚体的合外力矩 M 等于刚体绕此轴的角动量 L 随时间的变化率**，这就是**刚体的角动量定理**(**theorem of angular momentum**)。

式(3-13)两端同乘以 dt 并积分，设合外力矩作用的时间间隔为 $t_2 - t_1$，使刚体的角动量从 L_1 变化到 L_2，有

$$\int_{t_1}^{t_2} M dt = L_2 - L_1 \tag{3-14}$$

定义 $\int_{t_1}^{t_2} M\mathrm{d}t$ 为**冲量矩**(moment of impulse),为力矩对时间的累积。式(3-14)为刚体的角动量定理的另一种表示,即**对同一参考点,刚体所受的冲量矩等于在作用时间内刚体角动量的增量**。式(3-14)是刚体角动量定理的积分表达式。

[例题 3-5]

如图 3-10 所示,一根长为 1m、质量为 3kg 的均质细棒,垂直悬挂在转轴 O 上,用 $F=1\times10^4 t$ 的水平力撞击棒的下端,式中 t 的单位为 s,F 的单位为 N,该力的作用时间为 0.02s。求:(1)棒所获得的冲量矩;(2)棒所获得的角速度。

解 (1) 冲量矩

$$\int_{t_1}^{t_2} M\mathrm{d}t = \int_{t_1}^{t_2} Fl\,\mathrm{d}t = \int_{0}^{0.02} (1\times10^4 t\times1)\mathrm{d}t$$

$$= \frac{1}{2}\times10^4 t^2 \Big|_0^{0.02} = 2\mathrm{kg}\cdot\mathrm{m}^2/\mathrm{s}$$

(2) 由刚体绕定轴转动的角动量定理,由于撞击前的角速度为零,所以

$$\int_{t_1}^{t_2} M\mathrm{d}t = J\omega - 0 = J\omega$$

棒所获得的角速度

$$\omega = \frac{\int_{t_1}^{t_2} M\mathrm{d}t}{J} = \frac{2}{\frac{1}{3}ml^2} = 2\mathrm{rad/s}$$

视频:角动量守恒定律

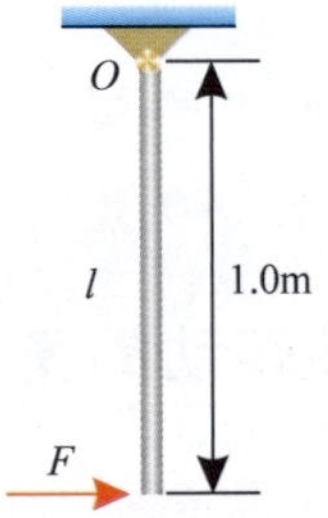

图 3-10 例题 3-5 用图

3.3.3 刚体绕定轴转动的角动量守恒定律

由式(3-13)可以看出,当合外力矩为零时,可得

$$\frac{\mathrm{d}L}{\mathrm{d}t} = 0 \quad 或 \quad J\omega = 恒量 \tag{3-15}$$

这就是说,**如果物体所受的合外力矩等于零,或者不受外力矩的作用,则物体的角动量保持不变**。这个结论叫做**角动量守恒定律**(law of conservation of angular momentum)。

有许多现象都可以用角动量守恒定律来说明。例如，地球上经常能观察到流星，但是绝大多数流星体是不会直接撞击地球的，因为它们受到地球的引力矩为零，角动量守恒，故只有极少数开始时相对于地球的角动量为零的那些流星才会掉到地球上。另外的原因是摩擦，流星体在运行过程中受到的微弱摩擦作用使原来的角动量逐渐减小，最终变为零，从而能落到地球上成为陨石。

人造地球卫星运行一段时间后，会掉回地球上，这主要也与大气的摩擦有关。大气摩擦力与卫星运动方向相反，它对地心的力矩不为零，在此力矩的作用下，卫星的角动量逐渐减小，最后掉回地球。

关于角动量守恒定律需要注意的是：

(1) 刚体定轴转动的角动量守恒定律，其表达式与动量守恒定律相似。在具体运用角动量守恒定律时，必须在分析刚体或转动系统受力情况的基础上，明确指出它的适用条件，即刚体或转动系统所受外力对轴的合外力矩为零。

(2) 对于单个刚体，它对定轴的转动惯量 J 保持不变。如果所受合外力矩 $\boldsymbol{M}$ 为零，则该刚体对同轴的角动量是守恒的，即任一时刻的角动量 $J\omega$ 应等于初始时刻的角动量 $J\omega_0$，$J\omega=J\omega_0$，因而 $\omega=\omega_0$，这时物体绕定轴作匀角速度转动。

(3) 对于非刚体系统，如果组成它的各质量元或各个部分以相同的角速度绕共同轴转动，此时，转动系统对共同轴的转动惯量可能会变化，刚体定轴转动定律不再适用，而刚体定轴转动的角动量守恒定律在这里仍然是成立的。因此当物体绕定轴转动时，如果它对轴的转动惯量是可变的，则在满足角动量守恒的条件下，物体的角速度 ω 随转动惯量 J 的改变而改变，但两者之乘积 $J\omega$ 却保持不变，因而当 J 变大时，ω 变小；当 J 变小时，ω 变大。如芭蕾舞演员表演时就利用了这样的原理，她伸展或收缩手臂和腿来改变对转动轴的转动惯量，从而达到使转速加快或减慢的目的。人手持哑铃在转台上的自由转动也是属于系统定轴转动的角动量守恒定律的一个例子，因为人、转台和一对哑铃的重力以及地面对转台的支持力都平行于转轴，不产生力矩，即 $M=0$，故系统对转轴的角动量应始终保持不变。

应该指出，前面关于角动量守恒定律、动量守恒定律和能量守恒定律，都是在不同的理想化条件(如质点、刚体)下，用经典的牛顿力学原理“推证”出来的。但它们的使用范围却远远超出原有条件的限制，它们不仅适用于牛顿力学所研究的宏观、低速(远小于光速)的领域，而且通过相应的扩展和修正后也适用于牛顿力学失效的微观、高速(接近光速)的领域，即量子力学和相对论中。这就充分说明，上述三条守恒定律有其时空特征，是近代物理理论的基础，是更为普适的物理定律。

[例题 3-6]

如图 3-11 所示，有两个对轴的转动惯量分别为 J_1 和 J_2 的圆盘 A 和 B。A 是机器的飞轮，B 是用以改变飞轮转速的离合器的圆盘。开始时，它们分别以角速度 ω_1 和 ω_2 绕水平轴转动。然后，两圆盘在水平轴方向的外力作用下，啮合为一体，其角速度为 ω，求啮合后的两圆盘的角速度 ω。

解 取两圆盘为一个系统，它们啮合后的转动惯量为 $J=J_1+J_2$，其角速度为 ω。在它们啮合过程中，相互之间作用的摩擦力矩为系统的内力矩，内力矩对系统的角动量没有影

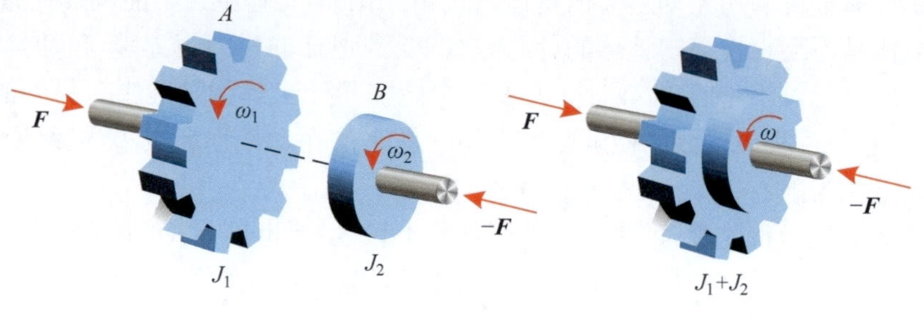

图 3-11 例题 3-6 用图

响，而作用在两圆盘上的外力又是沿轴向，所以合外力矩为零。基于上述原因，系统中两圆盘在啮合过程中角动量是守恒的，有

$$J_1\omega_1 + J_2\omega_2 = (J_1 + J_2)\omega$$

因此，啮合后两圆盘的角速度为

$$\omega = \frac{J_1\omega_1 + J_2\omega_2}{J_1 + J_2}$$

3.4 力矩做功　刚体绕定轴转动的动能定理

3.4.1 力矩做功

质点在外力的作用下发生位移时，我们说力对质点做了功，当刚体受到力矩作用并绕轴转动时，力矩对刚体也要做功，做功的结果使刚体的角速度发生变化，因而动能也相应变化，这就是力矩的空间累积作用。

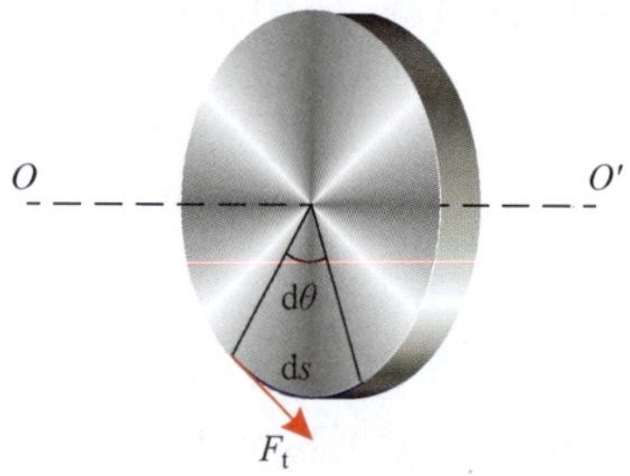

图 3-12 力矩做功

设刚体在切向力 F_t 的作用下，绕转轴 OO' 转过的角位移为 $d\theta$，如图 3-12 所示，这时力 F_t 的作用点的位移大小为 $ds = rd\theta$。根据功的定义，力 F_t 在这段位移内所做的元功为

$$dW = F_t ds = F_t r d\theta$$

由于力 F_t 对转轴的力矩大小为 $M = F_t r$，所以

$$dW = M d\theta$$

上式表明，**力矩所做的元功 dW 等于力矩 M 与角位移 $d\theta$ 的乘积**。

如果力矩的大小和方向都不变，当刚体在此力矩作用下转过角 θ 时，则力矩所做的功为

$$W = \int_0^\theta dW = M\int_0^\theta d\theta = M\theta \tag{3-16}$$

即恒力矩对绕定轴转动的刚体所做的功，等于力矩的大小与转过的角度 θ 的乘积。

如果作用在绕定轴转动的刚体上的力矩是变化的，那么，变力矩所做的功为

$$W=\int M\mathrm{d}\theta \tag{3-17}$$

应当指出，式(3-16)和式(3-17)中的 M 是作用在绕定轴转动刚体上诸外力的合力矩。故上述两式应理解为合外力矩对刚体所做的功。

力矩的瞬时功率可表示为

$$P=\frac{\mathrm{d}W}{\mathrm{d}t}=M\frac{\mathrm{d}\theta}{\mathrm{d}t}=M\omega \tag{3-18}$$

即**力矩的功率等于力矩与角速度的乘积**。当功率一定时，转速越低，力矩越大；反之，转速越高，力矩越小。

3.4.2 转动动能

刚体绕定轴转动时，其上每一质量元都绕轴作圆周运动，都具有一定的动能，刚体的转动动能就等于各质量元动能的总和。设刚体上第 i 个质量元的质量为 Δm_i，它的线速度为 v_i，该质量元到转轴的垂直距离为 r_i。当刚体以角速度 ω 绕定轴转动时，第 i 个质量元的动能为

$$\frac{1}{2}\Delta m_i v_i^2=\frac{1}{2}\Delta m_i r_i^2\omega^2$$

将所有质量元的动能加起来，就是整个刚体的动能，即

$$E_{\mathrm{k}}=\sum\frac{1}{2}\Delta m_i r_i^2\omega^2=\frac{1}{2}\left(\sum\Delta m_i r_i^2\right)\omega^2$$

因为 $\sum\Delta m_i r_i^2=J$ 为刚体绕相应轴的转动惯量，故

$$E_{\mathrm{k}}=\frac{1}{2}J\omega^2 \tag{3-19}$$

即**刚体绕定轴转动动能等于刚体的转动惯量与角速度二次方的乘积的一半**，这与质点的动能 $E_{\mathrm{k}}=\frac{1}{2}mv^2$，在形式上是完全相似的。

3.4.3 刚体绕定轴转动的动能定理

当外力矩对刚体做功时，刚体的转动动能发生变化。设在合外力矩 M 的作用下，刚体绕定轴转过的角位移为 $\mathrm{d}\theta$，则合外力矩对刚体所做的元功为

$$\mathrm{d}W=M\mathrm{d}\theta$$

由转动定律 $M=J\alpha=J\frac{\mathrm{d}\omega}{\mathrm{d}t}$，上式亦可写成

$$\mathrm{d}W=J\frac{\mathrm{d}\omega}{\mathrm{d}t}\mathrm{d}\theta=J\frac{\mathrm{d}\theta}{\mathrm{d}t}\mathrm{d}\omega=J\omega\mathrm{d}\omega$$

若设上式中的 J 为常量，那么在 Δt 时间内，由合外力矩对刚体做功，使得刚体的角速度从

ω_1 变到 ω_2，合外力矩对刚体所做的功为

$$W=\int \mathrm{d}W=J\int_{\omega_1}^{\omega_2}\omega\,\mathrm{d}\omega$$

即

$$W=\frac{1}{2}J\omega_2^2-\frac{1}{2}J\omega_1^2 \tag{3-20}$$

式(3-20)表明，**合外力矩对绕定轴转动的刚体所做的功等于刚体转动动能的增量，这就是刚体绕定轴转动的动能定理**。

为了便于理解刚体绕定轴转动的规律性，必须注意规律形式和研究思路的类比方法。下面我们把质点运动与刚体定轴转动的一些重要物理量和重要公式对照列于表3-3，供读者参考。

表3-3 质点运动与刚体定轴转动对照表

质点运动		刚体定轴转动	
速度	$\boldsymbol{v}=\mathrm{d}\boldsymbol{r}/\mathrm{d}t$	角速度	$\omega=\mathrm{d}\theta/\mathrm{d}t$
加速度	$\boldsymbol{a}=\mathrm{d}\boldsymbol{v}/\mathrm{d}t$	角加速度	$\alpha=\mathrm{d}\omega/\mathrm{d}t$
力	$\boldsymbol{F}$	力矩	$\boldsymbol{M}$
质量	m	转动惯量	$J=\int r^2\mathrm{d}m$
动量	$\boldsymbol{p}=m\boldsymbol{v}$	角动量	$\boldsymbol{L}=J\boldsymbol{\omega}$

[例题3-7]

一吊扇第一挡转速为 $n_1=7\mathrm{r/s}$，第二挡转速为 $n_2=10\mathrm{r/s}$。吊扇转动时要受到阻力矩 M_f 的作用，阻力矩与转速之间的关系一般由实验测定，但作为近似计算，我们取阻力矩与角速度之间的关系为 $M_\mathrm{f}=k\omega^2$，其中系数 $k=2.74\times10^{-4}\mathrm{N\cdot m\cdot s^2/rad^2}$。(1)试求吊扇的电机在这两种转速下所消耗的功率；(2)设吊扇由静止匀加速地达到第二挡转速经历的时间为5s，在此时间内阻力矩做了多少功？

解 (1) 由刚体绕定轴转动的力矩做功的功率公式可知，吊扇按一挡和二挡转动时阻力矩的功率分别为

$$P_1=M_{\mathrm{f1}}\omega_1=k\omega_1^3=k(2n_1\pi)^3=23.3\mathrm{W}$$
$$P_2=M_{\mathrm{f2}}\omega_2=k\omega_2^3=k(2n_2\pi)^3=60.0\mathrm{W}$$

可见，吊扇的转速从每秒7转增加到每秒10转，也就是说转速只增加了1/2还不到，而消耗的功率却几乎增加了两倍之多。所以，在没有特别需要的情况下，应尽可能降低吊扇的转速，这对节省能源是十分有益的。

(2) 由于吊扇的角速度是由静止匀加速增大的，故其平均角加速度 $\alpha=\omega/t=2n_2\pi/5$。阻力矩所做的功为

$$W=\int M_{\mathrm{f2}}\mathrm{d}\theta=\int k\omega^3\mathrm{d}t=\int k\alpha^3t^3\mathrm{d}t$$

于是可得

$$W = k\alpha^3\int_0^t t^3\,\mathrm{d}t = \frac{1}{4}k\alpha^3 t^4$$

把已知数值代入，可得在 $t=5\mathrm{s}$ 时间内阻力矩做的功为 $W=84.96\mathrm{J}$。

[例题 3-8]

如图 3-13 所示，有一根长为 l、质量为 m 的均匀细棒，棒的一端可绕通过垂直于纸平面的轴转动，棒的另一端固定一个质量为 m 的小球。开始时，棒静止地处于水平位置 A。当棒转过角 θ 到达位置 B 时，棒的角速度为多少？

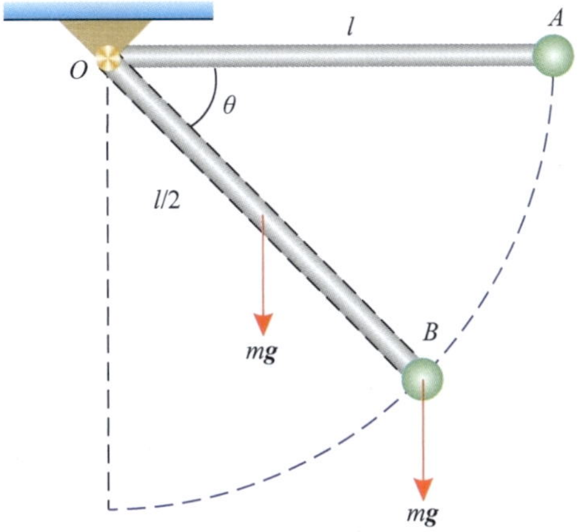

图 3-13 例题 3-8 用图

解 由题意知，细棒和小球在转动过程中其形状是不改变的，也就是说它们的转动惯量是一常量。对通过点 O 的轴来说，它们的转动惯量应为细棒的转动惯量 J_1 与小球的转动惯量 J_2 之和，即

$$J = J_1 + J_2 = \frac{1}{3}ml^2 + ml^2 = \frac{4}{3}ml^2$$

如取连有小球的细棒和地球为一个系统，并取棒在水平位置时的重力势能为零，即 $E_{pA}=0$。若略去转轴阻力矩做功，那么，棒在转动过程中机械能守恒，即棒和小球的转动动能和重力势能之和为一恒量，有

$$E_{pB} + E_{kB} = E_{pA} + E_{kA} = 0 \qquad \text{(a)}$$

其中 E_{kB} 和 E_{pB} 分别为

$$E_{kB} = \frac{1}{2}J\omega^2$$

$$E_{pB} = -\left(mg\,\frac{l}{2}\sin\theta + mgl\sin\theta\right) = -\frac{3}{2}mgl\sin\theta$$

把以上两式代入式(a)可得棒转到位置 B 时，棒的角速度为

$$\omega = \frac{3}{2}(g\sin\theta/l)^{\frac{1}{2}}$$

原理应用

单杠运动中下杠的位置和能量

单杠运动中的大回环动作可能是单杠运动的各种动作中最简单的一种，但却富含物理原理。下面用简单的物理模型和原理分析计算运动员下杠动作的位置选择和增加旋转机械能的物理原理。

1. 运动员下杠动作的位置选择以及条件

当不考虑运动员身体各部位的相对运动，且单杠不变形时，运动员绕杠旋转的机械能损耗，只产生于运动员手与杠之间的摩擦，但这种损耗因运动员手掌上的滑石粉而变得相对很小，可不予考虑。在此情况下，可将运动员看成一根长直，但质量分布不均匀的刚性棒（头重脚轻）绕一根无摩擦、非弹性的杠运动（图 P3-1）。在此模型中，设人体的质量为 m，质量中心距杠为 r，人体绕杠的转动惯量和绕质心的转动惯量分别为 J_1 和 J_2。如果给该人体以初始角速度 ω_0，从最高点（即运动员倒立位置）旋转下杠，则人体通过最低点时的角速度 ω_1 可由机械能守恒定律得到：

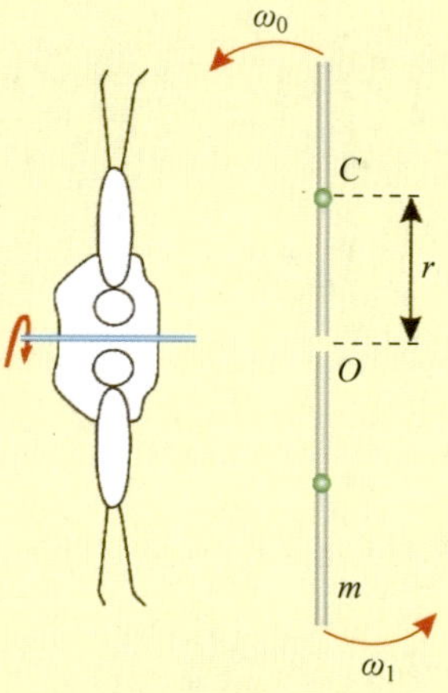

图 P3-1　人、杠的刚性模型

$$2mgr=\frac{1}{2}J_1\omega_1^2-\frac{1}{2}J_1\omega_0^2$$

由平行轴定理得

$$J_1=J_2+mr^2$$

代入上式可得

$$\omega_1^2=\omega_0^2+\frac{4mgr}{J_2+mr^2} \tag{P3-1}$$

若取初始运动员倒立位置时的角速度 ω_0 为零，模拟参数给出 $m=60\text{kg}$，$g=9.81\text{m/s}^2$，$r=1.0\text{m}$，$J_2=10\text{kg}\cdot\text{m}^2$，则 $J_1=J_2+mr^2=70\text{kg}\cdot\text{m}^2$，将这些参数代入式（P3-1），得 $\omega_1=5.8\text{rad/s}$。

体操运动员下杠时，为了赢得在空中充足翻转的时间和空间，往往选择在旋转至最高点时脱离单杠，如图 P3-2 所示，此时必须在最高点有角速度，而且最佳状态是失重时刻脱手，即运动员手与杠之间无相互作用力，$F=0$。因此：

$$mg=m\omega_0'^2r$$

$$\omega_0'=\sqrt{\frac{g}{r}}=3.13\text{rad/s}$$

从初始 $\omega_0=0$ 到脱离单杠前 $\omega_0'=3.13\text{rad/s}$ 说明运动员在旋转过程中必然有机械能的增加过程。然而，仅有重力作用（做功）不会增加机械能。那么，如何完成这一增加机械能的过程呢？

2. 增加旋转机械能的物理原理及时机选择

为了增加旋转的机械能，骨骼肌肉内力必须做功。此时人体可看成由三个部分——臂、躯干

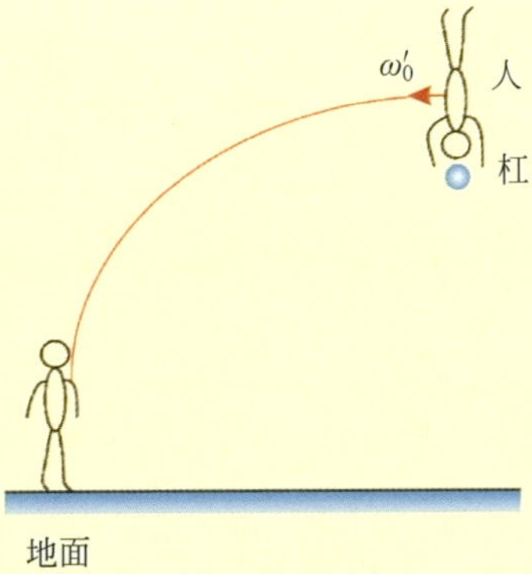

图 P3-2　运动员脱杠

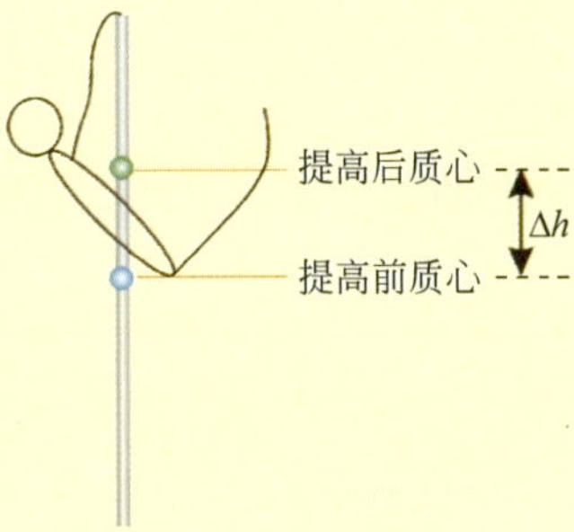

图 P3-3　质心提高动作

和腿组成。具体增能过程分析计算如下：

当旋转至最低点的一瞬间，运动员迅速收缩自己的手臂和腿，使身体呈图 P3-3 所示形状，使其质量中心提高，同时相对于杠的转动惯量减少，这两者分别可增加系统的势能和动能。例如，粗估质量中心上升 $\Delta h = 0.08\text{m}$，则增加的总能量可如下计算：

$$\Delta E_p = mg\Delta h = 47.1\text{J}$$

在不考虑杠的形变时，转动惯量由 J_1 减小到 J_3。若不考虑 J_2 的变化，则

$$J_3 = J_2 + mr'^2 = [10 + 60 \times (1 - 0.08)^2]\text{kg} \cdot \text{m}^2 = 60.78\text{kg} \cdot \text{m}^2$$

实际上 J_2 也要变小，所以转动惯量取 $60\text{kg} \cdot \text{m}^2$ 是恰当的，即

$$J_3 = 60\text{kg} \cdot \text{m}^2$$

由最低点处的角动量守恒 $J_1\omega_1 = J_3\omega_3$，于是

$$\omega_3 = \frac{J_1\omega_1}{J_3} = 6.8\text{rad/s}$$

增加的动能为

$$\Delta E_k = \frac{1}{2}J_3\omega_3^2 - \frac{1}{2}J_1\omega_1^2 = 209.8\text{J}$$

所以，系统总的能量增加量为

$$\Delta E = \Delta E_k + \Delta E_p = 256.9\text{J}$$

一旦运动员旋转至最高点，整个躯体伸展开去，使质心升高，又一次使重力势能增加，增加的量值几乎与最低点时的势能增量一致。当然，此时由于对杠的转动惯量增加，系统的动能要减少，但可以证明，最高点时的动能减少远比最低点时的动能增大小得多。这样一来人体系统的总机械能就增大了，而这增加的机械能则源于运动员身体的内能。

在上述分析中，为了理论上便于计算，假设运动员分别在最低点和最高点"瞬间"完成收缩和伸展。实际上要完成上述动作，只能是在"一段时间"内，而不是"瞬间"。运动员往往是选择在旋转至最低点之后(而不是之前)的一小段时间内完成上述动作，其原因与人体结构有关，这里就不做具体分析了。

人体是个复杂结构，物理理论是个完善的工具。用一个完善的工具去解决任何一个复杂系统的问题都需要通过简单的抽象完成，同时需要有理论联系实际的应用能力。学会用模型与理论配合解决实际问题是学习物理的重要目的。

内容提要

1. 当刚体转动时，角坐标 θ、角速度 ω 和角加速度 α 的关系

$$\omega=\frac{\mathrm{d}\theta}{\mathrm{d}t};\quad \alpha=\frac{\mathrm{d}\omega}{\mathrm{d}t}=\frac{\mathrm{d}^2\theta}{\mathrm{d}t^2}$$

线量和角量的数值关系分别为

$$v=r\omega$$

$$a_{\mathrm{n}}=\frac{v^2}{r}=\omega^2 r$$

$$a_{\mathrm{t}}=\frac{\mathrm{d}v}{\mathrm{d}t}=r\alpha$$

2. 质点的角动量、力矩和质点的角动量定理

角动量：$\boldsymbol{L}=\boldsymbol{r}\times\boldsymbol{p}$

力矩：$\boldsymbol{M}=\boldsymbol{r}\times\boldsymbol{F}$

质点的角动量定理：$\boldsymbol{M}=\frac{\mathrm{d}\boldsymbol{L}}{\mathrm{d}t}$ 或者 $\int_{t_1}^{t_2}\boldsymbol{M}\mathrm{d}t=\boldsymbol{L}_2-\boldsymbol{L}_1$

质点的角动量守恒定律：质点所受的合外力矩 $\boldsymbol{M}=0$ 时，$\frac{\mathrm{d}\boldsymbol{L}}{\mathrm{d}t}=0$ 或 $\boldsymbol{L}=$ 常矢量。

3. 刚体的定轴转动

转动惯量：$J=\sum_i \Delta m_i r_i^2$ 或者 $J=\int_m r^2\mathrm{d}m=\int_V r^2\rho\mathrm{d}V$

刚体定轴转动定律：$M=J\alpha$

刚体定轴转动角动量定理：$\boldsymbol{M}=\frac{\mathrm{d}\boldsymbol{L}}{\mathrm{d}t}$ 或者 $\int_0^t\boldsymbol{M}\mathrm{d}t=\boldsymbol{L}-\boldsymbol{L}_0=J\boldsymbol{\omega}-J\boldsymbol{\omega}_0$

刚体定轴转动的角动量守恒定律：合外力矩 $\boldsymbol{M}$ 为零时，$\boldsymbol{L}=J\boldsymbol{\omega}=$ 常量。

习题

一、选择题

3-1　有两个力作用在一个有固定转轴的刚体上，对此有以下几种说法：(1)这两个力都平行于轴作用时，它们对轴的合力矩一定是零；(2)这两个力都垂直于轴作用时，它们对轴的合力矩可能是零；(3)当这两个力的合力为零时，它们对轴的合力矩也一定是零；(4)当这两个力对轴

的合力矩为零时，它们的合力也一定是零。以上说法，正确的是(　　)。

(A) 只有(1)是正确的　　(B) (1)、(2)正确，(3)、(4)错误

(C) (1)、(2)、(3)都正确　　(D) (1)、(2)、(3)、(4)都正确

3-2　有两个质量与厚度均相同的匀质圆盘A和B，但它们的密度不同，$\rho_A > \rho_B$，则它们对通过盘心垂直于盘面的转轴的转动惯量J_A和J_B满足(　　)。

(A) $J_A > J_B$　　(B) $J_A = J_B$

(C) $J_A < J_B$　　(D) 不能确定哪个大

3-3　均匀细棒OA可绕通过其一端O而与棒垂直的水平固定光滑轴转动，如图所示。今使棒从水平位置由静止开始自由下落，在棒摆到竖直位置的过程中，下述说法正确的是(　　)。

(A) 角速度从小到大，角加速度不变

(B) 角速度从小到大，角加速度从小到大

(C) 角速度从小到大，角加速度从大到小

(D) 角速度不变，角加速度为零

3-4　一圆盘绕通过盘心且垂直于盘面的水平轴转动，轴间摩擦不计。如图所示，两个质量相同、速度大小相同、方向相反并在一条直线上的子弹，分别同时射入圆盘并且留在盘内，在子弹射入后的瞬间，对于圆盘和子弹系统的角动量L以及圆盘的角速度ω，有(　　)。

(A) L不变，ω增大　(B) 两者均不变　(C) L不变，ω减少　(D) 两者均不确定

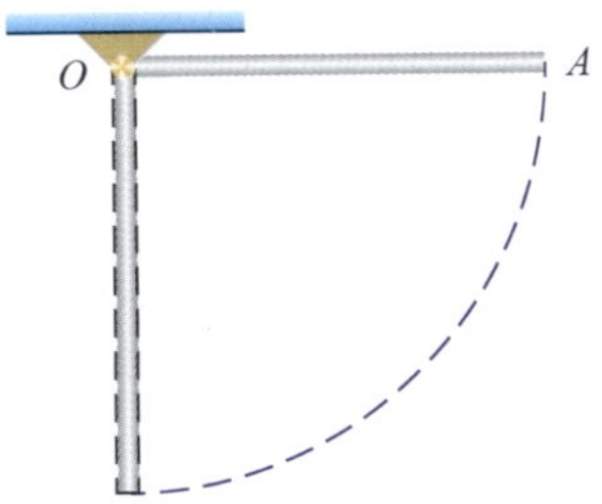

习题 3-3 图

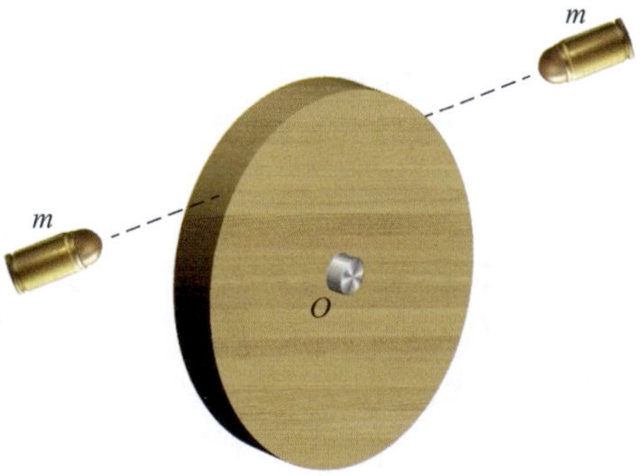

习题 3-4 图

3-5　如图所示，在光滑的水平桌面上有一质量为m、长为l的匀质细杆，该细杆可绕通过中点O且垂直于桌面的竖直固定轴自由转动。开始时细杆处于静止状态，有一质量为m的小球沿桌面正对着杆的一端，在垂直于杆长的方向上，以速度v运动。当小球与杆端点发生碰撞后，就与杆粘在一起随杆转动。则碰撞后这一系统的角速度为(　　)。

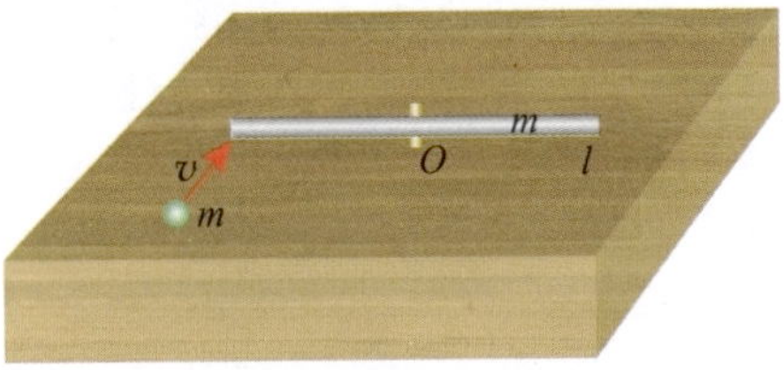

习题 3-5 图

(A) $\dfrac{3v}{2l}$　　(B) $\dfrac{2v}{3l}$　　(C) $\dfrac{3v}{4l}$　　(D) $\dfrac{v}{6l}$

3-6　假设卫星环绕地球中心作椭圆运动，则在运动过程中，卫星对地球中心的(　　)。

(A) 角动量守恒，动量守恒　　(B) 角动量守恒，机械能守恒

(C) 角动量不守恒，机械能守恒　　(D) 角动量不守恒，动量也不守恒

二、填空题

3-7 如图所示，两个质量和半径都相同的均匀滑轮，轴处无摩擦，α_1 和 α_2 分别表示图(a)、图(b)中滑轮的角加速度，则 α_1 ________ α_2（填<、=或>）。

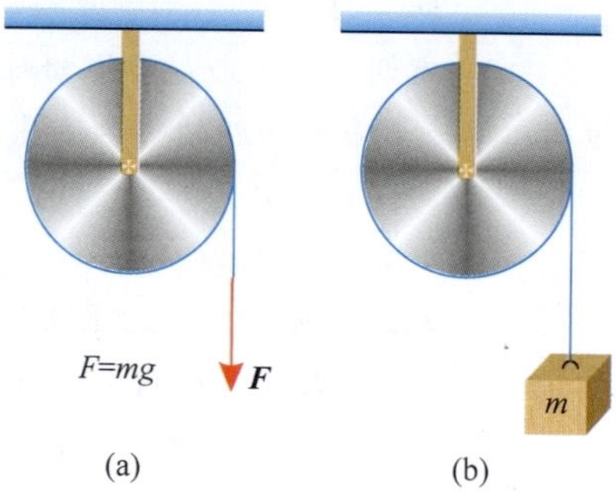

习题 3-7 图

3-8 质量为 m 的均匀圆盘，半径为 r，绕中心轴的转动惯量 $J_1=$________；质量为 M、半径为 R、长度为 l 的均匀圆柱，绕中心轴的转动惯量 $J_2=$________。如果 $M=m$，$r=R$，则 J_1 与 J_2 之间的关系是：J_1 ________ J_2。

3-9 光滑水平桌面上有一小孔，孔中穿一轻绳，绳的一端拴一质量为 m 的小球，另一端用手拉住。若小球开始在光滑桌面上作半径为 R_1、速率为 v_1 的圆周运动，今用力 F 慢慢往下拉绳子，当圆周运动的半径减小到 R_2 时，小球的速率为________，力 F 做的功为________。

三、计算题

3-10 在时间间隔 t 内发电机的飞轮转过的角度 $\theta=at+bt^3+ct^4$，其中 a、b 和 c 是常量。写出飞轮的角速度和角加速度的表达式。

3-11 在一个转轮边上的一点的角位置为 $\theta=t^2+3$，其中 θ 的单位为 rad，t 的单位为 s。求：(1)$t=2.0\text{s}$ 和(2)$t=4.0\text{s}$ 时的角速度为多少？(3)在从 $t=2.0\text{s}$ 到 $t=4.0\text{s}$ 间的平均角加速度为多少？

3-12 一飞轮由一直径为 30cm、厚度为 2.0cm 的圆盘和两个直径都为 10cm、长为 8cm 的共轴圆柱体组成，设飞轮的密度为 $7.8\times10^3\text{kg/m}^3$，求飞轮对轴的转动惯量。

3-13 有一质量为 m、半径为 R、密度均匀的圆盘，求它对过圆心且与盘面垂直的转轴的转动惯量。

3-14 质量为 m_1 和 m_2 的两物体 A、B 分别悬挂在如图所示的组合轮两端。设两轮的半径分别为 R 和 r，两轮的转动惯量分别为 J_1 和 J_2，轮与轴承间、绳索与轮间的摩擦力均略去不计，绳的质量也略去不计。试求两物体的加速度和绳的张力。

3-15 如图所示装置，定滑轮的半径为 r，绕转轴的转动惯量为 J，滑轮两边分别悬挂质量为 m_1 和 m_2 的物体 A、B。A 置于倾角为 θ 的斜面上，它和斜面间的摩擦因数为 μ，若 B 向下作加速运动时，求：(1)其下落的加速度大小；(2)滑轮两边绳子的张力（设绳的质量及伸长均不计，绳与滑轮间无滑动，滑轮轴光滑）。

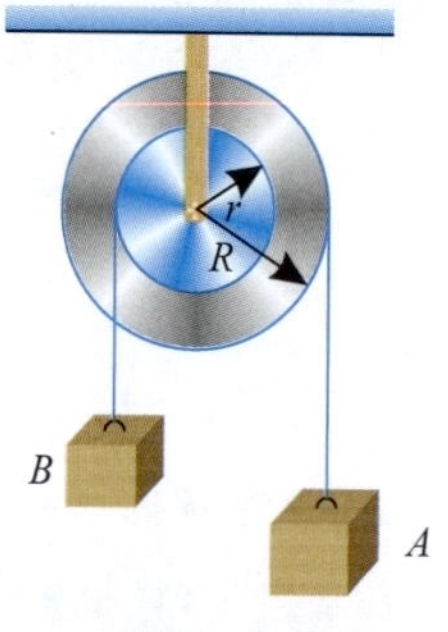

习题 3-14 图

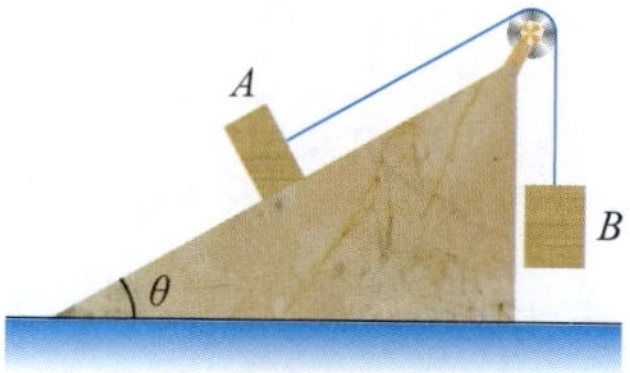

习题 3-15 图

3-16 长为 L、质量为 m 的均质杆可绕垂直于纸向的 O 轴转动，令杆至水平位置由静止下落，在铅垂位置与质量为 $\frac{m}{2}$ 的物体发生完全非弹性碰撞(如图所示)。碰后物体沿摩擦因数为 μ 的水平面滑动，试求此物体滑过的距离 s。

3-17 一位溜冰者伸开双臂以 1.0r/s 的转速绕身体中心轴转动，此时的转动惯量为 1.33kg·m²。她收起双臂来增加转速，如收起双臂后的转动惯量变为 0.48kg·m²，求：(1)她收起双臂后的转速；(2)她收起双臂前后绕身体中心轴的转动动能各是多少。

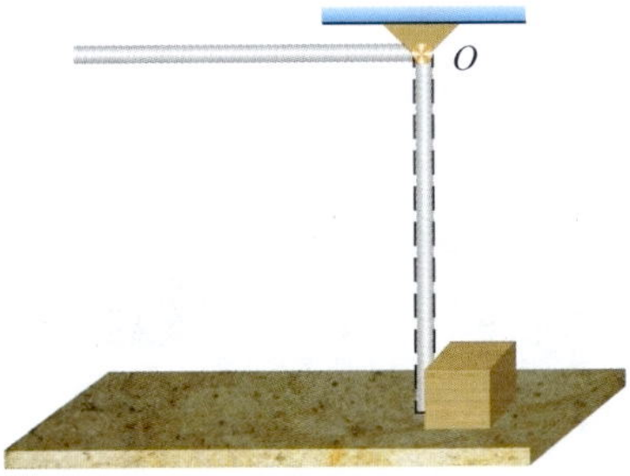

习题 3-16 图

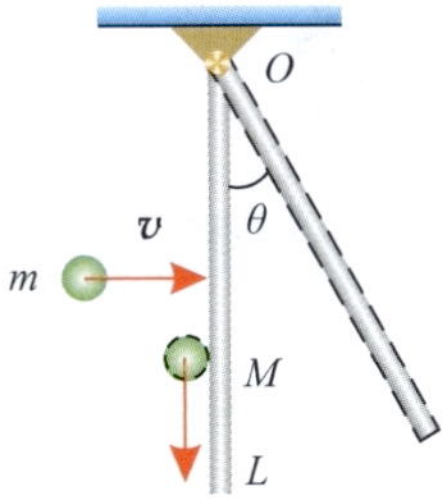

习题 3-18 图

3-18 如图所示，质量为 M 的均匀细棒，长为 L，可绕过端点 O 的水平光滑轴在竖直面内转动，当棒竖直静止下垂时，有一质量为 m 的小球飞来，垂直击中棒的中点。由于碰撞，小球碰后以初速度为零自由下落，而细棒碰撞后的最大偏角为 θ，求小球击中细棒前的速度值。

Chapter 4

第4章

机械振动

振动(vibration)是物质的一种很普遍的运动形式,自然界中存在着各种各样的振动,例如,分子热运动、电磁运动、晶体中原子的运动及机械振动等。人们对振动相关问题的研究起源于公元前6世纪毕达哥拉斯(Pythagoras,约公元前580—前500(490)年,古希腊数学家、哲学家、自然科学家)的工作,经过伽利略(Galileo Galilei,1564—1642年,意大利著名数学家、物理学家、天文学家、哲学家、工程师)、惠更斯(Christiaan Huygens,1629—1695年,荷兰物理学家、天文学家、数学家)、梅森(Marin Mersenne,1588—1648年,法国数学家、自然科学家)、胡克(Robert Hooke,1635—1703年,英国博物学家、发明家)、牛顿(Isaac Newton,1643—1727年,英国伟大的数学家、物理学家、天文学家、自然哲学家)、欧拉(Leonhard Euler,1707—1783年,瑞士的数学家、自然科学家)、拉格朗日(Joseph-Louis Lagrange,1736—1813年,法国数学家、物理学家)、伯努利(Daniel Bernoulli,1700—1782年,瑞士物理学家、数学家、医学家)、瑞利(原名约翰·威廉·斯特拉特,John William Strutt,1842—1919年,英国物理学家)等科学家的研究,建立、完善了振动力学。

物体在某一确定位置附近作来回往复的运动称为**机械振动**(mechanical vibration)。机械振动具有平衡位置和往复性两个特点,即围绕平衡位置作来回振动。机械振动有许多不同的分类。按振动规律可分为简谐振动、非简谐振动、随机振动;按振动位移可分为角振动、线振动;按系统参数特征分为线性振动、非线性振动。因此振动是自然界及人类生产实践中经常发生的一种普遍运动形式,其基本规律不仅是光学、电学、声学等基础学科中的基础知识,也是机械、造船、建筑、地震、无线电等工程技术中的重要基础知识。

本章主要学习机械振动中最基本的简谐振动,并介绍同方向同频率简谐振动的合成。

瑞利原名约翰·威廉·斯特拉特(John William Strutt,1842—1919年),英国物理学家,主要从事光学和振动系统的研究,也从事几乎涉及物理学的各个方面的研究,如声学、波的理论、彩色视觉、电动力学、电磁学、光的散射、液体的流动、流体动力学、气体的密度、黏滞性、毛细作用、弹性和照相术等。他的坚持不懈和精密的实验导致电阻标准、电流标准和电动势标准得以建立,后来他的工作集中在电学和磁学问题,在众多学科中都有成果,其中尤以光学中的瑞利散射和瑞利判据、物性学中的气体密度测量几方面影响最为深远。瑞利在力学上有多方面的成就,他在弹性振动理论方面得到许多重要结果,其中包括对系统固有频率的性质进行估值和计算。他的两卷著名的《声学理论》,至今不仅是机械振动研究领域的经典名著,而且也是其他物理学者很有助益的参考文献。因发现惰性气体,瑞利于1904年被授予诺贝尔物理学奖。

4.1 简谐振动的描述

4.1.1 简谐振动

机械振动的形式是多种多样的,情况大多比较复杂。**简谐振动**(simple harmonic motion)是一种最简单、最基本的振动,一切复杂振动均可看作多个简单简谐振动的合成。

简谐振动是研究振动的基础。下面以弹簧振子为例来研究简谐振动的规律。

视频：简谐振动　　视频：单摆

如图 4-1 所示，**弹簧振子**由劲度系数为 k、质量不计的轻弹簧和质量为 m 的物体（视为质点）组成。弹簧一端固定，另一端连接物体。在弹簧的弹性限度内物体在无摩擦的水平面上受到的合力就是弹簧的弹性力。当物体在位置 O 时，弹簧具有自然长度，此时物体在水平方向所受的合外力为零，位置 O 称为**平衡位置**。取平衡位置 O 为坐标原点，水平向右为 Ox 轴的正方向。将物体偏离其平衡位置 O 到位置 B，此时，由于弹簧被拉长而使物体受到一个指向平衡位置的弹性力，撤去外力后，物体将会在弹性力的作用下向左运动，抵达平衡位置时，物体所受的弹性力减小到零，但物体的惯性会使它继续向左运动，致使弹簧被压缩而出现的弹性力将阻碍物体的运动，使物体的运动速度减小，到达 C 点时，速度减小到零，此时物体又将在弹力的作用下从 C 点返回，向右运动。这样，在弹性力作用下，物体将在水平位置附近作往复运动。由于弹簧振子作一维运动，根据胡克定律，我们可以把物体在离开平衡位置的某点 x 处所受到的弹性力 F 写为

$$F=-kx \tag{4-1}$$

这种力与位移大小成正比而方向相反，具有这种特征的力称为**线性恢复力**。

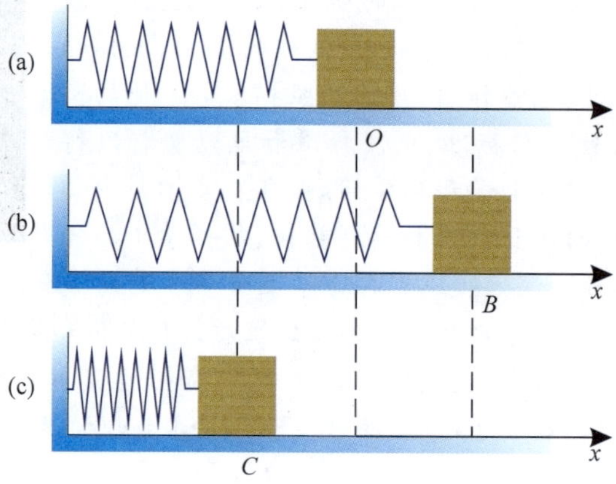

图 4-1　弹簧振子的振动

根据牛顿第二定律有

$$F=-kx=ma=m\frac{\mathrm{d}^2x}{\mathrm{d}t^2} \tag{4-2}$$

令 $\omega^2=\dfrac{k}{m}$，即

$$\omega = \sqrt{\frac{k}{m}} \tag{4-3}$$

这样式(4-2)可写成

$$a = -\omega^2 x$$

上式说明，**弹簧振子的加速度与位移的大小成正比，而方向相反**。人们把具有这种特征的振动叫做**简谐振动**。因此，弹簧振子的这种运动又可称为**线性谐振子运动**。

这样也可得到弹簧振子振动的动力学方程：

$$\frac{d^2x}{dt^2} + \omega^2 x = 0 \tag{4-4}$$

解式(4-4)可求得弹簧振子的位移 x 与时间 t 的函数关系为

$$x = A\cos(\omega t + \varphi) \tag{4-5}$$

式中，A、φ 为积分常数，可由初始条件确定，其意义在后面叙述。显然，弹簧振子的位移按余弦函数的规律随时间变化，故弹簧振子的运动就是简谐振动，式(4-5)就是简谐振动的运动学方程。

根据简谐振动运动学方程式(4-5)，不难得到弹簧振子的速度、加速度与时间的函数关系。将式(4-5)对时间求一阶导数，得到振子的运动速度

$$v = \frac{dx}{dt} = -\omega A\sin(\omega t + \varphi) \tag{4-6}$$

将式(4-6)对时间求一阶导数，得到振子的运动加速度

$$a = \frac{d^2x}{dt^2} = -\omega^2 A\cos(\omega t + \varphi) \tag{4-7}$$

可以把以上两式改写为

$$v = -\omega A\sin(\omega t + \varphi) = \omega A\cos\left(\omega t + \varphi + \frac{\pi}{2}\right) \tag{4-8}$$

及

$$a = -\omega^2 A\cos(\omega t + \varphi) = \omega^2 A\cos(\omega t + \varphi + \pi) \tag{4-9}$$

因此，简谐振子的速度、加速度随时间的变化也是简谐振动，我们称 $v_m = \omega A$ 为**速度振幅**，称 $a_m = \omega^2 A$ 为**加速度振幅**。简谐振动的位移、速度、加速度随时间的变化如图 4-2 所示。

一般地，物体只在线性恢复力作用下的运动是简谐振动，也就是说判断质点作简谐振动的动力学依据是式(4-1)。

下面详细分析简谐振动运动学方程式(4-5)中各个物理量的含义。

4.1.2 描述简谐振动的基本物理量

1. 振幅

显然，式(4-5)中的常数 A 是**简谐振子离开平衡位置最大位移的绝对值**，A 称为简谐振动的**振幅(amplitude)**。振幅可以反映振动体能量的大小。

2. 周期 频率

简谐振动具有时间周期性，用周期和频率表示。**振动物体完成一次完全振动所需的时**

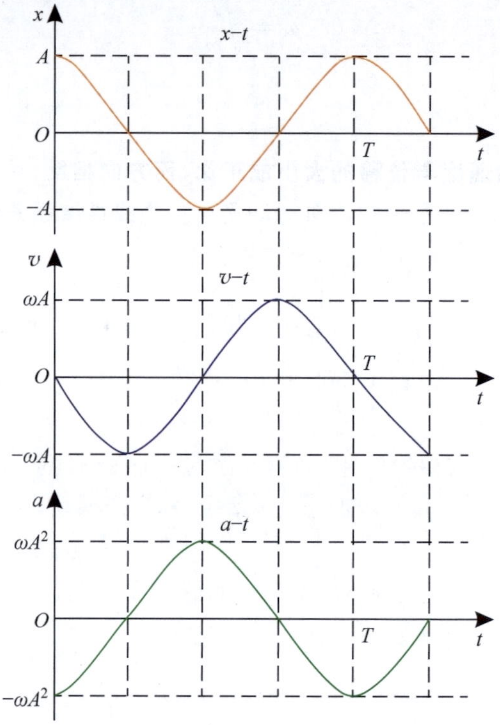

图 4-2 简谐振动的位移、速度和加速度

间称为**简谐振动的周期**(period),用 T 表示,周期的单位为秒(s)。故振子在 t 时刻和经过时间 T 后的$(t+T)$时刻的振动状态完全相同,即有

$$x = A\cos(\omega t+\varphi) = A\cos[\omega(t+T)+\varphi]$$

根据余弦函数的周期性,由上式得到 $\omega T = 2\pi$,即

$$\omega = \frac{2\pi}{T} \tag{4-10}$$

单位时间内物体所作的完全振动的次数称为**简谐振动的频率**(**vibration frequency**),用 ν 表示,频率的单位为赫兹(Hz)。因为周期等于频率的倒数,即 $T=\frac{1}{\nu}$,所以

$$\omega = \frac{2\pi}{T} = 2\pi\nu \tag{4-11}$$

由式(4-11)可见,式(4-3)定义的常量 ω 的意义是:在 2π 秒内物体所作的完全振动次数。ω 称为振动的**角频率**(**angular frequency**)或**圆频率**,其单位是 rad/s(弧度/秒)。简谐振动的周期和频率**仅与振动系统本身的物理性质有关**。这种只由振动系统本身固有属性所决定的周期和频率,称为振动的**固有周期**和**固有频率**(**natural frequency**)。

根据以上关系,简谐振动的余弦表达式(4-5)又可写成如下形式:

$$x = A\cos(2\pi\nu t+\varphi) = A\cos\left(\frac{2\pi}{T}t+\varphi\right) \tag{4-12}$$

描述简谐振动位移 x 随时间 t 的变化及其振幅、周期如图 4-3 所示。

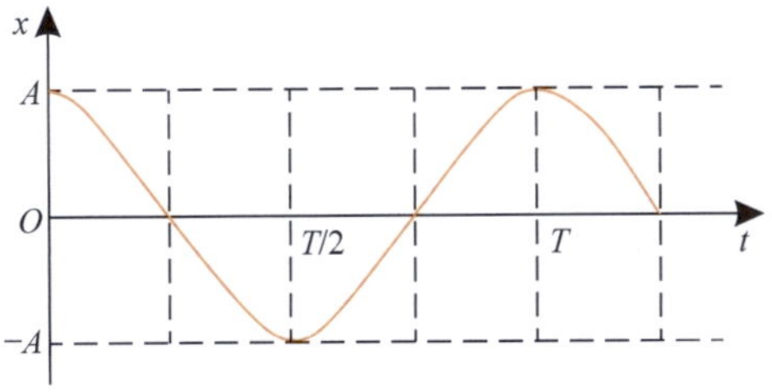

图 4-3 简谐振动的振幅和周期

3. 相位和初相位

在质点运动中，物体的运动状态可用物体所在的位置和速度来确定，而在简谐运动中，根据简谐振动运动学方程式(4-5)，在振幅确定的情况下，简谐振子的运动状态由$(\omega t+\varphi)$完全决定。在一次完全振动过程中，作简谐振动物体的运动状态在任何时刻都不相同，由式(4-5)可知，每一个状态分别与$(\omega t+\varphi)$在 $0\sim 2\pi$ 范围内的一个值对应。取 $\varphi=0$(参见图 4-3)，我们得到如表 4-1 所示的对应关系。

表 4-1 t、x、$\omega t+\varphi$ 对应关系

t	x	$\omega t+\varphi$
0	A	0
$\frac{T}{4}$	0	$\frac{\pi}{2}$
$\frac{T}{2}$	$-A$	π
T	A	2π

因此，将简谐振动运动学方程式(4-5)中的$(\omega t+\varphi)$称为简谐振动的**相位**(**phase**)。相位是决定简谐振子运动状态的重要物理量。初始时刻 $t=0$ 时的相位称为**初相位**，显然初相位就是 φ。初相位 φ 决定了开始时刻振子的运动状态。相位的单位为弧度(rad)。

将式(4-5)和式(4-8)、式(4-9)进行比较可知，位移、速度、加速度都作简谐振动，它们的角频率相同，但是它们的振幅和初相位都不同。速度 v 的初相位是$(\varphi+\pi/2)$，加速度 a 的初相位是$(\varphi+\pi)$。

必须注意，在简谐振子的一个完全振动周期中，有一些时刻(如在图 4-2 中的 $t=T/4$ 和 $t=3T/4$ 时刻)振子具有相同的位移，但是在这些时刻振子却是处于不同的运动状态，因为在这些时刻振子具有不同的振动速度，因此，仅由位移不能唯一地确定振动状态，而需要由位移和速度来共同描述。在一次完全振动过程中，每一个状态的相位$(\omega t+\varphi)$是唯一的，这就是我们用相位来确定振动状态的原因。

4. 振幅和初相的确定

如前所述，简谐振动方程 $x=A\cos(\omega t+\varphi)$中的角频率 ω 是由振动系统本身的性质所决定的，而振幅 A 和初相位 φ 则是由振动的初始条件确定。设 $t=0$ 时，振子的初始位移为 x_0，初始速度为 v_0，将此初始条件分别代入弹簧振子的位移、速度的表示式(4-5)和式(4-6)得

$$\begin{cases} x_0 = A\cos\varphi \\ v_0 = -\omega A\sin\varphi \end{cases}$$

由此两式可得 A、φ 的解为

$$\begin{cases} A = \sqrt{x_0^2 + \dfrac{v_0^2}{\omega^2}} \\ \varphi = \arctan\left(-\dfrac{v_0}{\omega x_0}\right) \end{cases} \tag{4-13}$$

另外，应用后面叙述的简谐振动的旋转矢量表示法，确定 A、φ 将更为方便。

总之，对于给定的振动系统，周期(或频率)由振动系统本身的性质决定，而振幅和初相位则由初始条件决定。

[例题 4-1]

一个轻弹簧一端固定，另一端竖直悬挂一质量 $m=0.1\text{kg}$ 的物体，平衡时可使弹簧伸长 $l=9.8\times10^{-2}\text{m}$，如图 4-4 所示。今使物体在平衡位置获得大小 $v_0=3\text{m/s}$、方向向下的初速度，则物体将在竖直方向运动。(1)试证物体作简谐振动，并写出振动的运动学方程；(2)求速度和加速度及两者最大值；(3)求最大恢复力。

解 (1) 由题意可知，物体受竖直向下的重力 mg 和竖直向上的弹力的作用，取物体平衡时的位置为坐标原点 O，竖直向下为 x 轴正方向，如图 4-4 所示。物体在平衡位置时所受合力为零，即

$$mg - kl = 0 \tag{a}$$

在任一位置 x 处，物体所受合力为

$$F = mg - k(l + x) \tag{b}$$

式中，$-k(l+x)$ 为弹性力，劲度系数 $k=mg/l$。联立式(a)和式(b)求解得

$$F = -kx$$

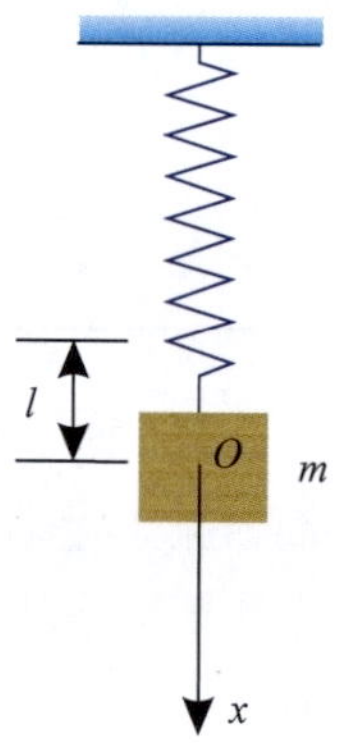

图 4-4 例题 4-1 用图

即物体所受外力与位移成正比，而方向相反，所以该物体作简谐振动。由牛顿第二定律得

$$m\frac{\mathrm{d}^2x}{\mathrm{d}t^2} = -kx$$

或

$$\frac{\mathrm{d}^2x}{\mathrm{d}t^2} + \omega^2 x = 0 \tag{c}$$

式中，$\omega=\sqrt{\dfrac{k}{m}}$。因 $k=mg/l$，故得

$$\omega = \sqrt{\frac{g}{l}} = \sqrt{\frac{9.8}{9.8\times10^{-2}}}\ \text{rad/s} = 10\text{rad/s}$$

设方程(c)的解为

$$x = A\cos(\omega t + \varphi) \tag{d}$$

依题意，$t=0$ 时，有

$$x_0 = A\cos\varphi = 0$$

$$v_0 = -\omega A\sin\varphi = 3\text{m/s}$$

由此可得

$$A = \sqrt{x_0^2 + \left(\frac{v_0}{\omega}\right)^2} = \frac{v_0}{\omega} = \frac{3}{10}\text{m} = 0.3\text{m}$$

由 $\cos\varphi=0$，得 $\varphi=\pm\frac{\pi}{2}$，但因 $\sin\varphi<0$，所以只能取 $\varphi=-\frac{\pi}{2}$。将 ω、A、φ 代入式(d)，得简谐振动的运动学方程为

$$x = 0.3\cos\left(10t - \frac{\pi}{2}\right)(\text{m})$$

(2) 物体的速度和加速度分别为

$$v = \frac{dx}{dt} = -\omega A\sin(\omega t + \varphi) = -3\sin\left(10t - \frac{\pi}{2}\right)(\text{m/s})$$

$$a = \frac{dv}{dt} = -\omega^2 A\cos(\omega t + \varphi) = -30\cos\left(10t - \frac{\pi}{2}\right)(\text{m/s}^2)$$

速度和加速度的最大值为

$$v_{\max} = \omega A = 3\text{m/s}$$

$$a_{\max} = \omega^2 A = 30\text{m/s}^2$$

(3) 最大恢复力与最大位移相对应，即

$$F_{\max} = |kx_{\max}| = m\omega^2 A = 0.1\times10^2\times0.3\text{N} = 3\text{N}$$

由本题可知，凡是运动系统除本身的恢复力之外还有恒力作用时，该系统仍可作简谐振动，只要以振子所受合力为零的位置作为坐标原点，则可按式(4-5)立即写出简谐振动的运动方程。从数学上看，只是一个坐标平移的变换。

[例题 4-2]

一质点作简谐振动，其振动曲线如图 4-5 所示。求：(1)此振动的振幅、周期、角频率和初相；(2)写出简谐振动运动学方程。

解 (1) 由图 4-5 所示的振动曲线可知，振幅 $A=2\text{cm}$，$T=4\text{s}$，可求得

$$\omega = \frac{2\pi}{T} = \frac{\pi}{2}\text{rad/s}$$

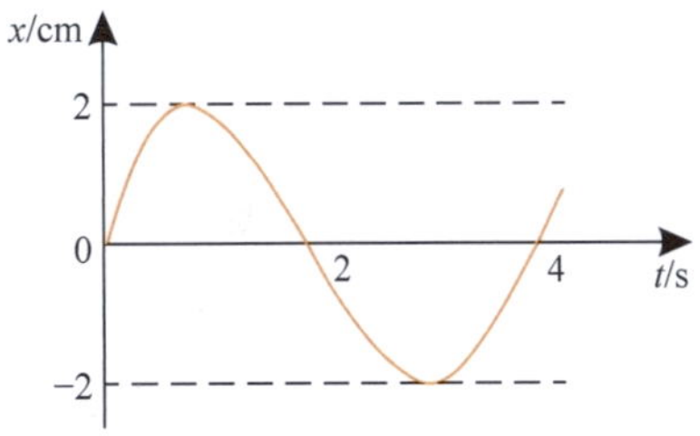

图 4-5 例题 4-2 用图

由图 4-5 可见，当 $t=0$ 时，$x_0=0$，$v_0>0$，代入简谐振动

的运动方程和速度公式得

$$x_0 = A\cos\varphi = 0$$
$$v_0 = -A\omega\sin\varphi > 0$$

由上面两式可得

$$\varphi = -\frac{\pi}{2}$$

(2) 简谐振动的运动学方程为

$$x = A\cos(\omega t + \varphi) = 2\cos\left(\frac{\pi}{2}t - \frac{\pi}{2}\right)\text{(cm)}$$

4.2 简谐振动的旋转矢量表示法

简谐振动的规律除了用简谐振动的运动学方程和振动曲线表示外，还可以采用旋转矢量表示法表示。旋转矢量表示法可以更直观地说明简谐振动运动学方程中各个特征物理量的意义。

视频：旋转矢量法　　**动画：旋转矢量法**

如图 4-6 所示，设 x 轴为参考方向，由原点 O 作一矢量 $\boldsymbol{A}$，其模长恰等于振幅 A，使其绕点 O 以角速度 ω 逆时针匀角速度转动，其矢端 M 作匀速率圆周运动，该圆称为**参考圆**，M 点称为**参考点**，矢量 $\boldsymbol{A}$ 称为**旋转矢量**(rotating vector)。$t=0$ 时刻，$\boldsymbol{A}$ 与 Ox 轴夹角为 φ，t 时刻，$\boldsymbol{A}$ 转过 ωt 角，此时它与 Ox 轴的夹角为 $\omega t+\varphi$，则参考点 M 在 x 轴上投影点的坐标为 $x=A\cos(\omega t+\varphi)$。显然投影点将作简谐振动，简谐振动的振幅、角频率、初相位分别与旋转矢量 $\boldsymbol{A}$ 的大小、旋转角速度、初始时刻 $\boldsymbol{A}$ 与 x 轴夹角一一对应。$\boldsymbol{A}$ 旋转一周，其投影点作

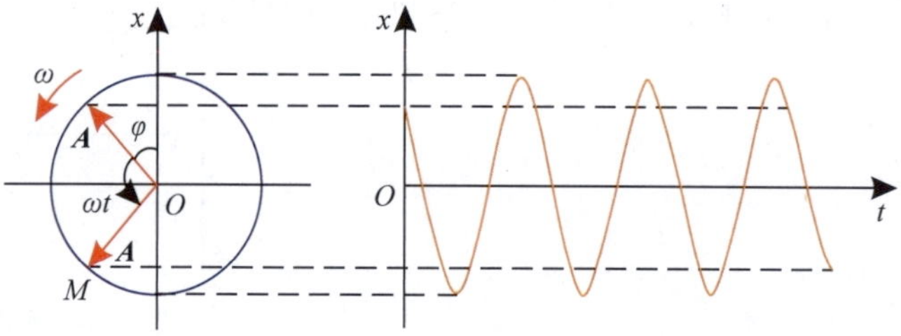

(a)　　(b)

图 4-6　简谐振动的旋转矢量表示法

一次完全振动，所需时间 $T=\frac{2\pi}{\omega}$ 为简谐振动周期，1s 内 $\boldsymbol{A}$ 转过的周数为简谐振动频率。简谐振动的这种表示法为**旋转矢量法**或**振幅矢量法**。

用旋转矢量 $\boldsymbol{A}$ 来表示简谐振动形象直观，一目了然，用它确定振幅 A 和初相位 φ 十分方便，在后面分析两个以上简谐振动的合成时更为有用。

利用旋转矢量还可以比较两个同频率简谐振动的"步调"。设有下列两个简谐振动：

$$x_1=A_1\cos(\omega t+\varphi_1)$$

$$x_2=A_2\cos(\omega t+\varphi_2)$$

它们的相位之差叫**相位差**，用 $\Delta\varphi$ 表示，

$$\Delta\varphi=(\omega t+\varphi_2)-(\omega t+\varphi_1)=\varphi_2-\varphi_1$$

即两个同频率的简谐运动在任意时刻的相位差，都等于其**初相位差**。如果 $\Delta\varphi=\varphi_2-\varphi_1>0$（见图 4-7(a)），我们就说 x_2 振动超前 x_1 振动 $\Delta\varphi$，或者说 x_1 振动落后于 x_2 振动 $\Delta\varphi$。另一方面，由于简谐振动具有连续性，所以为简便计，常把 $|\Delta\varphi|$ 的值说成是 $\leqslant\pi$ 的值。例如当 $\Delta\varphi=3\pi/2$ 时（见图 4-7(b)），我们通常不说 x_2 振动超前 x_1 振动 $3\pi/2$，而是说成 x_2 振动落后 x_1 振动 $\pi/2$，或说 x_1 振动超前 x_2 振动 $\pi/2$。

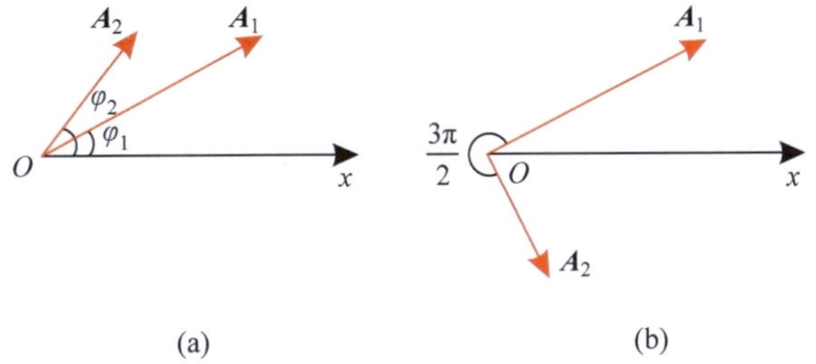

图 4-7 两个简谐振动的相位差

如果 $\Delta\varphi=0$（或 2π 的整数倍），我们就说两个振动是**同相**的，即它们将同时到达正最大位移处，同时到达平衡位置，又同时到达负最大位移处，两个振动的"步调"完全一致。如果 $\Delta\varphi=\pi$（或者 π 的奇数倍），就说两个振动是**反相**的，即当它们中的一个到达正最大位移处时，另一个却到达负最大位移处，两个振动的"步调"完全相反。同相和反相的旋转矢量及 x-t 曲线如图 4-8 所示。

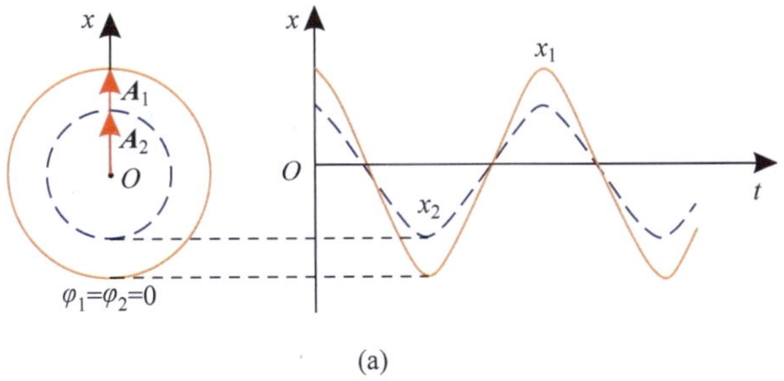

图 4-8 同相和反相的旋转矢量及 x-t 曲线

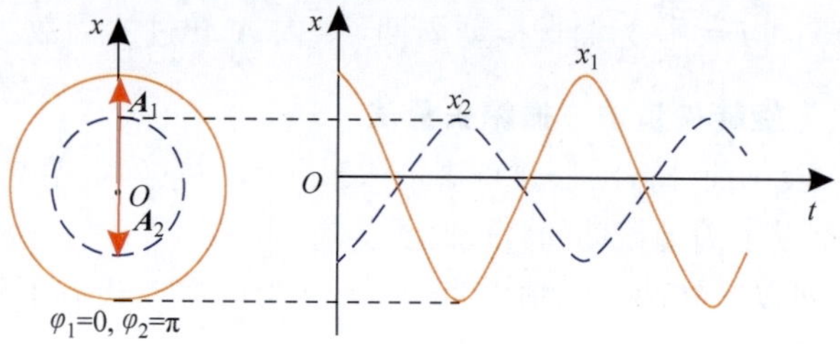

(b)

图 4-8 （续）

[例题 4-3]

有一置于水平桌面上的弹簧振子，振幅 $A=1.0\times10^{-2}$ m，周期 $T=1$ s。当 $t=0$ 时，试分别写出以下两种初始条件下简谐振动的运动学方程：(1)质点位于 $x_0=5.0\times10^{-3}$ m 处，向 x 轴负方向运动；(2)质点位于 $x_0=-5.0\times10^{-3}$ m 处，向 x 轴正方向运动。

解 （1）根据题意，$t=0$ 时，$x_0=\dfrac{A}{2}$，且 $v_0<0$，可得旋转矢量的初始位置如图 4-9(a)所示。由图 4-9(a)可得简谐振动的初相位 $\varphi=\dfrac{\pi}{3}$。又 $\omega=2\pi/T=2\pi$ rad/s，$A=1.0\times10^{-2}$ m，可得简谐振动的运动学方程为

$$x=1.0\times10^{-2}\cos\left(2\pi t+\frac{\pi}{3}\right)\ (\text{m})$$

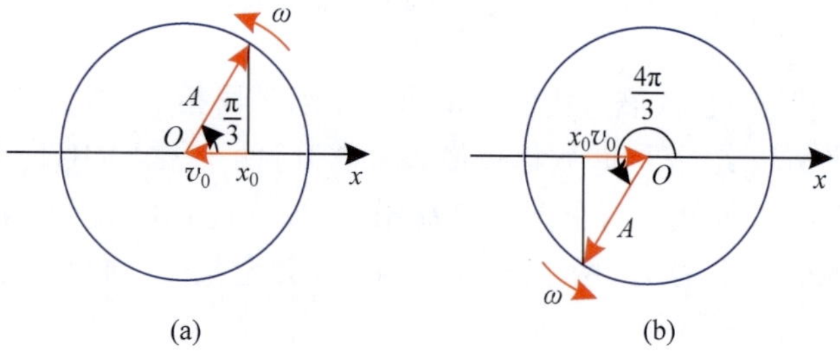

图 4-9 例题 4-3 用图

（2）根据题意，$x_0=-\dfrac{A}{2}$，且 $v_0>0$，可得旋转矢量的初始位置如图 4-9(b)所示。由图 4-9(b)可得振动初相位 $\varphi=\dfrac{4\pi}{3}$ 或 $\varphi=-\dfrac{2\pi}{3}$。因此，简谐振动的运动学方程为

$$x=1.0\times10^{-2}\cos\left(2\pi t-\frac{2\pi}{3}\right)\ (\text{m})$$

[例题 4-4]

某振动质点的 x-t 曲线如图 4-10 所示，试求：(1)振动方程；(2)点 P 对应的相位；(3)到达点 P 相应位置所需的时间。

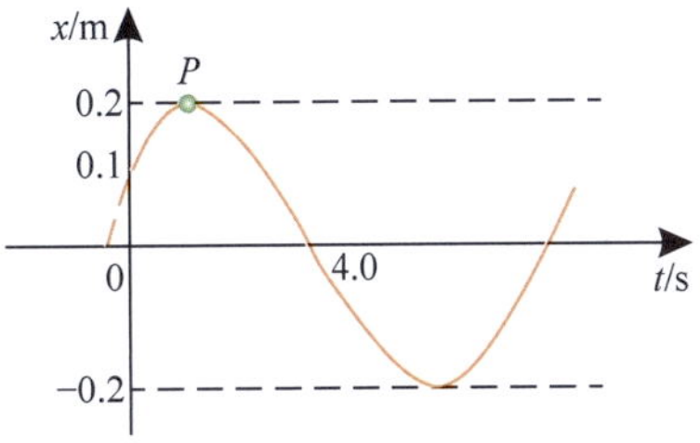

图 4-10 例题 4-4 用图

解 由振动曲线求振动方程，是简谐振动中的一类重要问题，而振动方程中的三个特征量则需要通过振动曲线的相关信息来求得。本题求振动方程、振动相位及振动时间除了可用解析法外，也可以用旋转矢量法十分方便地求得。

方法一 解析法

(1) 由图 4-10 的振动曲线 x-t 可知，$A=0.2\text{m}$；当 $t=0$ 时，$x_0=0.1\text{m}$，即 $x_0=\dfrac{A}{2}=A\cos\varphi$，求得 $\varphi=\pm\dfrac{\pi}{3}$。而 $v_0=-A\omega\sin\varphi$，且 $v_0>0$，即 $\sin\varphi<0$，得

$$\varphi=-\frac{\pi}{3}$$

当 $t=4\text{s}$ 时，$x=0=A\cos(\omega t+\varphi)$，得

$$\omega t+\varphi=\frac{\pi}{2}\quad 或\quad \frac{3\pi}{2}$$

而 $v=-A\omega\sin(\omega t+\varphi)<0$，因而 $\omega t+\varphi=\dfrac{\pi}{2}$，得

$$\omega=\frac{5}{24}\pi\text{rad/s}$$

所以振动方程为

$$x=0.2\cos\left(\frac{5}{24}\pi t-\frac{\pi}{3}\right)(\text{m})$$

(2) 对于点 P：$x_P=A\cos\varphi_P=A$，得相位

$$\varphi_P=0$$

(3) $\varphi_P=\omega t_P+\varphi=\dfrac{5}{24}\pi t_P-\dfrac{\pi}{3}=0$，因而

$$t_P=1.6\text{s}$$

方法二 旋转矢量法

(1) 振幅 $A=0.2\text{m}$，当 $t=0$，$t=t_P$ 及 $t=4\text{s}$ 时，旋转矢量的位置如图 4-11 所示，当 $t=0$ 时，由旋转矢量图可确定

$$\varphi=-\frac{\pi}{3}$$

从 $t=0\to4\text{s}$，在旋转矢量图中，旋转矢量转过的角度

$$\Delta\varphi=\frac{\pi}{3}+\frac{\pi}{2}=\frac{5\pi}{6}$$

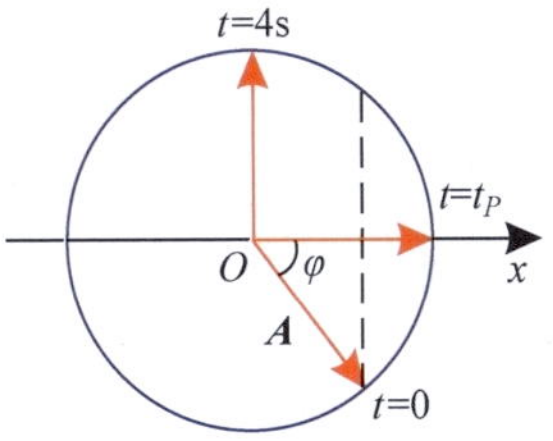

图 4-11 例题 4-4 用图

所以

$$\omega=\frac{\Delta\varphi}{\Delta t}=\frac{5}{24}\pi\text{rad/s}$$

则振动方程

$$x=0.2\cos\left(\frac{5}{24}\pi t-\frac{\pi}{3}\right)(\text{m})$$

(2) 由旋转矢量图，$x_P=A$ 时，P 点相位

$$\varphi_P=0$$

(3) 质点从初始位置到达 P 点，在旋转矢量图上旋转矢量转过的角度

$$\Delta\varphi_P=\frac{\pi}{3}$$

得

$$t_P=\frac{\Delta\varphi_P}{\omega}=1.6\text{s}$$

4.3 简谐振动的能量

下面仍以在水平面上作简谐振动的弹簧振子为例，分析简谐振动的能量及其变化。设在任一时刻 t，物体的速度为 v，则系统的动能 E_k 为

$$E_k=\frac{1}{2}mv^2=\frac{1}{2}m\omega^2A^2\sin^2(\omega t+\varphi)=\frac{1}{2}kA^2\sin^2(\omega t+\varphi) \tag{4-14}$$

其中利用了关系 $k=m\omega^2$，由式(4-14)可见动能的变化幅值为 $\frac{1}{2}kA^2$，由于动能总是正值，只要振动物体的速度达到最大值，不管速度的方向如何，动能都能达到最大值。因此在位移或速度的一个振动周期内，动能要两次达到最大值。

若该时刻物体的位移为 x，则系统的弹性势能 E_p 为

$$E_p=\frac{1}{2}kx^2=\frac{1}{2}kA^2\cos^2(\omega t+\varphi) \tag{4-15}$$

可见势能的变化周期和变化幅度与动能相同，但它们的变化相反，表示动能最大时，势能最小；势能最大时，动能最小。弹簧振子系统的总机械能为

$$E=E_p+E_k=\frac{1}{2}kA^2=\frac{1}{2}m\omega^2A^2 \tag{4-16}$$

式(4-16)表明，弹簧振子的**总机械能 E 与振幅的平方成正比**，由于振子只受到弹性力这一个保守力作用，故系统的机械能守恒。即系统的动能与势能在不停地相互转换，并随时间变化，总能量却不变。

简谐振动的动能、势能随时间的变化如图 4-12 所示，请注意势能曲线与 x-t 曲线、动能曲线与 v-t 曲线之间的对应关系。

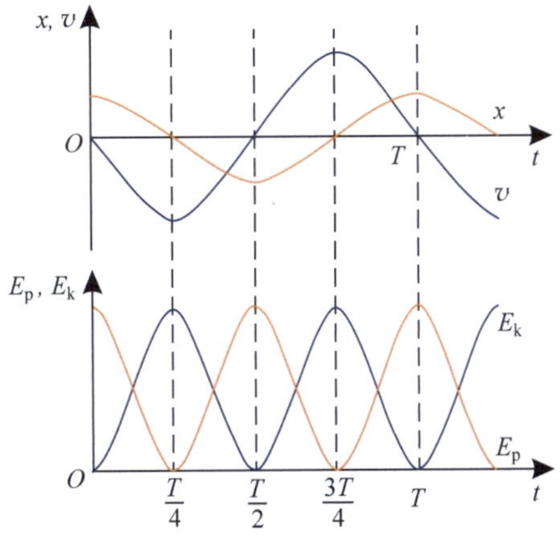

图 4-12 弹簧振子的能量和时间的关系($\varphi=0$)

[例题 4-5]

质量为 1×10^{-2}kg 的物体作简谐振动,其振幅为 2.4×10^{-2}m,周期为 4s,$t=0$ 时,位移为 2.4×10^{-2}m,求:(1)$t=0.5$s 时物体所在的位置和所受的力;(2)由起始位置运动到-1.2×10^{-2}m 处所需的最短时间;(3)物体在 1.2×10^{-2}m 处的动能、势能和总能量。

解 本题是一个较综合的题目,振动位置、振动时间,振动方程的求解是关键;而计算振动过程中的受力及能量需要确定常量 k 的取值,可通过 $k=m\omega^2$ 来算。

(1) 物体的振幅 $A=2.4\times10^{-2}$m,圆频率 $\omega=\dfrac{2\pi}{T}=\dfrac{\pi}{2}$rad/s,$t=0$ 时,$x=A=A\cos\varphi$,得

$$\varphi=0$$

或者由旋转矢量图,$t=0$ 时,$x=A$,亦可知初相位 $\varphi=0$。因此,振动方程为

$$x=2.4\times10^{-2}\cos\left(\frac{\pi}{2}t\right)\text{(m)}$$

当 $t=0.5$s 时,代入振动方程,得物体所在的位置

$$x=1.70\times10^{-2}\text{m}$$

物体所受的力

$$F=-kx$$

其中 $k=m\omega^2=2.46\times10^{-2}$N/m,当 $x=1.70\times10^{-2}$m 时,$F=-4.18\times10^{-4}$N。

(2) 当 $x=-1.2\times10^{-2}=-\dfrac{A}{2}$时,由振动方程得

$$-\frac{A}{2}=A\cos\left(\frac{\pi}{2}t\right)$$

解得

$$\frac{\pi}{2}t=\frac{2}{3}\pi \quad 或 \quad \frac{4}{3}\pi$$

要使时间最短，取$\frac{\pi}{2}t=\frac{2}{3}\pi$，求得

$$t=1.33\text{s}$$

(3) 当$x=1.2\times10^{-2}$m时，物体的总能量，即机械能为

$$E=\frac{1}{2}kA^2=7.08\times10^{-6}\text{J}$$

势能

$$E_p=\frac{1}{2}kx^2=1.77\times10^{-6}\text{J}$$

动能

$$E_k=E-E_p=5.31\times10^{-6}\text{J}$$

4.4 同方向、同频率简谐振动的合成

在实际问题和具体过程中，振动往往是由几个振动合成的。当一个质点同时参与几个振动时，这时质点所作的振动就是这几个振动的合成。例如，当两列声波同时传到某点时，该点处空气的振动就同时参与了两个振动。一般的振动合成比较复杂，本节只学习同方向、同频率的简谐振动的合成。“同方向”指的是质点的位移在同一直线上。

若两个同方向的简谐振动x_1和x_2，它们的频率都是ω，振幅和初相分别为A_1、A_2和φ_1、φ_2，则它们的运动学方程分别为

$$x_1=A_1\cos(\omega t+\varphi_1)$$
$$x_2=A_2\cos(\omega t+\varphi_2)$$

这两个振动发生在同一直线上，其合振动的位移x应等于上述两位移x_1和x_2的代数和，即

$$x=x_1+x_2=A_1\cos(\omega t+\varphi_1)+A_2\cos(\omega t+\varphi_2)$$

进行三角函数运算，得

$$x=A\cos(\omega t+\varphi) \tag{4-17}$$

其中

$$A=\sqrt{A_1^2+A_2^2+2A_1A_2\cos(\varphi_2-\varphi_1)} \tag{4-18}$$

$$\varphi=\arctan\frac{A_1\sin\varphi_1+A_2\sin\varphi_2}{A_1\cos\varphi_1+A_2\cos\varphi_2} \tag{4-19}$$

式(4-17)表明，合振动x仍为简谐振动，其振动频率仍与原来的振动相同。A和φ分别是合振动的振幅与初相位。

式(4-17)表示的合成振动，也可用简谐振动的旋转矢量直观地表示。如图4-13所示，用旋转矢量$\boldsymbol{A}_1$和$\boldsymbol{A}_2$分别表示两个简谐振动x_1和x_2，$\boldsymbol{A}_1$和$\boldsymbol{A}_2$的合矢量$\boldsymbol{A}$按矢量合成的平行四边形法则确定，$\boldsymbol{A}$表示合振动$x=x_1+x_2$。由于$\boldsymbol{A}_1$、$\boldsymbol{A}_2$的长度一定，并且以相同的角速度ω绕O点作逆时针旋转，所以$\boldsymbol{A}_1$和$\boldsymbol{A}_2$之间的夹角$\varphi_2-\varphi_1$在旋转过程中始终保持

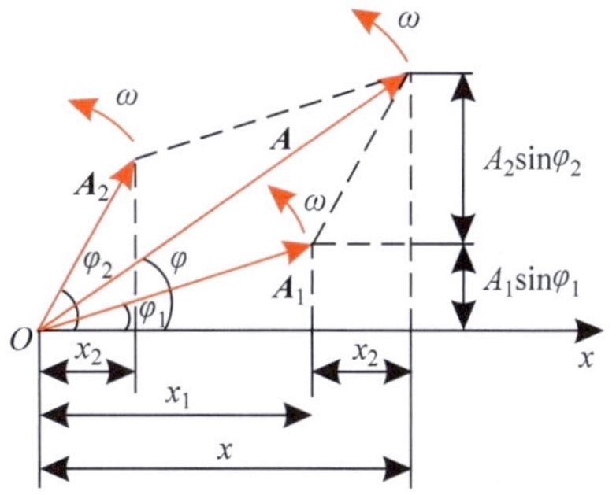

图 4-13 两个同方向、同频率简谐振动的合成

不变。由此可见，合矢量 $\boldsymbol{A}$ 的长度不变，且以相同的角速度 ω 绕 O 点作逆时针旋转，即 $\boldsymbol{A}$ 表示的合振动 x 也是简谐振动，矢量 $\boldsymbol{A}$ 即为合振动的旋转矢量，其大小 A 就是合振动的振幅，初始时刻 $\boldsymbol{A}$ 与 x 轴之间的夹角 φ 即为合振动的初相位角。从图 4-13 中的几何关系不难求出合振动的振幅 A 和初相位 φ，它们的值与式(4-18)和式(4-19)相同。

总之，**同方向、同频率的两个简谐运动的合成振动仍然是一个简谐运动**。合振动的频率等于两分振动的频率，合振动的振幅 A 不仅与原来两个分振动的振幅有关，而且与两分振动的相位差$(\varphi_2-\varphi_1)$有关。下面讨论几种典型情形。

(1) 同相振动：即两个分振动的相位差 $\varphi_2-\varphi_1=2k\pi, k=0,\pm1,\pm2,\cdots$，这时 $\cos(\varphi_2-\varphi_1)=1$，代入式(4-18)，得

$$A=A_1+A_2$$

由此可见，两分振动同相时，振动相长，合振动的振幅最大，合成后振动加强。

(2) 反相振动：即两个分振动的相位差 $\varphi_2-\varphi_1=(2k+1)\pi, k=0,\pm1,\pm2,\cdots$，这时 $\cos(\varphi_2-\varphi_1)=-1$，代入式(4-18)，得

$$A=|A_1-A_2|$$

由此可见，两分振动反相时，振动相消，合振动的振幅最小，合成后振动减弱。

(3) 若两分振动的相位既不同相也不反相，即当$(\varphi_2-\varphi_1)$为其他值时，合振动的振幅介于 $A=A_1+A_2$ 和 $A=|A_1-A_2|$ 之间。

图 4-14 表示了以上三种情况的两个同方向、同频率的简谐振动及其合成的简谐振动相应的旋转矢量。

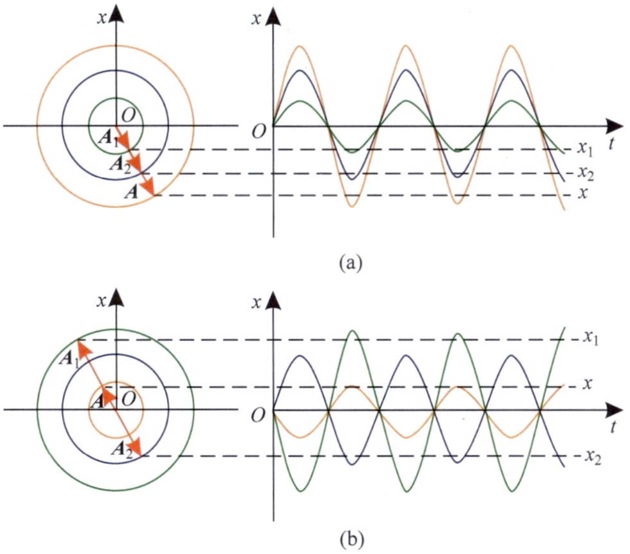

图 4-14 相位差对简谐振动的合成的影响

(a) 同相；(b) 反相；(c) 其他

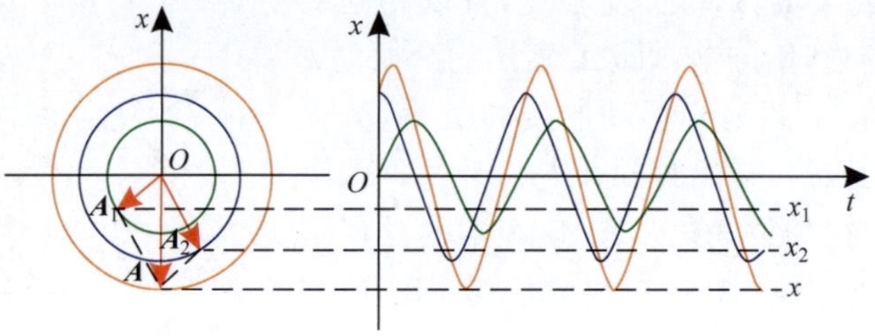

(c)

图 4-14 （续）

图 4-13 所示的合振动旋转矢量 **A** 也可以看成将 $\boldsymbol{A}_1$、$\boldsymbol{A}_2$ 首尾相连后，从 $\boldsymbol{A}_1$ 始端到 $\boldsymbol{A}_2$ 的末端所画出的矢量，即 $\boldsymbol{A}_1$、$\boldsymbol{A}_2$ 和 **A** 构成一个三角形，这就是矢量合成的三角形法则，如图 4-15 所示。上面所讲的用旋转矢量求简谐振动合成的方法，可以推广到多个同方向、同频率简谐振动的合成。运用矢量合成的多边形法则求合振动更为方便，此时各分矢量首尾相连，从第一个矢量的始端到最后一个矢量的末端所画出的矢量即为合矢量。如果多个矢量依次相接而构成一个闭合图形，合振幅应为零。读者可验证之。

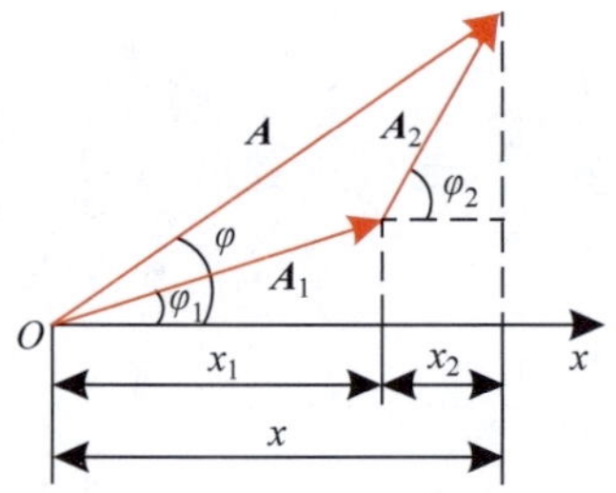

图 4-15 矢量合成的三角形法则

[例题 4-6]

有两个振动方向相同的简谐振动，其振动方程分别为

$$x_1=4\cos(2\pi t+\pi)(\text{cm})$$

$$x_2=3\cos\left(2\pi t+\frac{\pi}{2}\right)(\text{cm})$$

(1)求它们的合振动方程；(2)另有一同方向的简谐振动 $x_3=2\cos(2\pi t+\varphi_3)(\text{cm})$，问当 φ_3 为何值时，x_1+x_3 的振幅为最大值？当 φ_3 为何值时，x_1+x_3 的振幅为最小值？

解 (1) 同方向、同频率的简谐振动的合成可用解析方法求解，若这两个简谐振动对应的旋转矢量沿着一直线或相互垂直，利用旋转矢量法亦可求解合振动，这两种方法都可用于本题求解合振动。合振动圆频率与分振动的圆频率相同，即 $\omega=2\pi$。

由题意知

$$A_1=4\text{cm},\quad \varphi_1=\pi,\quad A_2=3\text{cm},\quad \varphi_2=\frac{\pi}{2}$$

合振动的振幅为

$$A=\sqrt{A_1^2+A_2^2+2A_1A_2\cos(\varphi_2-\varphi_1)}=5\text{cm}$$

合振动的初相位为

$$\tan\varphi=\frac{A_1\sin\varphi_1+A_2\sin\varphi_2}{A_1\cos\varphi_1+A_2\cos\varphi_2}=-\frac{3}{4}$$

φ 的取值在 φ_1 和 φ_2 之间，所求的初相位 φ_0 应在第二象限，解得

$$\varphi=\frac{4}{5}\pi$$

或由旋转矢量图（图 4-16）易得

$$A=\sqrt{A_1^2+A_2^2}=5\mathrm{cm}$$

$$\varphi=\frac{\pi}{2}+\arctan\frac{A_1}{A_2}=\frac{4}{5}\pi$$

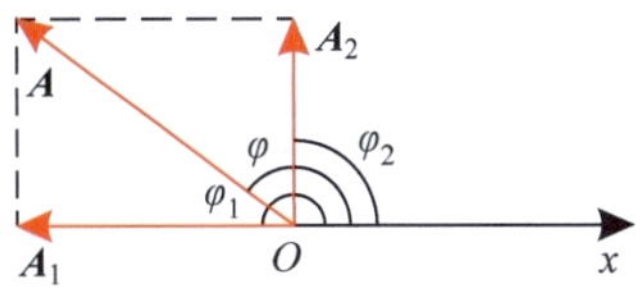

图 4-16 例题 4-6 用图

故所求的振动方程为

$$x=5\cos\left(2\pi t+\frac{4}{5}\pi\right)(\mathrm{cm})$$

(2) 当 $\varphi_3-\varphi_1=2k\pi, k=0,\pm1,\pm2,\cdots$ 时，即 x_1 与 x_3 相位相同时，合振动的振幅最大，由于 $\varphi_1=\pi$，所以

$$\varphi_3=2k\pi+\pi,\quad k=0,\pm1,\pm2,\cdots$$

当 $\varphi_3-\varphi_1=(2k+1)\pi, k=0,\pm1,\pm2,\cdots$ 时，即 x_1 与 x_3 相位相反时，合振动的振幅最小，由于 $\varphi_1=\pi$，故

$$\varphi_3=(2k+1)\pi+\pi,\quad k=0,\pm1,\pm2,\cdots$$

即

$$\varphi_3=2k\pi,\quad k=0,\pm1,\pm2,\cdots$$

原理应用

混　沌

1. 确定性和可预测性

科学的任务是寻找事物发展的规律，从而预言事物的发展并进而加以控制，以满足人们的特定需要。规律是一种确定性，事物按照确定的规律发展。当我们掌握了规律之后，就可以对事物的发展进行预测。这是我们早已熟知而且习以为常的确定性和可预测性的关系，也是一种传统的思维习惯。确定性和可预测性的这种直接关系，在经典力学中表现得特别明显。例如，质点在重力场中作斜抛运动。根据例题 1-5 的结果可知，质点在水平方向作匀速运动，在垂直方向作匀变速运动。只要知道了初始条件，就可以计算和确定斜抛物体在此后任意时刻的位置、速度、加速度等。这说明斜抛物体的运动是有规律的，是提前可预测的。经典力学的这种可预测性，威力极大。1757 年哈雷彗星在预定的时间回归，1846 年海王星在预言轨道上被发现，都惊人地证明了这一点。这样的威力曾使得伟大的法国数学家拉普拉斯夸下海口：给定宇宙的初始条件，我们就能预言它的未来。当今日食、月食的准确预测，人造地球卫星的成功发射，可以说是在较小范围内实现了拉普拉斯的预言。经典力学的原理在各种技术中得到了广泛的成功应用。这使得人们对自然现象的这种确定性、可预测性深信不疑。

但是，这种传统的思想信念、思维习惯，在 20 世纪 60 年代遇到了严重的挑战，这就是非线性

动力系统中混沌现象的发现。

2. 弹簧振子受迫振动中出现的混沌现象

在弹簧振子的平衡位置处设置一质量较大的刚性砧，当物体撞击它以后，以同样的速度反跳。物体所受的撞击力显然不再与位移成正比，因而是非线性的。当这种反跳振子在**策动力**(**driving force**)大小不变而其频率改变时，在任一频率的策动力驱动下，都先让反跳振子振动若干次，以便使它达到稳定状态，然后记录100次物体反跳的最大高度(振幅)。其结果是在某些频率值时，这100次的振幅都一样。即对应于这些相应的频率都只有一个确定的振幅。出人意料的是在某些频率值时，出现了两个、四个……不同的振幅，在某些频率区域甚至出现了振幅完全不确定的现象，这时物体反跳的振幅变得十分混乱，貌似随机。这种反跳振幅十分混乱的"稳定"运动，就是一种**混沌运动**。混沌现象存在于绝大多数非线性系统中。

在出现混沌的频率范围内，振子的跳动也并不是完全彻底的混乱或随机，它具有某种整体上的规律性。另外，当策动力的频率达到某些值时，反跳振子又会从混沌状态中走出来，回到简单的周期运动。反跳振子的混沌运动，除了每一次实验表现得振幅变化无常、十分混乱外，即使在同一频率的策动力驱动下的几次混沌运动，由于初始条件的不同，其混乱程度也各不相同。

3. 混沌系统的特征

混沌理论的进展，无疑是20世纪末非线性科学研究最重要的成就之一。人们发现，自然界宏观领域大量存在着一类混沌现象，完全确定性的方程得出的却是不确定的结果。完全满足确定论方程的物理系统，其整体特征却表现出随机特征的不可预测性。而且这种随机性是完全来自系统内部的，与外界无关。对初始条件的敏感依赖性是混沌系统的一大特征。比如三体问题中，每个星体都严格地遵照牛顿定律按确定的规律运动，但在整体上却呈现出复杂的不稳定随机运动。地月系统中，地球和月球的受力和方程都可以精确确定和求解，月球环绕地球的轨道可以准确给定而且是稳定的。不过这里我们忽略了太阳及其他星体对这个理想的二体系统的影响。迈出一步，如果我们把太阳也考虑进去，二体系统成为三体系统，三体系统的牛顿方程在数学上就不可能精确求解了。现在一般采用"摄动方法"来近似求解。人们还惊奇地发现，来自其中任何一颗星体的引力的微小变化，都可以使得其他星体的轨道发生很大的摇摆不定。小的扰动可能产生大的效果，这就是混沌系统对初始条件的敏感依赖性。

这种对初始条件的敏感依赖性，人们曾形象地把它称为"蝴蝶效应"。它出自美国气象学家E. N. 洛伦兹的研究："在巴西的一只蝴蝶扇一下翅膀，所引起的微弱气流对地球大气的影响就可能放大而不是逐渐减弱，最终在德克萨斯引起一场大风暴。"以此说明长时期大范围确切的天气预报，在原则上是不可能的。因为影响天气变化的地球大气的温度、湿度、压强等测量值总不可能是完全精确的，而微小的偏差就有可能造成难以预测的后果。当然，人们更关心的是天气预报长期的平均行为，而混沌吸引子的遍历行为又恰好保证了这个平均值的稳定性和与初始条件的无关性。在数学上人们通常通过逻辑斯蒂(gistic)映射描述上述混沌现象。人们发现，系统演化到最后，要么趋向于在某个值上稳定下来(吸引子)，要么出现周期性的振荡而进入混沌。

4. 混沌现象的应用

人们对混沌现象经过近几十年的深入研究，已经取得了许多突破。目前，混沌理论已广泛应用于物理、天文、化学、生物、医学、气象等自然科学学科。同时也已经开始应用于激光、超导等众多高科技领域，还创建了混沌工科学等分支学科，甚至已经拓展到社会科学的众多方面。比如股市行情的风云变幻，市场经济的潮涨潮落就或多或少地有着蝴蝶效应(图 P4-1)的味道，相信在这些方面应用混沌理论是很有前途的。

图 P4-1　蝴蝶效应

混沌的出现，一方面预示着人们认识世界的预测能力将受到根本性的限制，另一方面则又大大转变了人们的传统观念，向人们提供了研究问题的新思路、新方法。

过去人们往往认为搜集到的许多复杂的随机信息是一种偶然现象的反映，甚至认为是“噪声”，是实验的失败，因而弃置一旁，不予理睬。现在，人们意识到以前可能错了，这些信息里有相当一部分或许可以归入混沌一类，用混沌的方法去进行研究，或许能从混沌中找到出路，甚至取得令人意想不到的结果。另外，鉴于混沌的复杂性，要用好它往往也不是一件轻而易举的事，对此我们应当认真研究。

内容提要

1. 简谐振动

弹簧振子的动力学特征：受到线性恢复力 $F=-kx$ 作用。

简谐振动的运动学方程：$x=A\cos(\omega t+\varphi)$

2. 简谐振动的特征量

由初始条件确定振幅和初相位：$\begin{cases} A=\sqrt{x_0^2+\dfrac{v_0^2}{\omega^2}} \\ \varphi=\arctan\left(-\dfrac{v_0}{\omega x_0}\right) \end{cases}$

简谐振动的相位：$\omega t+\varphi$

角频率：$\omega=\sqrt{\dfrac{k}{m}}$；角频率、频率和周期的关系：$\omega=2\pi\nu=\dfrac{2\pi}{T}$

3. 简谐振动的速度和加速度

速度：$v=\dfrac{dx}{dt}=-\omega A\sin(\omega t+\varphi)$

加速度：$a=\dfrac{d^2x}{dt^2}=-\omega^2 A\cos(\omega t+\varphi)=-\omega^2 x$

4. 简谐振动的旋转矢量表示法

旋转矢量 $\boldsymbol{A}$ 的投影点作简谐振动，简谐振动的振幅、角频率、初相位分别与旋转矢量 $\boldsymbol{A}$ 的大小、旋转角速度、初始时刻 $\boldsymbol{A}$ 与 x 轴的夹角一一对应。

5. 简谐振动的能量

势能：$E_p=\dfrac{1}{2}kx^2=\dfrac{1}{2}kA^2\cos^2(\omega t+\varphi)$

动能：$E_k=\dfrac{1}{2}mv^2=\dfrac{1}{2}m\omega^2A^2\sin^2(\omega t+\varphi)=\dfrac{1}{2}kA^2\sin^2(\omega t+\varphi)$

机械能守恒：$E=E_p+E_k=\dfrac{1}{2}kA^2=\dfrac{1}{2}m\omega^2A^2$

6. 同方向、同频率简谐振动的合成

同方向、同频率两个简谐振动 $x_1=A_1\cos(\omega t+\varphi_1)$，$x_2=A_2\cos(\omega t+\varphi_2)$ 合成后仍为同频率的简谐振动。

合振动：$x=A\cos(\omega t+\varphi)$

合振动的振幅：$A=\sqrt{A_1^2+A_2^2+2A_1A_2\cos(\varphi_2-\varphi_1)}$

合振动的初相位：$\varphi=\arctan\dfrac{A_1\sin\varphi_1+A_2\sin\varphi_2}{A_1\cos\varphi_1+A_2\cos\varphi_2}$

合振幅最大条件：两分振动的相位相同，即 $\varphi_2-\varphi_1=2k\pi, k=0,\pm1,\pm2,\cdots$

合振幅最小条件：两分振动的相位相反，即 $\varphi_2-\varphi_1=(2k+1)\pi, k=0,\pm1,\pm2,\cdots$

习题

一、选择题

4-1 一个质点作简谐振动，振幅为 A，在起始时刻质点的位移为 $-\dfrac{A}{2}$，且向 x 轴的正方向运动，代表这个简谐振动的旋转矢量图为(　　)。

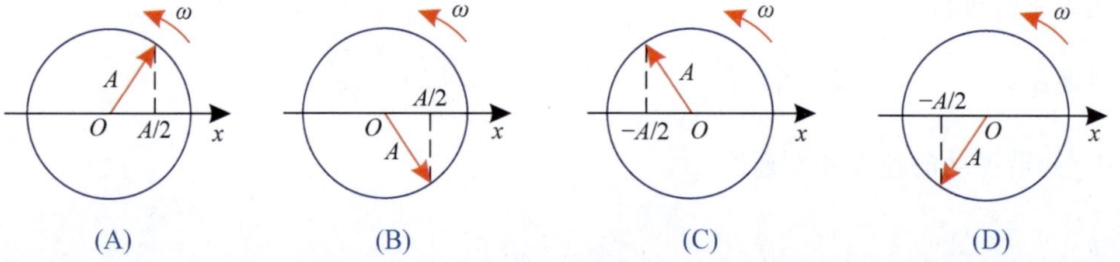

习题 4-1 图

4-2　作简谐振动的物体，振幅为 A，由平衡位置向 x 轴正方向运动，则物体由平衡位置运动到 $x=\frac{\sqrt{3}A}{2}$ 处时，所需的最短时间为周期的(　　)。

(A) 1/2　　(B) 1/4　　(C) 1/6　　(D) 1/12

4-3　两个同周期简谐振动曲线如图所示，x_1 的相位比 x_2 的相位(　　)。

(A) 落后 $\frac{\pi}{2}$　　(B) 超前 $\frac{\pi}{2}$

(C) 落后 π　　(D) 超前 π

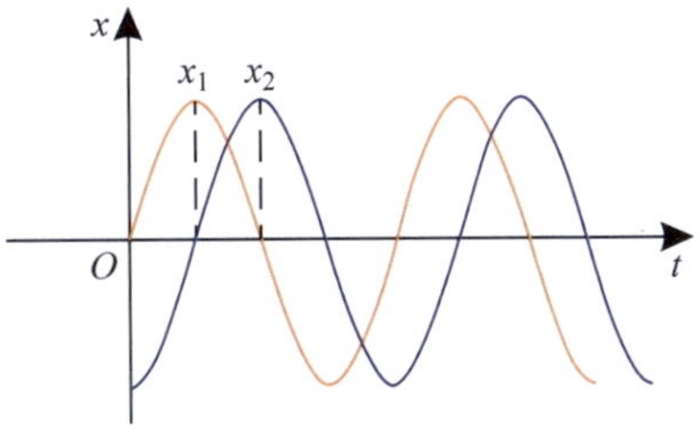

习题 4-3 图

4-4　一弹簧振子作简谐振动，总能量为 E，若振幅增加为原来的 2 倍，振子的质量增加为原来的 4 倍，则它的总能量，即机械能为(　　)。

(A) $2E$　　(B) $4E$

(C) E　　(D) $16E$

4-5　两个同振动方向、同频率、振幅均为 A 的简谐振动合成后，振幅仍为 A，则这两个简谐振动的相位差为(　　)。

(A) 60°　　(B) 90°　　(C) 120°　　(D) 180°

二、填空题

4-6　一质量为 m 的质点在力 $F=-\pi^2 x$ 作用下沿 x 轴运动，其运动的周期为________。

4-7　一物体作简谐振动，其运动方程为 $x=0.04\cos\left(\frac{5\pi t}{3}-\frac{\pi}{2}\right)$(m)。(1)此简谐振动的周期 $T=$________；(2)当 $t=0.6$s 时，物体的速度 $v=$________。

4-8　一质点沿 x 轴作简谐振动，振动范围的中心点为 x 轴的原点，已知周期为 T，振幅为 A。若 $t=0$ 时质点处于 $x=A/2$ 处，且向 x 轴负方向运动，则简谐振动的运动学方程为 $x=$________。

4-9　质量为 m 的物体和一个弹簧组成的弹簧振子，其振动周期为 T，当它作振幅为 A 的简谐振动时，此系统的振动能量 $E=$________。

4-10　已知弹簧的劲度系数 $k=1.3$N/cm，振幅为 2.4cm，这一弹簧振子的机械能为________。

三、计算题

4-11　若简谐振动的运动学方程为 $x=0.10\cos\left(20\pi t+\frac{\pi}{4}\right)$，式中 x 的单位为 m，t 的单位为 s，求：(1)振幅、角频率、周期和初相；(2)速度的最大值。

4-12　一物体沿 x 轴作简谐振动，振幅为 10cm，周期为 2s，在 $t=0$ 时，$x=5$cm，且向 x 轴负方向运动，求其运动学方程。

4-13　有一弹簧上端固定，当其下端挂一质量为 m 的物体时，伸长量为 9.8×10^{-2}m。若使物体上下振动，且规定向下为正方向。(1)当 $t=0$ 时，物体在平衡位置上方 8.0×10^{-2}m 处，由静止开始向下运动，求其运动学方程；(2)当 $t=0$ 时，物体在平衡位置并以 0.60m/s 的速度向上运动，求其运动学方程。

4-14　有一条简谐振动曲线如图所示，求：(1)该简谐振动的角频率 ω，初相位 φ_0；(2)该简

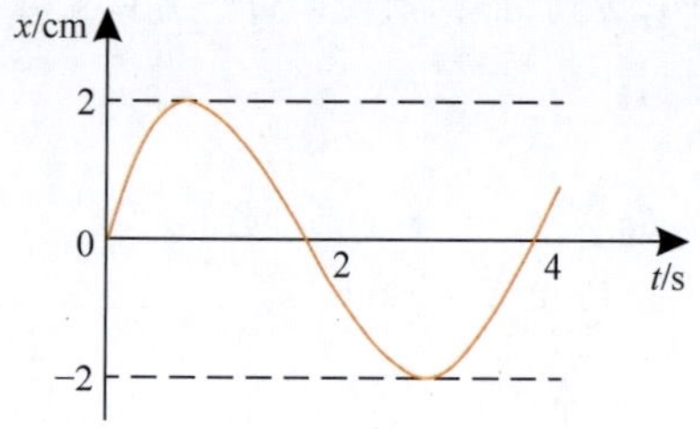

习题 4-14 图

谐振动的运动学方程、振动速度和振动加速度的表达式。

4-15 质量为 10g 的物体沿 x 轴作简谐振动，振幅 $A=10\text{cm}$，周期 $T=4.0\text{s}$，$t=0$ 时物体的位移为 $x_0=-5.0\text{cm}$，且物体朝 x 轴负方向运动，求：(1) $t=1.0\text{s}$ 时物体的位移；(2) $t=1.0\text{s}$ 时物体所受的力；(3) $t=0$ 之后何时物体第一次到达 $x=5.0\text{cm}$ 处；(4) 第二次和第一次经过 $x=5.0\text{cm}$ 处的时间间隔。

4-16 如图所示，质量为 m_1 的子弹以 v 的速度射入并嵌在木块中，同时使弹簧压缩从而作简谐振动。设木块的质量为 m_2，弹簧的劲度系数为 k，若以弹簧原长时物体所在处为坐标原点，向左为 x 轴正向，求简谐振动的运动学方程。

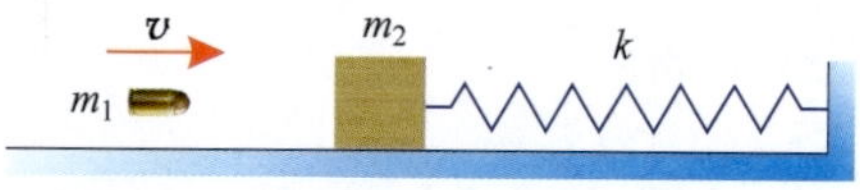

习题 4-16 图

4-17 一物块悬于弹簧下端并作简谐振动，当物块位移大小为振幅的一半时，这个振动系统的势能占总能量的多少？动能占总能量的多少？又位移大小为多少时，动能、势能各占总能量的一半？

4-18 一劲度系数为 k 的轻弹簧，一端固定，另一端连接一质量为 m_0 的物体，放在光滑的水平面上，上面放一质量为 m 的物体，两物体间的最大静摩擦因数为 μ，求两物体间无相对滑动时，系统振动的最大能量。

4-19 已知两同方向、同频率的简谐振动的运动方程分别为 $x_1=0.05\cos(10t+0.75\pi)$，$x_2=0.06\cos(10t+0.25\pi)$，式中 x_1、x_2 的单位为 m，t 的单位为 s。求：(1) 合振动的振幅及初相；(2) 若有另一同方向、同频率的简谐振动的运动方程为 $x_3=0.07\cos(10t+\varphi_3)$，式中 x_3 的单位为 m，t 的单位为 s，则 φ_3 为多少时，x_1+x_3 的振幅最大？又 φ_3 为多少时，x_2+x_3 的振幅最小？

Chapter 5

第5章

机械波

在第4章讨论振动的基础上，本章将进一步研究**振动状态在空间的传播过程——波动**（**wave motion**），简称为**波**。激发波动的振动系统称为**波源**。波是自然界广泛存在的一种运动形式，弹性波理论最早的成果不是力学上的研究所得，而是1821年菲涅耳（Augustin-Jean Fresnel，1788—1827年，法国土木工程师、物理学家）在光学研究中提出的，他指出弹性介质中存在横向波（那时认为光是在一种弹性介质（以太）中传播的）；1829年泊松（Simeon-Denis Poisson，1781—1840年，法国数学家、力学家、物理学家）指出纵向波和横向波的存在；1849年斯托克斯（George Gabriel Stokes，1819—1903年，英国数学家、力学家）证明了弹性纵波是无旋容胀波，弹性横波是等容畸变波；瑞利（原名约翰·威廉·斯特拉特，John William Strutt，1842—1919年，英国物理学家）、兰姆（Horace Lamb，1849—1934年，英国数学家、力学家）、乐甫（Augustus Edward Hough Love，1863—1940年，英国力学家）等科学家提出了表面波的存在，这对于解释地震等地球物理现象具有理论意义。

近代通常将波动分为两大类：一类是**机械振动在介质中的传播**，称为**机械波**（**mechanical wave**），如水面波、声波（sound wave）、绳波、地震波等；另一类是**变化的电磁场在空间的传播**，称为**电磁波**（**electromagnetic wave**），如无线电波、光波、X射线等。

机械波与电磁波在本质上是不同的，但它们都具有波动的共同特征，即都具有一定的传播速度，并伴随着能量的传播；都具有时空周期性，对空间某一定点，振动随时间的变化具有时间周期性，而固定一个时刻来看，空间各点的振动分布也具有空间周期性；都具有可入性和可叠加性，可入性指在空间同一区域可同时经历两个或两个以上的波，因而波可以叠加；都能产生反射、折射、干涉和衍射等现象，观察干涉、衍射现象是鉴别波动过程最有力的手段。近代物理研究发现，微观粒子具有明显的二象性——粒子性与波动性，因此研究微观粒子的运动规律时，波动概念也是重要的基础。

本章主要内容有：机械波的产生，波函数和波的能量，惠更斯原理及其在波的衍射、干涉等方面的应用。

克里斯蒂安·惠更斯（Christiaan Huygens，1629—1695年）荷兰物理学家、天文学家、数学家。他对力学的发展和光学的研究都有杰出的贡献，在数学和天文学方面也有卓越的成就，他建立了向心力定律，提出动量守恒原理，并改进了计时器。他在碰撞、钟摆、离心力和光的波动说、光学仪器等多方面作出了贡献，惠更斯目镜至今仍然采用。他是近代自然科学的一位重要开拓者。惠更斯的著作有《论赌博中的计算》《光论》《论物体的碰撞运动》《钟表》《宇宙论》等。

5.1 机械波的产生和传播

5.1.1 机械波的形成

机械振动在弹性介质中传播时形成机械波。这是因为弹性介质内各质点之间有弹性力相互作用着，故也称为**弹性波**。当介质中某一点离开平衡位置时，就发生形变，于是，一方面邻近质点将对它施加弹性恢复力，使它回到平衡位置，并在平衡位置附近振动；另一方面根据牛顿第三定律，这个质点也将对邻近质点施加弹性力，迫使邻近质点也在自己的平衡位置附近振动。这样，某点的振动借助于弹性力带动邻近质点振动，进而又带动更远一点的质点振动，于是在空间形成波动。波动过程中介质各质点均在各自的平衡位置附近作振动，质点本身并不传播，只是振动状态在空间的逐点传递。

5.1.2 横波和纵波

按照质点振动的方向和波的传播方向的关系，机械波可分为横波与纵波，这是波动的两种最基本的形式。

如图 5-1 所示，一根轻弹簧一端固定，另一端被拉至水平后上下抖动。轻弹簧可看作是一系列由弹性力联系起来的质元组成，可进一步将质元视为一个个质点，质点振动方向与波的传播方向相互垂直的波，称为**横波**(**transverse wave**)；类似地，抓住弹性介质(如一根轻弹簧)的一端沿长度方向来回振动，质点振动方向与波的传播方向相互平行的波，称为**纵波**(**longitudinal wave**)，如图 5-2 所示。

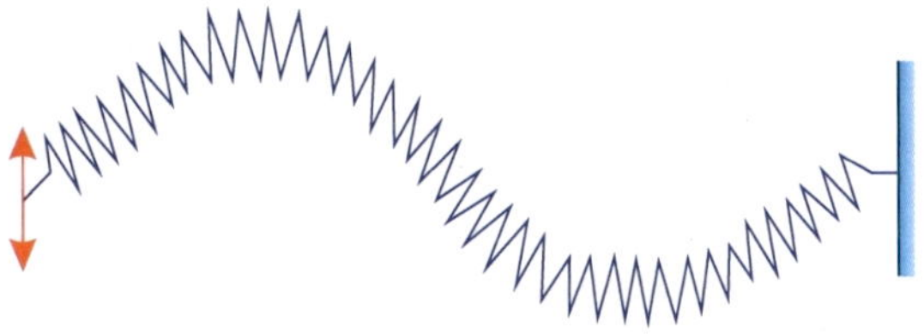

图 5-1 轻弹簧的横波

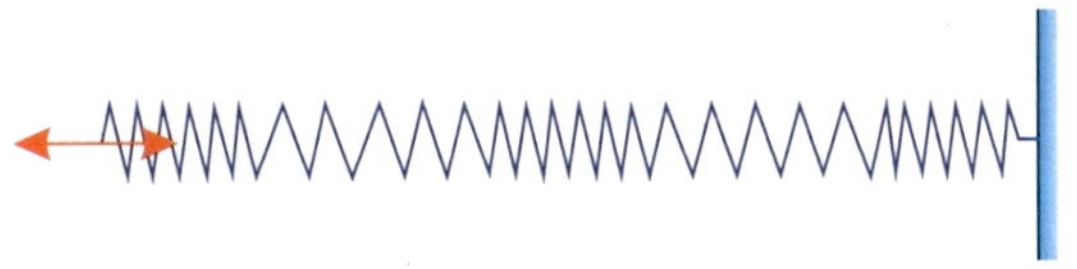

图 5-2 轻弹簧的纵波

动画：机械波的传播

在机械波中，横波是由于介质的切变弹性引起的，因此固体可以传播横波，柔软的弦线也能传播横波。由于液体和气体没有切变弹性，所以横波不能在液体和气体中传播。

在机械波中，纵波是由介质的体变弹性或线变弹性引起的，所以固体、液体和气体中都能传播纵波。例如声音在空气中传播时，气体分子的振动方向与波传播的方向平行，所以它是一种纵波。

5.1.3 波长 周期和频率 波速

描述波动的主要物理量是波长、频率、周期和波速。沿波传播方向两个相邻的、相位差为 2π 的振动质点之间的距离，即一个完整波形的长度，叫做**波长**(**wavelength**)，用 λ 表示。显然，横波上相邻两个波峰之间或两个波谷之间的距离，都是一个波长；纵波上相邻两个密部或相邻两个疏部对应点之间的距离，也是一个波长。

波的**周期**是波前进一个波长的距离所需的时间，用 T 表示。波的周期也就是一个完整的波形通过波线上某一固定点所需的时间。单位时间内通过波线上某一固定点的完整波形的数目称为波的**频率**，用 ν 表示。周期和频率互为倒数关系，即

$$\nu=\frac{1}{T} \tag{5-1}$$

在波源静止的情况下，由于波源作一次完全振动，波就前进一个波长的距离，所以波源激发的波的周期和频率等于波源的振动周期和频率，但它们的物理意义不同。

波是波源振动状态(相位)的传播过程，单位时间内某一振动状态传播的距离即某一振动状态在介质中的传播速度称为**波速**，用 u 表示，也称为**相速**。波速的大小取决于介质的性质，在不同的介质中，波速是不同的。

应该指出，波速和波动过程中某一介质质点的振动速度是物理含义完全不同的两个物理量，必须注意两者的区别。

波动理论和实验都证明，机械波的波速取决于传播介质的弹性和密度，与波源的振动频率无关。下面给出几种各向同性的均匀介质中的波速公式。

绳或弦上的横波波速

$$u=\sqrt{\frac{T}{\rho}} \tag{5-2}$$

式中，T 为绳或弦中的张力；ρ 为单位长度的绳或弦的质量。

固体中的波速

$$u=\sqrt{\frac{G}{\rho}}\ (\text{横波}) \tag{5-3}$$

$$u=\sqrt{\frac{E}{\rho}}\ (\text{纵波}) \tag{5-4}$$

上两式中，G 和 E 分别为介质的切变模量和弹性模量，ρ 为介质的质量密度。需要指出，式(5-4)是近似的，仅当纵波沿细棒长度方向传播时才是准确的。

液体和气体中纵波波速

$$u=\sqrt{\frac{K}{\rho}} \tag{5-5}$$

式中，K 为介质的体积模量，ρ 为介质的质量密度。

以上各式说明，机械波的波速决定于介质的性质，而与振源无关。表 5-1 给出了几种介质中的声速。

表 5-1 几种介质中的声速

介质	温度/℃	声速/(m/s)
空气(1.013×10^5 Pa)	0	331
空气(1.013×10^5 Pa)	20	343
氢气(1.013×10^5 Pa)	0	1270
玻璃	0	5500
花岗岩	0	3950
冰	0	5100
水	20	1460
铝	20	5100
黄铜	20	3500

根据上述各个物理量的定义,在一个波动周期内,某一振动状态传播的距离就是一个波长,因此波长、频率、周期和波速之间有如下关系:

$$\lambda = uT = \frac{u}{\nu} \tag{5-6}$$

式(5-6)具有普遍的意义,对各类波都适用。必须指出,波速虽由介质决定,但波的频率是波源的频率,却与介质无关,因此,由式(5-6)可知,同一频率的波,其波长将随介质的不同而不同。

5.1.4 波面 波前 波线

波源在弹性介质中振动时,振动将向各个方向传播,形成波动。为了便于讨论波的传播情况,我们引入波面、波前和波线的概念。

在波动传播过程中,介质中振动经过相同时间(即相位相同)到达的各点组成的面叫做**波阵面**或**波面**(**wave surface**)。由于波阵面上所有质点振动的相位都相同,所以波阵面又称为**同相面**。在任一时刻,波面可以有任意多个,一般使相邻两个波面之间的距离等于一个波长。在某时刻,由波源最初振动状态传到的各点所连成的曲面,叫做**波前**(**wave front**)。显然,波前是波面的特例,但它是传到最前面的那个波面。随着波的传播,波阵面在空间不断推进。在各向同性介质中,波的传播方向与波阵面垂直,称为**波射线**或**波线**(**wave ray**)。

波阵面为一平面的波称为**平面波**(**plane wave**),平面波的同相面为一系列平行平面。波阵面为同心球面的波称为**球面波**(**spherical wave**),例如由点光源发出的光波就是一种球面波。远离球面波源中心的波阵面近似为平面,例如到达地面的太阳光波可看成平面波。

[例题 5-1]

在室温下,已知空气中的声速 u_1 为 340m/s,水中的声速 u_2 为 1450m/s,求频率为 200Hz 和 2000Hz 的声波在空气中和水中的波长。

解 由 $\lambda=\frac{u}{\nu}$,频率为 200Hz 和 2000Hz 的声波在空气中的波长分别为

$$\lambda_1=\frac{u_1}{\nu_1}=\frac{340}{200}\text{m}=1.7\text{m}$$

$$\lambda_2=\frac{u_1}{\nu_2}=\frac{340}{2000}\text{m}=0.17\text{m}$$

在水中它们的波长分别为

$$\lambda_1'=\frac{u_2}{\nu_1}=\frac{1450}{200}\text{m}=7.25\text{m}$$

$$\lambda_2'=\frac{u_2}{\nu_2}=\frac{1450}{2000}\text{m}=0.725\text{m}$$

可见，同一频率的声波，在水中的波长比在空气中波长要长得多。

5.2 平面简谐波

机械波是机械振动在弹性介质内的传播，它是弹性介质内大量质点参与的一种集体运动形式。如果波沿 x 轴方向传播，那么，要描述它，就应该知道 x 处的质点在任意时刻 t 的位移 y，换句话说，应该知道 $y(x,t)$。我们把这种描述波传播的函数 $y(x,t)$ 叫做**波动函数**，简称为**波函数**(wave function)。

普通的波函数表达式是比较复杂的。如果波源作简谐振动，那么在均匀介质中所形成的波就是**简谐波**(simple harmonic wave)。简谐波是最简单、最基本的波。波源波动所到达的各点均作简谐振动，这样的平面波称为**平面简谐波**。理论分析表明，严格的简谐波只是理想化的模型，它不仅具有单一的频率和振幅，而且必须在空间和时间上都是无限延展的。所以严格的简谐波是无法实现的。对于作简谐振动的波源在均匀、无吸收的介质中所形成的波，只可近似地看成是简谐波。然而可以证明，任何非简谐复杂的波都可以看成是由若干个频率不同的简谐波叠加而成的。因此，研究简谐波仍具有特别重要的意义。

5.2.1 平面简谐波的波函数

下面讨论在均匀介质中以速度 $\boldsymbol{u}$ 沿 x 轴正方向传播的简谐波，如图 5-3 所示。

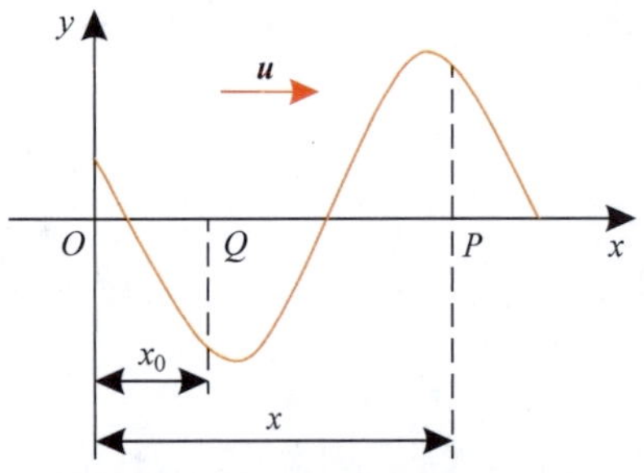

图 5-3　t 时刻的简谐波波形图

设坐标原点 O 处的简谐振动的运动学方程为

$$y_0(t)=A\cos(\omega t+\varphi_0) \tag{5-7}$$

式中，ω 为振动圆频率，φ_0 为原点处振动的初相位。

假设介质是均匀的、无吸收的，那么各质点的振幅保持不变。在 Ox 轴上取一点 P，它距点 O 的距离为 x，当振动传到点 P 时，该处的质点将以相同的振幅和频率重复点 O 的振动。但振动从原点 O 传到点 P 所需要的时间是 $\frac{x}{u}$，点 P 的振动比点 O 要晚 $\frac{x}{u}$ 这样一段时间。也就是说点 P 在 t 时刻的相位和点 O 在 $\left(t-\frac{x}{u}\right)$ 时刻的相位相同。于是点 P 在时刻 t 的位移为

$$y(x,t)=A\cos\left[\omega\left(t-\frac{x}{u}\right)+\varphi_0\right] \tag{5-8}$$

式(5-8)反映了介质中各质点不同时刻的振动,即在任一时刻 t,x 处质点的位移 $y(x,t)$ 就是**平面简谐波的波函数**,也常称为**平面简谐波的波动方程**(**wave equation**)(平面简谐波的表达式)。注意 y 是指质点离开其平衡位置的位移,横波是 y 轴与 x 轴方向垂直,纵波是 y 轴与 x 轴方向平行。

利用关系式 $\omega=2\pi/T=2\pi\nu$ 以及 $uT=\lambda$,沿 x 轴正方向传播平面简谐波的波动表达式还可写成以下形式:

$$y(x,t)=A\cos\left[2\pi\left(\frac{t}{T}-\frac{x}{\lambda}\right)+\varphi_0\right] \tag{5-9a}$$

$$y(x,t)=A\cos\left[2\pi\left(\nu t-\frac{x}{\lambda}\right)+\varphi_0\right] \tag{5-9b}$$

如果波沿 x 轴负方向传播,则 t 时刻在坐标 x 处的振动状态就是 $\left(t+\frac{x}{u}\right)$ 时刻原点处的振动状态,这样得到沿 x 轴负方向传播的波的波函数

$$y(x,t)=A\cos\left[\omega\left(t+\frac{x}{u}\right)+\varphi_0\right] \tag{5-10}$$

至此,不难将以上的讨论推广到更一般的情形,若波沿 Ox 轴的正方向传播,且已知与点 O 距离为 x_0 的点 Q 的振动规律为

$$y_Q=A\cos(\omega t+\varphi_0)$$

则相应的波函数

$$y=A\cos\left[\omega\left(t-\frac{x-x_0}{u}\right)+\varphi_0\right] \tag{5-11}$$

5.2.2 波函数的物理意义

为了进一步理解波动方程的物理意义,我们讨论以下几种情况:

(1) 当 t 为某一定值时,即在某一特定时刻(定时),式(5-8)表示的是该时刻介质质点的位移 y 随质点位置 x 的变化,用图画出即为波长为 λ 的波形图 $y(x)$,如图 5-4 所示。在任意时刻,波形都是余弦曲线。

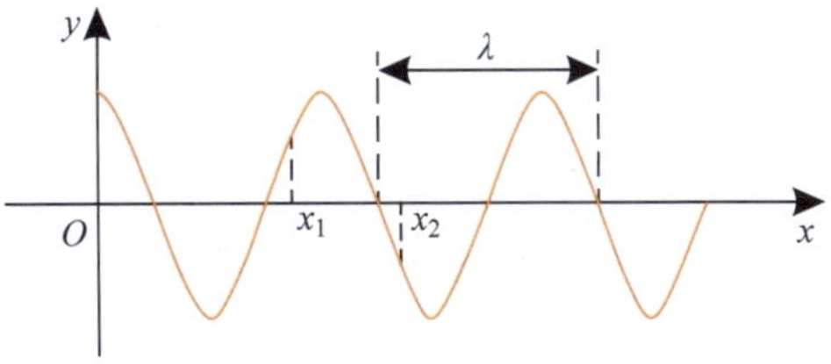

图 5-4 给定时刻各质点的位移

由波形图可以看出,在同一时刻,距离坐标原点 O 分别为 x_1、x_2 的两点的相位是不同的。由式(5-9b)可得两点的相位差为

$$\Delta\varphi=\varphi_1-\varphi_2=\left[2\pi\left(\nu t-\frac{x_1}{\lambda}\right)+\varphi_0\right]-\left[2\pi\left(\nu t-\frac{x_2}{\lambda}\right)+\varphi_0\right]$$

$$= 2\pi \frac{x_2 - x_1}{\lambda} = 2\pi \frac{\Delta x}{\lambda}$$

式中，$\Delta x = x_2 - x_1$ 称为**波程差**。上式即

$$\Delta\varphi = 2\pi \frac{\Delta x}{\lambda} \tag{5-12}$$

这表明相位差是波程差的$\frac{2\pi}{\lambda}$倍，或者说波程差是波长的多少倍，其相位差就是 2π 的多少倍。式(5-12)就是相位差与波程差的关系式。对于沿 x 轴正方向传播的简谐波，当 x_2 大于 x_1 时，有 $\Delta\varphi = \varphi_1 - \varphi_2 > 0$，即 $\varphi_2 < \varphi_1$，表明 x_2 处相位 φ_2 落后于 x_1 处相位 φ_1。

(2) 当 x 一定时，即波线上的某一定点 x，式(5-8)表示的是质点位移 y 随时间 t 变化的运动学方程，这就是位移对时间的余弦振动曲线 $y(t)$，如图 5-5 所示。介质中任一质点都作简谐振动，不同位置处质点振动的周期均为 T，振幅均为 A，但初相位$\left(\varphi_0 - \frac{\omega x}{u}\right)$因点 x 不同而不同。

(3) 当 x 和 t 都变化时，式(5-8)表示任一质点在任一时刻的位移 $y(x,t)$。图 5-6 分别画出了 t 时刻和稍后的 $t+\Delta t$ 时刻的波形图，从而描绘出在 Δt 时间内传播了 Δx 距离的情形。

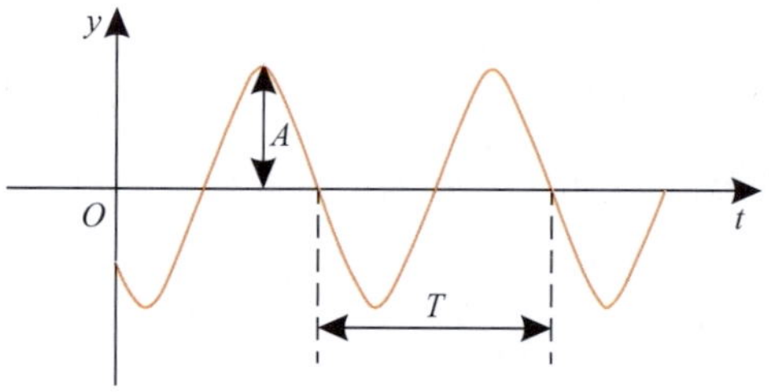

图 5-5 给定质点的位移时间曲线

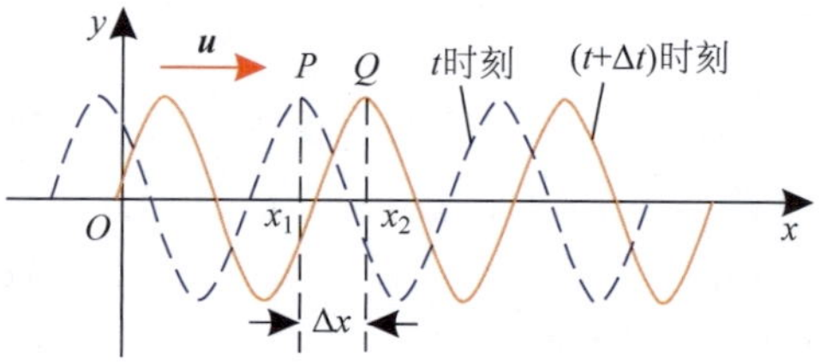

图 5-6 波的传播

考虑这两个时刻的波形图上两个相邻的相位相同的点 P 和点 Q，P 表示 t 时刻 x_1 处质点的某个振动状态，Q 表示 $(t+\Delta t)$ 时刻 x_2 处质点具有相同的相位，应用式(5-9a)有

$$2\pi\left(\frac{t}{T} - \frac{x_1}{\lambda}\right) + \varphi_0 = 2\pi\left[\frac{1}{T}(t+\Delta t) - \frac{x_2}{\lambda}\right] + \varphi_0$$

可得到

$$x_2 - x_1 = \frac{\lambda}{T}\Delta t = u\Delta t$$

这就告诉我们，波的传播是相位的传播，是运动状态的传播，或者是整个波形的传播，所以这种波又称为**行波**(**travelling wave**)或**前进波**，波速 u 又称为**相速**(**phase velocity**)。

[例题 5-2]

设一平面简谐波的波动方程为 $y = 0.1\cos\pi\left(10t - \frac{x}{10}\right)$ m，求：(1) 该波的波速、波长、周期和振幅；(2) $x = 10$m 处质点振动的运动学方程及该质点在 $t = 2$s 时的振动速度。

解 (1) 将波动方程 $y=0.1\cos\pi\left(10t-\frac{x}{10}\right)$(m)写成标准形式：

$$y=0.1\cos2\pi\left(\frac{t}{0.2}-\frac{x}{20}\right)\text{(m)} \tag{a}$$

与式(5-9a)比较，得振幅 $A=0.1$m，波长 $\lambda=20$m，周期 $T=0.2$s，波速 $u=\lambda/T=100$m/s。

(2) 将 $x=10$m 代入式(a)，整理后可得

$$y=0.1\cos(10\pi t-\pi)\text{(m)} \tag{b}$$

这就是距原点 10m 处质点振动的运动学方程。

将式(b)对时间 t 求一阶导数，可得距原点 10m 处质点的振动速度为

$$v=-1.0\pi\sin(10\pi t-\pi)\text{(m/s)}$$

将 $t=2$s 代入，得到 $v=0$，故该处质点在 $t=2$s 时的振动速度为零。

[例题 5-3]

波源作简谐振动，频率为 50Hz，振幅为 0.2m，并以它经平衡位置向负方向运动时为时间起点，形成的简谐波沿直线以 200m/s 的速度向 x 轴正方向传播，求：(1)波动方程；(2)距波源为 2m 处的点 P 的振动方程和初相位；(3)距波源分别为 1m 和 2m 的两质点间的相位差。

解 假设坐标原点的振动方程 $y_0=A\cos(\omega t+\varphi)$，则波动方程可表示为 $y=A\cos\left[\omega\left(t-\frac{x}{u}\right)+\varphi\right]$；本题中波源(坐标原点)的振动方程未知，应先通过题设条件求出波源的振动方程，继而求出波动方程。某一位置处的振动方程，可将该处的位置代入波动方程来求得，而振动的初相位则可由振动方程来确定；波线上相距 Δx 两质点的相位差可由 $\Delta\varphi=2\pi\frac{\Delta x}{\lambda}$ 来计算。

(1) 已知该简谐波振幅 $A=0.2$m，频率 $\nu=50$Hz，得圆频率 $\omega=2\pi\cdot\nu=100\pi$ rad/s，当 $t=0$ 时，波源 $y_0=0$，振动速度 $v_0<0$，由 $y_0=A\cos\varphi=0$ 解得 $\varphi=\pm\frac{\pi}{2}$，而 $v_0=-A\omega\sin\varphi<0$，$\sin\varphi>0$。则

$$\varphi=\frac{\pi}{2}$$

或者，由旋转矢量图(图 5-7)得 $\varphi=\frac{\pi}{2}$。所以波源的振动方程为

$$y=0.2\cos\left(100\pi t+\frac{\pi}{2}\right)\text{(m)}$$

由此得波动方程

$$y=0.2\cos\left[100\pi\left(t-\frac{x}{200}\right)+\frac{\pi}{2}\right]\text{(m)}$$

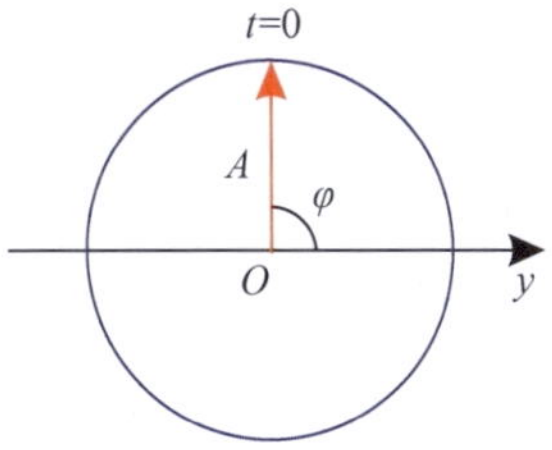

图 5-7 例题 5-3 用图

(2) 对于点 P，$x_P=2\text{m}$，代入波动方程得到振动方程

$$y=0.2\cos\left(100\pi t+\frac{3\pi}{2}\right)(\text{m})$$

故 $t=0$ 时，点 P 初相位为

$$\varphi_{P0}=\frac{3\pi}{2}$$

(3) 该波的波长

$$\lambda=u\cdot T=\frac{u}{\nu}=4\text{m}$$

距波源分别为 1m 和 2m 的两质点间的相位差

$$\Delta\varphi=2\pi\frac{\Delta x}{\lambda}=\frac{\pi}{2}$$

[例题 5-4]

如图 5-8 所示，一平面简谐波以速度 $u=20\text{m/s}$ 沿直线传播，波线上点 P 的振动方程为

$$y=3\times10^{-2}\cos4\pi t(\text{m})$$

(1) 以点 P 为坐标原点，写出波动方程；

(2) 以点 Q 为坐标原点，写出波动方程。

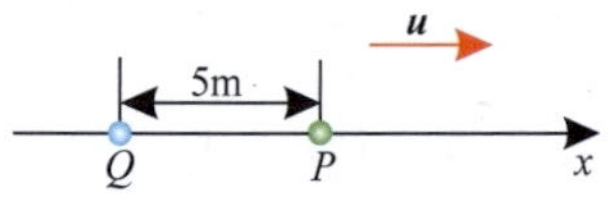

图 5-8　例题 5-4 用图

解　点 P 的振动方程已知，以点 P 为坐标原点，求波动方程比较容易；而以点 Q 为坐标原点，求波动方程时，需要求出点 Q 的振动方程，可以通过以点 P 为坐标原点时的波动方程求点 Q 的振动方程，也可以通过比较 P、Q 两点的相位差来求。

(1) 点 P 振动方程为

$$y=3\times10^{-2}\cos4\pi t(\text{m})$$

该波沿 x 轴正方向传播，以点 P 为坐标原点的波动方程表示为

$$y=3\times10^{-2}\cos4\pi\left(t-\frac{x}{20}\right)(\text{m})$$

(2) 以点 Q 为坐标原点

方法一　以点 P 为坐标原点时，波动方程为

$$y=3\times10^{-2}\cos4\pi\left(t-\frac{x}{20}\right)(\text{m})$$

将 $x=-5\text{m}$ 代入得点 Q 振动方程

$$y=3\times10^{-2}\cos(4\pi t+\pi)(\text{m})$$

方法二　P、Q 两点的相位差 $\Delta\varphi=2\pi\dfrac{\Delta x}{\lambda}$，其中 $\Delta x=5\text{m}$，该简谐波圆频率 $\omega=4\pi\text{rad/s}$，则周期

$$T=\frac{2\pi}{\omega}=\frac{2\pi}{4\pi}\text{s}=0.5\text{s}$$

波长 $\lambda = Tu = 0.5 \times 20\text{m} = 10\text{m}$，得

$$\Delta\varphi = \pi$$

令 φ_Q 为点 Q 的振动初相位，φ_P 为点 P 的振动初相位，该波沿 x 轴正方向传播，点 Q 振动比点 P 振动超前，所以

$$\Delta\varphi = \varphi_Q - \varphi_P = \varphi_Q = \pi, \quad \varphi_P = 0$$

所以点 Q 振动方程

$$y = 3 \times 10^{-2} \cos(4\pi t + \pi)(\text{m})$$

因此，以点 Q 为坐标原点的波动方程表示为

$$y = 3 \times 10^{-2} \cos\left[4\pi\left(t - \frac{x}{20}\right) + \pi\right] (\text{m})$$

5.3 波的能量　波的能量密度

在波动过程中，波源的振动通过弹性介质由近及远地传播出去，使介质中各质点都在各自的平衡位置附近振动。由于各质点有振动速度，因而它们具有振动动能。同时因介质发生形变，它们还具有弹性势能。下面以平面简谐纵波在固体细长棒中的传播为例，计算波的能量。

5.3.1 波的能量

设平面简谐波在密度为 ρ 的细棒中传播，细棒截面积为 S，在棒上距原点为 x 处选取介质中一个很小的质元 ΔV，其质量 $\Delta m = \rho\Delta V$。当平面简谐波

$$y = A\cos\omega\left(t - \frac{x}{u}\right)$$

在介质中传播时，此质元在时刻 t 的振动速率为

$$v = \frac{\partial y}{\partial t} = -A\omega\sin\omega\left(t - \frac{x}{u}\right)$$

而这段质元的振动动能为

$$\Delta E_k = \frac{1}{2}(\Delta m)v^2$$

将速度 v 代入上式得到

$$\Delta E_k = \frac{1}{2}(\rho\Delta V)A^2\omega^2\sin^2\omega\left(t - \frac{x}{u}\right) \tag{5-13}$$

可以证明(证明过程较复杂，这里从略，有兴趣的同学可参看其他相关书籍)，质元由于形变而具有的势能等于动能，即

$$\Delta E_p = \Delta E_k = \frac{1}{2}(\rho\Delta V)A^2\omega^2\sin^2\omega\left(t - \frac{x}{u}\right) \tag{5-14}$$

则质元的总机械能 ΔE 为

$$\Delta E=\Delta E_{\mathrm{k}}+\Delta E_{\mathrm{p}}=\rho A^{2}\omega^{2}(\Delta V)\sin^{2}\omega\left(t-\frac{x}{u}\right) \tag{5-15}$$

由式(5-13)和式(5-14)可见，在波传播过程中，介质中任一质元的动能和势能同相地随时间变化，它们在任一时刻都有完全相同的值。在质元通过平衡位置时，速度有了最大值，因此其动能、势能和总机械能均同时达到最大值；在质元的位移最大时，速度为零，因此其动能、势能和总机械能均又同时为零。

由式(5-15)可见，质元的机械能是不守恒的，而是随时间作周期性变化。对于给定的时刻，所有质元的机械能又随 x 作周期性变化。这表明，沿着波动传播的方向，每一质元都在不断地从后方介质获得能量，使能量从零逐渐增大到最大值，又不断地把能量传递给前方的介质，其能量从最大变为零。如此周期性地重复，能量就随着波动过程从介质的这一部分传到另一部分。所以波动是能量传递的一种方式。波动过程中，每个质元本身的机械能并不守恒，这与简谐振动的机械能守恒不同。

5.3.2 波的能量密度

为了精确地描述波的能量分布情况，引入波的能量密度概念。波传播时，介质中单位体积内的能量称为波的**能量密度**，用 w 表示。由式(5-15)可得 t 时刻、x 处介质的能量密度

$$w=\frac{\Delta E}{\Delta V}=\rho A^{2}\omega^{2}\sin^{2}\omega\left(t-\frac{x}{u}\right) \tag{5-16}$$

能量密度在一个周期内的平均值称为**平均能量密度**，以 $\bar{w}$ 表示，即

$$\bar{w}=\frac{1}{T}\int_{0}^{T}\rho A^{2}\omega^{2}\sin^{2}\omega\left(t-\frac{x}{u}\right)\mathrm{d}t=\frac{1}{2}\rho A^{2}\omega^{2} \tag{5-17}$$

可见，波的能量与介质的密度、振幅的平方以及角频率的平方成正比。

5.3.3 波的平均能流密度

为了描述波动过程中能量的传递情况，引入平均能流密度这个物理量。单位时间内，通过介质中垂直于波动传播方向上单位面积的平均能量称为**波的平均能流密度**(**energy flux density**)，用 I 表示。如图 5-9 所示，在介质中垂直于波速方向取一面积 S，则在单位时间内，通过面积 S 的平均能量就等于该面后方体积为 uS 的长方体介质中的平均能量。利用平均能量密度式(5-17)可得通过 S 面积的平均能流密度

$$I=\bar{w}u=\frac{1}{2}\rho A^{2}\omega^{2}u \tag{5-18}$$

由式(5-18)可以看出，平均能流密度与介质密度、振幅平方、角频率的平方以及波的传播速率成正比。平均能流密度越大，单位时间内通过单位面积的能量就越多，波就越强。因此平均能流密度是波的强弱的一种量度，平均能流密度又称为**波的强度**。在国际单位制中，平均能流密度的单位是 $\mathrm{W/m^2}$。

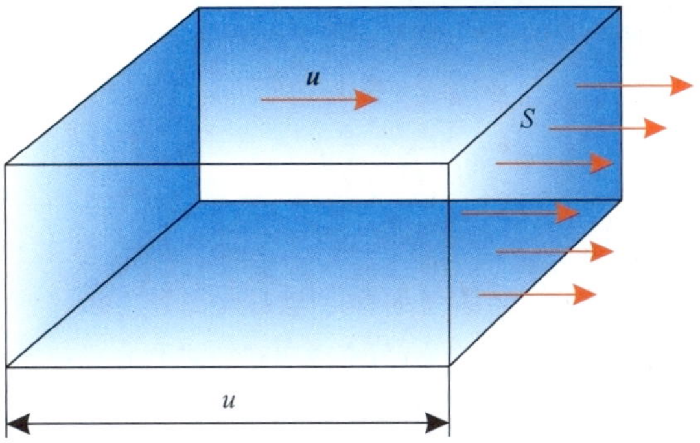

图 5-9　能流密度

［例题 5-5］

一频率为 500Hz 的平面简谐波，在密度为 $\rho=1.3\text{kg/m}^3$ 的空气中以 $u=340\text{m/s}$ 的速度传播，到达耳时的振幅为 $A=10^{-4}\text{cm}$，试求：耳中的平均能量密度及声强。

解　平均能量密度为

$$\begin{aligned}\bar{w}&=\frac{1}{2}\rho A^2\omega^2\\&=\frac{1}{2}\times 1.3\text{kg/m}^3\times(10^{-4}\times 10^{-2}\text{m}^2)^2\times(2\pi\times 500\text{Hz})^2\\&=6.41\times 10^{-6}\text{J/m}^3\end{aligned}$$

声强 I（即平均能流密度）的大小为

$$\begin{aligned}I&=\bar{w}\cdot u\\&=6.41\times 10^{-6}\text{J/m}^3\times 340\text{m/s}\\&=2.18\times 10^{-3}\text{W/m}^2\end{aligned}$$

原理应用

孤　子　波

1. 孤子波简介

孤子又称**孤立子**，对它的研究在很长一段时间如同它的名字一样，孤独寂寞地飘零在科学发展的主流之外。直到 20 世纪下半叶，人们才开始逐渐认识到这位“超级剑侠”的巨大威力，甚至有人提出了它就像 19 世纪末飘在物理学晴空上的两朵乌云，正在孕育着科技的重大突破。

1834 年 8 月的一天，英国爱丁堡一条运河边，当时的造船工程师罗素正在骑着马观察一条船的运动。当船突然停下来时，罗素看到了一个不可思议的奇妙现象：被船推动的水团并未停止前进，而是变成一个滚圆光滑、轮廓分明的、巨大的、孤立耸起的“水峰”继续向前行进。罗素立即驱马跟踪，而这个“水峰”保持其长约1米、高近半米的原始形状前进了二三千米后才渐渐消失。罗素称之为“平移波”，后来人们叫它为“**孤立波**”。像很多重大科学发现一样，罗素的这一发现并没有被科学界的主流理解。1982年，在罗素逝世100周年之际，人们在他发现孤立波的运河边竖立了一座纪念碑。

孤子研究的春天直到20世纪50年代才到来。3位美国物理学家利用当时美国用来设计氢弹的计算机，对由64个谐振子组成的、振子间存在微弱非线性相互作用的系统进行了数值计算实验。实验中，他们先给其中一个振子能量，而其他63个振子没有能量；按照经典的理论，经过足够长时间的相互作用，这一能量最终将被均匀地分布到64个振子上。实验结果让他们大吃一惊，能量并没有均分，而是绝大部分能量又集中到最初那个有能量的振子上。这就是著名的FPU问题。1965年，美国科学家经计算机数值计算又发现，以不同速度运行的两个孤波在碰撞后，仍保持原有的能量和能量的集中形态等，因此发现完全可以把孤波当作刚性粒子看待，所以可以把孤波称为孤子。以后，人们进一步发现，孤子是一个普遍现象，如木星的大红斑旋涡、神经元轴突上传递的冲动电信号、大气中的台风、激光在介质中的自聚焦，甚至在生命和人类社会中也普遍存在孤子现象，如物种的相对稳定、财富和权力的相对稳定、文化习俗的相对稳定等。1982年到21世纪初，世界范围内形成了孤子研究浪潮，大家期待着它能带来像相对论和量子论这样的伟大突破。

层次最低也是最小的一类孤子是基本粒子。基本粒子本质是波，是一种能量波。这可以解释大量单个电子分别通过双缝形成的干涉图案的实验。波动性是孤子的本质，粒子性只是孤子的外在表现形式，正如同浪花只是水的一种外在表现形状一样。

2. 孤子波的形成及其应用

1895年两位德国科学家Korteweg和de Vries对孤子波的形成作出了合理的解释。他们认为是介质的色散效应和非线性效应共同产生了孤子波，并且设计了一个数学模型，取介质中的波动方程为

$$\frac{\partial y}{\partial t}-6y\frac{\partial y}{\partial x}+\frac{\partial^3 y}{\partial x^3}=0 \tag{P5-1}$$

此波动方程的一个特解是

$$y=-\frac{u}{2}\operatorname{sech}^2\left[\frac{\sqrt{u}}{2}(x-ut)\right] \tag{P5-2}$$

式(P5-2)是一种孤子波的数学表示式。根据式(P5-2)就可以作出如图P5-1所示的波形，由图可以看出波形就是一个波包，它以恒定速度 $\boldsymbol{u}$ 向前传播，其振幅 $u/2$ 为定值，由此可以得到孤子波的振幅和速度有关的非线性效应。

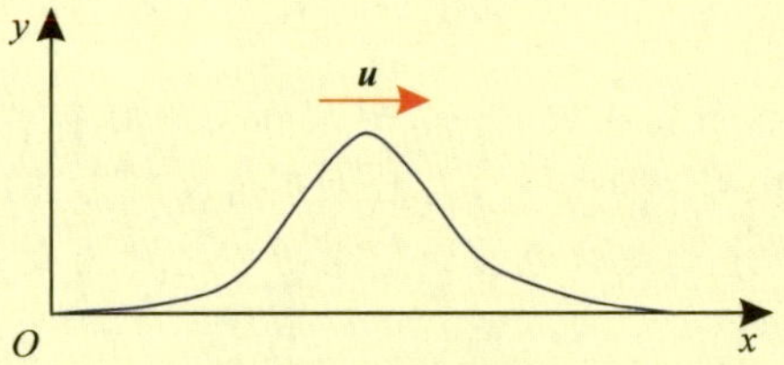

图 P5-1 孤立波的波形

式(P5-1)可以合理解释“单孤子”形成的原因。式(P5-1)中第二项叫做非线性项,它使波包能量重新分配从而使频率扩展,空间坐标收缩,波包被挤压;式(P5-1)中的第三项叫做色散项,它表示介质的色散作用,它使波包弥散。当这两种相反的效应相互抵消,就会形成形状不变的单孤子。

式(P5-1)的双孤子解还可以解释“双孤子”的碰撞不变性,即两个孤子在传播过程中相遇,碰撞后各自的波形和速度都不变。建立如图 P5-2 所示的坐标系,有两个振幅一大一小的孤子波向 x 轴正方向传播,设振幅大的孤子波的速度比振幅小的孤子波的速度大,且振幅大的孤子波追赶振幅小的孤子波。当 $t=0$ 时,在 $x\approx0$ 处振幅大的孤子波追上振幅小的孤子波并发生碰撞,而后各自仍以原有的振幅和速度传播,不过振幅小的孤子波落在了后边。由此说明,孤子波的这种碰撞不变性类似于两个粒子的碰撞,也表明了孤子波的稳定性。

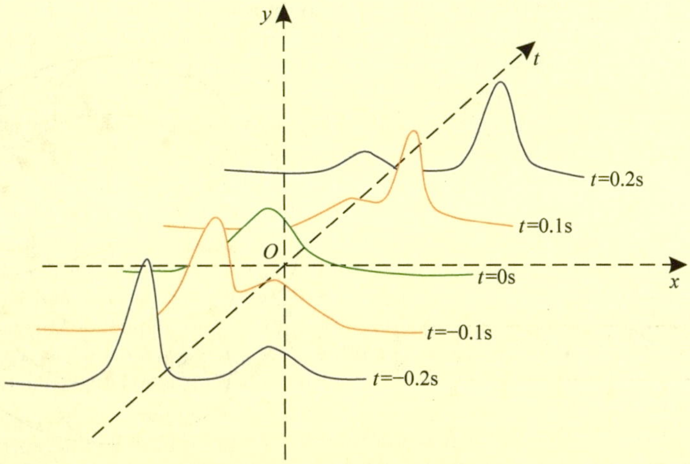

图 P5-2 两个孤子的碰撞

自 20 世纪 60 年代人们开始注意研究非线性条件下的孤子以来,已发现了其他类型的孤子。目前许多领域中都在用孤子理论开展研究。例如,等离子体中的电磁波和声波,晶体中位错的传播,蛋白质能量的高效率传播,神经系统中信号的传播,高温超导的孤子理论解释,介子的非线性场论模型,等等。由于光纤中光学孤子可以进行压缩而且传输过程中光学孤子形状不变,利用光纤孤子进行通信就有容量大、误码率低、抗干扰能力强、传输距离长等优点。所以目前各国都在竞相研究光纤孤子通信,有的实验室已实现了距离为 10^6 km 的信号传输。

5.4 惠更斯原理 波的衍射

5.4.1 惠更斯原理

在波动中,波源的振动引起介质中邻近各点的振动,故可以将波动到达的任一点都看作新的波源。例如水面波传播时,遇到一个障碍物,当障碍物上的小孔与波长相差不多时,水波可以通过障碍物的小孔，在小孔后面出现圆形的波，原来的波阵面将改变，就好像是以小孔为新的波源一样。荷兰物理学家惠更斯总结了这方面的现象，于1679年提出了关于波动传播的**惠更斯原理(Huygens principle)，波动传到的各点都可以看作是发射子波(wavelet)的新波源，其后任意时刻，这些子波的包络面就是新的波阵面，过子波中心向子波和包络面切点所引的射线即为新的波线**。

对于任何波动过程(机械波或电磁波)，无论其介质是否均匀，是各向同性(isotropy)还是各向异性(anisotropy)，子波的波面形状可能不同，但惠更斯原理总是适用的。根据惠更斯原理可知，当波在各向同性的均匀介质中传播时，波阵面的几何形状保持不变。

按照惠更斯原理，用作图法就能确定波传播的方向。只要知道某一时刻的波阵面，就可用几何方法来解决以后任一时刻的波阵面和新的波线，因而在很广泛的范围内解决了波的传播问题。平面波和球面波的传播过程如图5-10和图5-11所示。

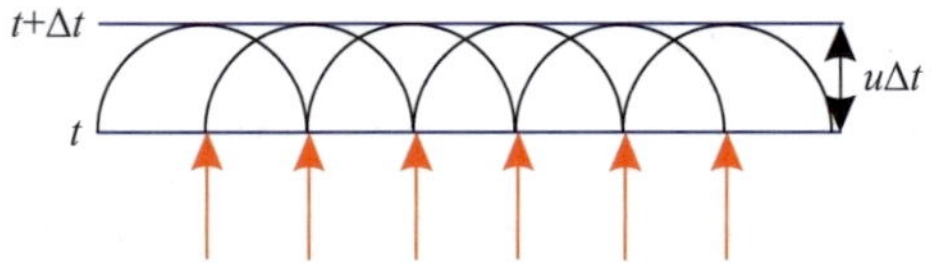

图5-10 平面波的传播过程

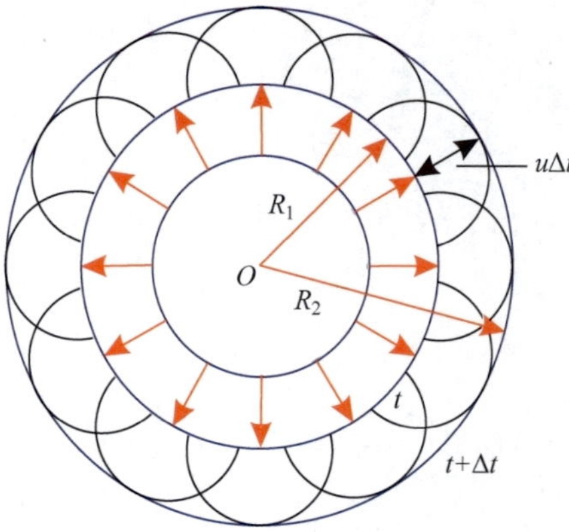

图5-11 球面波的传播过程

5.4.2 波的衍射

用惠更斯原理可以定性解释波的衍射现象。当波在传播过程中遇到障碍物时，能绕过障碍物的边缘，在障碍物的阴影区内继续传播，这种现象叫做波的**衍射(wave diffraction)**。衍射是波动的一个重要特征。如图5-12所示，当平面波到达一狭缝时，缝上各点都可看作是子波的波源。作出这些子波的包络面，就是新的波前。若缝的宽度远大于波的波长，波表现为直线传播；若缝的宽度略大于波长，在缝中部，波的传播仍保持原来的方向，在缝的边缘处，波前与原来的平面略有不同，波阵面弯曲，波的传播方向改变，波绕过障碍物向前传播；若缝的宽度小于波长(相当于小孔)，衍射现象更加明显，波阵面由平面变成球面。衍射现象明显与否，和障碍物的尺寸有关。声波的波长与所遇到的障碍物尺寸相当，因此声波的衍射现象较明显。例如在屋内能够听到室外的声音，就是声波能够绕过窗(或门)缝的缘故。

应该指出，惠更斯原理很好地解释了波的传播方向问题，但却没有给出子波强度的分布，后来菲涅耳对惠更斯原理作了重要补充，解决了波强度分布问题，这就是在光学中有重要应用的惠更斯-菲涅耳原理。

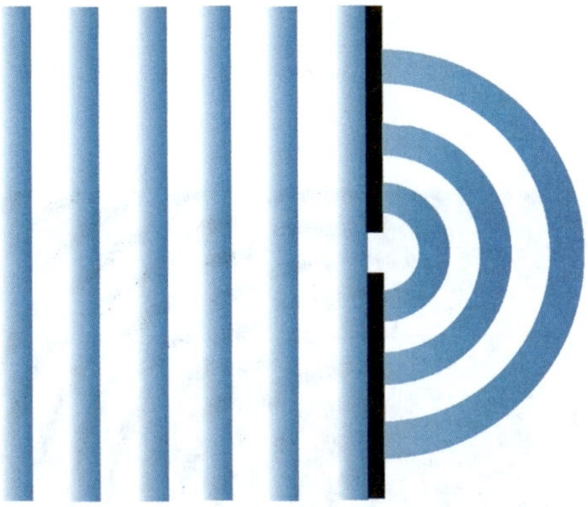

图 5-12 平面波的小孔衍射

5.5 波的叠加原理 波的干涉 驻波

波动的一个重要特征是具有可叠加性，从本节起我们从波的叠加原理出发，来研究波干涉和衍射的重要特性。

5.5.1 波的叠加原理

实验证明，当几列波同时在一种介质中传播时，每列波的特征量如振幅、频率、波长、振动方向等，都不会因为有其他的波存在而改变。例如，乐队合奏或几个人同时谈话时，声波并不因在空间互相交叠而变成另一种什么声音。所以我们能够辨别出各种乐器或各人的声音来。

几个波源产生的波，如果波强度不太大，它们在传播过程中相遇之后，每个波的波长、频率、振动方向、传播方向等保持不变，并按照原来的方向继续前进，好像没有遇到过其他波一样。或者说，各个波互相间没有影响，每个波的传播就像其单独存在一样。这称为波传播的**独立性原理**。

当几列波在介质中某点相遇时，该点的振动是各个波单独存在时在该点引起振动的合振动，即该点的位移是各个波单独存在时在该点引起的位移的矢量和。这种波动传播过程中出现的各分振动独立地参与叠加的事实称为**波的叠加原理**(superposition principle)。

应该明确，波的叠加原理只对各向同性的线性介质适用。

5.5.2 波的干涉

我们首先观察水波的干涉实验，把两个小球装在同一支架上，使小球的下端紧靠水面。当支架沿垂直方向以一定的频率振动时，各自在水面产生一列圆形的水面波。在它们相遇的水面上，呈现如图 5-13 所示的现象。由图可以看出，有些地方的水面起伏得很厉害(图中亮处），说明这些地方的振动加强了；而有些地方的水面只有微弱的起伏，甚至平静不动（图中暗处），说明这些地方振动减弱，甚至完全抵消。在这两波相遇的区域内，振动的强弱是按一定的规律分布的。

图 5-13 水面波的干涉现象

当**频率相同、振动方向相同、相位相同或相位差恒定的两列波相遇时，在空间某些点处，振动始终加强，而在另一些点处，振动始终减弱或完全抵消**，这种现象称为**干涉**（**interference**）。

两个波源的振动频率相同、振动方向相同、相位相同或相位差恒定，这样的两个波源称为**相干波源**，从相干波源发出的波称为**相干波**（**coherent wave**）。

下面从波的叠加原理出发，应用同方向、同频率振动合成的结论，来分析干涉现象的产生，并确定干涉加强和减弱的条件。

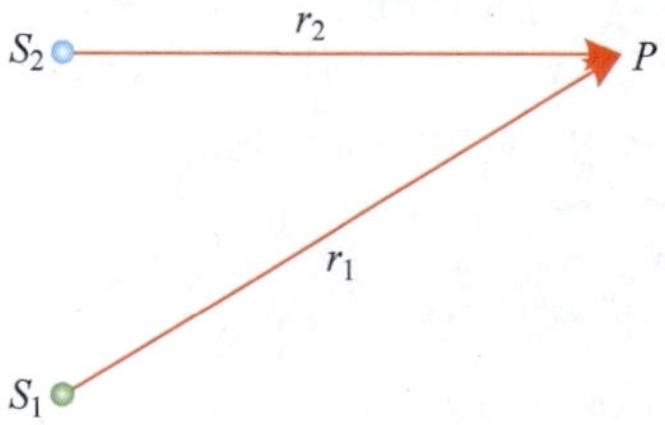

图 5-14 波的叠加

如图 5-14 所示，设有两个频率相同的波源 S_1 和 S_2，其振动表达式分别为

$$y_{10}(S_1,t)=A_1\cos(\omega t+\varphi_{10}) \tag{5-19a}$$

$$y_{20}(S_2,t)=A_2\cos(\omega t+\varphi_{20}) \tag{5-19b}$$

两个波源的振动传播到点 P 后，它们的相位比波源处相位落后，设 S_1 和 S_2 到点 P 的距离分别是 r_1 和 r_2，根据式(5-12)，它们在点 P 独自所引起的振动分别比各自的波源处落后 $\frac{2\pi r_1}{\lambda}$、$\frac{2\pi r_2}{\lambda}$。因此 t 时刻它们在点 P 独自所引起的振动分别为

$$y_1(P,t)=A_1\cos\left(\omega t+\varphi_{10}-\frac{2\pi}{\lambda}r_1\right) \tag{5-20a}$$

$$y_2(P,t)=A_2\cos\left(\omega t+\varphi_{20}-\frac{2\pi}{\lambda}r_2\right) \tag{5-20b}$$

上两式表明，点 P 同时参与两个同方向、同频率的简谐振动，其合振动亦应为简谐振动，设合振动的运动方程为

$$y=y_1+y_2=A\cos(\omega t+\varphi_0) \tag{5-21}$$

其中，A 由下式确定：

$$A^2=A_1^2+A_2^2+2A_1A_2\cos\Delta\varphi \tag{5-22}$$

式中，$\Delta\varphi$ 定义了在相遇点两个振动的相位差，

$$\Delta\varphi=(\varphi_{20}-\varphi_{10})-\frac{2\pi}{\lambda}(r_2-r_1) \tag{5-23}$$

由式(5-23)可以看出，在满足

$$\Delta\varphi=(\varphi_{20}-\varphi_{10})-\frac{2\pi}{\lambda}(r_2-r_1)=2k\pi,\quad k=0,\pm1,\pm2,\cdots \tag{5-24}$$

的空间各点，合振幅最大，其值为 $A=A_1+A_2$，即合振动加强，式(5-24)称为**干涉相长的条件**；而在满足

$$\Delta\varphi=(\varphi_{20}-\varphi_{10})-\frac{2\pi}{\lambda}(r_2-r_1)=(2k+1)\pi,\quad k=0,\pm1,\pm2,\cdots \tag{5-25}$$

的空间各点，合振幅最小，其值为 $A=|A_1-A_2|$，即合振动减弱，式(5-25)称为**干涉相消的条件**。

如果两相干波源初相相同，即 $\varphi_{20}-\varphi_{10}=0$，干涉相长条件可简化为

$$\Delta=r_2-r_1=k\lambda,\quad k=0,\pm1,\pm2,\cdots \tag{5-26}$$

式中 $\Delta=r_2-r_1$ 是**波程差**。由式(5-26)可知，当两列相干波在空间叠加时，若波源振动的初相相同，则在波程差等于零或等于波长的整数倍的各点振幅为极大(干涉加强)。

干涉相消的条件为

$$\Delta=r_2-r_1=(2k+1)\frac{\lambda}{2},\quad k=0,\pm1,\pm2,\cdots \tag{5-27}$$

式(5-27)表明，在波程差等于半波长的奇数倍的各点，振幅为极小(干涉减弱)。

在其他情况下，合振幅的数值则在最大值(A_1+A_2)和最小值$|A_1-A_2|$之间。

从式(5-23)看到，两列波在空间的振动相位差 $\Delta\varphi$ 不随时间变化，仅随空间点 P 的位置变化。由于波的强度正比于振幅的平方，因而合振动的强度将在空间形成稳定的分布，从而在两列波交叠区的不同点形成振动加强或减弱的干涉现象。

由以上讨论可知，两相干波在空间任一点相遇时，其干涉加强和减弱的条件，除了两波源的初相位之差外，只取决于该点至两相干波源间的波程差。必须注意，如果两波源不是相干波源，则不会出现干涉现象。

[例题 5-6]

如图 5-15 所示，在同一介质中，相距为 20m 的两点 A 和 B 处各有一个波源，它们作同频率($\nu=100$Hz)、同方向的振动。设它们激起的波为平面简谐波，振幅均为 5cm，且点 A 为波峰时，点 B 恰为波谷，求 AB 连线上因干涉而静止的各点的位置。设波速均为 200m/s。

解 首先选定坐标系，水平向右为 x 轴正方向，选择点 A 为坐标原点，设点 A 振动的初相为零，由已知条件，则点 A 和点 B 的振动表达式分别为

$$y_A=A\cos 2\pi\nu t$$

$$y_B=A\cos(2\pi\nu t+\pi)$$

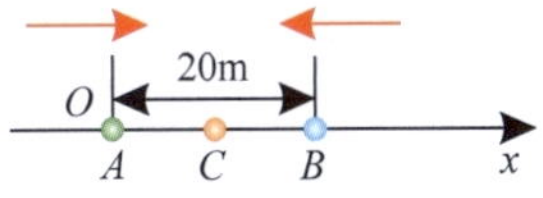

图 5-15 例题 5-6 用图

以点 A 为波源向点 C 传播的波动表达式为

$$y_{A\to C}(x,t)=A\cos 2\pi\left(\nu t-\frac{x}{\lambda}\right)$$

其中 $x=AC$，以点 B 为波源（仍以点 A 为原点）向点 C 传播的波动表达式为（考虑到 $BC=AB-x=20-x$）

$$y_{B\to C}(x,t)=A\cos\left[2\pi\left(\nu t-\frac{20-x}{\lambda}\right)+\pi\right]$$

因干涉而静止的条件是相位差

$$\begin{aligned}\Delta\varphi&=\left[2\pi\left(\nu t-\frac{20-x}{\lambda}\right)+\pi\right]-2\pi\left(\nu t-\frac{x}{\lambda}\right)\\&=(2k+1)\pi\end{aligned}$$

化简后，得

$$x=\frac{k}{2}\lambda+10,\quad k=0,\pm1,\pm2,\cdots$$

将 $\lambda=\frac{u}{\nu}=\frac{200\text{m/s}}{100\text{Hz}}=2\text{m}$ 代入上式得

$$x=k+10(\text{m}),\quad k=0,\pm1,\pm2,\cdots$$

解出在 AB 连线上因干涉而静止的各点的位置（$0<x<20$）

$$x=1,2,3,\cdots,17,18,19(\text{m})$$

*5.5.3 驻波

驻波（standing wave）是波的干涉的特例，**是由振幅、频率和传播速度都相同的两列相干波在同一直线上沿相反方向传播时在一定区域内叠加而成的一种特殊形式的干涉现象**。

下面推求驻波的函数表达式，如图 5-16 所示，设有振幅相同、频率相同、波速相同的沿 x 轴正、反两方向传播的两列简谐波，两列简谐波的表达式分别为

$$y_1=A\cos\left(\omega t-\frac{2\pi}{\lambda}x\right)\tag{5-28}$$

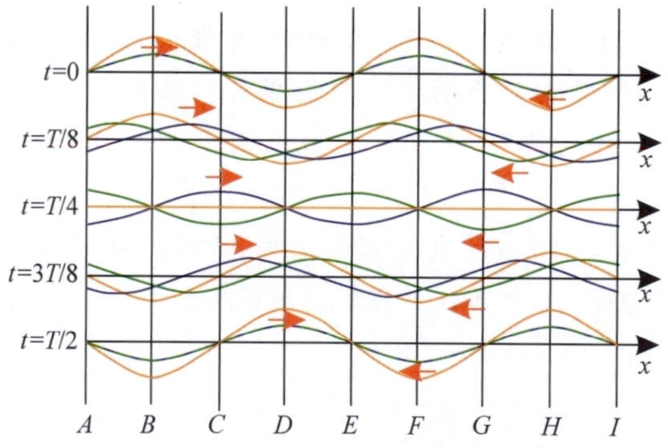

图 5-16 驻波的形成

$$y_2 = A\cos\left(\omega t + \frac{2\pi}{\lambda}x\right) \tag{5-29}$$

上述两列波的合成波为驻波，即

$$\begin{aligned} y &= y_1 + y_2 \\ &= A\cos\left(\omega t - \frac{2\pi}{\lambda}x\right) + A\cos\left(\omega t + \frac{2\pi}{\lambda}x\right) \end{aligned}$$

应用三角关系式，可得到驻波的表达式（驻波方程）

$$y = 2A\cos\frac{2\pi}{\lambda}x\cos\omega t \tag{5-30}$$

从驻波的表达式可以看出，驻波上各点（即给定一个 x）都在作简谐振动，各点振动的频率相同，就是原来两个波的频率。但各点振幅随位置的不同而不同，按 $\left|2A\cos\frac{2\pi}{\lambda}x\right|$ 的规律随 x 变化。图 5-16 所示的是驻波在一些时刻的波形（粗曲线），图中点 B 是坐标原点。

在驻波中那些振幅最大的点，如图 5-16 中的点 B、D、F、H，称为**波腹**（**wave loop**）。这些点对应于 $\left|\cos\frac{2\pi}{\lambda}x\right|=1$，即 $\frac{2\pi x}{\lambda}=k\pi$，根据式(5-30)可得波腹的位置：

$$x = k\frac{\lambda}{2}, \quad k = 0, \pm 1, \pm 2, \cdots$$

驻波中有些质点始终静止，即振幅为零，如图 5-16 中的 A、C、E、G、I 这些点，称为**波节**（**wave node**）。这些点对应于 $\cos\frac{2\pi}{\lambda}x=0$，即 $\frac{2\pi}{\lambda}x=(2k+1)\frac{\pi}{2}$，根据式(5-30)可得波节的位置：

$$x = (2k+1)\frac{\lambda}{4}, \quad k = 0, \pm 1, \pm 2, \cdots$$

从波腹和波节的位置不难看出，相邻两波腹间或相邻两波节的距离都是 $\lambda/2$，两相邻波腹与波节间的距离都是 $\lambda/4$。因此，可通过测量波节间的距离，来确定波长。

图 5-17 表示某个时刻的一段驻波，由图可知，在相邻两波节之间具有相同的符号，而在一个波节两侧的符号相反。也就是说，在相邻两波节之间，所有质点的振动相位都相同，振动的速度方向相同，在波节两侧，质点的振动相反，振动的速度方向相反。

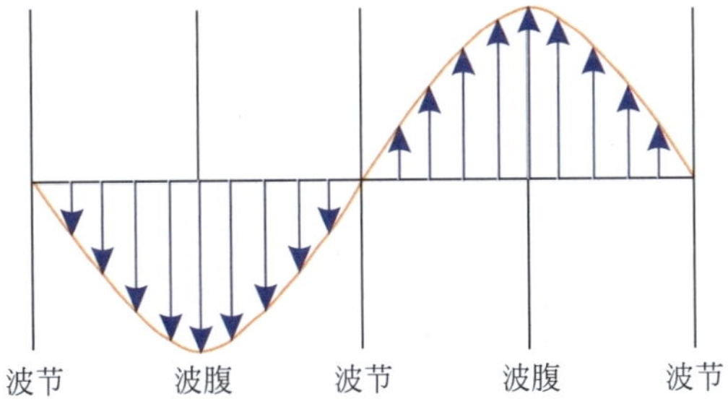

图 5-17 驻波的相位

视频：驻波

综上所述，**在驻波中，两相邻波节之间各质元振幅不同，但具有相同的相位；在同一波节两侧的各质元振幅不同，且其振动相位相反。**

在波向前传播途中垂直地遇到障碍物(或遇到另一种介质的边界面)发生反射时,由于反射波和入射波是传播方向相反的相干波,因而干涉叠加的结果,就会形成驻波。当入射波垂直入射到界面,且界面为固定端(其位移始终为零)时,端点处一定为波节,即入射波与反射波在端点的振动相位差一定是 π,说明入射波在固定端反射时其相位有 π 的突变。因为相距半个波长的两点间相位差为 π,故这种现象又称为**半波损失**(half-wave loss)。例如,弹性弦上的横波固定端反射时,由于反射点固定不动,而该点的振动是入射波和反射波在此引起的振动的合振动,故反射波和入射波在反射点的振动相位一定相反,即存在半波损失。

动画:半波损失

当界面为自由端时,该处出现波腹,入射波和反射波同相位,说明反射时没有相位突变,不产生半波损失。

一般情况下,入射波在两种介质的分界面上反射时是否产生半波损失,取决于介质的密度 ρ 与波速 u 的乘积,ρu 相对较大的称为**波密介质**,ρu 相对较小的称为**波疏介质**。当波从波疏介质向波密介质入射时,反射波就会出现半波损失,反之,无半波损失。

电磁波(包括光波)在反射时也存在相位突变现象,这将在以后讨论。

原理应用

消声器及其控制噪声的原理

消声器(muffler)是一种降低声音传播噪声而允许气流通过的器件,是降低空气动力性噪声的常用装置。为降低在排放各种高速气流的过程中伴随着的噪声,在内燃机、通风机、鼓风机、压缩机和燃气轮机等装置中都装有消声器。评价消声器消声性能的指标是消声量,主要有两种表达形式:**插入损失**(insertion loss)与**传递损失**(transmission loss)。消声器的形式很多,主要有阻性和抗性、阻抗复合型以及喷注耗散型等。

1. 阻性消声器

阻性消声器,亦称为**吸收消声器**(absorptive muffler),是利用吸声材料的吸声作用,使沿通道传播的噪声不断被吸收而逐渐衰减的装置。把吸声材料固定在气流通过的管道周壁,或按一定方式在通道中排列起来,就构成阻性消声器。其消声原理是:当声波进入消声器,便引起阻性消声器内多孔材料中的空气和纤维振动,由于摩擦阻力和黏滞阻力,使一部分声能转化为热能而散失掉,起到消声作用。阻性消声器对中高频范围的噪声具有较好的消声效果,应用范围很广。

2. 抗性消声器

抗性消声器，亦称为**反应消声器**(reactive muffler)，是由声抗性元件组成的消声器。声抗性元件类似于交流电路中的电抗性元件电容或电感，是对声压的变化、声振速度变化起反抗作用的元件，它们不消耗声能，但可储蓄与反射声能。抗性消声器的特点是：它不使用吸声材料，而是在管道上连接截面突变的管段或旁接共振腔，利用声阻抗失配，使某些频率的声波在声阻抗突变的界面处发生反射、干涉等现象，从而达到消声的目的。抗性消声器对低中频范围的噪声具有较好的消声效果。

干涉型抗性消声器的消声原理是：由两相干声源发出的两列相干波，若两列相干声波的振幅相同，它们在介质中某处相遇，当两列波的波长差等于半波长的奇数倍时，该处的合振幅为零，即两列声波因相干而抵消。

图 P5-3 是干涉型消声器的结构原理图。一列波长为 λ 的声波，沿水平管道自左向右传播。当入射波到达 A 处时，分成两束相干波，它们分别向上和向下沿着图 P5-3 中箭头所示的方向传播，经过了不同的距离 r_1 和 r_2，再在 B 处相遇，使 $\Delta r=r_2-r_1=(2k+1)\lambda/2$，这时该频率的声波能量几乎减小为零了，这样就达到了控制噪声的目的。

为了使这类消声器在低频范围内具有较宽的消声频率，往往将不同结构的消声单元串接起来，并使每一单元的 Δr 不等，就可以对不同波长的噪声加以控制。例如，在摩托车的排气系统中，常安装如图 P5-4 所示的干涉型消声器。

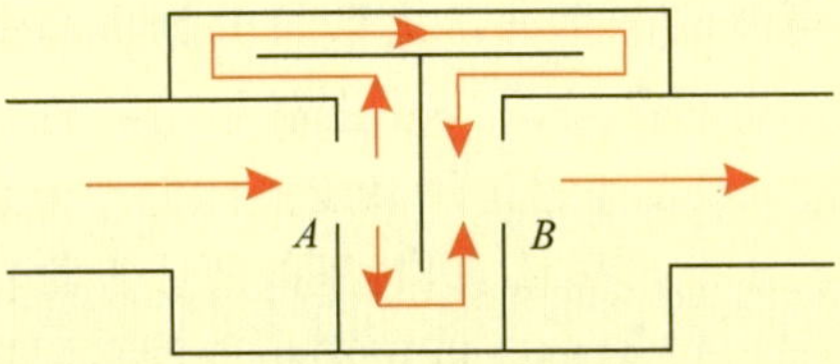

图 P5-3　干涉型消声器的结构原理图

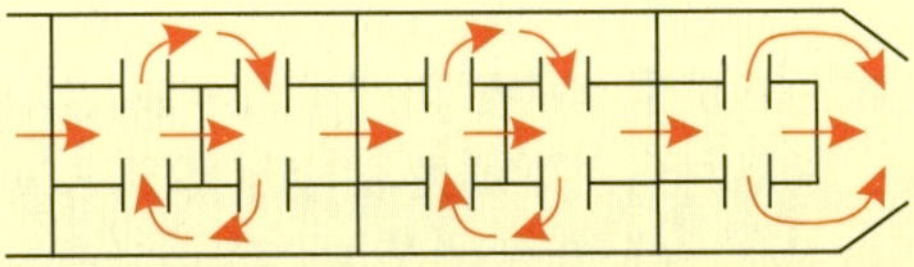
图 P5-4　干涉型消声器的串联

3. 阻抗复合型消声器

阻抗复合型消声器(hybrid muffler)，就是将阻性消声部分与抗性消声部分串联组合而形成的。一般阻抗复合型消声器的抗性在前，阻性在后，即先消低频声，然后消高频声，总消声量可以认为是两者之和。但由于声波在传播过程中具有反射、衍射、折射、干涉等特性，其消声量并不是简单的叠加关系。阻抗复合型消声器兼有阻性和抗性消声器的特点，可以在低、中、高的宽广频率范围获得较好的消声效果。

4. 喷注耗散型消声器

喷注耗散型消声器(jetting muffler)用于控制喷注噪声（也即排气放空噪声），它是从声源上降低噪声的。

*5.6 超声波简介

声学是一门渗透性很强的学科，超声技术是声学领域中发展最迅速、应用最广泛的现代声学技术。科学家们将每秒钟振动的次数称为声音的频率，它的单位是Hz(赫兹)。人类耳朵能听到的声波频率为20～20000Hz。当声波的振动频率大于20000Hz或小于20Hz时，我们便听不见了。人们把频率高于20000Hz的声波称为“超声波”。理论研究表明，在振幅相同的条件下，一个物体振动的能量与振动频率成正比，超声波在介质中传播时，介质质点振动的频率很高，因而能量很大。图5-18所示为超声波照片。

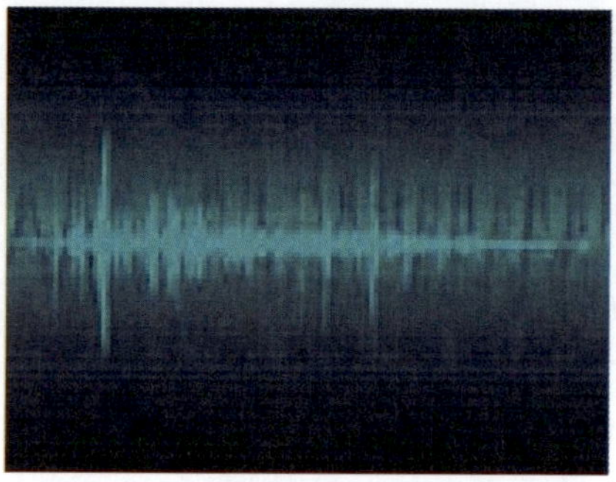

图5-18 超声波照片

1. 超声波的产生

声波是物体机械振动状态(或能量)的传播形式。超声和可听声本质上是一致的，它们的共同点都是一种机械振动，通常以纵波的方式在弹性介质内传播，是一种能量的传播形式，超声波是声波大家族中的一员。

超声波最早是1833年由通过狭缝的高速气流吹到一锐利的刀口上而产生的，称为葛尔登·哈特曼哨。超声波的产生方法大致可分为电声型和机械型两类。电声型超声波发生器利用具有磁致伸缩或压电效应的晶体的振动产生超声波；机械型超声波发生器是用高压流体为动力来产生超声波。随着材料科学的发展，人们利用压电陶瓷、压电半导体、塑料压电薄膜等材料代替天然压电晶体，使超声波的频率范围由几千赫提高到上千兆赫。近年来频率更高的超声波(特超声波)的产生和接收技术迅速发展，为物质结构的研究提供了新途径。

2. 超声波的重要物理特性

超声波在介质中的反射、折射、衍射、散射等传播规律，与可听声波的规律并没有本质上的区别。但是超声波的波长很短，只有几厘米，甚至千分之几毫米。与可听声波比较，超声波具有许多奇异特性：**传播特性**——超声波的波长很短，通常的障碍物的尺寸要比超声波的波长大好多倍，因此超声波的衍射本领很差，它在均匀介质中能够定向直线传播，超声波的波长越短，这一特性就越显著。**功率特性**——当声音在空气中传播时，声波推动空气中的微粒往复振动而对微粒做功。声波功率就是表示声波做功快慢的物理量。在相同强度下，声波的频率越高，它所具有的功率就越大。由于超声波频率很高，所以超声波与一般声波相比，它的功率是非常大的。**空化作用**——当超声波在液体中传播时，由于液体微粒的剧烈振动，液体内部会产生小空洞。这些小空洞迅速胀大和闭合，会使液体微粒之间发生猛烈的撞击作用，从而产生几千到上万个大气压的压强。微粒间这种剧烈的相互作用，会使液体的温度骤然升高，起到了很好的搅拌作用，从而使两种不相溶的液体(如水和油)发生乳化，并且加速溶质的溶解，加速化学反应。这种由超声波作用在液体中所引起的各种效应称为超声波的空化作用。

3. 超声波的应用

(1) 超声焊接

超声焊接是一种新颖的加工技术，以其高效、优质、美观、节能等优越性而得以发展起来。应用超声波可以对热塑性工件使用熔接、铆焊、成形焊或点焊等多种方法进行焊接。超声焊接塑料既不要添加任何黏接剂、填料或溶剂，也不消耗大量热源，具有操作简便、焊接速度快、焊接强度与本体一样强、生产效率高等优点，并且超声波焊接设备既可以独立操作，也可以用于自动化生产环境。

超声焊接的原理为当超声波作用于热塑性的塑料接触面时，会产生每秒几万次的高频振动，这种达到一定振幅的高频振动，通过上焊件把超声能量传送到焊区，由于焊区即两个焊接的交界面处声阻大，因此会产生局部高温。又由于塑料导热性差，一时还不能及时散发，便将热量聚集在焊区，致使两个塑料的接触面迅速熔化，加上一定压力后，使其融合成一体。当超声波停止作用后，让压力持续几秒钟，使其凝固成型，这样就形成一个坚固的分子链，达到焊接的目的，焊接强度能接近于原材料强度。

超声金属焊接可以焊接异种金属，能够把金属薄片焊接到较厚的金属板上，焊区中金属性能变化很小，可以焊接表面有氧化膜的金属。超声振动使焊件在固体状态下连接起来。

(2) 超声波清洗

由于超声波清洗速度快、质量好，又能大大降低环境污染，因此，超声波清洗技术正在越来越多的工业领域中得到应用，例如，机电行业、轻纺行业、表面处理行业、军事装备领域、电镀、喷涂前工艺等领域。

超声波清洗是将超声振动加到清洗液中，使液体产生强烈振动及空化。液体中发生空化时，局部压力可高达上千大气压，局部温度可高达 5000K。依靠这些物理过程，加上洗液中的化学洗涤剂的充分搅拌作用，将物体表面的杂质、污垢和油垢等清洗干净，其洁净程度无与伦比，特别是其他方法难以进入的小孔及缝隙中的污垢，声波一到即可除掉。超声波清洗可以不用强酸、强碱，是对传统清洗方法的重大改革，也是环境保护的理想清洗技术。

(3) 超声加工

超声加工包括钻孔、切割、套料、振动切削、研磨、抛光、金属塑性成形等工艺。超声加工对玻璃、石英、陶瓷、半导体等硬脆材料特别有效，它需要在工具头与工件之间加上磨料。工具头振动时，冲击磨料颗粒，而由磨料颗粒冲击工件。虽然工具头振幅很小，但频率很高，因此磨料颗粒的加速度是很大的，足以去除工件上被加工部分。

超声振动切削通过激发切削刀具产生超声振动，从而提高切削效能和加工质量，其特点是降低切削力，刀具上不粘切削瘤，切削表面具有耐磨性和耐蚀性，提高了加工精度，延长了刀具寿命，提高了切削效率。

(4) 超声检验

超声波的波长比一般声波要短，具有较好的方向性，而且能透过不透明物质，这一特性已被广泛用于超声波探伤、测厚、测距、遥控和超声成像技术。超声成像是利用超声波呈现不透明物内部形象的技术。把从换能器发出的超声波经声透镜聚焦在不透明试样上，从试样透出的超声波携带了被照部位的信息(如对声波的反射、吸收和散射的能力)，经声透镜汇聚在压电接收器上，所得电信号输入放大器，利用扫描系统可把不透明试样的形象显示在荧光屏上。上述装置称为超声显微镜。超声成像技术已在医疗检查方面获得普遍应用，在微电子器件制造业中用来对大规模集成电路进行检查，在材料科学中用来显示合金中不同组分的区域和晶粒间界等。声全息术是利用超声波的干涉原理记录和重现不透明物的立体图像的声成像技术，其原理与光波的全息术基本相同，只是记录手段不同而已。

(5) 超声波美容

超声波具有频率高、方向性好、穿透力强、张力大等特点。当超声波传播到物质中会产生剧烈的强迫振动，并产生定向力和热能。超声波作用于人体皮肤时便会加强皮肤的血液循环，促进新陈代谢，改善皮肤的渗透性，同时促进药物或各种营养及活性物质经皮肤或黏膜透入而达到养护皮肤的美容目的。其机械作用可引起细胞振动，增强细胞膜的新陈代谢和通透性，改善血液与淋巴循环，提高组织再生能力，使结缔组织变软。其理化作用主要表现在聚合反应和解聚反应。聚合反应表现可对损坏组织的再生有较强的促进作用。解聚反应使大分子黏度下降，在超声波作用下药物解聚。药物黏稠度下降，有利于药物的渗透及吸收，增加药物疗效。

超声波的应用还很多，这里就不再一一列举。在自然界中超声波也是广泛存在的，如蝙蝠能利用微弱的超声回波在黑夜中飞行并捕捉小昆虫。

原理应用

声悬浮技术及其应用

1. 声悬浮技术

声悬浮技术是地面和空间条件下实现材料无容器处理的关键技术之一，和电磁悬浮技术相比，它不受材料导电与否的限制，且悬浮和加热分别控制，因而可用以研究非金属材料和低熔点合金的无容器凝固。

声悬浮现象最早是1886年由Kundt发现的，后由King和Gorkov等人对其物理机理进行了比较全面的理论阐述。20世纪80年代以来，随着航天技术的进步和空间资源的开发利用，声悬浮逐渐发展成为一项很有潜力的无容器处理技术。声悬浮是高声强条件下的一种非线性效应，其基本原理是利用声驻波与物体的相互作用产生竖直方向的悬浮力以克服物体的重力，同时产生水平方向的定位力将物体固定于声压波节处。声悬浮技术分为三轴式和单轴式两种，前者是在空间三个正交方向分别激发一列驻波以控制物体的位置，后者只在竖直方向产生一列驻波，其悬浮定位力由圆柱形谐振腔所激发的一定模式的声场来提供。声波产生的辐射压力是惊人的，它可以使密度比空气大几百甚至几万倍的常见固体和液体克服地球引力而悬浮于空气中，也可以将密度很小的气泡定位于液体中某一位置而不漂浮到液面上。

早在2002年，西北工业大学的材料物理学家解文军和同事就曾经利用声波悬浮起了固体铱和液体汞。从2003年起，他们开始关注有生命物体的声悬浮。他们巧妙利用了声波使活甲虫悬浮在空中(见图P5-5)。在实验中，他们使上面的声发射端发出声波，声波抵达下端的声反射端后被反射回来，反射回来的声波与继续向反射端传播的声波重叠，如此就形成了驻波。只要把鱼和蚂蚁等小动物放到波节处，它们也就静止不动了。

2. 声悬浮技术的应用

声悬浮不只是一个有趣的物理现象，它在材料制备和科学研究中具有重要的应用。和电磁悬浮相比较，声悬浮不仅可以悬浮起金属材料，也可以悬浮起各种非金属材料。采用声悬浮方法，可以使材料的熔化和凝固在无容器环境下进行，从而消除容器壁对材料的不利影响。例如，在声悬浮条件下，可以使水冷却到零下二十多摄氏度还不结冰，从而获得深过冷状态的水。声悬浮状态的液滴完全在自由表面的约束下运动，是流体动力学研究的一个重要领域。利用声悬浮技术，可以对液体的表面张力、黏度、比热等物理参数进行非接触测定，不仅提高了精度，还可获得液体在亚稳态的物理性质。在太空微重力环境中，可以用声悬浮对样品进行定位。声悬浮技术在生物医学领域也有一定应用。例如，可以使培养液中的细胞或微生物在固定区域浓集，以提高检测效率。

月球存在的太阳风静电微粒物质和紫外线辐射，使得锋利的灰尘微粒可以附着在包括宇航服在内的任何物体上，同时灰尘也可以渗透进入密封的手套中，附着在探测器和其他仪器上的太阳能板上。科学家近日研究出一种清除外星球探测仪器和宇航服上灰尘的方法，使用高声扩音器制造出高音调噪声，通过管道这种声波形成足够大的压力，可消除附着在外星球人类探测仪器装置和宇航服上的灰尘，如图 P5-6 所示。

图 P5-5　活甲虫被声波悬浮在空中

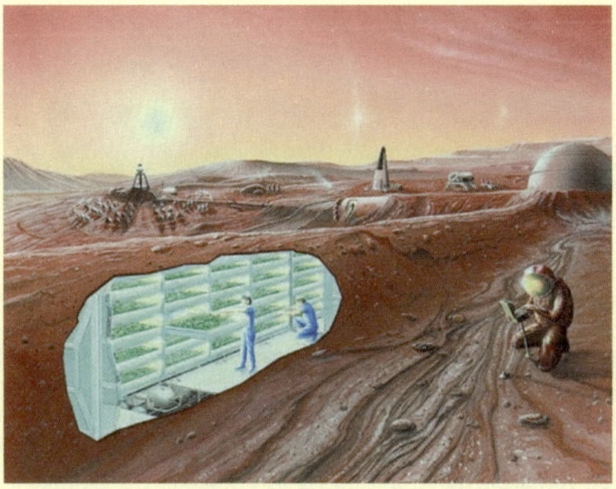

图 P5-6　声悬浮测试应用于外太空环境

内容提要

1. 机械波

产生机械波需要波源和弹性介质。描述波动的特征量是波速 u、波长 λ、周期 T（或频率 ν）、角频率 ω。其关系式为

$$\lambda = uT, \quad \omega = 2\pi/T = 2\pi\nu$$

2. 平面简谐波

沿 x 轴正方向传播的平面简谐波动表达式：

$$y(x,t)=A\cos\left[\omega\left(t-\frac{x}{u}\right)+\varphi_0\right]$$

3. 波的能量 能流

能量：平面简谐波中任一质元的动能和势能相等，质元的总能量是不守恒的，而是随时间作周期性变化。

4. 惠更斯原理

波动传到的各点都可以看作是发射子波的新波源，其后任意时刻这些子波的包络面就是新的波阵面。

5. 波的干涉

波的独立传播和叠加原理。

相干条件：频率相同、振动方向相同、相位相同或相位差恒定。

干涉相长的条件：$\Delta\varphi=(\varphi_{20}-\varphi_{10})-\frac{2\pi}{\lambda}(r_2-r_1)=2k\pi,\quad k=0,\pm1,\pm2,\cdots$

干涉相消的条件：$\Delta\varphi=(\varphi_{20}-\varphi_{10})-\frac{2\pi}{\lambda}(r_2-r_1)=(2k+1)\pi,\quad k=0,\pm1,\pm2,\cdots$

如果两列波为同相相干波源，干涉相长条件为 $\Delta=r_2-r_1=k\lambda, k=0,\pm1,\pm2,\cdots$，干涉相消的条件为 $\Delta=r_2-r_1=(2k+1)\frac{\lambda}{2}, k=0,\pm1,\pm2,\cdots$。

驻波的产生：沿 x 轴正、反两方向传播的两列简谐波，如果它们的振动频率、振动方向和振幅都相同，初相位差恒定，就会在一定区域内叠加形成驻波。

驻波的特征：有波腹和波节，相邻波腹和相邻波节之间间隔均为半个波长，相邻波节之间质点相位相同，波节两侧质点相位相反。

6. 超声波简介

超声波的产生、特性及其应用。

习题

一、选择题

5-1 图(a)所示为 $t=0$ 时简谐波的波形图，波沿 x 轴正方向传播，图(b)所示为一质点的振动曲线。则图(a)中所表示的 $x=0$ 处质点振动的初相位与图(b)所表示的振动的初相位分别为(　　)。

(A) 均为零　　(B) 均为 $\frac{\pi}{2}$　　(C) 均为 $-\frac{\pi}{2}$　　(D) 分别为 $\frac{\pi}{2}$ 与 $-\frac{\pi}{2}$

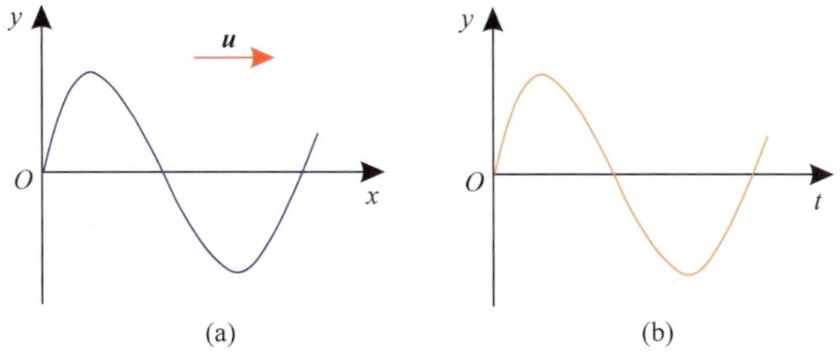

习题 5-1 图

5-2 一横波以速度 u 沿 x 轴负方向传播，t 时刻波形曲线如图所示，则该时刻(　　)。

(A) A 点相位为 π　　　(B) B 点静止不动

(C) C 点相位为 $\frac{3\pi}{2}$　　　(D) D 点向上运动

5-3 如图所示，两列波长为 λ 的相干波在点 P 相遇。波在点 S_1 振动的初相是 φ_1，点 S_1 到点 P 的距离是 r_1；波在点 S_2 的初相是 φ_2，点 S_2 到点 P 的距离是 r_2，以 k 代表零或正、负整数，则点 P 是干涉极大的条件是(　　)。

(A) $r_2-r_1=k\pi$　　　(B) $\varphi_2-\varphi_1=2k\pi$

(C) $\varphi_2-\varphi_1+2\pi(r_1-r_2)/\lambda=2k\pi$　　　(D) $\varphi_2-\varphi_1+2\pi(r_2-r_1)/\lambda=2k\pi$

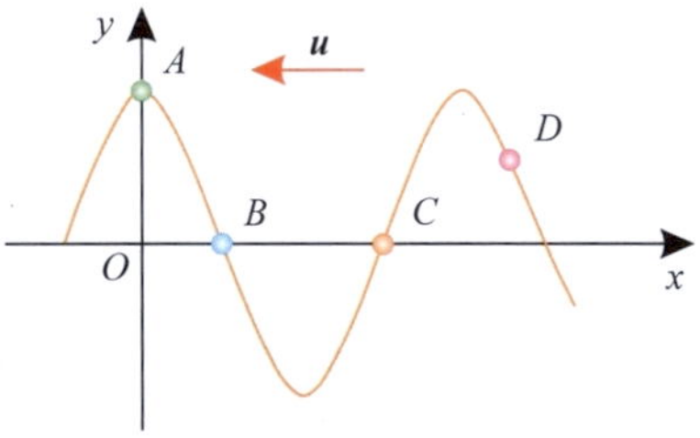

习题 5-2 图

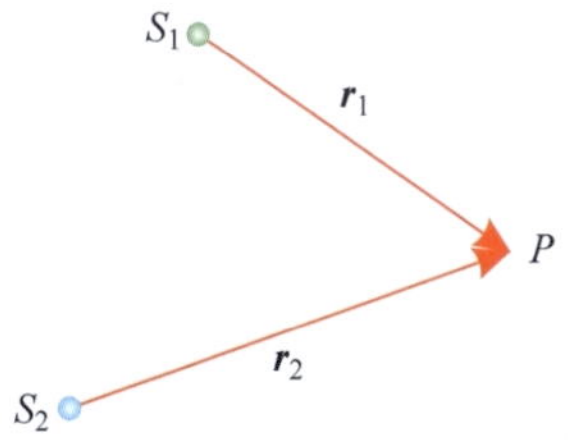

习题 5-3 图

5-4 波的能量随平面简谐波传播，下列几种说法中正确的是(　　)。

(A) 因简谐波传播到的各介质质元都作简谐运动，故其能量守恒

(B) 各介质质元在平衡位置处的动能和势能都最大，总能量也最大

(C) 各介质质元在平衡位置处的动能最大，势能最小

(D) 各介质质元在最大位移处的势能最大，动能为零

5-5 在波长为 λ 的驻波中，两个相邻波腹之间的距离为(　　)。

(A) $\frac{\lambda}{4}$　　　(B) $\frac{\lambda}{2}$　　　(C) $\frac{3}{4}\lambda$　　　(D) λ

二、填空题

5-6 一平面简谐波沿 x 轴正方向传播，已知 $x=0$ 处振动的运动学方程为 $y=\cos(\omega t+\varphi_0)$，波速为 u，坐标为 x_1 和 x_2 两点的振动相位差是________。

5-7 一平面简谐波沿 x 轴正方向传播，波动表达式为 $y=0.2\cos\left(\pi t-\frac{\pi x}{2}\right)$(m)，则 $x=$

-3m 处介质质点的振动加速度 a 的表达式为________。

5-8　沿 x 轴正方向传播的平面简谐波在 $t=0$ 时刻的波形图如图所示。由图可知原点 O 和 A、B、C、D 各点的振动初相位分别为________，________，________，________，________。

5-9　如图所示，两相干波源处在 P、Q 两点，间距为 $\frac{3}{4}\lambda$，波长为 λ，初相相同，振幅相同且均为 A，R 是 PQ 连线上的一点，则两列波在 R 处的相位差的大小为________，两列波在 R 处干涉时的合振幅为________。

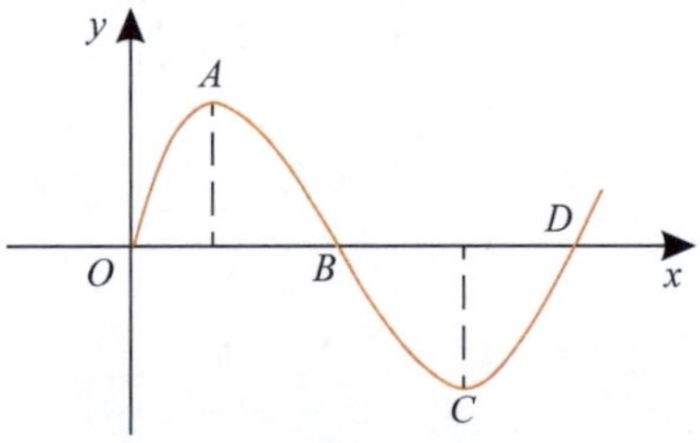

习题 5-8 图

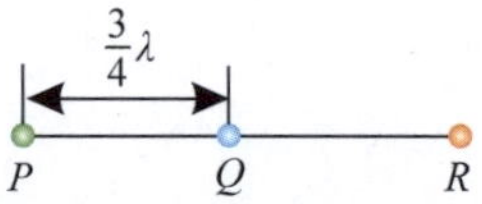

习题 5-9 图

5-10　一弹性波在介质中以速度 $u=10^3$ m/s 传播，振幅 $A=1.0\times10^{-4}$ m，频率 $\nu=10^3$ Hz。若该介质的密度为 800kg/m^3，则该波的平均能流密度为________。

三、计算题

5-11　一横波在沿绳子传播时的波动方程为 $y=0.20\cos(2.5\pi t-\pi x)$，式中 y 和 x 的单位为 m，t 的单位为 s。求：(1) 波的振幅、波速、频率及波长；(2) 绳上的质点振动时，速度的最大值。

5-12　波源作简谐运动，其运动方程为 $y=4.0\times10^{-3}\cos240\pi t$，式中 y 的单位为 m，t 的单位为 s，它所形成的波以 30m/s 的速度沿 x 轴正方向传播。求：(1) 波的周期及波长；(2) 波动方程。

5-13　波源作简谐运动，周期为 1.0×10^{-2} s，振幅为 0.1m，并以它经平衡位置向正方向运动时为时间起点，若此振动以 $u=400$m/s 的速度沿 x 轴正方向传播，求：(1) 距波源为 8.0m 处点 P 的运动方程和初相；(2) 距波源为 9.0m 和 10.0m 处两点的相位差。

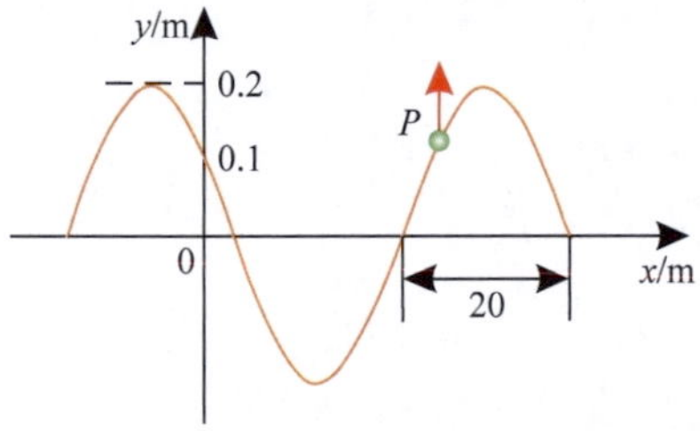

习题 5-14 图

5-14　如图所示为平面简谐波在 $t=0$ 时的波形图，设此简谐波的频率为 250Hz，且此时图中质点 P 的运动方向向上，求：(1) 该波的波动方程；(2) 在距原点 O 为 10m 处质点的运动方程与 $t=0$ 时该点的振动速度。

5-15　平面简谐波的波动方程为 $y=0.08\cos(4\pi t-2\pi x)$，式中 y 和 x 的单位为 m，t 的单位为 s，求：(1) $t=2.1$s 时波源及距波源 0.10m 两处的相位；(2) 离波源 0.80m 及 0.30m 两处的相位差。

5-16　为了保持波源的振动不变，需要消耗 4.0W 的功率。若波源发出的是球面波(设介质不吸收波的能量)，求距离波源 5.0m 和 10.0m 处的平均能流密度。

5-17　两相干波源位于同一介质中的 P、Q 两点，如图所示。其振幅均为 0.01m，频率均为

100Hz，波速为 800m/s，Q 比 P 的相位超前 π。若取点 P 为坐标原点，点 Q 的坐标 $x_Q=44\text{m}$，求：(1)两波源的振动方程；(2)PQ 连线上因干涉而静止的各点的位置。

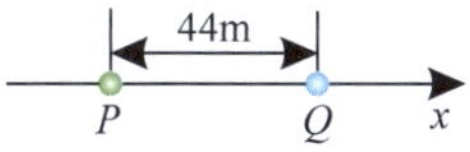

习题 5-17 图

5-18 两列波在一很长的弦线上传播。设其波动表达式为

$$y_1=0.06\cos\frac{\pi}{2}(8t-2x)(\text{m})$$

$$y_2=0.06\cos\frac{\pi}{2}(8t+2x)(\text{m})$$

式中 y 和 x 的单位为 m，t 的单位为 s。求：(1)节点的位置；(2)在哪些位置上，振幅最大？

Chapter 6

第6章

狭义相对论

在物理发展史上，曾有过物理学理论的三次大综合。第一次综合建立起一个完整的力学理论体系。19 世纪 40 年代，能量守恒定律的发现揭示了各种物质运动形式不仅可以相互转化，而且在能量上还有确定的关系。这样，力学、热学、化学就都贯通在一起，使牛顿力学成为各门物理学的理论基础，这是物理学第二次伟大的综合，气体动理论就是这次大综合的产物。麦克斯韦（James Clerk Maxwell，1831—1879 年，英国物理学家、数学家）在库仑（Charles-Augustin de Coulomb，1736—1806 年，法国工程师、物理学家）、安培（André-Marie Ampère，1775—1836 年，法国物理学家、化学家、数学家）、法拉第（Michael Faraday，1791—1867 年，英国著名物理学家、化学家）等科学家研究的基础上，经过深入研究，把电学、磁学和光学合成一体，建立了经典电磁理论，预言了电磁波的存在，实现了物理学第三次伟大的综合。至此，经典力学、经典统计力学和经典电磁理论形成了一个完整的经典物理学体系，为现代人类文明发展开辟了新的道路。

物理学的巨大成功使当时不少物理学家认为，物理学理论已接近最后完成并发展到顶峰，今后只能在细节上作些补充和发展。然而，经典物理学理论体系在 19 世纪末 20 世纪初却开始出现了危机。即麦克斯韦电磁理论虽然取得了巨大成功，但在该理论赖以建立的时空关系的问题上，却遇到了很大的困难。这是因为麦克斯韦电磁理论的一个重要结论是：**电磁波**（**electromagnetic wave**）在真空中的速度（即光速）$c=1/(\varepsilon_0\mu_0)^{\frac{1}{2}}$是一个与参考系无关的常量，然而按照经典力学的**伽利略变换式**（**Galilean transformation**），物体的速度和惯性系的选取有关，这样，光速就应随惯性系的选取而异，不再是一个不变的常量了。这就产生了一个问题：经典力学的相对性原理，即伽利略变换式能否应用于麦克斯韦的电磁理论？当时，许多物理学家都想通过保留以太这一绝对惯性系，来寻求问题的解决。于是，试图说明以太存在的实验便层出不穷。1887 年，迈克耳孙（Albert Abraham Michelson，1852—1931 年，波兰裔美国籍物理学家）和莫雷（Edward Morley，1838—1923 年，美国物理学家、化学家）为此做了一个具有历史意义的判别性的实验，但却得出了零结果，即以太是不存在的，以太既已不存在，那么上述矛盾应如何解决呢？洛伦兹（Hendrik Antoon Lorentz，1853—1928 年，荷兰物理学家、数学家，电子论的创立者）和庞加莱（Jules Henri Poincaré，1854—1912 年，法国数学家、理论科学家、科学哲学家）等人虽然做了许多工作，但未能取得突破性的进展。

爱因斯坦（Albert Einstein，1879—1955 年，美国物理学家）虽然不知晓迈克耳孙和莫雷的工作，但他对经典力学的相对性原理与麦克斯韦电磁理论之间的矛盾是有所察觉的。他坚信电磁理论正确性的基础上，摆脱了经典**力学时空观**（**spacetime idea**）的束缚，革命性地提出了以光速不变原理和“普遍”的相对性原理为基础的**狭义相对论**（**special relativity**）。狭义相对论不仅正确地说明了电磁现象，而且还涵盖了力学中的各个现象。不仅如此，狭义相对论还是研究高能物理和微观粒子的基础。

相对论是 20 世纪初物理学取得的最伟大的成就之一，尽管它的一些概念和结论与人们的日常经验大相径庭，但它已被大量实验证明是正确的理论。现在相对论已经成为现代物理学以及工程技术中极为重要的理论基础。相对论分为适用于惯性参考系的狭义相对论和适用于一般参考系并包括**引力场**（**gravitational field**）在内的**广义相对论**（**general relativity**）。本章只对狭义相对论的基本内容作简要介绍，主要有狭义相对论的基本原理、洛伦兹变换、狭义相对论的时空观以及相对论动力学的主要结论。

阿尔伯特·爱因斯坦(Albert Einstein,1879—1955 年),美国物理学家,犹太人,现代物理学的开创者和奠基人,1901 年至 1904 年,在德国权威杂志《物理学年鉴》上发表了 5 篇有关热力学和黑体辐射等方面的研究论文;1905 年,他在《关于光的产生和转变的一个启发性观点》文中提出光量子学说和光电效应的基本定律,并在历史上第一次揭示了微观物体的波粒二象性,从而圆满地解释了光电效应,为此获得 1921 年诺贝尔物理学奖;1905 年,发表《分子尺度的新测定》,获苏黎世大学哲学博士学位;1905 年,《根据分子运动论研究静止液体中悬浮微粒的运动》有力地提供了原子真实存在布朗运动的证明;1905 年,长篇文献《论动体的电动力学》完整地提出了著名的狭义相对论理论,开创了物理学的新纪元;1905 年,《物体惯性和能量的关系》提出了质量和能量的关系,为原子核能的释放和利用奠定了理论基础;1916 年,发表《广义相对论基础》,提出了大质量物体的存在可引起时空连续场的弯曲,为黑洞、大爆炸等新的宇宙论提供了理论依据。从 1925 年到临终的前一天,他一直不懈地致力于把引力场、电磁场统一起来的统一场论的研究,而统一场论的思想导致了 20 世纪 70 年代的弱电统一理论(电磁相互作用与弱相互作用统一)的建立。

6.1 伽利略变换 牛顿力学相对性原理遇到的困难

6.1.1 伽利略相对性原理 伽利略变换

在人们日常生活的宏观世界里,物体运动的速度总是远远小于光速,以伽利略和牛顿倡导的时空观——经典时空观是准确而完美的,但对于高速运动的物体,经典时空观不再适用。为了对狭义相对论时空观有一个较好的了解,首先必须了解经典时空观,经典时空观集中体现在伽利略变换中。伽利略变换包含伽利略时空坐标变换和伽利略速度变换。

要描述一个物体的运动首先要选定适当的参考系,在该参考系中确定一个坐标系,然后用坐标和时钟来记录一个物体于何时运动到何地。现在把描述物体运动这一事件推广到要记录一个物理事件(如发出一闪光、眨眼和物体运动到某处等),就要用一组**时空坐标**(**space-time coordinates**)(x,y,z,t)来反映。假如在不同参考系中记录同一物理事件,其时空坐标就会不同,这涉及同一物理事件在两个不同的参考系中的时空坐标变换。

设有两个惯性系 S 和S',它们的 y、z 轴相互平行,x 轴和 x'轴相互重合,且 S'相对于 S 以速度$\boldsymbol{u}$ 沿 x 轴正方向作匀速运动,如图 6-1 所示。为了简单而又不失普遍性,我们选择原点 O 和O'重合时作为计时起点(此时 $t=t'=0$),并用 t 和t'分别表示在 S 系和S'系观测同一事件发生的时刻,若空间点 P 发生一物理事件,该事件在 S 系中的时空坐标为(x,y,z,t),在 S'系中的时空坐标为(x',y',z',t'),以 $\boldsymbol{r}$ 表示在S 系中观测到点P 的位置,$\boldsymbol{r}'$表示

在 S'系中观测到点 P 的位置。

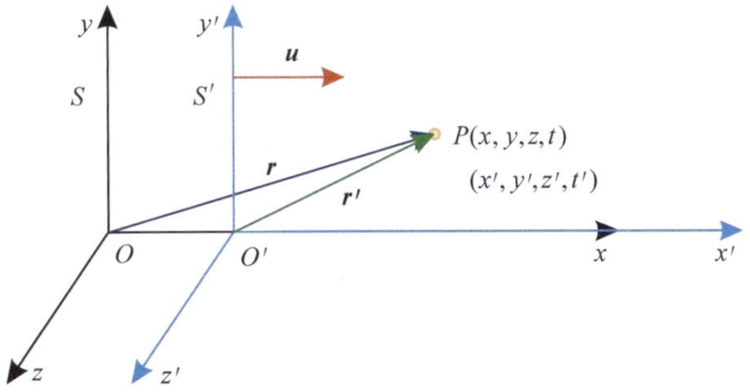

图 6-1 伽利略时空坐标变换示意图

在经典力学中，时间间隔和空间间隔的量度在惯性系 S 和 S'中是一样的，不会因参考系的运动而变化，而且时空坐标是相互独立的。故有

$$\begin{cases} x' = x - ut \\ y' = y \\ z' = z \\ t' = t \end{cases} \tag{6-1}$$

式(6-1)就是**伽利略(时空坐标)变换公式**。

早在 1632 年伽利略就研究发现，描述力学现象的规律不随观察者所选取用的惯性系而变，或者说牛顿第二定律在一切惯性系中都具有相同的形式。这就是**伽利略相对性原理**或**力学相对性原理**。因此，一切彼此作匀速直线运动的惯性系，对于描写运动的力学规律来说，是完全等价的，并不存在任何一个比其他惯性系更为优越的惯性系。利用伽利略时空坐标变换公式，可以证明力学相对性原理。

将式(6-1)对时间 t 求导，就得经典力学的速度变换关系：

$$v'_x = v_x - u, \quad v'_y = v_y, \quad v'_z = v_z \tag{6-2}$$

这就是经典力学中两个惯性系中的**伽利略速度变换式**。

对式(6-2)关于 t 再求一次导，便得到加速度变换的关系式：

$$a'_x = a_x, \quad a'_y = a_y, \quad a'_z = a_z \tag{6-3}$$

即在伽利略变换下，对不同惯性系而言，加速度是不变量。

由于在经典力学中默认物体的质量和受力与运动没有关系，因而不受参考系的影响。所以在作匀速直线运动的惯性系中，牛顿第二定律都采用同样的形式，即

$$\boldsymbol{F} = m\boldsymbol{a}, \quad \boldsymbol{F}' = m\boldsymbol{a}'$$

这表明，牛顿运动定律在伽利略变换下保持形式不变，即力学规律在所有惯性系中都是相同的，这正是力学相对性原理的数学表达式。应当指出，经典力学的相对性原理，在宏观、低速的范围内，是与实验结果相一致的。

6.1.2 经典力学的绝对时空观

牛顿在 1687 年出版的科学巨著《自然哲学的数学原理》中，对绝对时空进行了详细的描

述。他的基本观点是：绝对的、真实的数学时间，就其本质而言，是永远均匀地流逝着的，与任何外界事物无关；绝对空间，就其本质而言，与外界任何事物无关，而永远是相同的和不动的。

伽利略时空坐标变换中蕴含着绝对时空观，由伽利略时空坐标变换出发可以得出如下结论。

1. 同时性是绝对的

设有两个事件 P_1 和 P_2，在 S 系中的观察者测得两事件都在 t 时刻发生，S' 系中的观察者测得两事件分别于 t'_1 和 t'_2 时刻发生，由式(6-1)得 $t'_1=t'_2=t$。这表明在 S 系中同时发生的两事件在 S' 系中观测也是同时发生的。可见同时性与观察者的运动状态无关，与参考系无关，即同时性是绝对的。

2. 时间间隔是绝对的

设有两个事件 P_1 和 P_2，在 S 系中的观察者测得两事件分别于 t_1 和 t_2 时刻相继发生，S' 系中的观察者测得两事件发生的时刻分别为 t'_1 和 t'_2，由式(6-1)得 $t'_1=t_1$，$t'_2=t_2$，所以 $t'_2-t'_1=t_2-t_1$。这表明在 S 系和 S' 系中测得两事件的时间间隔相等。可见时间间隔与观察者的运动状态无关，与参考系无关，即时间间隔是绝对的。

3. 空间长度是绝对的

设有一直棒，静止在 S' 系中，沿 x' 轴放置，S' 系中的观察者测得棒两端坐标分别为 x'_1 和 x'_2，于是得棒长 $l'=x'_2-x'_1$。在 S 系中的观察者在同一时刻 t 测得棒的两端坐标是 x_1 和 x_2，则棒长 $l=x_2-x_1$。由式(6-1)得 $x'_1=x_1-ut$，$x'_2=x_2-ut$，则得 $l'=x'_2-x'_1=x_2-x_1=l$。可见相互作匀速直线运动的两参考系，测量同一物体的长度相等，与观察者的速度无关，即空间长度是绝对的。

在牛顿那个时代，绝对时间与绝对空间的概念与客观事实相符。选择经典力学的绝对时空观，既是人们对空间和时间概念的理论总结，又与牛顿力学体系相容。绝对时空观在低速宏观范围内相当精确地成立，于是人们理所当然地绝对化了。

6.1.3 光速依赖于惯性参考系的选取吗

确如上面所说，在物体低速运动范围内，伽利略变换和经典力学相对性原理是符合实际情况的。可以肯定地说，利用牛顿力学定律和伽利略变换原则上可以解决任何惯性系中所有低速物体运动的问题。

然而，在涉及电磁现象，包括光的传播现象时，经典力学的相对性原理和伽利略变换却遇到了不可克服的困难。大家知道，麦克斯韦电磁理论所预言的电磁波，在真空中的传播速度与光的传播速度相同，尤其在赫兹(Heinrich Rudolf Hertz，1857—1894 年，德国物理学家)实验确认存在电磁波以后，光作为电磁波的一部分，在理论上和实验上就逐步被确定了。人们早就明白，传播机械波需要弹性介质，例如，空气可以传播声波，而真空却不能。因此，在光的电磁理论发展初期，人们自然会想到光和电磁波的传播也需要一种弹性介质。19 世纪的物理学家们称这种介质为**以太**。他们认为，以太充满于整个空间，即使是真空也不例外，并且可以渗透到一切物质的内部中去。在相对以太静止的参考系中，光的速度在各个方向都是相同的，这个参考系被称为**以太参考系**。于是，以太参考系就可以作为所谓的**绝对参**

考系了。倘若另有一运动参考系，它相对绝对参考系以速度 $\boldsymbol{v}$ 运动，那么，由经典力学的相对性原理，光在运动参考系中的速度应为

$$\boldsymbol{c}' = \boldsymbol{c} - \boldsymbol{v}$$

其中 $\boldsymbol{c}$ 是光在绝对参考系中的速度，$\boldsymbol{c}'$ 为光在运动参考系中的速度。从上式可以看出，在运动参考系中，光的速度在各个方向是不一定相同的。

不难想象，如果能借助某种方法测出运动参考系相对以太的速度，那么，作为绝对参考系的以太也就被确定了。为此，历史上曾有许多物理学家做过很多实验来寻找绝对参考系，但都得出了否定的结果。其中最著名的是迈克耳孙和莫雷所做的实验。这些实验都无法分辨出光在不同方向上的差别，当然，也无法分辨出在不同惯性系中光速的差别。这似乎是说，在不同惯性系中的光速是无差别的。

迈克耳孙-莫雷实验以及其他一些实验结果给人们带来了一些困惑，似乎经典力学相对性原理只适用于牛顿定律，而不能用于麦克斯韦的电磁理论。看起来要解决这一难题必须在物理观念上进行变革。这使许多物理学家都预感到一个新的基本理论即将产生。在洛伦兹、庞加莱等人为探求新理论所做的先期工作的基础上，一位具有变革思想的青年学者——爱因斯坦于 1905 年创立了狭义相对论，为物理学的发展树立了新的里程碑。

6.2 狭义相对论的基本原理 洛伦兹变换

6.2.1 狭义相对论的基本原理

爱因斯坦坚信世界的统一性和合理性，他在深入研究牛顿力学和麦克斯韦电磁理论的基础上，认为相对性原理具有普适性，麦克斯韦理论像一切其他自然规律（例如牛顿力学）一样，也应服从相对性原理，麦克斯韦的预言在任何一个惯性参考系也应该是正确的。爱因斯坦将相对性原理提高到作为基本假定的地位。此外，他还认为相对以太的绝对运动是不存在的，光速是一个常量，它与惯性系的选取无关。他在 1905 年提出了两条基本假设，并在此基础上建立了狭义相对论。这两条假设，经过实践的检验，被认为是正确的，所以称为狭义相对论的两条基本原理。

（1）爱因斯坦的**相对性原理**（**relativity principle of special theory of relativity**）：**物理定律在所有惯性系中都具有相同的表达形式，即所有的惯性参考系对运动的描述都是等效的**。这就是说，无论在哪一个惯性系中做实验都不能确定该惯性系的运动。换言之，对运动的描述只有相对意义，绝对静止的参考系是不存在的。

（2）**光速不变原理**（**principle of invariance of speed of light**）：**在所有惯性系中，真空中的光速具有相同的量值 c 而与参考系无关**。也就是说，不管光源与观察者之间的运动速度如何，在任一惯性系中的观察者所测到的真空中的光速都是相等的。

相对性原理显然是力学相对性原理的推广。爱因斯坦的这个推广具有深刻的意义，试想，倘若相对性原理仅局限于机械运动，那么光学、电磁学的物理定律在不同惯性系中就具有不同的形式，虽然不能用力学的方法来判断本系统的绝对运动，但能用光学、电磁学的方

法判断,这就意味着绝对参考系的存在显然与事实不符。

光速不变原理表明,光速与光源和观察者的运动状态无关,承认光速不变,就是更新伽利略变换,放弃经典力学中绝对空间和绝对时间的概念。光速不变原理是相对论时空观的基础。到目前为止的所有实验指出:**光速不依赖于观察者所在的参考系,而且与光源的运动无关**。

这两条原理非常简明,但它们的意义非常深远,是狭义相对论的基础。狭义相对论和量子论是20世纪初物理学的两项最伟大最深刻的变革,它以极大的创造性促进了20世纪的科学技术,尤其是能源科学、材料科学、生命科学和信息科学等巨大的发展,并将在21世纪继续产生重大影响。

应当指出,爱因斯坦提出的狭义相对论的基本原理,是与伽利略变换(或经典力学时空观)相矛盾的。例如,对一切惯性系,光速都是相同的,这就与伽利略速度变换公式相矛盾。机场照明跑道的灯光相对地球以速度 $\boldsymbol{c}$ 传播,若从相对于地球以速度 $\boldsymbol{v}$ 运动着的飞机上看,按光速不变原理,光仍是以速度 $\boldsymbol{c}$ 传播的。而按伽利略速度变换公式,则当光的传播方向与飞机的运动方向一致时,从飞机上测得的光速应为 $\boldsymbol{c}-\boldsymbol{v}$;当两者的方向相反时,飞机上测得的光速则应为 $\boldsymbol{c}+\boldsymbol{v}$。但这与实际观测是矛盾的。

当然,狭义相对论的这两条基本原理的正确性,最终仍要以由它们所导出的结果与实验事实是否相符来判定。

6.2.2 洛伦兹时空变换式

爱因斯坦提出的狭义相对论的两条基本原理表明,需要寻找一种新的变换式来代替经典力学的伽利略变换。

这种变换应当满足以下条件:①通过这种变换,物理学定律都应该保持自己的数学表达式不变;②通过这种变换,真空中光速在一切惯性系中保持不变;③这种变换在低速运动条件下转化为伽利略变换。爱因斯坦根据狭义相对论的两条基本原理,建立了狭义相对论的坐标变换式,即**洛伦兹时空变换**(**Lorentz space-time transformation**)。

为简明起见,我们假设参考系 S' 以速度 $\boldsymbol{u}$ 相对于惯性系 S 沿彼此重合的 $x(x')$ 轴正方向运动,而 y 轴和 y' 以及 z 轴和 z' 轴分别保持平行,如图6-2所示。

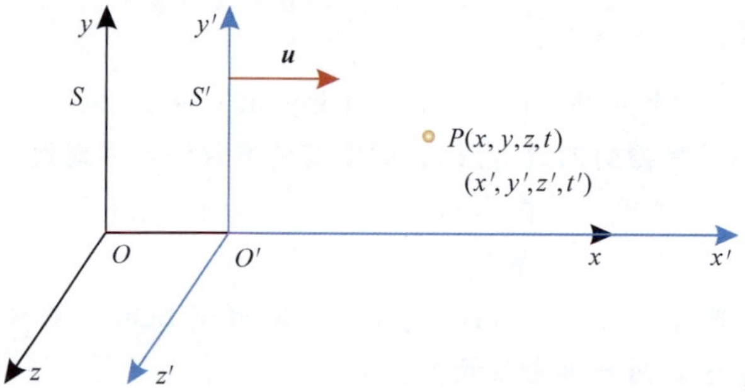

图6-2 洛伦兹时空变换示意图

当原点 O 和 O' 重合时,取时间零点 $t=t'=0$,在这种情况下,表示同一事件的时空坐标 (x,y,z,t) 和 (x',y',z',t') 之间遵从下述**洛伦兹时空变换**:

$$
\begin{cases}
x'=\dfrac{x-ut}{\sqrt{1-\left(\dfrac{u}{c}\right)^2}}=\dfrac{x-ut}{\sqrt{1-\beta^2}}=\gamma(x-ut)\\
y'=y\\
z'=z\\
t'=\dfrac{t-\dfrac{u}{c^2}x}{\sqrt{1-\left(\dfrac{u}{c}\right)^2}}=\dfrac{t-\dfrac{u}{c^2}x}{\sqrt{1-\beta^2}}=\gamma\left(t-\dfrac{u}{c^2}x\right)
\end{cases}
\tag{6-4}
$$

式中，$\beta=\dfrac{u}{c}$，$\gamma=\dfrac{1}{\sqrt{1-\left(\dfrac{u}{c}\right)^2}}=\dfrac{1}{\sqrt{1-\beta^2}}$，$c$ 为真空中的光速。根据相对性原理，S 和 S'系的物理方程应有相同的表达形式，由于 S'系相对于 S 系以速率 u 沿 x 轴运动，等价于 S 系相对于 S'系以 $-u$ 沿 x'轴运动，因此，将 $S\rightarrow S'$变换中的 u 改变为 $-u$，把带撇和不带撇的量作对应变换后，便得到 $S'\rightarrow S$ 变换式为

$$
\begin{cases}
x=\dfrac{x'+ut'}{\sqrt{1-\left(\dfrac{u}{c}\right)^2}}=\dfrac{x'+ut'}{\sqrt{1-\beta^2}}=\gamma(x'+ut')\\
y=y'\\
z=z'\\
t=\dfrac{t'+\dfrac{u}{c^2}x'}{\sqrt{1-\left(\dfrac{u}{c}\right)^2}}=\dfrac{t'+\dfrac{u}{c^2}x'}{\sqrt{1-\beta^2}}=\gamma\left(t'+\dfrac{u}{c^2}x'\right)
\end{cases}
\tag{6-5}
$$

式(6-5)又称为**洛伦兹时空逆变换**。

对于洛伦兹时空变换，应注意以下几点：

(1) 式(6-4)中不仅 x'是 x，t 的函数，而且 t'也是 x，t 的函数，反之亦然，并且还都与两个惯性系之间的相对速率 u 有关。与伽利略时空变换迥然不同，它集中反映了狭义相对论中时间、空间和物质运动三者之间的紧密联系。

(2) 当两惯性系的相对运动速率 u 远小于光速 c，即 $\dfrac{u}{c}\rightarrow 0$ 时，不难发现洛伦兹时空变换就转换为伽利略时空变换，或者说，经典的伽利略时空变换是洛伦兹时空变换在低速情形下的近似。

(3) 由洛伦兹时空变换可以看到，两惯性系间的相对速率必须满足 $1-\dfrac{u^2}{c^2}>0$，或者 $u<c$，否则洛伦兹时空变换就失去意义。于是，我们得到了一个十分重要的结论：任何物体的运动速度均不会超过真空中的光速，或者说真空中的光速是物体运动的极限速度。现代物理实验中的大量事例都说明，高能粒子的速率是以光速为极限的。

[例题 6-1]

如果一短跑选手，在地球上以 10s 的时间跑完 100m，在飞行速度为 0.98c 的飞船中的观察者看来，这选手跑了多长时间和多长距离？

解 设运动员在 S 系中沿 Ox 轴正方向跑，在 S' 系中：

$$x_2'-x_1'=\frac{(x_2-x_1)-u(t_2-t_1)}{\sqrt{1-\beta^2}}=\frac{100-0.98c\times10}{\sqrt{1-(0.98)^2}}=-1.48\times10^{10}\,\mathrm{m}$$

$$t_2'-t_1'=\frac{(t_2-t_1)-\dfrac{u}{c^2}(x_2-x_1)}{\sqrt{1-\beta^2}}=\frac{10-\dfrac{0.98c}{c^2}\times100}{\sqrt{1-(0.98)^2}}=50.25\,\mathrm{s}$$

即在飞船中的观测者，测得运动员在 50.25s 时间内沿 x 轴反向跑了 1.48×10^{10} m 的距离。

*6.2.3 洛伦兹速度变换式

利用洛伦兹时空变换式可以得到洛伦兹速度变换式，以替代伽利略速度变换式。

设参考系 S' 以速率 u 相对于惯性系 S 沿彼此重合的 $x(x')$ 轴正方向运动，而 y 轴和 y' 轴以及 z 轴和 z' 轴分别保持平行。当原点 O 和 O' 重合时，取时间零点 $t=t'=0$，在这种情况下，表示同一事件的速度分别是 $\boldsymbol{v}(v_x,v_y,v_z)$ 和 $\boldsymbol{v}'(v_x',v_y',v_z')$，它们的速度分量分别为

$$v_x=\frac{\mathrm{d}x}{\mathrm{d}t},\quad v_y=\frac{\mathrm{d}y}{\mathrm{d}t},\quad v_z=\frac{\mathrm{d}z}{\mathrm{d}t}$$

及

$$v_x'=\frac{\mathrm{d}x'}{\mathrm{d}t'},\quad v_y'=\frac{\mathrm{d}y'}{\mathrm{d}t'},\quad v_z'=\frac{\mathrm{d}z'}{\mathrm{d}t'}$$

我们的目的是要找出这些分量之间的关系，为此对式(6-4)取微分，有

$$\mathrm{d}x'=\gamma(\mathrm{d}x-u\,\mathrm{d}t)$$
$$\mathrm{d}y'=\mathrm{d}y$$
$$\mathrm{d}z'=\mathrm{d}z$$
$$\mathrm{d}t'=\gamma\left(\mathrm{d}t-\frac{u}{c^2}\mathrm{d}x\right)$$

因此，$\boldsymbol{v}'$ 的 x 分量为

$$v_x'=\frac{\mathrm{d}x'}{\mathrm{d}t'}=\frac{\mathrm{d}x-u\,\mathrm{d}t}{\mathrm{d}t-\dfrac{u\,\mathrm{d}x}{c^2}}=\frac{\dfrac{\mathrm{d}x}{\mathrm{d}t}-u}{1-\dfrac{u}{c^2}\dfrac{\mathrm{d}x}{\mathrm{d}t}}=\frac{v_x-u}{1-\dfrac{u}{c^2}v_x}$$

与此相似可知

$$\begin{cases} v'_x = \dfrac{v_x - u}{1 - \dfrac{u}{c^2}v_x} \\ v'_y = \dfrac{v_y}{\gamma\left(1 - \dfrac{u}{c^2}v_x\right)} \\ v'_z = \dfrac{v_z}{\gamma\left(1 - \dfrac{u}{c^2}v_x\right)} \end{cases} \tag{6-6}$$

式(6-6)叫做**洛伦兹速度变换式**。同样,我们还可以得到上式的逆变换式:

$$\begin{cases} v_x = \dfrac{v'_x + u}{1 + \dfrac{u}{c^2}v'_x} \\ v_y = \dfrac{v'_y}{\gamma\left(1 + \dfrac{u}{c^2}v'_x\right)} \\ v_z = \dfrac{v'_z}{\gamma\left(1 + \dfrac{u}{c^2}v'_x\right)} \end{cases} \tag{6-7}$$

将式(6-6)与式(6-2)相比较可以看出,相对论力学中的速度变换公式与经典力学中的速度变换公式不同,不仅速度的 x 分量要变换,而且 y 分量和 z 分量也要变换。但在 $u \ll c$ 的情况下,式(6-6)将转化为式(6-2)。所以式(6-2)仅适用于低速运动的物体。

现在不妨来对比一下,经典力学与相对论力学是如何看待光在真空中的速度的。设一光束沿 xx'轴运动,已知光对 S 系的速度是 c,即 $v_x = c$。那么,根据洛伦兹变换式,光对 S' 系的速度为

$$v'_x = \frac{v_x - u}{1 - \dfrac{u}{c^2}v_x} = \frac{c - u}{1 - \dfrac{cu}{c^2}} = c$$

也就是说,光对于 S 系和对于 S'系的速度相等。这个结论显然与伽利略速度变换的结果不同,但却符合实验事实和光速不变原理。

6.3 狭义相对论的时空观

通过洛伦兹变换可以得到许多与我们日常经验大相径庭的、令人惊奇的重要结论。这些结论后来被近代高能物理中的许多实验所证实。例如,两点之间的距离或物体的长度随进行量度的惯性系的不同而不同,某一过程所经历的时间也随惯性系而异,以及动量与速度的关系和质能关系等。下面我们首先讨论同时性的相对性,它是从狭义相对论基本原理得出的结论,然后再讨论长度收缩和时间延缓。

6.3.1 同时性的相对性

在经典力学中，时间是绝对的。如两事件在惯性系 S 中是被同时观察到的，那么在另一惯性系 S' 中也是同时被观察到的。在狭义相对论中，同时性是相对的。在某一惯性系中同时发生的两事件，在另一相对它运动的惯性系中并不一定同时发生，这一结论叫做**同时性的相对性**（relativity of simultaneity）。

同时性的相对性可以从洛伦兹变换得到证明。设在 S 系中观察到同时发生的两个事件 A 和 B，时空坐标分别为 $A(x_1, y_1, z_1, t_1)$ 和 $B(x_2, y_2, z_2, t_2)$，这两事件在 S' 系中的时空坐标分别是 $A'(x_1', y_1', z_1', t_1')$ 和 $B'(x_2', y_2', z_2', t_2')$。由洛伦兹变换式(6-4)有

$$t_1' = \gamma\left(t_1 - \frac{u}{c^2}x_1\right), \quad t_2' = \gamma\left(t_2 - \frac{u}{c^2}x_2\right)$$

将两式相减得

$$t_1' - t_2' = \gamma\left[(t_1 - t_2) + \frac{u}{c^2}(x_2 - x_1)\right]$$

如果 A、B 是 S 系不同地点同时发生的两个事件，即 $x_1 \neq x_2, t_1 = t_2$，若 $x_2 > x_1$，则

$$t_1' - t_2' = \gamma\frac{u}{c^2}(x_2 - x_1) > 0$$

即 $t_1' > t_2'$。在 S 系中不同地点同时发生的事件，在 S' 系中不是同时发生的。

综上所述可得：**在一个惯性系中不同地点同时发生的事件在另一个与之作相对运动的惯性系中观察不会是同时发生的**。因此，同时性是相对的，而不是绝对的。

需要特别注意的是，在一个惯性系中同一地点同时发生的事件，在另外任何一个惯性系中观察也一定是同时发生的。由上可知，如果 $x_1 = x_2, t_1 = t_2$，则 $t_1' = t_2'$。

6.3.2 时间延缓

动画：时间延缓

在相对论中，两个事件之间的时间间隔也与参考系有关。下面从洛伦兹变换出发，来推导在不同惯性系中测量的两个事件时间间隔之间的关系。我们把某一参考系中同一地点先后发生的两个事件之间的时间间隔称为**固有时**，一般用 τ_0 表示。设在 S' 系中同一地点先后发生了两个事件，两个事件在 S' 系中的时空坐标为 (x', t_1') 和 (x', t_2')，在 S 中的时空坐标是 (x_1, t_1) 和 (x_2, t_2)。在 S' 系中观测，这两个事件发生在同一地点，其时间间隔为固有时间，$\tau_0 = t_2' - t_1'$，它是由相对于事件发生地点静止的惯性系中的观察者所测出的时间间隔。在 S 系中测量，这两个事件的时间间隔为 $\Delta t = t_2 - t_1$，Δt 用 τ 表示。根据洛伦兹逆变

换得

$$t_1=\gamma\left(t'_1+\frac{u}{c^2}x'\right),\quad t_2=\gamma\left(t'_2+\frac{u}{c^2}x'\right)$$

两式相减,得到

$$\Delta t=t_2-t_1=\gamma(t'_2-t'_1)$$

我们可以写成

$$\tau=\gamma\tau_0 \tag{6-8}$$

这表明,在相对于事件发生地点运动的惯性系中所测出的事件之间的时间间隔 τ,要比在相对于事件发生地点静止的惯性系中所测出的时间间隔 τ_0 长一些,这就是所谓的**时间延缓**(**time dilation**)。

在对称的情况下,时间延缓具有相对效应。如果在 S 系中某一地点 x 处发生的两个事件的时间间隔为 Δt,此时固有时则是 $\tau_0=\Delta t$,在 S'系中观察者测量这两个事件之间的时间间隔为 $\Delta t'$,此时 $\tau=\Delta t'$。则根据洛伦兹变换式(6-4)同样可以证明:$\tau=\gamma\tau_0>\tau_0$。

总之,**在与事件发生的地点相对静止的惯性系中所测量出的时间间隔即固有时最短,而在与事件发生地点作相对运动的惯性系中测量出的时间间隔较长**。

时间延缓效应还可表述为**运动的时钟变慢**。设 S'系中某一地点有一时钟,其两次读数形成了如前所述的发生在同一地点的两个事件,其时间间隔为 $\Delta t'$。同样的两次读数在 S 系中测量,其时间间隔是 Δt,Δt 大于 $\Delta t'$。则 S 系中观察者把相对于他运动的那只 S'系中的钟和自己参考系中的钟比较,发现 S'系中的那只钟变慢了,因此他认为运动的时钟较慢。反之,S'系中的观察者也会认为 S 系中的那只钟变慢了。时间延缓效应是一种相对论效应,与钟的种类和结构无关。

由于时间延缓效应,在一个惯性系中观测另一个运动惯性系中同一地点发生的任何过程(包括物理、化学和生命过程)的节奏要变慢。用细胞分裂的周期可以表示生命过程的节奏,对于人来说细胞分裂周期大约是 2.4 年。设想有一对孪生兄弟,弟弟在地球生活,哥哥乘坐宇宙飞船去太空旅行。在各自的参考系中,哥哥和弟弟的细胞分裂周期都是 2.4 年。但由于细胞延缓效应,在地球上的弟弟看来,飞船上的哥哥细胞分裂周期要比 2.4 年长,因此他认为哥哥比自己年轻。而飞船上的哥哥认为弟弟的细胞分裂周期也变长,弟弟比自己年轻。假如飞船返回地球兄弟相见,到底谁年轻就成了难以回答的问题。这就是通常所说的孪生子佯谬。

这个问题的关键是时钟延缓效应要求飞船和地球同为惯性系,而飞船在往返地球的过程中有加速度,飞船不是惯性系。这一问题须用广义相对论求解,计算结果是,兄弟相见时哥哥比弟弟年轻。这种现象称为孪生子效应。

1971 年,美国华盛顿大学的研究人员把铯(Cs)原子钟(动钟)放在飞机上,环绕地球飞行一周后与地面上的钟(静钟)作比较,发现动钟确实变慢,验证了孪生子效应。

当两惯性系的相对运动速度 u 远小于光速 c,即$\frac{u}{c}\to 0$,由式(6-8)可以看到 $\tau=\tau_0$。也就是说两个事件的时间间隔在任何参考系中测量都是一样的。

[例题 6-2]

一飞船以 $u=9\times10^3$ m/s 的速率相对于地面匀速飞行。飞船上的钟走了 10s，试求地面上的钟经过的时间。

解 由题意可知，飞船上的钟测量的时间间隔是 10s，则固有时 $\tau_0=10$s，设飞船上的这段时间用地面上的钟测量时，时间为 τ，根据式(6-8)可得

$$\tau=\frac{\tau_0}{\sqrt{1-\left(\frac{u}{c}\right)^2}}=\frac{10\text{s}}{\sqrt{1-(9\times10^3)^2/(3\times10^8)^2}}=10.000000002\text{s}$$

由此计算结果表明，对于飞船这样的小速率，其时间延缓效应实际上很难测出。

[例题 6-3]

设想有一光子火箭以 $u=0.95c$ 的速率相对地球作直线运动。若火箭上宇航员的计时器记录他观察星云用去 20min，则地球上的观察者测得此事用去了多少时间？

解 对于地球上的观察者，由于时间延缓效应，其测量时间延长了，测量的时间为

$$\tau=\frac{\tau_0}{\sqrt{1-\left(\frac{u}{c}\right)^2}}=\frac{20\text{min}}{\sqrt{1-(0.95)^2}}=64.05\text{min}$$

即地球上的观察者测得此事用去了 64.05min。

6.3.3 长度收缩

在伽利略变换中，两点之间的距离或物体的长度是不随惯性系而变的。例如长为 1m 的尺子，无论在运动的车厢里或者在车站上去测量它，其长度都是 1m。那么，在洛伦兹变换中，情况又如何呢？

设一细长棒沿水平方向固定在 S' 系中，即细长棒相对于参考系 S' 是静止的。测量到细长棒两端坐标分别为 x_2'、x_1'。我们把在与待测物体相对静止的惯性系中测得的物体长度称为**固有长度**(proper length)，用 l_0 表示。因此，S' 系中长棒的长度即为固有长度 $l_0=x_2'-x_1'$。在 S 系中 t 时刻同时测量该长细棒两端的位置，得到两端坐标分别为 x_2、x_1，则 S 系中测量得到细长棒长度 $l=x_2-x_1$。我们可以把测量细长棒两个端点的坐标看作是两个事件，这两个事件在两个参考系的时空坐标满足洛伦兹变换式(6-4)，因此有 $x_1'=\gamma(x_1-ut)$，$x_2'=\gamma(x_2-ut)$，将两式相减得

$$x_2'-x_1'=\gamma(x_2-x_1)$$

上式可以改写成

$$l=\frac{l_0}{\gamma}=l_0\sqrt{1-\beta^2} \tag{6-9}$$

这表明，在与物体相对运动的惯性系中测得的物体长度 l，要比在与物体相对静止的惯性系中测得的固有长度 l_0 短，这称为**长度收缩**(length contraction)。

长度收缩只发生在物体运动的方向上，在垂直于运动方向上不收缩。长度收缩也是一种相对效应，如果细长棒静止在 S 中，它的固有长度则是 $l_0=x_2-x_1$。在 S'系中观察者同时测量它的两端坐标得到的长度，是在与细长棒相对运动的惯性系中测得的物体长度，此时 $l=x_2'-x_1'$，则根据洛伦兹逆变换式(6-5)同样可以证明：$l=\dfrac{l_0}{\gamma}<l_0$。

总之，在与物体相对静止的惯性系中测得的固有长度 l_0 最长，而在与物体作相对运动的惯性系中测得的物体长度 l 要短一些。

当两惯性系的相对运动速度 u 远小于光速 c，即 $\dfrac{u}{c}\to 0$ 时，由式(6-9)可以看到，$l=l_0$，也就是说两点间的空间距离在任何参考系中测量都是一样的。

[例题 6-4]

当原长为 6m 的飞船以 $u=9\times 10^3\,\text{m/s}$ 的速率相对于地面匀速飞行时，从地面上测量，它的长度是多少？

解 由式(6-9)，可得在地面上测量的飞船长度为

$$l=l_0\sqrt{1-\left(\frac{u}{c}\right)^2}=6\sqrt{1-(9\times 10^3/3\times 10^8)^2}\,\text{m}\approx 5.999999998\text{m}$$

此计算结果表明，对于飞船这样小的速率，其洛伦兹收缩效应实际上也很难测出。

[例题 6-5]

设想有一光子火箭，相对地球以速率 $u=0.95c$ 作直线运动。若以火箭为参考系测得火箭长为 20m。问以地球为参考系。此火箭有多长？

解 根据式(6-9)有

$$l=l_0\sqrt{1-\left(\frac{u}{c}\right)^2}=l_0\sqrt{1-\beta^2}\approx 6.24\text{m}$$

即从地球测得光子火箭的长度只有 6.24m。

总之，根据洛伦兹变换可以看到，在一个惯性系中时间的差异，在另一个惯性系中可反映为空间位置的不同，反之亦然。这意味着空间不再是与时间无关的盛有宇宙万物的一个无形的永不运动的框架，时间亦不再是与空间无关的不断均匀流逝的长河。时间和空间是紧密联系在一起的，且与运动有着密切的联系，这就是狭义相对论的时空观。

当参考系之间的运动速度远小于光速，即 $u\ll c$ 时，$t=t'$，$\tau=\tau_0$，$l=l_0$，狭义相对论时空观变成了绝对时空观。所以在低速运动情况下，绝对时空观仍然适用。这表明，绝对时空观是狭义相对论时空观在低速情况下的合理近似。

6.4 狭义相对论动力学基础

在相对论力学中，由相对论的基本假设，在不同惯性参考系，力学规律应有同样的形式。因此，我们将根据实验事实，按相对论的要求，重新定义质量、动量、能量等物理量，并确定它们在相互作用下的变换规律。因为在低速情况下牛顿力学是正确的，所以新定义的物理量在 $v \ll c$ 时必须趋于牛顿力学中的相应量。同时把质量守恒、动量守恒、能量守恒这些普遍规律保存下来，建立起狭义相对论动力学。

6.4.1 质量与速度的关系

在经典力学中，牛顿第二定律对伽利略变换是不变的，质点的质量是不依赖于速率的恒量。如果我们将速度为 $\boldsymbol{v}$，质量为 m 的质点的动量仍然定义为 $\boldsymbol{p}=m\boldsymbol{v}$，要使动量守恒定律在洛伦兹变换下保持不变，则质点的质量 m 不能再认为是一个与其速率 v 无关的常量。从理论上可证明运动粒子的质量与运动粒子的速率 v 有如下关系：

$$m=\frac{m_0}{\sqrt{1-\left(\frac{v}{c}\right)^2}}=\frac{m_0}{\sqrt{1-\beta^2}} \tag{6-10}$$

式中，m_0 是粒子在相对于参考系静止时的质量，称为**静质量**或**静止质量**(rest mass)；m 是粒子相对于参考系以速率 v 运动时的质量，又称为**相对论质量**。式(6-10)称为**相对论质速关系式**，质速关系式揭示了物质与运动是相互关联的。当物体以一定的速率 v 相对于观察者运动时，其质量 m 大于静质量 m_0，随着物体速率 v 的增大，它的相对论质量也增大，当物体的速率 v 接近光速时，其质量变得很大，在恒定力的作用下，使之再加速就很困难，这就是一切物体的运动速度都不可能达到或超过光速 c 的原因。当 $v=c$ 时，若 $m_0\neq 0$，则 $m\to\infty$，这是无意义的，若此时 $m_0=0$，则 m 可有一定量值。只有静质量为零的粒子才能以光速运动。相对论质速关系式已被大量的实验事实所证实，它已成为设计各种加速器的理论依据之一。

如果 $\frac{v}{c}\ll 1$，则 $m\approx m_0$，这时可认为物体的质量与它的速率无关，等于其静质量，这就是牛顿力学讨论的情况。牛顿力学是相对论动力学在低速情况下的近似。

例如，当一火箭以 $v=11.2\text{km/s}$ 的速率运动时，$m=1.0000000009m_0$。而当微观粒子以接近光速的速率 $v=0.98c$ 运动时，$m=5.03m_0$。

注意：式(6-10)中的 v 不是两个参考系间的相对速率，而是某一粒子相对于某一参考系的运动速率。

6.4.2 相对论的动量

根据动量的定义和式(6-10)，可得相对论动量的表达式为

$$\boldsymbol{p}=m\boldsymbol{v}=\frac{m_0}{\sqrt{1-\left(\frac{v}{c}\right)^2}}\boldsymbol{v} \tag{6-11}$$

式(6-11)说明动量与速度之间不再是成比例关系。当$\frac{v}{c}\ll 1$时，由于$m\approx m_0$，则有$\boldsymbol{p}=m_0\boldsymbol{v}$，相对论动量与经典动量一致。

在相对论力学中，仍用动量随时间的变化率定义质点受到的作用力，即

$$\boldsymbol{F}=\frac{\mathrm{d}\boldsymbol{p}}{\mathrm{d}t}=\frac{\mathrm{d}}{\mathrm{d}t}(m\boldsymbol{v})=m\frac{\mathrm{d}}{\mathrm{d}t}\boldsymbol{v}+\boldsymbol{v}\frac{\mathrm{d}}{\mathrm{d}t}m \tag{6-12}$$

式(6-12)为相对论动力学的基本方程，它形式上与牛顿第二定律$\boldsymbol{F}=\frac{\mathrm{d}\boldsymbol{p}}{\mathrm{d}t}=\frac{\mathrm{d}}{\mathrm{d}t}(m\boldsymbol{v})$相同，但对质量、动能应有不同的认识。可以证明：相对论动力学的基本方程式(6-12)在洛伦兹变换下的形式保持不变。若作用在质点系上的合外力为零，则系统的总动量应当不变，为一守恒量。由相对论动量表达式可得系统的动量守恒定律为

$$\sum\boldsymbol{p}_i=\sum m_i\boldsymbol{v}_i=\sum\frac{m_{0i}}{(1-\beta^2)^{\frac{1}{2}}}\boldsymbol{v}_i=\text{常矢量} \tag{6-13}$$

由式(6-13)可知，当$\frac{v}{c}\ll 1$时，由于$m\approx m_0$，系统的总动量为

$$\sum\boldsymbol{p}_i=\sum m_i\boldsymbol{v}_i=\sum\frac{m_{0i}}{(1-\beta^2)^{\frac{1}{2}}}\boldsymbol{v}_i=\sum m_{0i}\boldsymbol{v}_i=\text{常矢量}$$

可以明显看到，这正是经典力学的动量守恒定律。

式(6-12)说明：力既可改变物体的速度，又可改变物体的质量。力$\boldsymbol{F}$与加速度$\frac{\mathrm{d}\boldsymbol{v}}{\mathrm{d}t}$的方向一般不会相同，只有在$v\ll c$时$\left(\text{此时}\frac{\mathrm{d}m}{\mathrm{d}t}=0\right)$，$\boldsymbol{F}=m\boldsymbol{a}$才有效，当$v\to c$时，$m\to\infty$，在有限力的作用下，加速度$\boldsymbol{a}\to 0$，因此，速度不能无限增加，物体速度以真空中的光速为极限。

6.4.3 相对论的动能

为简单起见，讨论一个质点作直线运动，这样可以不必强调力和速度的矢量性。设静质量为m_0的自由质点在外力$\boldsymbol{F}$作用下由静止开始沿x轴作一维运动。用E_k表示粒子速率为v时的动能，根据质点的动能定理，力对粒子做的功等于粒子动能的增量。

$$\mathrm{d}E_\mathrm{k}=F\mathrm{d}x=Fv\mathrm{d}t$$

从相对论力学的基本方程$F=\frac{\mathrm{d}(mv)}{\mathrm{d}t}$得$F\mathrm{d}t=\mathrm{d}(mv)$，因此

$$\begin{aligned}\mathrm{d}E_\mathrm{k}&=\mathrm{d}(mv)v=(\mathrm{d}m)vv+m(\mathrm{d}v)v\\ \mathrm{d}E_\mathrm{k}&=v^2\mathrm{d}m+mv\mathrm{d}v\end{aligned} \tag{6-14}$$

对相对论质量式(6-10)两边微分得

$$\mathrm{d}m=\frac{m_0v\mathrm{d}v}{c^2[1-(v/c)^2]^{3/2}}=\frac{mv\mathrm{d}v}{c^2[1-(v/c)^2]}=\frac{mv\mathrm{d}v}{c^2-v^2}$$

$$mv\mathrm{d}v=(c^2-v^2)\mathrm{d}m$$

将上式代入式(6-14)，最后得到

$$\mathrm{d}E_k=c^2\mathrm{d}m$$

粒子静止(动能为零)时，质量为 m_0；速度为 v(动能为 E_k)时，质量为 m，对上式两边进行积分：

$$\int_0^{E_k}\mathrm{d}E_k=\int_{m_0}^{m}c^2\mathrm{d}m$$

得

$$E_k=mc^2-m_0c^2 \tag{6-15}$$

这就是相对论的动能公式。可以证明，这个公式具有一般性。

当 $v\ll c$ 时，对式(6-15)作泰勒展开：

$$E_k=mc^2-m_0c^2=m_0c^2\left(\frac{1}{\sqrt{1-(v/c)^2}}-1\right)=\frac{1}{2}m_0v^2+\frac{3}{8}m_0\frac{v^4}{c^2}+\cdots\approx\frac{1}{2}m_0v^2$$

这表明，牛顿力学的动能公式就是相对论动能公式的低速极限。

6.4.4 相对论能量 质能关系

我们将 mc^2 称为粒子以速率 v 运动时的**总能量**(**total energy**)E，m_0c^2 称为粒子的**静止能量**或**静能**(**rest energy**)，用 E_0 表示。即

$$E=mc^2 \tag{6-16}$$

$$E_0=m_0c^2 \tag{6-17}$$

静能是一个崭新的概念，宏观物体的静能实际上包括组成该物体的所有微观粒子的动能、势能等一切形式的能量，是物体内能的总和。虽然一般不知道这一切形式能量的详细情况，但狭义相对论给出了它与静质量成正比的关系。表6-1列出了一些微观粒子和轻核的静能。

表6-1 一些微观粒子和轻核的静能

粒　子	符　号	静能/MeV
光子	γ	0
电子(或正电子)	e(或+e)	0.510
质子	p	938.280
中子	n	939.573
氘	^{2}H	1875.628
氚	^{3}H	2808.944
氦(α粒子)	^{4}He	3727.409

式(6-16)表明，一定的质量相应于一定的能量，二者的数值只相差一个恒定的因子 c^2。式(6-16)是相对论的**质能关系**(**mass-energy relation**)，这是狭义相对论的重要结论之一，它反映物质的基本属性——质量与能量的不可分割关系。但质量和能量不是同一概念。质量表征物体的惯性及其相互间的万有引力，能量表征物质系统的状态及其变化。

如果一个物体或物体系统的能量有 ΔE 的变化，则无论能量的形式如何，其质量必有相应的改变，其值为 Δm。由式(6-16)可知，它们之间的关系为

$$\Delta E=(\Delta m)c^2$$

在日常现象中，观察系统能量的变化并不难，但其相应的质量变化却极微小，不易觉察。例如，1kg 水由 0℃被加热到 100℃时所增加的能量为

$$\Delta E=4.18\times10^3\times100\text{J}=4.18\times10^5\text{J}$$

而质量相应地只增加了

$$\Delta m=\frac{\Delta E}{c^2}=4.6\times10^{-12}\text{kg}$$

可是，在研究核反应时，实验却完全验证了质能关系。

式(6-15)可写成

$$E_k=E-E_0 \tag{6-18}$$

即动能为总能量和静能之差。

6.4.5 相对论的动量和能量关系

经典力学中动量和能量关系为 $E_k=\frac{p^2}{2m}$，它在洛伦兹变换下形式要发生变化。根据相对论的质能关系 $E=mc^2$ 和动量表达式 $\boldsymbol{p}=m\boldsymbol{v}$ 可得

$$\boldsymbol{v}=\frac{c^2}{E}\boldsymbol{p} \tag{6-19}$$

将式(6-19)代入含有静质量的质能方程中，可得

$$E=mc^2=\frac{m_0}{\sqrt{1-(v/c)^2}}c^2=\frac{m_0c^2}{\sqrt{1-\frac{1}{c^2}\frac{c^4}{E^2}p^2}}$$

两边平方后移项处理可得

$$E^2=c^2p^2+m_0^2c^4 \tag{6-20}$$

这就是**相对论动量和能量关系式**。

对于光子，目前的实验结果表明，其静质量的上限为 4×10^{-62}kg。可以认为光子的静质量为零，根据式(6-20)可以得到如下关系：

$$p=\frac{E}{c} \tag{6-21}$$

这就是光子的动量和能量的关系。

[例题 6-6]

设一质子以速度 $v=0.80c$ 运动。求其总能量、动能和动量。

解 由表 6-1 可知，质子的静能量 $E_0=m_0c^2=938\text{MeV}$，因此质子的总能量为

$$E = mc^2 = \frac{m_0 c^2}{\sqrt{1-(v/c)^2}} = 1563\text{MeV}$$

由式(6-18)可得质子的动能为

$$E_k = E - m_0 c^2 = 625\text{MeV}$$

由式(6-20)可得质子的动量为

$$cp = \sqrt{E^2 - (m_0 c^2)^2} = 1250\text{MeV}$$

$$p = 1250\text{MeV}/c$$

注意,在"MeV/c"中"c"是作为光速的符号而不是数值。在核物理中经常用 MeV/c 作为动量的单位。

[例题 6-7]

已知一个氚核($^3_1$H)和一个氘核($^2_1$H)可聚变成一个氦核($^4_2$He),并产生一个中子($^1_0$n)。试问在这个核聚变中有多少能量释放出来?

解 上述核聚变的反应式为

$$^2_1\text{H} + ^3_1\text{H} \longrightarrow ^4_2\text{He} + ^1_0\text{n}$$

由表 6-1 可知,氘核和氚核的静能之和为

$$1875.628\text{MeV} + 2808.944\text{MeV} = 4684.572\text{MeV}$$

氦核和中子的静能之和为

$$3727.409\text{MeV} + 939.573\text{MeV} = 4666.982\text{MeV}$$

由上述计算可见,在氘核和氚核聚变为氦核的过程中,静能减少了

$$\Delta E = 4684.572\text{MeV} - 4666.982\text{MeV} = 17.59\text{MeV}$$

上述核反应发生在太阳内部的聚变过程中,所以,太阳因不断辐射能量而使其质量不断减少。

*6.5 原子核裂变和聚变

如同核反应一样,在原子核的裂变(如原子弹)和聚变(如氢弹)的过程中,都会有大量能量释放出来,并遵守能量守恒定律。所释放的能量可用相对论的质能关系计算。

1. 核裂变

我们知道,有些重原子核能分裂成两个较轻的核,同时释放出能量,这个过程称为裂变。其中典型的是铀原子核$^{235}_{92}$U 的裂变。$^{235}_{92}$U 中有 235 个核子,其中 92 个为质子,143 个为中子。在热中子的轰击下,$^{235}_{92}$U 裂变为 2 个新的原子核和 2 个中子,并释放出能量 Q,其反应式为

$$^{235}_{92}U+^{1}_{0}n \longrightarrow ^{139}_{54}Xe+^{95}_{38}Sr+2^{1}_{0}n$$

实际上，Q 是在裂变过程中，铀原子核与生成的原子核和中子之间的能量之差。在这种情况下，生成物的总静质量比 $^{235}_{92}U$ 的质量要减少 0.22u。因此，由质能公式可知，1 个 $^{235}_{92}U$ 在裂变时释放的能量为

$$Q=\Delta E=(\Delta m)c^2=3.3\times10^{-11}J\approx200MeV$$

这个能量值看似很小，其实不然，因为 1g $^{235}_{92}U$ 的原子核数约是 $N=6.02\times10^{23}/235=2.56\times10^{21}$。所以，1g $^{235}_{92}U$ 原子核全部裂变时所释放的能量可达 $3.3\times10^{-11}\times2.56\times10^{21}=8.5\times10^{10}J$。值得注意的是，在热中子轰击 $^{235}_{92}U$ 核的生成物中有多于一个的中子，若它们被其他铀核所俘获，将会发生新的裂变。这一连串的裂变称为链式反应，利用链式反应可制成各种型号和用途的反应堆。世界第一座链式裂变反应堆于 1943 年制造出第一颗原子弹，1954 年建成第一座核电站。目前，全世界超过 438 座核电站在运行，其中美国数量最多，中国有 4 座核电站 11 台机组运行。它们是秦山核电站(见图 6-3)、广东大亚湾核电站、田湾核电站和岭澳核电站。

图 6-3　中国大陆建成的第一座核电站——秦山核电站

2. 轻核聚变

轻核聚变有许多种，它们都是由轻核结合在一起形成较大的核，同时还有能量被释放出来的过程，这个过程称为聚变。一个典型的轻核聚变是两个氘核($^{2}_{1}H$，氢的同位素)聚变为氦核($^{4}_{2}He$)，其反应式为

$$^{2}_{1}H+^{2}_{1}H \longrightarrow ^{4}_{2}He$$

在聚变过程中释放出能量 Q。在上述聚变过程中，生成物 $^{4}_{2}He$ 的静质量比两个 $^{2}_{1}H$ 的静质量之和要小，它们相差的值约为 $\Delta m=0.026u=4.3\times10^{-29}kg$。因此，由质能关系可知，因聚变而释放的能量为

$$Q=\Delta E=(\Delta m)c^2=3.87\times10^{-12}J=24MeV$$

应当强调指出，似乎聚变过程释放的能量比裂变过程释放的能量要小，其实不然。因为氘核

的质量轻，1g $_{1}^{2}H$ 的原子核数 N 约为 10^{23} 数量级，所以就单位质量而言，轻核聚变释放的能量比重核裂变释放的能量大得多。

虽然轻核聚变能释放出巨大的能量，为建造轻核聚变反应堆、发电厂提供了美好的前景，但是，要实现轻核聚变，必须克服两个$_{1}^{2}H$ 之间的库仑排斥力。据计算，只有当$_{1}^{2}H$ 具有 10keV 的动能时，才可以克服库仑排斥力引起的障碍，这就是说，只有当温度达到 10^{8}K 时，才能使$_{1}^{2}H$ 的动能具有 10keV，从而实现两轻核的聚变。在恒星(如太阳)内部的温度已超过 10^{8}K，所以在太阳内部充斥着等离子体(带正、负电的粒子群)，这是因为太阳的强大的引力能把 10^{8}K 高温的等离子体控制在太阳的内部。然而，在地球上的实验室里，想把等离子体控制在一定的区域内却困难得多。现在世界上许多国家都在研究用一种称为托卡马克的磁约束装置来约束等离子体，以实现人工控制核聚变。我们相信，总有一天人类会实现这个愿望。

原理应用

光伏发电

1. 光伏发电的起源及发展

早在 1839 年，法国科学家贝克雷尔(Alexandre Edmond Becquerel，1820—1891 年)就发现，光照能使半导体材料的不同部位之间产生电位差。这种现象后来被称为光生伏特效应，简称为光伏效应。1954 年，美国科学家恰宾和皮尔松在美国贝尔实验室首次制成了实用的单晶硅太阳能电池，诞生了将太阳光能转换为电能的实用光伏发电技术。

20 世纪 70 年代后，随着现代工业的发展，全球能源危机和大气污染问题日益突出，传统的燃料能源正在一天天减少，对环境造成的危害日益突出，同时全球约有 20 亿人得不到正常的能源供应。这个时候，全世界都把目光投向了可再生能源，希望可再生能源能够改变人类的能源结构，维持长远的可持续发展，其中太阳能以其独有的优势而成为人们重视的焦点。丰富的太阳辐射能是重要的能源，是取之不尽、用之不竭、无污染、廉价、人类能够自由利用的能源。太阳能每秒钟到达地面的能量高达 80 万千瓦时，假如把地球表面 0.1% 的太阳能转为电能，转变率 5%，每年发电量可达 5.6×10^{12} 千瓦时，相当于世界上能耗的 40 倍。正是由于太阳能的这些独特优势，20 世纪 80 年代后，太阳能电池的种类不断增多，应用范围日益广阔，市场规模也逐步扩大。

20 世纪 90 年代后，光伏发电快速发展，到 2006 年，世界上已经建成了 10 多座兆瓦级光伏发电系统、6 个兆瓦级的联网光伏电站。美国是最早制定光伏发电的发展规划的国家。1997 年又提出“百万屋顶”计划。日本 1992 年启动了新阳光计划，到 2003 年日本光伏组件生产占世界的 50%，世界前十大厂商有 4 家在日本。而德国新可再生能源法规定了光伏发电上网电价，大大推动了光伏市场和产业发展，使德国成为继日本之后世界光伏发电发展最快的国家。瑞士、法国、意大利、西班牙、芬兰等国也纷纷制订光伏发展计划，并投巨资进行技术开发和加速工业化进程。

世界光伏组件在 1990—2005 年年平均增长率约 15%。20 世纪 90 年代后期，发展更加迅速，1999 年光伏组件生产达到 200 兆瓦。商品化电池效率从 10%～13% 提高到 13%～15%，生产规模从 1～5 兆瓦/年发展到 5～25 兆瓦/年，并正在向 50 兆瓦甚至 100 兆瓦扩大。光伏组件的生产成本降到 3 美元/瓦以下。

2. 光伏发电的原理——光生伏特效应

杂质半导体分为P型半导体和N型半导体。P型半导体和N型半导体接触处，由于电子和空穴的扩散，使P型一边堆积负电荷、N型一边堆积正电荷，形成一个厚度约为10^{-7}m的耗尽层，这就是PN结。结内存在电场$\boldsymbol{E}$，方向如图P6-1所示。两半导体间形成稳定的电位差U_0，称为势垒。

若光照射到PN结及其附近的P型和N型半导体上，在能量足够大的光子作用下，又会激发生成少量电子-空穴对。这些光生电子与空穴在结内电场$\boldsymbol{E}$的作用下会定向运动，其中光生电子向N区运动，光生空穴向P区运动。结果使N区带上负电荷、P区带上正电荷，从而使PN结两端又附加了一个与内电场$\boldsymbol{E}$方向相反的光生电场。如果光照保持不变，光生电场稳定，对应的光生电位差就称为光生电动势。这种现象称为**光生伏特效应**。光照越强，光生电动势也越大。当被光照射的PN结两端通过负载构成闭合回路时，就会有电流沿着由P经过外电路到N的方向流动。只要光照不停止，此电流就不会消失。

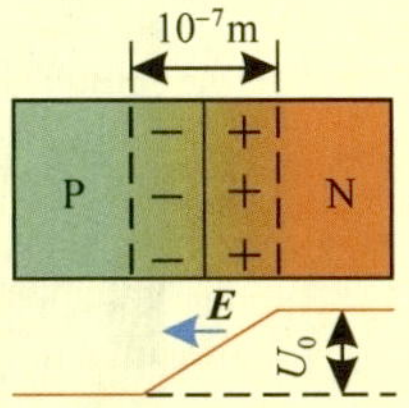

图 P6-1 光生伏特效应

3. 光伏发电系统

光伏发电系统分为独立光伏系统和并网光伏系统。独立光伏电站包括边远地区的村庄供电系统，太阳能户用电源系统，通信信号电源、阴极保护、太阳能路灯等各种带有蓄电池的可以独立运行的光伏发电系统。并网光伏发电系统是与电网相连并向电网输送电力的光伏发电系统。可以分为带蓄电池的和不带蓄电池的并网发电系统。带有蓄电池的并网发电系统具有可调度性，可以根据需要并入或退出电网，还具有备用电源的功能，当电网因故停电时可紧急供电。带有蓄电池的光伏并网发电系统常常安装在居民建筑；不带蓄电池的并网发电系统不具备可调度性和备用电源的功能，一般安装在较大型的系统上。

光伏发电系统是由太阳能电池方阵、蓄电池组、充放电控制器、逆变器、交流配电柜、太阳跟踪控制系统等设备组成。其部分设备的作用如下。

太阳能电池方阵：在有光照（无论是太阳光，还是其他发光体产生的光照）情况下，电池吸收光能，电池两端出现异号电荷的积累，即产生光生电压，这就是光生伏特效应。在光生伏特效应的作用下，太阳能电池的两端产生电动势，将光能转换成电能，是能量转换的器件。太阳能电池一般为硅电池，分为单晶硅太阳能电池、多晶硅太阳能电池和非晶硅太阳能电池三种。图P6-2是安装于房顶的光伏电站电池阵列。

蓄电池组：其作用是贮存太阳能电池方阵受光照时发出的电能并可随时向负载供电。太阳能电池发电对所用蓄电池组的基本要求是：自放电率低，使用寿命长，深放电能力强，充电效率高，少维护或免维护，工作温度范围宽，价格低廉。

充放电控制器：是能自动防止蓄电池过充电和过放电的设备。由于蓄电池的循环充放电次数及放电深度是决定蓄电池使用寿命的重要因素，因此能控制蓄电池组过充电或过放电的充放电控制器是必不可少的设备。

图 P6-2 安装于房顶的光伏电站电池阵列

逆变器：是将直流电转换成交流电的设备。由于太阳能电池和蓄电池是直流电源，当负载是交流负载时，逆变器是必不可少的。逆变器按运行方式，可分为独立运行逆变器和并网逆变器。独立运行逆变器用于独立运行的太阳能电池发电系统，为独立负载供电。并网逆变器用于并网运行的太阳能电池发电系统。逆变器按输出波型可分为方波逆变器和正弦波逆变器。方波逆变器电路简单，造价低，但谐波分量大，一般用于几百瓦以下和对谐波要求不高的系统。正弦波逆变器成本高，但可以适用于各种负载。

太阳跟踪控制系统：相对于某一个固定地点的太阳能光伏发电系统，一年春夏秋冬四季、每天日升日落，太阳的光照角度时时刻刻都在变化，如果太阳能电池板能够时刻正对太阳，发电效率才会达到最佳状态。目前世界上通用的太阳跟踪控制系统都需要根据安放点的经纬度等信息计算一年中的每一天的不同时刻太阳所在的角度，将一年中每个时刻的太阳位置存储到PLC、单片机或电脑软件中，也就是靠计算太阳位置以实现跟踪。由于太阳能电池板采用电脑数据理论，需要地球经纬度地区的数据和设定，一旦安装，就不便移动或装拆，每次移动完就必须重新设定数据和调整各个参数；原理、电路、技术、设备复杂，非专业人士不能够随便操作。

光伏发电将在中国未来的电力供应中扮演重要的角色，2020 年中国的光伏发电累计装机容量达到 253GW，2050 年将达到 5000GW。根据电力科学院的预测，到 2050 年中国可再生能源发电将占到全国总电力装机容量的 25%，其中光伏发电占到 5%。

总之，太阳能光伏发电的能源是取之不尽、用之不竭的太阳能，是资源最丰富的可再生能源。太阳能光伏发电是能源的高新技术，具有独特的优势和巨大的开发利用潜力。太阳能发电不会给空气带来污染，不破坏生态，是一种清洁安全的能源，同时又具有在自然界不断生成、并得到有规律的补充的特点，是可再生的清洁绿色能源。充分利用太阳能有利于保持人与自然的和谐相处。

内容提要

1. 牛顿绝对时空观

长度和时间的测量与参考系无关。

伽利略时空变换：$x'=x-ut, y'=y, z'=z, t'=t$

2. 狭义相对论基本原理

相对性原理：物理定律在一切惯性系中都有相同的形式。

光速不变原理：在任何惯性系中，真空中的光速 c 都相等。

3. 洛伦兹变换

洛伦兹时空变换：$x'=\dfrac{x-ut}{\sqrt{1-u^2/c^2}}, y'=y, z'=z, t'=\dfrac{t-\dfrac{u}{c^2}x}{\sqrt{1-u^2/c^2}}$

洛伦兹速度变换式：$v'_x=\dfrac{v_x-u}{1-\dfrac{u}{c^2}v_x}, v'_y=\dfrac{v_y}{\gamma\left(1-\dfrac{u}{c^2}v_x\right)}, v'_z=\dfrac{v_z}{\gamma\left(1-\dfrac{u}{c^2}v_x\right)}$

4. 狭义相对论时空观

同时的相对性：在某一惯性系中同时发生的两事件，在另一相对它运动的惯性系中并不一定同时发生。

时间延缓：$\tau=\dfrac{\tau_0}{\sqrt{1-u^2/c^2}}$

长度收缩：$l=l_0\sqrt{1-u^2/c^2}$

5. 相对论质量和动量

$$m=\frac{m_0}{\sqrt{1-v^2/c^2}}; \quad \boldsymbol{p}=\frac{m_0\boldsymbol{v}}{\sqrt{1-\left(\dfrac{v}{c}\right)^2}}$$

6. 相对论能量

静能 $E_0=m_0c^2$，动能 $E_k=mc^2-m_0c^2$，总能量 $E=mc^2$

7. 相对论动量、能量关系

$$E^2=(cp)^2+E_0^2$$

习题

一、选择题

6-1 (1) 对某观察者来说,发生在某惯性系中同一地点、同一时刻的两个事件,对于相对该惯性系作匀速直线运动的其他惯性系中的观察者来说,它们是否同时发生?

(2) 在某惯性系中发生于同一时刻、不同地点的两个事件,它们在其他惯性系中是否同时发生?

关于上述两个问题的正确答案是(　　)。

(A) (1) 同时,(2) 不同时　　(B) (1) 不同时,(2) 同时

(C) (1) 同时,(2) 同时　　(D) (1) 不同时,(2) 不同时

6-2 在狭义相对论中有下列说法:

(1) 一切运动物体相对于观察者的速度都不能大于真空中的光速。

(2) 质量、长度、时间的测量结果都随物体与观察者的相对运动状态而改变。

(3) 在一惯性系中发生于同一时刻、不同地点的两个事件在其他一切惯性系中也是同时发生的。

(4) 惯性系中的观察者观察一个与它作匀速相对运动的时钟时,会看到这时钟比与它相对静止的相同的时钟走得慢些。

正确的是(　　)。

(A) (1),(3),(4)　　(B) (1),(2),(4)

(C) (1),(2),(3)　　(D) (2),(3),(4)

6-3 在某地发生两件事,与该处相对静止的甲测得时间间隔为 4s,若相对甲作匀速直线运动的乙测得时间间隔为 5s,则乙相对于甲的运动速度是(　　)。

(A) $4c/5$　　(B) $c/5$　　(C) $2c/5$　　(D) $3c/5$

6-4 根据天体物理学的观察和推算,宇宙正在膨胀,太空中的天体都离我们的星球而去。假设在地球参考系上观察到一颗脉冲星(发出周期性脉冲无线电波的星)的脉冲周期为 0.50s,且这颗星正在以运行速度 $0.8c$ 离我们而去,那么这颗星的固有脉冲周期应是(　　)。

(A) 0.10s　　(B) 0.30s　　(C) 0.50s　　(D) 0.83s

6-5 设某微观粒子的总能量是它的静能的 k 倍,则其运动速度的大小为(以 c 表示真空中的光速)(　　)。

(A) $\dfrac{c}{k-1}$　　(B) $\dfrac{c}{k}\sqrt{1-k^2}$　　(C) $\dfrac{c}{k}\sqrt{k^2-1}$　　(D) $\dfrac{c}{k+1}\sqrt{k(k+2)}$

二、填空题

6-6 已知惯性系 S' 相对于惯性系 S 以 $0.5c$ 的匀速度沿 x 轴正方向运动,若从 S' 系的坐标原点 O' 沿 x 轴正方向发出一光波,则 S 系中测得此光波的波速为________。

6-7 π^+ 介子是不稳定的粒子,在它自己的参考系中测得平均寿命是 2.6×10^{-8}s,如果它相对实验室以 $0.8c$ 的速度运动,那么实验室坐标系中测得的 π^+ 介子的寿命是________。

6-8 牛郎星距离地球约16光年，宇宙飞船以________的匀速度飞行，将用4年的时间(宇宙飞船上的钟指示的时间)抵达牛郎星。

6-9 设电子静质量为 m_{e0}，将一个电子从静止加速到速率为 $0.6c$，需做功________。

6-10 当粒子的动能等于它的静能时，它的运动速度为________。

三、计算题

6-11 静止的 μ 子的平均寿命约为 $\tau_0=2\times10^{-6}$s。今在8km的高空，由于 π 介子的衰变产生一个速度为 $u=0.998c$ 的 μ 子，问此 μ 子在地面参考系中的寿命约是多少？

6-12 一艘宇宙飞船船身固有长度为 $l_0=90$m，相对于地面以 $u=0.8c$ 的匀速度从一观测站的上空飞过。问：(1)观测站测得飞船的船身通过观察站的时间间隔是多少？(2)宇航员测得船身通过观察站的时间间隔是多少？

6-13 要使电子的速度从 $v_1=1.2\times10^8$m/s 增加到 $v_2=2.4\times10^8$m/s，必须对它做多少功？(电子的静质量 $m_e=9.11\times10^{-31}$kg)

6-14 在静电场中，一电子被加速到动能为0.255MeV，此时它的运动速度为多少？

6-15 设快速运动的介子的能量约为 $E=3000$MeV，这种介子在静止时的能量为 $E_0=100$MeV。若这种介子的固有寿命是 $\tau_0=2\times10^{-6}$s，求它在实验室运动的距离。

6-16 某一宇宙射线中介子的动能 $E_k=7m_0c^2$，其中 m_0 是介子的静质量。试问在实验室中观察到它的寿命是它的固有寿命的多少倍？

Chapter 7

第7章

气体动理论

热学(Thermology)研究物质热现象的规律及其对物质宏观性质的影响,以及与物质其他运动形态之间的转化规律。它起源于人类对冷热现象的探索。人类生存在季节交替、气候变幻的自然界中,冷热现象是人们最早观察和认识的自然现象之一。

中国山西芮城西侯度旧石器时代遗址的考古研究,说明大约180万年前人类已开始使用火;约在公元前2000年中国已有气温反常的记载;在公元前,东西方都出现了热学领域的早期学说。中国战国时代的邹衍(约公元前324年—前250年,战国末期齐国人,阴阳家代表人物、五行创始人)创立了五行学说,他把水、火、木、金、土称为五行,认为这是万事万物的根本。古希腊时期,赫拉克利特(Heraklitus,约公元前544—前483年,古希腊哲学家)提出:火、水、土、气是自然界的四种独立元素。这些都是人们对自然界的早期认识。

1714年,华伦海特(Daniel Gabriel Fahrenheit,1686—1736年,德国物理学家、工程师)建立了温度测量的一个共同的标准,称为华氏温标,使热学走上了实验科学的道路。1840年以后,英国物理学家焦耳做了一系列的实验,证明热是同大量分子的无规则运动相联系的。焦耳的实验以精确的数据证实了迈尔(Julius Robert Meyer,1814—1878年,德国物理学家)热功当量概念的正确性,为能量守恒定律奠定了实验基础。与此同时,热学的两类实验技术——测温术和量热术也得到了发展。经过许多科学家约两百年的努力,到1912年,能斯脱(Walther Hermann Nernst,1864—1941年,德国化学家、物理学家)提出热力学第三定律后,人们对热的本质才有了正确的认识,并逐步建立起热学的科学理论。18世纪,经过迈尔、焦耳、卡诺、克劳修斯等人的研究,经典热力学和经典统计力学正式确立,从而把热与能、热运动的宏观表现与微观机制统一起来,实现了物理学史上的第二次大综合。

热学理论有两个方面,一是宏观理论,即热力学;二是微观理论,即统计物理学。它们从不同角度研究热运动,这两个方面相辅相成,构成了热学的理论基础。统计物理学是研究物质热运动的微观理论。从物质由大量微观粒子组成这一基本事实出发,运用统计方法,把物质的宏观性质作为大量微观粒子热运动的统计平均结果,找出宏观量(是表征物质内大量分子集体特征的量)与微观量(是表征个别分子性质与状态的物理量)的关系,进而解释物质的宏观性质。在对物质微观模型进行简化假设后,应用统计物理可求出具体物质的特性,还可应用到比热力学更为广阔的领域,如可解释涨落等现象。

气体动理论是统计物理学中最基本、最简单的内容,它从物质的分子结构概念出发,对气体分子运动及相互作用提出一定的假设模型,再根据每个气体分子所遵从的力学规律,利用统计方法找出热运动的宏观量(如压强、温度等)与分子运动微观量(如质量、大小、动量等)的统计平均值之间的关系。

本章的主要内容有:平衡态、理想气体的物态方程、理想气体的微观模型及其压强公式、温度公式、能量均分定理、气体分子的速率分布定律、平均碰撞次数和平均自由程。

开尔文(Lord Kelvin，1824—1907年)原名叫威廉·汤姆孙(William Thomson)，是英国著名的物理学家、杰出的理论物理和实验物理学家，在电磁学和热学方面都取得了很大的成就。在热力学方面，他创立了热力学温标(开尔文目前已成为国际单位中热力学温度的基本单位)。他还是热力学第二定律的奠基人之一，提出了"焦耳-汤姆孙效应"，这一成果成为以后制造液态空气的理论根据。

詹姆斯·普雷斯科特·焦耳(James Prescott Joule，1818—1889年)，英国物理学家。他发现了热和功之间的转换关系，并由此得到了能量守恒定律，最终发展出热力学第一定律。国际单位制导出单位中，能量的单位——焦耳，就是以他的名字命名。他还观测过磁致伸缩效应，发现了导体电阻、通过导体电流及其产生热能之间的关系，也就是常称的焦耳定律。由于焦耳在热学、热力学和电学方面的贡献，英国皇家学会授予他最高荣誉的科普利奖章(Copley Medal)。

7.1 平衡态　理想气体的物态方程

7.1.1 分子运动的基本观点

利用气体动理论的观点可以解释气体的宏观性质及其规律的微观本质，其基本观点是根据物质结构的分子、原子学说和分子热运动的图像而形成的，可归纳为以下三点。

1. 宏观物体由大量的粒子(分子、原子等)组成

事实证明，常用的宏观物体——气体、液体、固体等，都是由大量分子或原子组成的，实验证明，1mol任何物质中所含有的分子(或原子、离子)数都是相同的，其值为阿伏伽德罗(Amedeo Avogadro，1776—1856年，意大利物理学家、化学家)常量 $N_A=6.02\times10^{23}\,\text{mol}^{-1}$。在常温常压下，单位体积的物质内包含的分子数(即分子数密度 n)十分巨大，例如，氧气的 $n=2.5\times10^{19}\,\text{cm}^{-3}$。不同结构的分子，其尺度是不一样的。在标准状态下，分子的直径数量级为 $10^{-10}\,\text{m}$，这就是分子的线度。组成物质的分子之间有一定空隙。通常气体分子之间的空隙很大，而液体和固体分子之间的空隙要小得多，所以气体比液体和固体更容易被压缩。现代的仪器已可以观察和测量分子或原子的大小以及它们在物体中的排列情况，例如X光分析仪、电子显微镜、扫描隧道显微镜等。图7-1所示为利用扫描隧道显微镜技术把一个个原子排列成"原子"字样的照片。

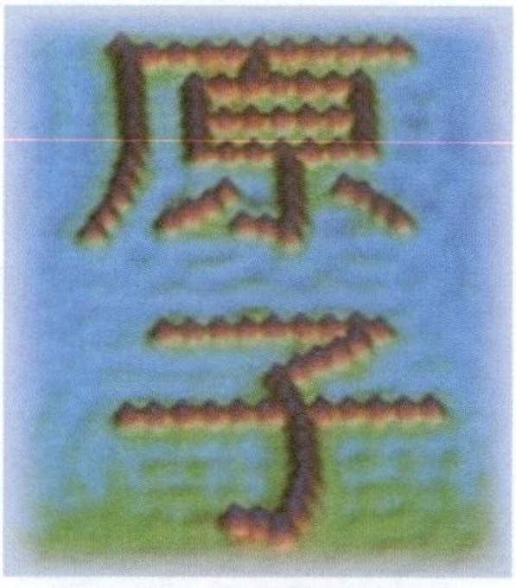

图7-1　原子排列图像

2. 分子永不停息地作无规则的热运动

通过气体的扩散、液体的扩散和固体的扩散现象，说明所有物体的分子都在永不停止地运动着。分子热运动的基本特征是分子的永恒运动和频繁的相互碰撞，分子热运动具有混乱性和无序性。一切热现象都是物体内大量分子热运动的集体表现。布朗（Robert Brown，1773—1858 年，英国植物学家）在 1827 年用显微镜观察悬浮在水中的植物花粉，发现花粉作杂乱的无定向运动，这种运动称为**布朗运动**。布朗运动是由杂乱的流体分子碰撞植物颗粒（如花粉）引起的，它虽不是流体分子本身的热运动，却反映了流体分子运动的情况，如图 7-2 所示。通过布朗运动，可以间接证明分子运动的无规则性。

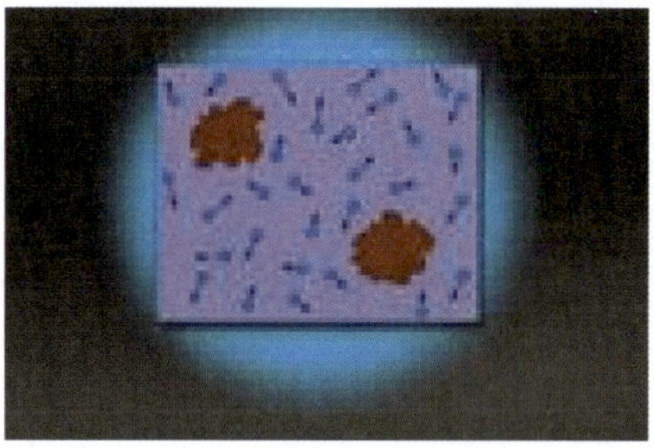

图 7-2 布朗运动

视频：分子热运动

3. 分子间有相互作用

分子间既有引力，也有斥力，引力与斥力同在，称为**分子力**。例如固体和液体的分子之所以会聚集在一起而不分开，是因为分子之间有相互吸引力，而固体和液体又很难压缩，即使气体也不能无限制地压缩，这说明分子间除了引力外还存在斥力。气体分子是由电子、质子等组成的复杂带电系统，在本质上分子力属于分子和原子内的电荷之间相互作用的电磁力。分子力曲线如图 7-3 所示，当分子间距 r 较大时，存在微弱的引力，随着间距 r 的逐渐减小，引力逐渐加强，当两分子靠近到 $r=r_0$（r_0 称为平衡距离）以内时，相互间产生强烈的斥力作用。即，当 $r>r_0$ 时，$F<0$，引力起主要作用；当 $r<r_0$ 时，$F>0$，斥力起主要作用。

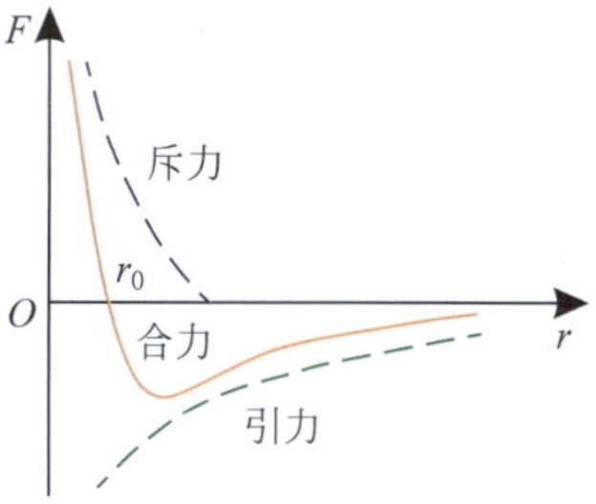

图 7-3 F-r 关系曲线

近代技术已能实现对分子（原子）力的探测，并且基于分子力的检测，研制出了足以看清固体表面原子的原子力显微镜。

7.1.2 热力学平衡态 气体的状态参量

1. 热力学系统的平衡态

在热学中，我们把作为研究对象的一个物体或一组物体称为**热力学系统**（**thermodynamic system**），简称**系统**，而把能够与所研究的热力学系统发生相互作用的其他物体称为**系统的外界**，简称**外界**。

在容器中装入一定量的气体，如果热力学系统与外界不交换任何能量（做功和传递能量）和物质，系统内部也没有任何形式的能量交换（如由化学变化或原子核反应等引起的能量转换），在经过相当长的时间后，此系统整体的宏观性质将不随时间而变化，且具有确定状态，热力学系统所处的这种状态为平衡状态，简称**平衡态**（equilibrium state）。系统处于平衡时的另一特征，表现为系统内部没有宏观的粒子流和能量流。

从微观上看，系统处于平衡状态时，组成系统的微观粒子仍处于不停的无规则的热运动之中，只是它们的统计平均效果不随时间变化，因此热力学平衡态是一种动态平衡，称为**热动平衡**。

2. 气体的状态参量

在力学中研究质点的机械运动时，我们用位矢和速度（或动量）来描述质点的运动状态。而在讨论由大量作热运动的分子构成的气体的状态时，位矢和速度（或动量）只能用来描述分子的微观状态。为了研究整个气体的宏观状态，对一定量（即质量 m 一定）的气体，当处于平衡状态时，可以用压强 p、体积 V 以及温度 T 这三个宏观物理量来描述其状态，这就是气体的**状态参量**（state parameter）。

气体的**体积**（volume）是指气体分子无规则热运动所能达到的空间，即容器的容积。在国际单位制中，体积的单位是 m^3（立方米）或 cm^3（立方厘米），体积还有其他单位，如 L（升），其换算关系为 $1L=10^{-3}m^3$。

气体的**压强**（pressure）是大量气体分子对容器壁碰撞的平均效果。设 S 为器壁的表面积，则作用于器壁单位面积上的正压力称为压强，用 p 表示，即 $p=\frac{F}{S}$。在国际单位制中，压强的单位为 Pa（帕斯卡，简称帕）。此外，过去也曾用 mmHg（毫米汞柱）和 atm（标准大气压）作为压强的单位，但现在我国规定，二者均为非法定计量单位，它们之间的换算关系为

$$1atm=760mmHg=101325Pa$$

温度（temperature）是表征物体冷热程度的物理量，较热的物体具有较高的温度，在本质上，温度的高低反映了物体内部大量分子热运动的剧烈程度。

温度只能通过物体随温度变化的某些特性（例如保持常压的气体或液体的体积）来间接测量，温度的单位和数值表示方法称为**温标**。各种各样温度计的数值都是由各种温标决定的。物理学中常用温标有热力学温标和摄氏温标。

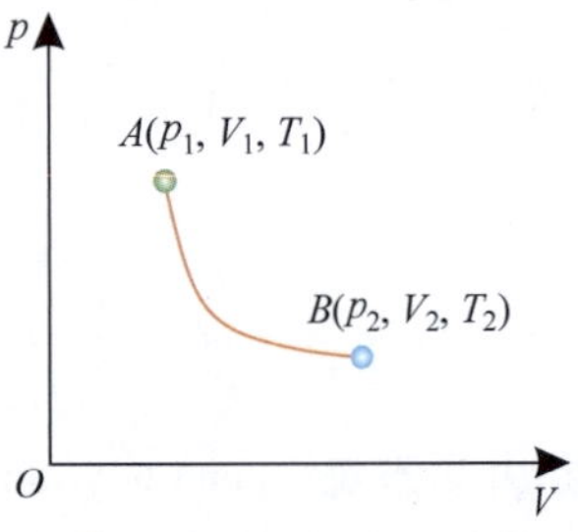

图 7-4 p-V 图上一点代表气体的一个平衡态

在热力学温标中温度用符号 T 表示，在国际单位制中，热力学温度的单位是 K（开尔文）。在摄氏温标中温度用符号 t 表示，单位为℃（摄氏度）。摄氏温标与热力学温标的数值关系为

$$t=T-T_0$$

式中，T_0 定义为 273.15K，即规定热力学温度 273.15K 为摄氏温标的零点，273.15K 是水的冰点，比水的三相点热力学温标低 0.01K。

对于处在平衡态的气体，其状态可以用一组 p、V、T 值来表示，也可用以 p 为纵坐标、V 为横坐标的 p-V 图上一个确定的点来表示，如图 7-4 中的点 $A(p_1,V_1,T_1)$ 或点 $B(p_2,V_2,T_2)$。

7.1.3 理想气体的物态方程

在无外场力作用的条件下，对处于平衡态的一定量的气体来说，气体内的温度 T、压强 p、体积 V 等处处均匀一致，且三个状态参量(p,V,T)存在着一定的关系，其中任一个参量是其余两个参量的函数。凡是表示在平衡状态下这些状态参量之间关系的式子，都叫做**气体物态方程**。一般来说，这个方程形式是很复杂的，它与气体的性质有关。实际气体在温度不太低、压强不太大的实验条件下遵守玻意耳(Robert Boyle，1627—1691 年，英国物理学家、化学家)定律、盖-吕萨克(Joseph Louis Gay-Lussac，1778—1850 年，法国物理学家、化学家)定律和查理(Jacques Alexandre Cesar Charles，1746—1823 年，法国物理学家、数学家、发明家)定律。我们称遵守这三定律的气体为理想气体。下面我们考虑理想的热力学系统及其物态方程。

实验发现，一定质量的同种理想气体，它在任一状态下的 pV/T 的值都相等。假设使一理想气体由初态(p_1,V_1,T_1)变化到末态(p_2,V_2,T_2)，则有

$$\frac{p_1V_1}{T_1}=\frac{p_2V_2}{T_2} \tag{7-1}$$

气体温度为 273.15K(即 0℃)、压强为 101325Pa(即 1atm)时的状态称为**标准状态**，在标准状态下，任何理想气体的摩尔体积都是 $V_{m,0}=0.0224\text{m}^3/\text{mol}$。气体在标准状态下相应的状态参量值用 V_0、p_0、T_0 表示。对各种理想气体定义一个常量

$$R=\frac{p_0V_{m,0}}{T_0}=\frac{1.013\times10^5\text{Pa}\times22.4\times10^{-3}\text{m}^3/\text{mol}}{273.15\text{K}}=8.31\text{J}/(\text{mol}\cdot\text{K})$$

R 称为**摩尔气体常量**。由此，式(7-1)可写成如下形式：

$$pV=\nu RT=\frac{m}{M}RT \tag{7-2}$$

式中，ν 为物质的量，m 为气体的质量，M 为气体的摩尔质量。式(7-2)表示了理想气体在平衡状态下三个状态量 p、V、T 之间的关系。

由阿伏伽德罗常量 N_A 和摩尔气体常量 R，引入另一个普适常量，称为**玻耳兹曼(Ludwig Edward Boltzmann，1844—1906 年，奥地利物理学家、哲学家、热力学和统计物理学的奠基人之一)常量 k(Boltzmann constant)**：

$$k=\frac{R}{N_A}=1.38\times10^{-23}\text{J/K}$$

这样，式(7-2)可写为

$$pV=\nu N_AkT=NkT \tag{7-3}$$

式中，$N=\nu N_A$，为气体的分子总数。将式(7-3)改写为

$$p=\frac{NkT}{V}=nkT \tag{7-4}$$

式中，$n=N/V$ 是单位体积内的气体分子数，即分子数密度。式(7-4)是理想气体物态方程的另一种常用形式。

[例题 7-1]

一打气机每打一次气，可把压强为 1atm(1 个标准大气压)、温度为 0℃、体积为 $4.0\times10^{-3}\mathrm{m}^3$ 的气体压入容器内。设容器的容积为 1.5 m^3，容器内原来气体的压强为 1atm，温度为 0℃。问需打气多少次才能使容器内的气体温度升为 45℃，压强达到 2atm?

解 把气体当成理想气体。设需打气 n 次，这相当于把初态：体积 $V_1=n\times4.0\times10^{-3}\mathrm{m}^3+1.5\mathrm{m}^3$，温度 $T_1=273\mathrm{K}$，压强 $p_1=1\mathrm{atm}$ 的气体，变化到末态：$V_2=1.5\mathrm{m}^3$，温度 $T_2=(273+45)\mathrm{K}=318\mathrm{K}$，压强 $p_2=2\mathrm{atm}$ 的气体。

由理想气体物态方程式(7-1)

$$\frac{p_1V_1}{T_1}=\frac{p_2V_2}{T_2}$$

则有

$$\frac{1\mathrm{atm}\times(n\times4.0\times10^{-3}+1.5)\mathrm{m}^3}{273\mathrm{K}}=\frac{2\mathrm{atm}\times1.5\mathrm{m}^3}{318\mathrm{K}}$$

解得

$$n\approx269$$

注意：在应用物态方程时，气体的温度都是热力学温度。

[例题 7-2]

一容器内盛有氧气 100g，其压强为 10atm，温度为 47℃。因容器开关缓慢漏气，稍后测得压强减为原来的 5/8，温度降低到 27℃，求：(1)容器的体积；(2)在两次观测之间漏掉的氧气(氧气的摩尔质量为 $M=3.2\times10^{-2}$ kg/mol)

解 (1) 由理想气体物态方程 $pV=\frac{m}{M}RT$，得容器的体积为

$$V=\frac{m_1RT_1}{Mp_1}=\frac{0.100\times8.31\times320}{3.2\times10^{-2}\times1.013\times10^6}\ \mathrm{m}^3=8.20\times10^{-3}\mathrm{m}^3$$

(2) 设漏气后剩余的氧气为 m_2，由 $p_2V=\frac{m_2}{M}RT_2$，得到

$$m_2=\frac{Mp_2V}{RT_2}=\frac{3.2\times10^{-2}\times1.013\times10^6\times5/8\times8.20\times10^{-3}}{8.31\times300}\mathrm{kg}=6.66\times10^{-2}\mathrm{kg}$$

所以漏掉的氧气质量为

$$\Delta m=m_1-m_2=0.100\mathrm{kg}-6.66\times10^{-2}\mathrm{kg}=3.34\times10^{-2}\mathrm{kg}$$

7.2 理想气体的微观模型及其压强公式

我们知道,容器中气体分子的数目是很多的。虽然每个分子的线度和质量都很小,但分子在容器中占有一定的体积。此外,分子除与器壁碰撞时受力作用外,分子间还存在相互作用力,而且这些相互作用力是十分复杂的。可以认为气体中每个分子都遵守经典力学定律,那么要完全地描述大量分子所组成的系统的行为,就必须同时建立和求解这些分子所遵循的力学方程。由于方程的数量如此之多,而且分子间相互作用力又如此之复杂,因此同时建立和求解这么多的方程显然是不现实的和不可能的,从而也无助于说明大量分子集体的宏观性质。然而,大量分子作热运动时具有一种有别于力学规律性的统计规律性,因此我们可以用统计的方法求出与大量分子有关的一些物理量的平均值,如平均平动动能、平均速度、平均碰撞次数等,从而就能对与大量气体分子热运动相联系的宏观现象做出微观解释。理想气体的压强公式是我们应用统计方法讨论的第一个问题。

7.2.1 理想气体的微观模型

气体分子动理论把气体复杂的宏观性质解释为大量分子无规则运动相互作用的集体行为。在力学中我们用质点、刚体等理想模型来简化实际力学问题的处理,同样地,基于突出研究问题的本质和简化计算的考虑,在气体动理论中人们对分子结构和分子间的相互作用提出了简化性假设。理想气体的微观模型是:

(1) 分子本身的线度比起分子之间的平均距离来说可以忽略不计,可把分子视为质点。

(2) 除碰撞的瞬间外,分子之间以及分子与器壁之间无相互作用。

(3) 分子之间以及分子与器壁之间的碰撞是完全弹性的,即碰撞前后气体分子动能守恒。

(4) 单个分子的运动遵从牛顿力学定律。

理想气体是突出气体共性、忽略次要因素而提出的理想化模型。一般真实气体,如氮、氧、氢、氦等,在温度不太低,压强不太大时,都可以近似看作是理想气体。理想气体是真实气体的一种理想模型。

7.2.2 气体动理论的统计性假设

气体的运动是大量分子的集体运动,对于这种集体运动,气体动理论有几条统计性假设:①每个分子运动速度各不相同,且通过相互碰撞不断变化;②由于无规则热运动,平衡态下分子速度没有优势方向,速度指向任何方向都是等概率的,即分子速度按方向的分布是均匀的;③若忽略分子受到的重力,平衡态时每个分子在容器中任何一点出现的概率是相同的,即分子按位置的分布是均匀的。因此对大量分子来说,在平衡态下,它们在 x、y、z 三个坐标轴上的速度分量的平方的平均值应该相等,即

$$\overline{v_x^2}=\overline{v_y^2}=\overline{v_z^2} \tag{7-5}$$

因为

$$v^2 = v_x^2 + v_y^2 + v_z^2$$

$$\overline{v^2} = \overline{v_x^2} + \overline{v_y^2} + \overline{v_z^2}$$

得

$$\overline{v_x^2} = \overline{v_y^2} = \overline{v_z^2} = \frac{1}{3}\overline{v^2} \tag{7-6}$$

下面我们将从理想气体的微观模型和气体动理论的统计性假设出发，来推导理想气体压强公式。在这里，我们将学习到一种新的研究方法，这就是研究由大量粒子组成的系统的统计方法，得到相应的统计规律。

7.2.3 理想气体的压强公式

气体对容器壁有压强作用，从微观上看，气体的压强 p 等于大量分子在单位时间内施加在单位面积器壁上的平均冲量，就像密集的雨点打在雨伞上对雨伞产生一种压力。

设一个边长为 x、y、z 的长方形容器中，储有 N 个质量均为 m 的分子组成的理想气体。在平衡状态下，若忽略重力影响，则分子在容器中按位置的分布是均匀的。由于平衡态下器壁各处压强相等，故在垂直于 x 方向（水平方向）的器壁上任取一小面积 $\mathrm{d}S$，计算其所受的压强就可以。取直角坐标系，如图 7-5 所示。

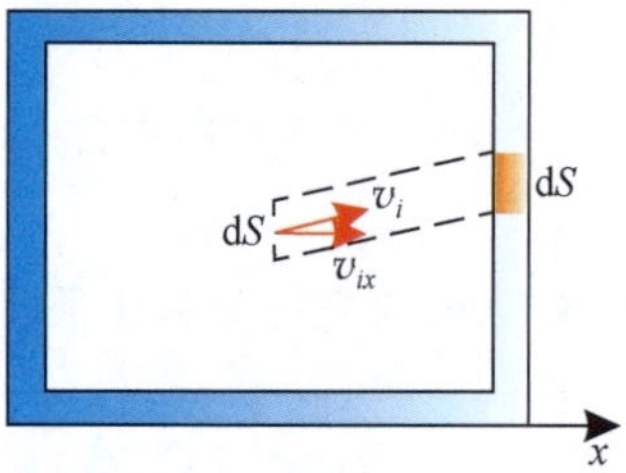

图 7-5 理想气体压强

首先考虑一个分子对器壁的碰撞。设第 i 分子以速度 v_i 和器壁的 $\mathrm{d}S$ 面发生弹性碰撞后被器壁弹回。该分子受到器壁沿 x 轴负方向的作用力，在该力作用下，分子沿 x 轴方向的动量增量为 $-2mv_{ix}$，根据质点的动量定理和牛顿第三定律，得分子给器壁 $\mathrm{d}S$ 的冲量为 $2mv_{ix}$，力的方向沿 x 轴正方向。分子在 x 轴方向上所移动的距离是 $2x$，所需要的时间为 $2x/v_{ix}$，即在单位时间内，分子与器壁 $\mathrm{d}S$ 面的碰撞次数为 $v_{ix}/2x$。于是在单位时间内，一个分子对器壁 $\mathrm{d}S$ 面的作用力为 mv_{ix}^2/x。

一个分子对器壁的作用是间歇的，不连续的，而容器内大量的分子对器壁不断进行碰撞，因此器壁受到一个持续的作用力。这个力就等于 N 个分子对器壁作用力的总和，即

$$F = \frac{mv_{1x}^2}{x} + \frac{mv_{2x}^2}{x} + \cdots + \frac{mv_{Nx}^2}{x}$$

式中，$v_{1x}, v_{2x}, \cdots, v_{Nx}$ 是各个分子速度在 x 轴上的分量。器壁 $\mathrm{d}S$ 所受到的压强为

$$p = \frac{F}{\mathrm{d}S} = \frac{m}{x\,\mathrm{d}S}(v_{1x}^2 + v_{2x}^2 + \cdots + v_{Nx}^2)$$

因为

$$\overline{v_x^2} = \frac{1}{N}(v_{1x}^2 + v_{2x}^2 + \cdots + v_{Nx}^2)$$

将式(7-6)代入，并设分子数密度为 $n = \dfrac{N}{V} = \dfrac{N}{x\,\mathrm{d}S}$，这样就得到理想气体的压强公式

$$p = mn\overline{v_x^2} = \frac{1}{3}mn\overline{v^2} \tag{7-7}$$

定义分子的**平均平动动能**(average translational kinetic energy)为

$$\overline{\varepsilon}_t = \frac{1}{2}m\overline{v^2} \tag{7-8}$$

这样,式(7-7)可写成

$$p = \frac{2}{3}n\left(\frac{1}{2}m\overline{v^2}\right) = \frac{2}{3}n\overline{\varepsilon}_t \tag{7-9}$$

式(7-9)表明,气体作用于器壁的压强正比于分子数密度和分子的平均平动动能,分子数密度越大,压强越大;分子平均平动动能越大,压强也越大。式(7-7)或式(7-9)将理想气体的宏观参量 p 与系统的微观量 v^2、ε_t 的统计平均值联系起来,显示了宏观量与微观量的关系,称为**理想气体的压强公式**。这是力学原理与统计方法相结合得出的统计规律。

理想气体的压强公式是气体动理论的基本公式之一,它揭示了压强的微观本质和统计意义,在理解压强公式时,要注意以下几点:①压强是大量气体分子对器壁碰撞而产生的,它反映了器壁受大量分子碰撞时所给冲力的统计平均效果。若容器中只有少量几个分子,压强就失去了意义。②压强是个统计平均值,可直接测量,但气体的分子数密度 n 和分子的平均平动动能是不能直接测量的。所以压强公式不能直接用实验验证。它的正确性是以它能很好地解释和推导理想气体的有关定律而被确认的。

[例题 7-3]

今有一容积为 10cm^3 的电子管,当温度为 300K 时用真空泵抽成高真空,使管内压强为 5×10^{-6}mmHg,问管内有多少气体分子?这些分子总的平动动能是多少?

解 已知气体体积 $V=10\text{cm}^3=10^{-5}\text{m}^3$,温度 $T=300\text{K}$,压力 $p=5\times10^{-6}\times133.3\text{Pa}$,玻耳兹曼常量 $k=1.38\times10^{-23}\text{J/K}$,设管内总分子数为 N,则由式(7-4):

$$p = nkT = \frac{N}{V}kT$$

得

$$N = \frac{pV}{kT} = \frac{5\times10^{-6}\times133.3\text{Pa}\times10^{-5}\text{m}^3}{1.38\times10^{-23}\text{J/K}\times300\text{K}} = 1.61\times10^{12}(\text{个})$$

由式(7-9):

$$p = \frac{2}{3}n\left(\frac{1}{2}m\overline{v^2}\right) = \frac{2}{3}\cdot\frac{N}{V}\left(\frac{1}{2}m\overline{v^2}\right)$$

可得总的分子平动动能

$$\bar{E}_k = N\left(\frac{1}{2}m\overline{v^2}\right) = \frac{3}{2}pV$$

代入已知数据,得

$$\bar{E}_k = \frac{3}{2}\times5\times10^{-6}\times133.3\text{Pa}\times10^{-5}\text{m}^3 \approx 10^{-8}\text{J}$$

应该指出,压强是大量气体分子对器壁碰撞而产生的,具有统计的意义;对个别分子,说它产生多大压强是没有意义的。

7.3 理想气体的温度公式

由理想气体的物态方程和压强公式可以得到气体的温度与分子的平均平动动能之间的关系，从而说明温度这一宏观量的微观本质。

理想气体的压强公式(7-9)和理想气体的物态方程式(7-4)比较，有

$$p=\frac{2}{3}n\left(\frac{1}{2}m\overline{v^2}\right)=\frac{2}{3}n\overline{\varepsilon_t}=nkT$$

由这两式得到

$$\overline{\varepsilon_t}=\frac{1}{2}m\overline{v^2}=\frac{3}{2}kT \tag{7-10}$$

式(7-10)称为**理想气体的温度公式**。它表明，**处于平衡态时的理想气体，其分子的平均平动动能与气体的温度成正比**。它揭示了温度的微观实质。

理想气体的温度公式表明了温度这个宏观量与分子的平均平动动能这个微观量的统计平均值相联系，而单个分子的平均平动动能是对处于平衡态下系统内的大量分子进行计算得到的，由此可以看到，只有对由大量分子组成的系统而言，温度才有意义。对单个或少数几个分子只有动能，无所谓温度。这就是温度的统计意义。

理想气体的温度是气体分子平均平动动能的量度。气体的温度越高，分子的平均平动动能就越大；分子的平均平动动能越大，分子热运动的程度就越剧烈。因此，可以说温度是表征大量分子热运动剧烈程度的宏观物理量。

气体分子的平均平动动能由气体的温度唯一地确定，而不管分子质量是否相等、内部结构是否一样。例如，不同种类的两种理想气体，只要温度 T 相同，则分子的平均平动动能相同；反之，当它们的分子的平均平动动能相同时，它们的温度一定相同。

从式(7-10)可以看出，当气体的温度达到热力学零度时，分子的热运动将停止。关于这个问题，我们想说明以下两点：

(1) 当气体系统的温度 $T=0\text{K}$ 时，分子的平均平动动能 $\overline{\varepsilon_t}=0$，这个结果是理想气体模型的直接结果。实际气体随着温度降低将转变为液体，乃至固体，其行为显然不能用理想气体的物态方程来描述，所以由理想气体物态方程得到的上述结论，对于它们来说是没有实际意义的。

(2) 从理论上说，热力学零度只能趋近而不可能达到。所以上述“当气体的温度达到热力学零度时，分子的热运动将停止”的命题，其前提是不成立的。

[例题 7-4]

一容器中储有氧气，其压强 $p=1.013\times10^5\,\text{Pa}$，温度为 300K，求：(1)分子数密度 n；(2)氧气密度；(3)分子的平均平动动能。

解 分子数密度和质量密度可由理想气体的物态方程来求解；分子的平均平动动能 $\overline{\varepsilon_t}=\frac{3}{2}kT$。

(1) 由理想气体的状态方程 $p=nkT$，得到分子数密度为

$$n=\frac{p}{kT}=\frac{1.013\times10^{5}\,\text{Pa}}{1.38\times10^{-23}\,\text{J/K}\times300\text{K}}=2.5\times10^{25}\,\text{m}^{-3}$$

(2) 由理想气体的状态方程 $pV=\frac{m}{M}RT$，得氧气密度

$$\rho=\frac{m}{V}=\frac{pM}{RT}=\frac{1.013\times10^{5}\,\text{Pa}\times3.2\times10^{-2}\,\text{kg/mol}}{8.31\text{J/(mol}\cdot\text{K)}\times300\text{K}}=1.3\text{kg/m}^{3}$$

(3) 氧分子的平均平动动能

$$\overline{\varepsilon}_{t}=\frac{3}{2}kT=\frac{3}{2}\times1.38\times10^{-23}\,\text{J/K}\times300\text{K}=6.21\times10^{-21}\,\text{J}$$

7.4 能量均分定理 理想气体的内能

7.4.1 自由度

在前面考虑的理想气体模型中，我们仅将气体分子当作质点，只考虑了分子的平动，而没有考虑分子的大小和内部结构。现在将理想气体模型稍作修改和扩展，将理想气体分为单原子分子理想气体、双原子分子理想气体和多原子分子理想气体。在双原子分子及多原子分子理想气体中，除分子的平动外，还须进一步考虑气体分子的转动和分子内原子之间的振动。因此，必须先引入分子运动自由度的概念。

在力学中，**自由度(degree of freedom)**是指**决定一个物体的空间位置所需要的独立变量数**。组成分子的原子数目不同，分子的自由度也不同。单原子分子(如氦(He)、氖(Ne)、氩(Ar))等分子可看成自由质点，要确定一个自由运动质点的空间位置需要 3 个独立坐标，因此，单原子分子的自由度是 3，即它有 3 个平动自由度。假如将质点限制在一个平面或一个曲面上运动，它有两个自由度；假如将质点限制在一条直线或一条曲线上运动，它有一个自由度。对于刚性双原子分子气体等，例如常温下氢(H_2)、氧(O_2)、氮(N_2)、一氧化碳(CO)等分子，两个原子间连线距离保持不变，就像两个质点之间由一根质量不计的刚性细杆相连着(如同哑铃)(其分子可看作两个原子被一条几何线连接)，需要用 3 个独立坐标(x,y,z)确定其质量中心所在位置，再用 2 个独立坐标(可用角坐标 α,β)确定两个原子间的相对方位，由于两个原子被看作是两个质点，所以绕连线的转动可以不计。因此，刚性双原子分子气体的自由度为 5，其中 3 个是平动自由度，2 个是转动自由度。对于刚性三原子或多原子分子，例如，常温下水蒸气(H_2O)、氨(NH_3)等，具有 3 个平动自由度和 3 个转动自由度，总自由度为 6。

以上讨论是把分子看成大小、形状不变的刚性分子。实际上，双原子或多原子分子并不完全是刚性的，在分子内部原子与原子间相互作用力支配下，分子内部还要发生振动，因此分子还应有振动自由度。不过，分子内部的振动运动在高温时才显著起来，所以在常温下，振动自由度可以不予考虑。下面只考虑刚性的双原子和多原子分子气体。

7.4.2 能量均分定理

根据分子的平均平动动能 $\overline{\varepsilon_t}=\frac{1}{2}m\overline{v^2}=\frac{3}{2}kT$ 和式 $\overline{v_x^2}=\overline{v_y^2}=\overline{v_z^2}=\frac{1}{3}\overline{v^2}$ 得

$$\frac{1}{2}m\overline{v_x^2}=\frac{1}{2}m\overline{v_y^2}=\frac{1}{2}m\overline{v_z^2}=\frac{1}{3}\left(\frac{1}{2}m\overline{v^2}\right)=\frac{1}{2}kT \tag{7-11}$$

此式表明，分子有 3 个平动自由度，每一个平动自由度的平均动能都等于 $\frac{1}{2}kT$，这是气体动理论关于分子无规则碰撞的统计性假设的结果，也是分子运动无序性的表现。由于碰撞，平动动能不仅在分子之间交换，而且还可以从一个平动自由度转移至另一个平动自由度上。对于大量分子来说，没有哪个方向上的平动动能特别占优势。因而每个自由度就具有相等的平均动能。

对于刚性的双原子和多原子分子理想气体，还将涉及分子的转动，在分子的无规则碰撞中，平动和转动之间以及转动各自由度之间也可以交换能量，而且没有哪个自由度在能量的分配上特别占优势。这样就可以将式(7-11)表示的结论推广到更一般的情形，**在温度为 T 的平衡态下，气体分子每个自由度的平均动能都相等，且等于 $kT/2$**。这一结论就是**能量均分定理**。

如果气体分子有 i 个自由度，则每一个分子的热运动平均动能就是

$$\bar{\varepsilon}=\frac{i}{2}kT \tag{7-12}$$

能量均分定理是经典力学中的一条重要的统计规律，适用于大量分子组成的系统，包括气体和较高温度下的液体和固体，适用于分子的平动、转动和振动。经典统计物理可给出能量均分定理的严格证明。

7.4.3 理想气体的内能

气体分子的热运动(平动、转动和振动)能量和分子之间的势能构成气体内部的总能量，称为气体的**热力学能**，也称为**内能**(**internal energy**)，用 E 表示。由于分子热运动能量与 kT 成正比，而势能决定于分子的间距，所以内能一般与气体的温度和体积有关。内能是气体的一个状态函数，它只与气体所处的状态有关，而与到达该状态的过程无关。

理想气体不计分子之间的相互作用力，所以分子之间的相互作用势能也就可以忽略不计。对于刚性分子，也不考虑分子内的势能。所以，理想气体的内能就只是分子各种热运动能量之和，只与气体的温度有关，而与体积无关。

已知 1mol 理想气体的分子数为 N_A。若该气体分子的自由度为 i，那么，1mol 理想气体分子的平均能量，即 1mol 理想气体的内能 E 为

$$E = N_A\bar{\varepsilon} = N_A\left(\frac{i}{2}kT\right) = \frac{i}{2}RT \tag{7-13}$$

而质量为 m、摩尔质量为 $M\left(物质的量\ \nu=\frac{m}{M}\right)$的理想气体内能为

$$E = \frac{m}{M}\frac{i}{2}RT = \nu\frac{i}{2}RT \tag{7-14}$$

由此可知,一定量的理想气体的内能完全取决于气体分子的自由度和气体的热力学温度,且与热力学温度成正比,而与气体的压强和体积无关。在理想气体的状态变化过程中,如果温度不变,内能也不变。理想气体的内能只是温度的单值函数,这个结论在与室温相差不大的温度范围内与实验近似相符。表 7-1 给出理想气体分子自由度、分子平均动能和 1mol 理想气体内能的理论值。

表 7-1 理想气体分子自由度、分子平均动能和摩尔气体内能的理论值

项目	单原子分子	双原子分子		三原子分子	
		刚性	非刚性	刚性	非刚性
自由度(i)	3(平动)	5(3 平动+2 转动)	7(3 平动+2 转动+2 振动)	6(3 平动+3 转动)	12(3 平动+3 转动+6 振动)
分子平均动能($\bar{\varepsilon}$)	$\frac{3}{2}kT$	$\frac{5}{2}kT$	$\frac{7}{2}kT$	$\frac{6}{2}kT=3kT$	$\frac{12}{2}kT=6kT$
1mol 气体内能(E)	$\frac{3}{2}RT$	$\frac{5}{2}RT$	$\frac{7}{2}RT$	$3RT$	$6RT$

[例题 7-5]

今有 56 克氮气(可将氮气视为刚性分子),温度为 0℃,求:(1)分子的平均平动动能之和;(2)分子的平均转动动能之和;(3)氮气的内能;(4)当温度升高到 27℃时,氮气内能的增量。

解 氮气为刚性双原子分子,分子的平均平动动能 $\overline{\varepsilon_t}=\frac{3}{2}kT$,平均转动动能 $\overline{\varepsilon_r}=\frac{2}{2}kT=kT$,物质的量为 ν(mol)的氮气,分子数 $N=\nu\cdot N_A$,分子的平均平动动能之和 $E_k=N\cdot\overline{\varepsilon_t}=\nu\cdot N_A\frac{3}{2}kT=\nu\frac{3}{2}RT$,平均转动动能之和 $E_r=N\cdot\overline{\varepsilon_r}=\nu\cdot N_AkT=\nu RT$。而氮气的内能和内能增量可由内能公式来求解。

氮气的物质的量 $\nu=\frac{m}{M}=\frac{56\text{mol}}{28\text{g}}=2\text{mol}$,温度 $T=273\text{K}$。

(1) 氮气分子的平均平动动能之和

$$E_k=N\cdot\overline{\varepsilon_t}=\nu\cdot N_A\frac{3}{2}kT=\nu\frac{3}{2}RT=\frac{3}{2}\times2\text{mol}\times8.31\text{J/(mol}\cdot\text{K)}\times273\text{K}=6806\text{J}$$

(2) 分子的平均转动动能之和

$$E_r = N \cdot \overline{\varepsilon_r} = \nu \cdot N_A \frac{2}{2}kT = 2RT = (2 \times 8.31 \times 273)\text{J} = 4537\text{J}$$

(3) 内能

$$E = \nu \cdot \frac{i}{2}RT = \nu \cdot \frac{5}{2}RT = 5RT = (5 \times 8.31 \times 273)\text{J} = 11343\text{J}$$

(4) 温度升高到 $T' = 300\text{K}$ 时，内能的增量为

$$\Delta E = \nu \cdot \frac{5}{2}R(T' - T_1) = \nu \cdot \frac{5}{2}R\Delta T = 5R\Delta T = [5 \times 8.31 \times (300 - 273)]\text{J} = 1122\text{J}$$

[例题 7-6]

两个容器中分别储有氦气和氧气，已知氦气的压强是氧气压强的 2 倍，氦气的容积是氧气的 1/2。试问氦气的内能是氧气内能的多少倍？

解 氦气是单原子分子，氧气是双原子分子，它们的自由度分别为 3 和 5。用下标 1、2 分别表示氦气和氧气的有关各量。由理想气体的内能公式有

$$\frac{E_1}{E_2} = \frac{\nu_1 \frac{i_1}{2}RT_1}{\nu_2 \frac{i_2}{2}RT_2}$$

根据已知条件得到 $p_1V_1 = p_2V_2$，再利用理想气体物态方程 $pV = \nu RT$，可得

$$\nu_1 RT_1 = \nu_2 RT_2$$

所以氦气和氧气的内能之比为

$$\frac{E_1}{E_2} = \frac{i_1}{i_2} = \frac{3}{5}$$

即氦气的内能是氧气内能的 3/5 倍。

7.5 麦克斯韦速率分布定律

任何一种气体都是由大量作无规则热运动的分子组成的，由于分子在无规则热运动中频繁发生碰撞，每个分子运动速度的大小和方向不断地发生变化，在某个时刻个别分子的速度具有怎样的数值和方向完全是偶然的。但就大量分子整体而言，气体分子的速度分布是有规律的。早在 1859 年，麦克斯韦就用概率论证明了在平衡态下理想气体分子的速率分布规律。但受技术条件的限制，直到 1920 年才由史特恩做了第一次实验尝试，对麦克斯韦气体分子速率分布规律进行了验证，但未能给出定量的结果。1955 年哥伦比亚大学的密勒给出了这个规律的比较精确的实验证明。本节学习速率分布概念和麦克斯韦速率分布定律的最基本内容。

7.5.1 速率分布概念

由于分子热运动的随机性和偶然性，不可能测出每个分子在任意时刻准确的速率值，但可采用统计的方法来研究。在气体的平衡态下把分子的速率划分为若干个相等的间隔 Δv，然后统计气体分子处于某一速率间隔 $v\sim v+\Delta v$ 内的分子数 ΔN 占总分子数 N 的百分比 ($\Delta N/N$)，也就是每一个分子速率的分布在间隔 $v\sim v+\Delta v$ 内的概率。表 7-2 是氧气分子在 273K 时的速率分布情况。

表 7-2　氧气分子速率分布统计表

速率区间 Δv/(m/s)	分子数百分比 $\Delta N/N$/%	速率区间 Δv/(m/s)	分子数百分比 $\Delta N/N$/%
100 以下	1.4	400～500	20.6
100～200	8.1	500～600	15.1
200～300	16.5	600～700	9.2
300～400	21.4	700 以上	7.7

将 $\Delta N/N$ 除以 Δv 就得到在速率间隔 $v\sim v+\Delta v$ 内、单位速率区间内的相对分子数 $\Delta N/(N\Delta v)$，如果以 $\Delta N/(N\Delta v)$ 为纵坐标，分子速率 v 为横坐标，可得到气体分子速率分布曲线，如图 7-6 所示，其中一块块矩形面积表示分布在各速率之间内的分子数。从图中可以看出，分布在不同速率区间内的相对分子数是不同的，但在实验条件不变的情况下，分布在给定区间内的相对分子数则是完全相同的。这就是说，尽管个别分子的速率具有偶然性，但是气体分子速率有着稳定的不随时间变化的概率分布。分子速率很高或很低的分子所占总分子数的百分比甚小，多数分子以中等速率运动。对于任何温度下的任何一种气体都有类似的情况，反映了速率分布的统计规律性，这个规律称为**分子速率的分布规律**。值得一提的是，我国物理学家丁西林(原名丁燮林，字巽甫，1893—1974 年，中国剧作家、物理学家、社会活动家)在 1921 年以热电子发射实验，直接证明了高温下的电子和气体分子一样遵守这个速率分布规律，从而为经典电子理论提供了有力的佐证。

视频：麦克斯韦速率分布

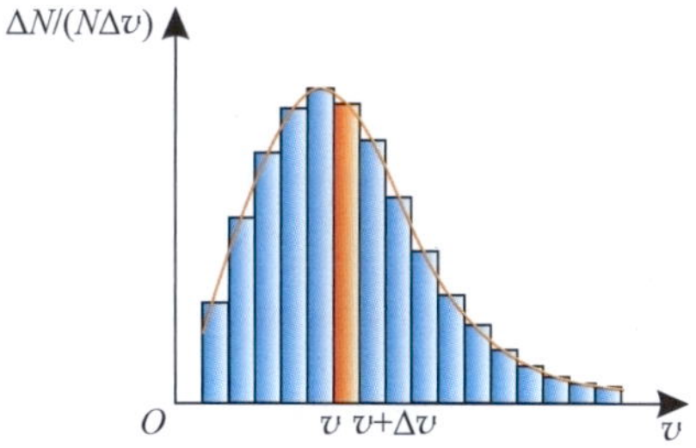

图 7-6　分子速率分布情况

7.5.2 麦克斯韦气体分子速率分布定律

在平衡状态下，从图 7-6 可以知道，比值 $\Delta N/N$ 与速率区间有关，在不同的速率区间，它的数值不同。如果所取的速率区间 Δv 越大，则 $\Delta N/N$ 就越大。当速率区间 $\Delta v\to 0$ 时，图 7-6 所示的矩形统计图顶端的折线就变成一条光滑的曲线，这条曲线可以精确地表示气体分子的速率分布情况，它反映了分子速率分布的一个连续函数。我们将这一函数称为**速率分布函数**(**distribution function of speed**)，用 $f(v)$表示，即

$$f(v)=\lim_{\Delta v\to 0}\frac{\Delta N}{N\Delta v}=\frac{1}{N}\lim_{\Delta v\to 0}\frac{\Delta N}{\Delta v}=\frac{\mathrm{d}N}{N\mathrm{d}v} \tag{7-15}$$

不难看出速率分布函数 $f(v)$的物理意义是：速率在 v 附近，单位速率区间的分子数占总分子数的百分比。

式(7-15)可以写成

$$\frac{\mathrm{d}N}{N}=f(v)\mathrm{d}v \tag{7-16}$$

这表示分子速率分布在 $v\sim v+\mathrm{d}v$ 间隔内的分子数 $\mathrm{d}N$ 占总分子数 N 的百分比。

也可以用概率的概念来理解速率分布函数，$\mathrm{d}N/N$ 就是一个分子的速率在 v 附近 $\mathrm{d}v$ 内的概率，$f(v)$是一个分子的速率在 v 附近单位速率区间内的概率。因此，速率分布函数又称为**分子速率分布的概率密度**。

1859 年，麦克斯韦用概率论证明了在平衡态下，理想气体分子的速率分布函数形式为

$$f(v)=\frac{\mathrm{d}N}{N\mathrm{d}v}=4\pi\left(\frac{m}{2\pi kT}\right)^{\frac{3}{2}}\mathrm{e}^{-\frac{mv^2}{2kT}}v^2 \tag{7-17}$$

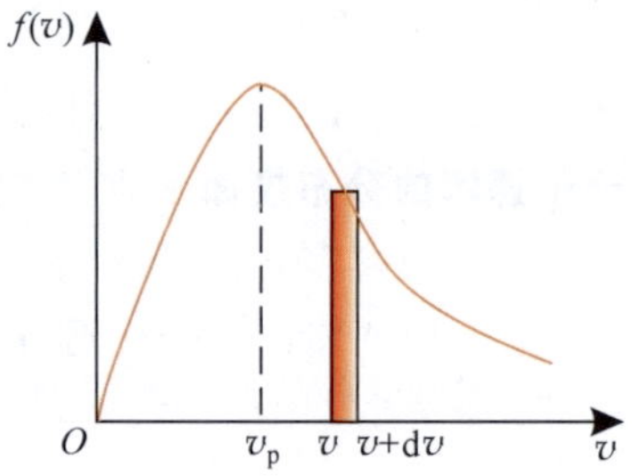

图 7-7 麦克斯韦速率分布

式中，T 是系统的热力学温度，m 为分子质量，k 为玻耳兹曼常量。式(7-17)就是麦克斯韦速率分布函数或**麦克斯韦速率分布定律**。图 7-7 是麦克斯韦速率分布曲线，速率 v 附近曲线下面宽度为 $\mathrm{d}v$ 的小窄条面积就是 $f(v)\mathrm{d}v$，它等于分布在此速率区间的分子数占总分子数的百分比($\mathrm{d}N/N$)。由于全部分子的速率分布均在零到无限大的区间内，所以曲线下的总面积应该等于 1，即将式(7-17)对所有速率区间积分，就得到所有速率区间的分子数占总分子数的百分比的总和，显然总和等于 1，即

$$\int_0^N\frac{\mathrm{d}N}{N}=\int_0^\infty f(v)\mathrm{d}v=1 \tag{7-18}$$

这是由分布函数本身的物理意义所决定的，称为速率分布函数的**归一化条件**(**normalizing condition**)。

7.5.3 温度对速率分布曲线的影响

由式(7-17)可知，对于一定的气体，当温度不同时，其速率分布函数是不同的。当温度

升高时，分子热运动加剧，速率较大的分子所占百分率增高，分布曲线的峰值将向速率大的方向移动。由于分布曲线下的总面积不变(恒等于 1)，所以随着温度的升高，分布曲线向高速区域扩展，峰值变低，曲线变宽，变平坦，这意味着温度越高，速率较大的分子数越多，分子运动越剧烈。图 7-8 所示的是氮气在不同温度下的麦克斯韦速率分布函数 $f(v)$ 曲线。

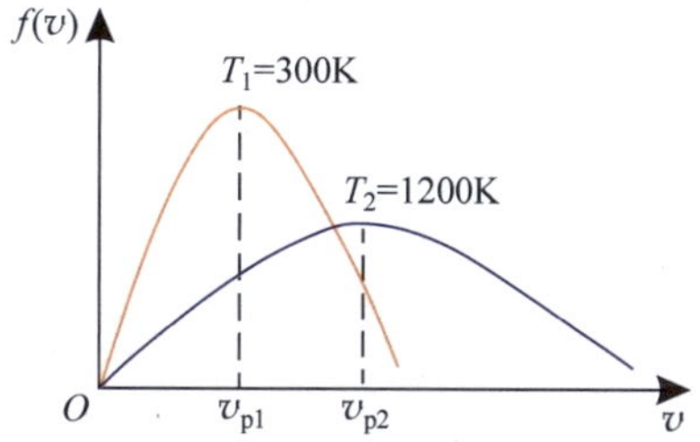

图 7-8　氮气分子在不同温度下的速率分布

7.5.4　分子运动的三种统计速率

麦克斯韦速率分布定律揭示了理想气体分子运动的统计规律性，应用它可以方便地求出平衡状态下分子热运动的几种统计速率。

1. 最概然速率

从麦克斯韦速率分布图中可以看出，速率很大和很小的气体分子数都很少，但在某一速率 v_p 处有一个最大值，若把整个速率范围划分为许多相等的小区间，则分布在 v_p 所在区间内的分子数占总分子数的百分比最大。与速率分布函数 $f(v)$ 极大值对应的速率 v_p 称为**最概然速率**(**most probable speed**)，它可由下式求出：

$$\left.\frac{\mathrm{d}f(v)}{\mathrm{d}v}\right|_{v_p}=0$$

将式(7-17)代入，解得

$$v_p=\sqrt{\frac{2kT}{m}}=\sqrt{\frac{2kN_A T}{mN_A}}=\sqrt{\frac{2RT}{M}}\approx 1.41\sqrt{\frac{RT}{M}} \tag{7-19}$$

式中，m 是一个分子的质量，M 是分子摩尔质量。式(7-19)表明最概然速率随温度的升高而增大，随气体的摩尔质量的增大而减小。从最概然速率可以粗略判断热平衡态下气体分子速率的分布情况。

2. 平均速率

从速率分布曲线可以看出，气体分子的速率可以取零到无穷大之间的任意值。大量分子速率的算术平均值称为**平均速率**(**mean speed**)，根据麦克斯韦速率分布函数可以计算气体分子的平均速率。分子平均速率为

$$\bar{v}=\frac{\int_0^{\infty}v\mathrm{d}N}{N}$$

把式(7-17)代入，可算得平均速率为

$$\bar{v}=\sqrt{\frac{8kT}{\pi m}}=\sqrt{\frac{8RT}{\pi M}}\approx 1.60\sqrt{\frac{RT}{M}} \tag{7-20}$$

3. 方均根速率

根据麦克斯韦速率分布函数还可以计算分子速率平方的平均值，即**方均根速率**(**root-mean-square speed**)。我们在求理想气体的压强公式时就遇到了分子速率平方的平均值，分子速率平方的平均值为

$$\overline{v^2}=\frac{\int_0^{\infty}v^2\mathrm{d}N}{N}$$

同样把式(7-17)代入，经运算得到的方均根速率为

$$v_{\mathrm{rms}}=\sqrt{\overline{v^2}}=\sqrt{\frac{3kT}{m}}=\sqrt{\frac{3RT}{M}}\approx 1.73\sqrt{\frac{RT}{M}} \tag{7-21}$$

这与式(7-10)对

$$\overline{v^2}=\frac{3kT}{m}$$

求平方根得到的方均根速率是一致的。

由式(7-19)、式(7-20)、式(7-21)三式确定的最概然速率 v_{p}、平均速率 $\bar{v}$ 和方均根速率 v_{rms} 都是在统计意义上说明大量分子的运动速率的特征值，它们都与 $\sqrt{T}$ 成正比，与 $\sqrt{m}$ 成反比，$v_{\mathrm{p}}<\bar{v}<v_{\mathrm{rms}}$。三种速率有各自不同的应用场合。在讨论大量分子的速率分布时，需要用到最概然速率 v_{p}，在研究气体分子的迁移现象等问题时，要用到平均速率 $\bar{v}$，而方均根速率 v_{rms} 则用于研究理想气体压强及分子平均动能等问题。

以上三种统计特征速率具有相同的数量级。例如，在27℃(300K)时氢气分子的 $v_{\mathrm{rms}}=1.93\times10^3\,\mathrm{m/s}$，氧气分子的 $v_{\mathrm{rms}}=483\,\mathrm{m/s}$。利用这个结果可以对地球大气层中为什么几乎没有自由的氢分子作定性的解释。地球表面物体脱离地球引力的逃逸速度(第二宇宙速度)为11.2km/s，约为氢气分子 v_{rms} 的6倍，氧气分子 v_{rms} 的25倍。根据麦克斯韦速率分布定律，有相当数量的氢气分子的速率超过了逃逸速度，从而逃逸地球的大气层。经过几十亿年后，地球原始大气中大量的氢气和氦气基本完全散去，而氧气分子 v_{rms} 只有逃逸速度的1/25，这些气体逃逸的可能性很小，所以今天的地球大气中就保留了大量自由的氧气分子和氮气分子(氮分子质量与氧分子质量接近)。

[例题 7-7]

已知 $f(v)$ 是速率分布函数，说明以下各式的物理意义：(1) $f(v)\mathrm{d}v$；(2) $nf(v)\mathrm{d}v$，其中 n 是分子数密度；(3) $\int_0^{v_{\mathrm{p}}}f(v)\mathrm{d}v$。

解 (1) $f(v)\mathrm{d}v=\mathrm{d}N/N$，它表示在速率区间 $v\sim v+\mathrm{d}v$ 内的分子数 $\mathrm{d}N$ 占总分子数 N 的百分比，或某分子的速率在 $v\sim v+\mathrm{d}v$ 区间内的概率。

(2) $nf(v)\mathrm{d}v$ 表示单位体积内，分子速率在 $v\sim v+\mathrm{d}v$ 间隔内的分子数。

(3) $\int_0^{v_{\mathrm{p}}}f(v)\mathrm{d}v$ 表示在速率区间 $0\sim v_{\mathrm{p}}$ 内分子数占总分子数 N 的百分比，或某分子的速率小于 v_{p} 的概率。

[例题 7-8]

计算温度为 300K 时,氧气分子的最概然速率、平均速率和方均根速率。

解 氧气的摩尔质量 $M=0.032\text{kg/mol}$,摩尔气体常量 $R=8.31\text{J/(mol}\cdot\text{K)}$。按以上数据计算出氧气的最概然速率、平均速率、方均根速率分别为

$$v_{\text{p}}=\sqrt{\frac{2RT}{M}}=\sqrt{\frac{2\times 8.31\text{J/(mol}\cdot\text{K)}\times 300\text{K}}{0.032\text{kg/mol}}}=395\text{m/s}$$

$$\bar{v}=\sqrt{\frac{8RT}{\pi M}}=\sqrt{\frac{8\times 8.31\text{J/(mol}\cdot\text{K)}\times 300\text{K}}{3.14\times 0.032\text{kg/mol}}}=445\text{m/s}$$

$$v_{\text{rms}}=\sqrt{\frac{3RT}{M}}=\sqrt{\frac{3\times 8.31\text{J/(mol}\cdot\text{K)}\times 300\text{K}}{0.032\text{kg/mol}}}=483\text{m/s}$$

计算表明,在 300K 时,氧气分子的三个统计速率比同温度下空气中声音传播的速率还要大。应该注意,实际上气体分子各以不同的速率在运动,最概然速率、平均速率和方均根速率不过是速率的某种统计平均值而已。

7.6 气体分子平均碰撞次数和平均自由程

气体分子的运动速度与声波在空气中的传播速度是同一数量级,然而当我们打开一个香水瓶的瓶塞时,距离香水几米之外的人并不能马上嗅到香水的气味,这其中的原因在于气体分子在运动过程中不断与其他分子发生碰撞,如图 7-9 所示,分子运动的路径不是一条简单的直线,而是无规则的折线。分子间通过碰撞来实现动量、能量的交换,而气体由非平衡态达到平衡态的过程,就是通过分子的碰撞来实现的。

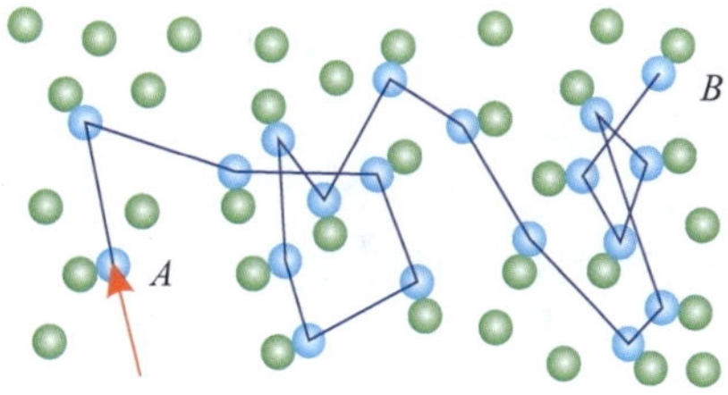

图 7-9 分子碰撞

动画:分子的碰撞

气体分子在热运动中进行频繁的碰撞,假如忽略了分子力的作用,那么在连续两次碰撞之间所通过的自由路程的长短完全是偶然事件,但对于大量分子而言,在连续两次碰撞之间所通过的自由路程的平均值,即**平均自由程**(**mean free path**)却是一定的。平均自由程对研究气体的性质和规律具有重要意义。

气体分子的平均自由程与系统中单位体积内的分子数有关,与分子本身的大小有关。

我们把气体分子想象为直径为 d 的刚性球，并跟踪一个分子，观察它与其他分子碰撞的情形。这里我们可以认为，当它与其他分子中心距离达到 d 时，碰撞就发生了。为讨论方便，我们对这个分子作下面两个假定：①由于这个分子在与其他分子碰撞时，它们的中心间距为 d，假定这个分子的有效直径为 $2d$，而把与它发生碰撞的其他分子看作是没有大小的质点；②如果分子热运动的相对速率的平均值为 $\bar{u}$，那么可以假定这个分子以 $\bar{u}$ 运动，而把与它发生碰撞的其他分子看作是静止的。

我们跟踪的分子 α 在运动过程中将扫过一个以 πd^2 为截面积、以它中心的运动轨迹为轴线的圆柱体。凡处于这个圆柱体内的质点，都将与分子 α 发生碰撞。因此，我们把截面积 πd^2 称为**分子碰撞截面**。这个圆柱体必定是曲折状的，如图 7-10 所示。这是由于在与其他分子发生碰撞的地方，圆柱体曲折了。在 t 时间内，分子 α 所扫过的曲折圆柱体的总长度(即其轴线的长度)为 $\bar{u}t$，相应的圆柱体的体积为 $\bar{u}t\pi d^2$。如果系统中单位体积内的分子数为 n，那么包含在圆柱体内的分子数为 $n\bar{u}t\pi d^2$。前面已经讲过，圆柱体内包含的分子都将与分子 α 发生碰撞，所以圆柱体内包含的分子数，必定等于在 t 时间内分子 α 与其他分子碰撞的次数。在单位时间内分子 α 与其他分子碰撞的平均次数叫做分子的每秒平均碰撞次数，或称**平均碰撞频率**(**mean collision frequency**)，用 $\bar{Z}$ 表示，则应有

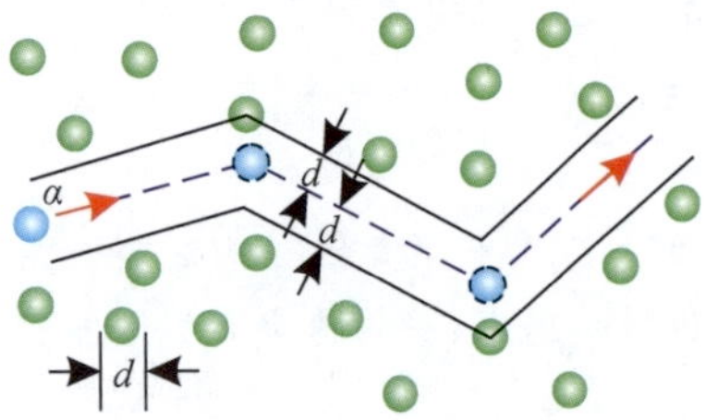

图 7-10　分子碰撞次数的计算

$$\bar{Z}=\frac{n\bar{u}t\pi d^2}{t}=n\bar{u}\pi d^2 \tag{7-22}$$

利用麦克斯韦速率分布定律可以证明，分子的平均相对速率 $\bar{u}$ 与平均速率 $\bar{v}$ 有下面的关系：

$$\bar{u}=\sqrt{2}\,\bar{v} \tag{7-23}$$

将式(7-23)代入式(7-22)，得

$$\bar{Z}=\sqrt{2}\,n\bar{v}\pi d^2 \tag{7-24}$$

分子 α 在 1s 内运动的平均路程为 $\bar{v}$，而在这段时间内发生了 $\bar{Z}$ 次碰撞，因而每连续两次碰撞所通过的平均路程，即平均自由程为

$$\bar{\lambda}=\frac{\bar{v}}{\bar{Z}}=\frac{1}{\sqrt{2}\,n\pi d^2} \tag{7-25}$$

式(7-25)表明，**分子的平均自由程与分子的有效直径的平方成反比，与单位体积内的分子数成反比，而与分子的平均速率无关**。

由于在温度恒定时气体的压强与单位体积内分子数 n 成正比，即 $p=nkT$，所以可以得到分子平均自由程与压强的关系：

$$\bar{\lambda}=\frac{kT}{\sqrt{2}\,\pi d^2 p} \tag{7-26}$$

式(7-26)表明，**在温度恒定时，分子的平均自由程与气体压强成反比**。

应该指出，在推导平均碰撞次数的过程中，我们把气体分子当作直径为 d 的弹性小球，并且把分子间的碰撞看成完全弹性碰撞。实际上，气体分子并不是真正的球体，分子碰撞的实际过程也与刚性球的碰撞不同。分子的有效直径 d 并不能代表分子的真正大小。分子

是一个复杂的带电体，分子之间相互作用的性质也是非常复杂的，当分子间距很小时，分子力表现为斥力，并且随着分子间距的减小，斥力迅速增大，碰撞过程就是这种斥力的作用。显然，随着两个分子在碰撞前相互接近的速率的不同，它们之间所能达到的最小距离也不同，所以分子有效直径 d 并不能代表分子的真正大小。

根据计算，在标准状态下，各种气体的每秒碰撞次数 $\bar{Z}$ 的数量级为 $10^9\,s^{-1}$，平均自由程 $\bar{\lambda}$ 的数量级为 $10^{-8}\sim10^{-7}$m，也就是说，一个分子在 1s 内平均要与其他分子发生约几十亿次碰撞。由于频繁的碰撞，使得分子平均自由程非常短。表 7-3 给出了在 300K 和 1.013×10^5 Pa 下，几种气体分子的平均自由程和分子的有效直径。

表 7-3　在 300K 和 1.013×10^5 Pa 下，几种气体分子的平均自由程和分子的有效直径

指标	氢	氮	氧	空气
$\bar{\lambda}$/m	1.123×10^{-7}	0.599×10^{-7}	0.647×10^{-7}	7.0×10^{-8}
d/m	2.72×10^{-10}	3.72×10^{-10}	3.57×10^{-10}	3.36×10^{-10}

[例题 7-9]

已知氢分子的有效直径 $d=2\times10^{-10}$ m，试求它在标准状况下的平均自由程和平均碰撞次数。

解　标准状况下，$T=273$K，$p=1.01\times10^5$Pa，因此氢气分子的平均自由程

$$\bar{\lambda}=\frac{kT}{\sqrt{2}\pi d^2 p}=\frac{1.38\times10^{-23}\,\text{J/K}\times273\,\text{K}}{\sqrt{2}\times3.14\times(2.0\times10^{-10}\,\text{m})^2\times1.01\times10^5\,\text{Pa}}=2.1\times10^{-7}\,\text{m}$$

可见分子的平均自由程远大于其有效直径。氢气的摩尔质量 $M=0.002$kg/mol，因此平均速率

$$\bar{v}=\sqrt{\frac{8RT}{\pi M}}=\sqrt{\frac{8\times8.31\,\text{J/(mol}\cdot\text{K)}\times273\,\text{K}}{3.14\times0.002\,\text{kg/mol}}}=1.7\times10^3\,\text{m/s}$$

由此得氢气分子的平均碰撞次数

$$\bar{Z}=\frac{\bar{v}}{\bar{\lambda}}=\frac{1.7\times10^3\,\text{m/s}}{2.1\times10^{-7}\,\text{m}}=8.1\times10^9\,\text{s}^{-1}$$

计算表明，在标准状态下，气体分子每秒的碰撞次数高达 10^9 次。

原理应用

真空的获得以及真空度的估算

气体非常稀薄，压强很低的状态称为真空状态。气体稀薄的程度称为**真空度**。真空度的单位为“帕斯卡”，符号为 Pa。曾用单位还有毫米汞柱和托，符号分别为 mmHg 和 Torr，1mmHg=1Torr=1/760atm=133.3224Pa。一般称真空度在 $10^5\sim10^2$Pa 为低真空，$10^2\sim10^{-1}$Pa 为中真空，

$10^{-1}\sim10^{-6}$ Pa为高真空，$10^{-6}\sim10^{-9}$ Pa为超高真空，小于10^{-9} Pa为极高真空。真空技术广泛应用于食品、生物、医药、材料、电子、大规模集成电路生产等新兴工业和科学研究的各个领域。

1. 真空的获得

在地球上通常是对特定的封闭空间抽气来获得真空，用来抽气的设备称为真空泵。用任何一种真空泵都不能达到从$1.013\times10^{5}\sim10^{-11}$ Pa这样宽的压力范围的真空，只有用几台不同种类性能良好的真空泵联合抽气才能达到。有些泵不能从大气开始工作，需要有其他的泵抽到一定真空度后才能工作，这样使用的泵叫做次级泵，而用于抽预备真空的泵叫做前级泵。

真空泵按其工作原理可分为两大类：

(1) 压缩型真空泵。其原理是将气体由泵的入口端压缩到出口端。例如：①利用膨胀压缩作用的旋转式机械真空泵，利用气体黏滞牵引作用的蒸气流扩散泵；②利用高速表面牵引分子作用的盖德分子泵，利用涡轮风扇排除气体的涡轮分子泵等。

(2) 吸附型真空泵。其原理是利用各种吸气作用将气体吸掉。例如：①利用电离吸气作用的离子泵；②利用物理或化学吸附作用的吸附泵、低温泵等。在这类泵中气体分子并不排出泵外，而是被暂时或永久地储存于泵内。

决定真空度大小的因素有两个：一个是真空泵本身能达到的极限真空度和抽速，一个是整个系统的泄漏量。由于任何物质由固态或液态转化为气态都需要能量，所以气温越高，分子运动越活跃，越容易将其抽出。由于是抽真空元件内部的气体，所以和元件内部的温度、湿度关系大，和大气的温度、湿度关系小，但如果大气的温度较高、湿度小的话，抽空效果会好一点。一般情况下，水是影响真空的重要因素，要抽出水分最重要的一点是温度，如果没有足够的热能，由于抽真空导致气压下降，部分液态水会挥发，使留下的水温度下降，甚至变成冰。

2. 真空度的估算

下面以保温瓶为例估算其真空度。保温瓶的瓶胆是具有双层薄壁的玻璃容器，其两壁间抽成气压较低的真空。为达到保温目的，壁间的真空度为多高才适宜呢？下面作一简要估算。

如图P7-1所示，设保温瓶的瓶胆下壁温度为T_1，上壁温度为T_2，且$T_1>T_2$，两壁之间充满低压理想气体，其分子数密度为n。设分子与任一壁碰撞后，即获得与该壁温度相当的平均能量$\frac{i}{2}kT$，那么，一个分子与下壁碰一次后，再与上壁碰一次，从下壁传递给上壁的能量为$\frac{i}{2}k(T_1-T_2)$。由于单位时间与单位面积器壁碰撞的分子数为$\frac{1}{4}n\bar{v}$，那么，由于气体分子不断在上、下壁之间碰撞，单位时间内从下壁传给上壁的能量(即热传导的速度)为

$$\frac{\Delta Q}{\Delta t}=\frac{1}{4}n\bar{v}\,\frac{i}{2}k(T_1-T_2)S \qquad \text{(P7-1)}$$

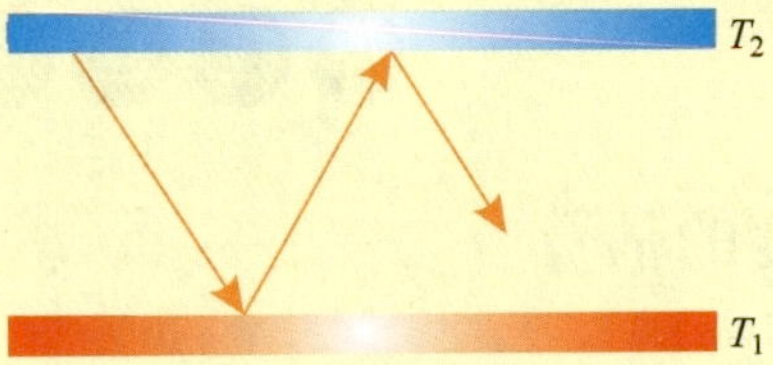

图P7-1　保温瓶内真空度估算

式中，S为器壁的面积，将$n=\frac{p}{kT}$，$\bar{v}=\sqrt{\frac{8RT}{\pi M}}$(作近似讨论，式中$T$为两壁温度的平均值)代入式(P7-1)，得

$$\frac{\Delta Q}{\Delta t}=\sqrt{\frac{R}{2\pi MT}}\,\frac{i}{2}p(T_1-T_2)S \qquad \text{(P7-2)}$$

由此可见，热传导的速度与压强成正比，只要减小压强，就能降低热传导速度。

下面以5号普通型保温瓶为例估算保温瓶真空度，已知瓶胆的容积为2L，装满水的质量$m=2\text{kg}$，瓶胆内壁面积$S_1=980\text{cm}^2$，外壁面积$S_2=1060\text{cm}^2$，保温的质量指标为装满100℃的水，24小时后温度不低于70℃。根据以上条件可得保温瓶的传热速率：

$$\frac{\Delta Q_1}{\Delta t}=\frac{4.18\times 2\times 10^3\times(100-69)\text{J}}{24\times 60\times 60\text{s}}=3\text{J/s}$$

因为在一般保温瓶中，只有20%的热量由瓶胆夹层真空散失，所以通过瓶胆夹层的热传递速度为

$$\frac{\Delta Q}{\Delta t}=0.2\left(\frac{\Delta Q_1}{\Delta t}\right)=0.2\times 3\text{J/s}=0.6\text{J/s}$$

由于内壁面积S_1与外壁面积S_2相差很小，瓶胆可近似看作平板，取平均面积

$$S=\frac{1060+980}{2}\text{cm}^2=1020\text{cm}^2=0.102\text{m}^2$$

取100℃与70℃的平均温度为瓶胆内壁的温度T_1，即

$$T_1=\frac{(100+70)℃}{2}=85℃$$

设室温25℃为瓶胆外壁的温度T_2，取瓶胆内壁与外壁的平均温度为气体的平均温度T，即

$$T=\frac{(85+25)℃}{2}=55℃=328\text{K}$$

因为空气的主要成分是氮气与氧气，两者皆为双原子分子气体，所以气体的自由度$i=5$，已知空气的摩尔质量$M=28.9\times 10^{-3}\text{kg/mol}$，将上述所有数据代入式(P7-2)，得

$$p=0.11\text{Pa}$$

实际中，保温瓶厂生产的保温瓶真空度一般为0.1～0.6Pa。可见，上述近似计算的结果在实际保温瓶的真空度范围之内。

内容提要

1. 分子运动的基本观点

2. 热力学系统的平衡态和状态量

在不受外界影响的情况下，系统的宏观性质不随时间变化，这就是平衡态。确定平衡态宏观性质的量称为系统的状态量。

气体的压强p、体积V以及温度T。

3. 理想气体的物态方程

理想气体模型和理想气体的物态方程：$pV=\nu RT=\frac{m}{M}RT$

4. 理想气体的压强和温度

理想气体的压强公式：$p=\frac{1}{3}mn\overline{v^2}=\frac{2}{3}n\overline{\varepsilon_t}$

理想气体的温度公式：$\overline{\varepsilon_t}=\frac{1}{2}m\overline{v^2}=\frac{3}{2}kT$，温度是分子无规则热运动剧烈程度的定量表示。

5. 能量均分定理　理想气体热力学能

气体分子每个自由度的平均动能都相等，且等于$\frac{1}{2}kT$。

一个刚性分子的平均动能：$\bar{\varepsilon}=\frac{i}{2}kT$

质量为m、摩尔质量为M的理想气体内能：$E=\frac{i}{2}\frac{m}{M}RT=\nu\frac{i}{2}RT$

6. 麦克斯韦速率分布定律

分子速率分布函数：$f(v)=\frac{\mathrm{d}N}{N\mathrm{d}v}$

气体分子的三种统计速率：$v_\mathrm{p}=\sqrt{\frac{2RT}{M}}$，$\bar{v}=\sqrt{\frac{8RT}{\pi M}}$，$v_\mathrm{rms}=\sqrt{\frac{3RT}{M}}$

7. 气体分子平均碰撞次数和平均自由程

分子平均碰撞次数：$\bar{Z}=\sqrt{2}n\bar{v}\pi d^2$

分子平均自由程：$\bar{\lambda}=\frac{\bar{v}}{\bar{Z}}=\frac{1}{\sqrt{2}n\pi d^2}$

习题

一、选择题

7-1　处于平衡状态的一瓶氦气和一瓶氮气的分子数密度相同，分子的平均平动动能也相同，则它们(　　)。

(A) 温度、压强均不相同

(B) 温度相同，但氦气压强大于氮气的压强

(C) 温度、压强都相同

(D) 温度相同，但氦气压强小于氮气的压强

7-2　理想气体处于平衡状态，设温度为T，气体分子的自由度为i，则每个气体分子所具有的(　　)。

(A) 动能为$\frac{i}{2}kT$　　(B) 动能为$\frac{i}{2}RT$

(C) 平均动能为$\frac{i}{2}kT$　　(D) 平均平动动能为$\frac{i}{2}RT$

7-3 三个容器 A、B、C 中装有同种理想气体，其分子数密度 n 相同，而方均根速率之比为 $(\overline{v_A^2})^{1/2}:(\overline{v_B^2})^{1/2}:(\overline{v_C^2})^{1/2}=1:2:4$，则其压强之比为 $p_A:p_B:p_C$（　　）。

(A) 1∶2∶4　　(B) 1∶4∶8　　(C) 1∶4∶16　　(D) 4∶2∶1

7-4 图中两条曲线分别表示在相同温度下氧气和氢气分子的速率分布曲线。如果 $(v_p)_{O_2}$ 和 $(v_p)_{H_2}$ 分别表示氧气和氢气的最概然速率，则（　　）。

(A) 图中 a 表示氧气分子的速率分布曲线且 $(v_p)_{O_2}/(v_p)_{H_2}=4$

(B) 图中 a 表示氧气分子的速率分布曲线且 $(v_p)_{O_2}/(v_p)_{H_2}=1/4$

(C) 图中 b 表示氧气分子的速率分布曲线且 $(v_p)_{O_2}/(v_p)_{H_2}=1/4$

(D) 图中 b 表示氧气分子的速率分布曲线且 $(v_p)_{O_2}/(v_p)_{H_2}=4$

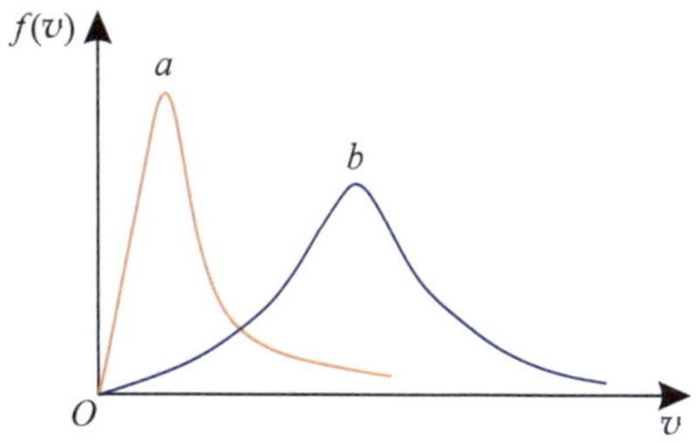

习题 7-4 图

7-5 在一个体积不变的容器中，储有一定量的某种理想气体，温度为 T_0 时，气体分子的平均速率为 $\overline{v_0}$，分子平均碰撞次数为 $\overline{Z_0}$，平均自由程为 $\overline{\lambda_0}$。当气体温度升高为 $4T_0$ 时，气体分子的平均速率 $\bar{v}$、平均碰撞次数 $\bar{Z}$ 和平均自由程 $\bar{\lambda}$ 分别为（　　）。

(A) $\bar{v}=4\overline{v_0}$，$\bar{Z}=4\overline{Z_0}$，$\bar{\lambda}=4\overline{\lambda_0}$

(B) $\bar{v}=2\overline{v_0}$，$\bar{Z}=2\overline{Z_0}$，$\bar{\lambda}=\overline{\lambda_0}$

(C) $\bar{v}=2\overline{v_0}$，$\bar{Z}=2\overline{Z_0}$，$\bar{\lambda}=4\overline{\lambda_0}$

(D) $\bar{v}=4\overline{v_0}$，$\bar{Z}=2\overline{Z_0}$，$\bar{\lambda}=\overline{\lambda_0}$

二、填空题

7-6 在一密闭容器中，装有 A、B、C 三种理想气体，且处于平衡态。已知 A 种气体的分子数密度为 n_1，它产生的压强为 p_1，B 种气体的分子数密度为 $2n_1$，C 种气体的分子数密度为 $3n_1$，则混合气体的压强 p 为 p_1 的________倍。

7-7 已知氧气的压强 $p=2.026\text{Pa}$，体积 $V=3.00\times10^{-2}\text{m}^3$，则其内能 $E=$________。

7-8 温度为 27℃ 时，1mol 氧气具有的平动动能为________，转动动能为________。

7-9 假定将氧气的热力学温度提高一倍，使氧分子全部离解为氧原子，则氧原子平均速率是氧分子平均速率的________倍。

7-10 在某平衡状态下，已知理想气体分子的麦克斯韦速率分布函数为 $f(v)$，最概然速率为 v_p，试说明式 $\int_{v_p}^{\infty} f(v)\,dv$ 的物理意义：________。

三、计算题

7-11 一容器的容积为 56.6L，内储氧气，压强为 $1.388\times10^7\text{Pa}$，温度为 300K，则容器中所储的氧气质量和分子数分别是多少？

7-12 一体积为 $1.0\times10^{-3}\text{m}^3$ 的容器中，含有 $4.0\times10^{-5}\text{kg}$ 的氦气和 $4.0\times10^{-5}\text{kg}$ 的氢气，它们的温度为 30℃，求：容器中混合气体的压强。

7-13 $2.0\times10^{-2}\text{kg}$ 氢气装在 $4.0\times10^{-3}\text{m}^3$ 的容器内，当容器内的压强为 $3.90\times10^5\text{Pa}$ 时，氢气分子的平均平动动能为多大？

7-14 在容积为 $2.0\times10^{-3}\text{m}^3$ 的容器中，有内能为 $6.75\times10^2\text{J}$ 的刚性双原子分子某理想气

体，求：(1)气体的压强；(2)若容器中分子总数为 5.4×10^{22} 个，分子的平均平动动能及气体的温度。

7-15 当温度为0℃时，可将气体分子视为刚性分子，求在此温度下：(1)氧分子的平均平动动能和平均转动动能；(2) 4.0×10^{-3} kg 氧气的内能；(3) 4.0×10^{-3} kg 氦气的内能。

7-16 假定 N 个粒子的速率分布函数为

$$f(v)=\begin{cases}C, & v_0>v>0\\ 0, & v>v_0\end{cases}$$

由 v_0 求：(1)常数 C；(2)粒子的平均速率。

7-17 在容积为 $30\times10^{-3}\,\mathrm{m}^3$ 的容器中，储有 20×10^{-3} kg 的气体，其压强为 50.7×10^3 Pa。求：该气体分子的最概然速率、平均速率及方均根速率。

7-18 氖分子的有效直径为 2.04×10^{-10} m，求温度为600K、压强为 1.333×10^2 Pa 时氖分子的平均碰撞次数。

7-19 在标准状况下，$1\,\mathrm{cm}^3$ 中有多少个氮分子？氮分子的平均速率为多大？平均碰撞次数为多少？平均自由程为多大？(氮分子的有效直径 $d=3.76\times10^{-10}$ m。)

7-20 在一定的压强下，温度为20℃时，氩气和氮气分子的平均自由程分别为 9.9×10^{-8} m 和 27.5×10^{-8} m。求：(1)氩气和氮气分子的有效直径之比；(2)当温度不变且压强为原值的一半时，氮气分子的平均自由程和平均碰撞次数。

Chapter 8

第8章

热力学基础

在气体分子运动论中,我们从构成物质的微观粒子的运动观点出发,运用统计方法,研究了气体的一些宏观现象。这一章将从能量观点分析和研究气体状态的变化过程及其系统状态相对应的内能以及功、热量等概念。系统状态变化过程所遵循的基本规律是热力学第一定律和第二定律。热力学第一定律是热力学系统发生状态变化时在能量上所遵从的规律;热力学第二定律指出了系统状态变化的过程方向性。热力学的研究方法与气体动理论的研究方法是互为补充、相辅相成的。

本章的主要内容有:准静态过程、热量、功和内能等基本概念,热力学第一定律及其在各种热力学过程中的应用,理想气体的摩尔热容,循环过程等,最后介绍热力学第二定律和熵。

克劳修斯(Rudolf Julius Emanuel Clausius,1822—1888年),德国物理学家,是气体动理论和热力学的主要奠基人之一。他是历史上第一个精确表示热力学定律的科学家,提出了统计概念和自由程概念,并导出了平均自由程公式。他还利用统计概念导出气体压强公式,提出比范德瓦耳斯气体物态方程更普遍的实际气体物态方程。为了说明不可逆过程,他提出了一个新概念——熵。

8.1 准静态过程 功 热量

8.1.1 准静态过程

热力学研究与热运动有关的过程中能量转化的关系和过程进行的方向,因此,首先要明确热力学过程的概念。当系统的状态随时间变化时,我们就说系统在经历一个**热力学过程**,简称**过程**。由于中间状态不同,热力学过程分为**非静态过程**和**准静态过程**(**quasi-static process**)。

设有一个系统开始时处于平衡态,经过一系列状态变化后到达另一平衡态。一般来说,在实际的热力学过程中,在始末两平衡态之间所经历的中间状态不可能都是平衡态,而常为非平衡态。所以我们将中间状态存在非平衡态的过程称为**非静态过程**。如图 8-1 所示,在推动活塞时,压缩气缸内的气体,气体的体积、密度、温度或压强都将变化,在此过程中的任意时刻,气体各部分的密度、压强、温度都各不完全相同,这就是非平衡态。例如,在从一个平衡态开始的膨胀过程中,靠近活塞处的密度和压强较低,如果膨胀过程结束,气体分子通过

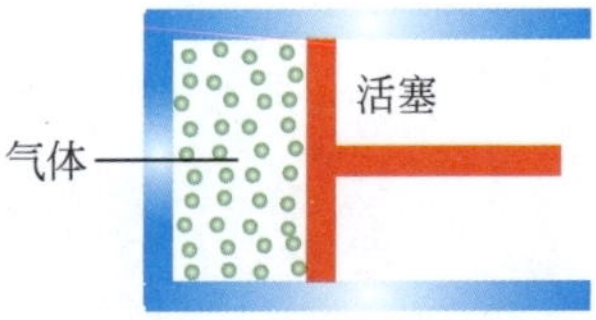

图 8-1 热力学过程

热运动和分子碰撞，气体内部各处的密度、压强等又将重新达到均匀一致，即非平衡态将趋于平衡态，这就是平衡态经过非平衡态到达另一个平衡态的热力学过程。

准静态过程是指系统的任意时刻的中间态都无限接近于一个平衡态的过程。准静态过程是实际过程无限缓慢进行时的一种理想极限过程，是对实际热力学过程的一个近似和抽象。因此，准静态过程是热力学过程的一个理想模型，例如，在实际内燃机气缸内，高温气体进行一次膨胀或压缩的时间大约是 10^{-2}s，气体在膨胀或压缩后再次达到平衡态所需的时间约为 10^{-3}s，过程进行的时间约为再次达到平衡态所需时间的 10 倍，因此，从理论上进行研究时，可以将其近似地当作准静态过程来处理。在本章中，如不特别指明，所讨论的过程都是准静态过程。

在 7.1 节中曾指出，对于理想气体系统，只有气体处于平衡态时，任一个平衡态可用 p-V 图上的一个点来表示，所以，系统的准静态变化过程可用 p-V 图上的一条曲线表示，称之为**过程曲线**，相应的函数关系称为**过程方程**。注意，只有准静态过程才有过程方程。对于理想气体的准静态过程，过程中任一状态都同时满足理想气体物态方程和过程方程。

8.1.2 功

在研究与热运动有关的过程时，做功和传热是热力学系统与外界之间传递能量的两种常见方式。在力学中指出，能量是状态的单值函数，功是能量变化的一种量度，系统对外界做功将改变系统的状态和能量。

现在来讨论系统在准静态过程中，由于其体积变化所做的功，热力学中功的计算的出发点仍是力学中功的定义。如图 8-2 所示，在一有活塞的气缸内盛有一定量的理想气体，设活塞的横截面积为 S，气体体积和压强分别为 V、p，则气体对活塞的压力大小为 $F=pS$。当气体推动活塞向外缓慢移动微小位移 $\mathrm{d}l$ 时，气体对外界所做的元功为

$$\mathrm{d}W = F\mathrm{d}l = pS\mathrm{d}l = p\mathrm{d}V \tag{8-1}$$

图 8-3 中小窄条面积表示的就是这个元功。式中，$\mathrm{d}V=S\mathrm{d}l$ 是气缸内体积的增量。当 $\mathrm{d}V>0$，即气体体积膨胀时，$\mathrm{d}W>0$，表示气体对外界做了正功；当 $\mathrm{d}V<0$，即气体体积被压缩时，$\mathrm{d}W<0$，表示气体对外界做了负功，或者说外界对气体做了正功。

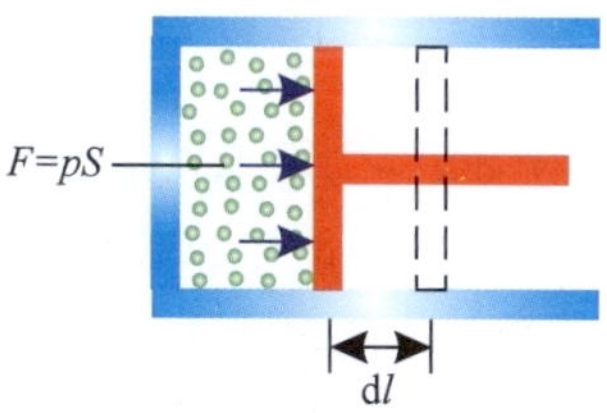

图 8-2 气体对活塞做的功

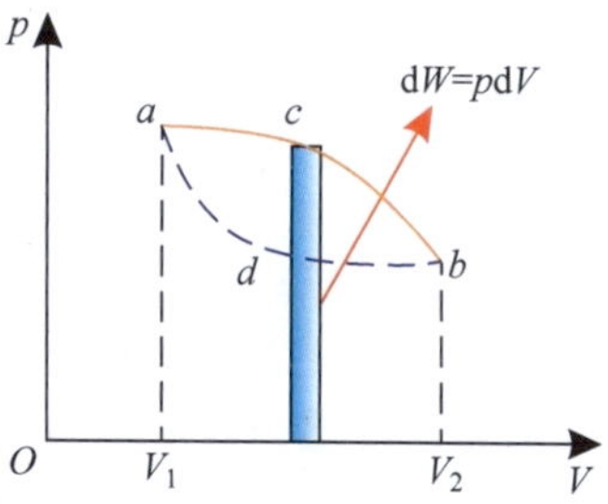

图 8-3 功的计算

当系统由状态 a 沿着过程曲线 acb 变化到状态 b 的准静态过程中，体积由 V_1 变为 V_2 时，系统对外界做的功为

$$W=\int_{V_1}^{V_2} p\,\mathrm{d}V \tag{8-2}$$

式(8-1)和式(8-2)虽然是通过上述特别例子推导出来的，但可以证明这是准静态过程中气体做功的一般形式。这个功常称为**体积功**。它实质上仍然是力的功，只是用系统本身的状态量来表示。

用式(8-2)求出的功的大小等于 p-V 图上过程曲线 acb 下的面积。如果气体从状态 a 出发，经过另一个不同的准静态过程 adb 到达状态 b，则这个过程的功就是曲线 adb 下面的面积。比较这两条过程曲线下的面积可知，**一个准静态过程的功不仅与初态和末态有关，而且还依赖于所经历的中间状态**。因此，功不是状态的函数，它是一个**过程量**。

做功是系统在状态变化时与外界交换能量的量度，其本质是把外界物体的有规则运动转化为系统内分子的无规则运动。以气缸内气体的体积功为例，这个做功过程从微观上看，就是通过活塞分子与气体分子间的碰撞，实现活塞分子有规则运动的能量与气体分子无规则运动的能量之间的相互转化，即在宏观上发生活塞的机械能与气体分子平均动能之间的传递和转化。

[例题 8-1]

一定量的理想气体系统初始状态体积为 $V_1=10^{-3}\,\mathrm{m}^3$，经过一个准静态过程到达末态，其体积变为 $V_2=2\times10^{-3}\,\mathrm{m}^3$。设此过程方程为 $p=\dfrac{20}{V^2}(\mathrm{Pa})$，试求在这个过程中气体对外界所做的功。

解 已经知道了准静态过程中压强随体积变化的具体形式，即过程方程 $p=\dfrac{20}{V^2}$，将它代入式(8-2)就可计算出气体的体积功。系统对外界所做的功为

$$W=\int_{V_1}^{V_2} p\,\mathrm{d}V=\int_{V_1}^{V_2}\frac{20}{V^2}\mathrm{d}V=-20\left(\frac{1}{V_2}-\frac{1}{V_1}\right)$$

$$=-20\left(\frac{1}{2\times10^{-3}}-\frac{1}{10^{-3}}\right)\mathrm{J}=1.0\times10^4\,\mathrm{J}$$

8.1.3 热量

实验表明，传递热量也能改变系统的状态和能量。例如，一壶冷水放在火炉上，由于温度不同，火炉向冷水传递热量，水温逐渐升高，改变了水的状态和能量。我们把**系统与外界之间由于存在温差而传递的能量**称为**热量**。热量也是能量变化的一种量度。系统由一个状态到另一个状态经历不同过程，吸收(或放出)的热量不同，因此，热量是**过程量**，其大小不仅与始末状态有关，而且与状态变化过程有关。热量用符号 Q 表示，在国际单位制中热量的单位和能量、功的单位相同，为 J(焦耳)。

热量传递的方向可以用 Q 的正负表示。我们规定当系统从外界吸收热量时，$Q>0$ 为正值；当系统向外界放出热量时，$Q<0$ 为负值。

需要指出的是：传递热量和做功虽然都可以改变系统的状态和能量，但它们是两种不同的改变能量的方式，做功是将机械运动的能量转化成分子热运动的能量，而传递热量只是把高温物体的分子热运动能量传递给了低温物体，能量的形式并没改变。

焦耳利用重物下落带动许多叶片转动，叶片搅动水从而使水温升高的实验揭示了热量与功之间确定的当量关系（1cal＝4.186J），表明机械运动或电磁运动与热运动之间是可以相互转化的。它启迪人们继续发现了各种物质运动之间的相互转化关系，为能量转化和守恒定律的建立奠定了基础。

8.1.4 摩尔热容 热量的计算

系统与外界之间的热交换一般会引起系统本身的温度变化，这种变化用热容来定量表示。热容定义为系统在某一过程中温度每升高 1K 时吸收的热量，用 C 表示，有

$$C=\frac{\mathrm{d}Q}{\mathrm{d}T} \tag{8-3}$$

由式(8-3)可以看出，热容与过程有关。1mol 物质的热容称为**摩尔热容**(**molar heat capacity**)，用 C_{m} 表示。显然，摩尔热容 C_{m} 与热容 C 有如下关系：

$$C_{\mathrm{m}}=\frac{C}{\nu}=\frac{1}{\nu}\frac{\mathrm{d}Q}{\mathrm{d}T} \tag{8-4}$$

式中，ν 是物质的量。因系统在过程中吸收或放出的热量与过程有关，故同一系统在不同过程中的摩尔热容有不同的值，因此，C_{m} 是过程量。

在国际单位制中，热容的单位是 J/K（焦耳/开尔文），摩尔热容的单位是 J/(mol · K)（焦耳/(摩尔 · 开尔文)）。

根据式(8-4)，准静态过程中系统从外界吸收的热量可按下式计算：

$$\mathrm{d}Q=\nu C_{\mathrm{m}}\mathrm{d}T \quad 或 \quad Q=\int_{T_1}^{T_2}\nu C_{\mathrm{m}}\mathrm{d}T \tag{8-5}$$

常用的摩尔热容有摩尔定体热容和摩尔定压热容。系统在体积保持不变过程中的摩尔定体热容 $C_{V,\mathrm{m}}$ 定义为

$$C_{V,\mathrm{m}}=\frac{1}{\nu}\frac{\mathrm{d}Q_V}{\mathrm{d}T} \tag{8-6}$$

式中，Q_V 表示在等体过程中吸收的热量。

系统在压强保持不变过程中的摩尔定压热容 $C_{p,\mathrm{m}}$ 定义为

$$C_{p,\mathrm{m}}=\frac{1}{\nu}\frac{\mathrm{d}Q_p}{\mathrm{d}T} \tag{8-7}$$

式中，Q_p 表示在等压过程中吸收的热量。在 8.3 节将结合理想气体的等值过程对它们的计算加以介绍。

利用式(8-6)和式(8-7)，可以分别计算出等体过程和等压过程中，系统由温度 T_1 升高到 T_2 时所吸收的热量 Q_V 和 Q_p：

$$Q_V=\nu\int_{T_1}^{T_2}C_{V,\mathrm{m}}\mathrm{d}T=\nu C_{V,\mathrm{m}}(T_2-T_1) \tag{8-8}$$

$$Q_p = \nu\int_{T_1}^{T_2} C_{p,\mathrm{m}}\,\mathrm{d}T = \nu C_{p,\mathrm{m}}(T_2 - T_1) \tag{8-9}$$

8.2 内能 热力学第一定律

8.2.1 内能

在前面的讨论中就已经说明，向系统传递热量 Q 可以使系统的状态发生变化，对系统做功 W 也可使系统的状态发生改变，而且对于给定的始状态和末状态，单独向系统传递热量或对系统做功，其值随过程的不同而不同。因为做功与传递热量能改变系统的状态，所以可以通过做功与传递热量这两种方式来改变系统的内能。

当然，更一般地说，若向系统传递热量的同时又对系统做功，那么，系统状态变化就与热量和功有关了。然而大量实验表明，系统在由某一状态变化到另一状态过程中，虽然做功与传递热量都与过程有关，但做功与传递的热量之和却与过程无关，为一确定值，并且只决定于初态和末态。这就告诉我们，系统状态的改变可以用这个确定值给出量化的表述，也就是说，系统的状态可以用一个物理量 E 来表征；当系统由初始状态变化到末状态时，这个物理量的增量 ΔE 是个确定值，而不管系统从初态至末态所经历的是什么过程。这与力学中依据保守力做功与路径无关，从而定义出系统的势能是一样的。这个表征系统状态的物理量 E 就叫做系统的**内能**。因此，系统的内能仅是系统状态的单值函数。在第 7 章曾得出理想气体的内能为

$$E = \frac{m}{M}\,\frac{i}{2}RT = \nu\,\frac{i}{2}RT$$

当气体的温度改变 ΔT 时，其内能也相应变化 ΔE

$$\Delta E = \frac{m}{M}\,\frac{i}{2}R\Delta T = \nu\,\frac{i}{2}R\Delta T \tag{8-10}$$

显然，对给定的理想气体，其内能仅是温度的函数，即 $E=E(T)$；只有气体的温度发生变化，其内能才有所改变。总之，气体的内能是气体状态的单值函数，也就是说，气体的状态一定时，其内能也是一定的；气体内能的变化 ΔE 只由始状态和末状态所决定，而与过程无关。

式(8-10)实际上定义了两状态之间的内能之差，在实践中，系统处于某一状态的内能值到底等于多少并不重要，重要的是内能的变化。

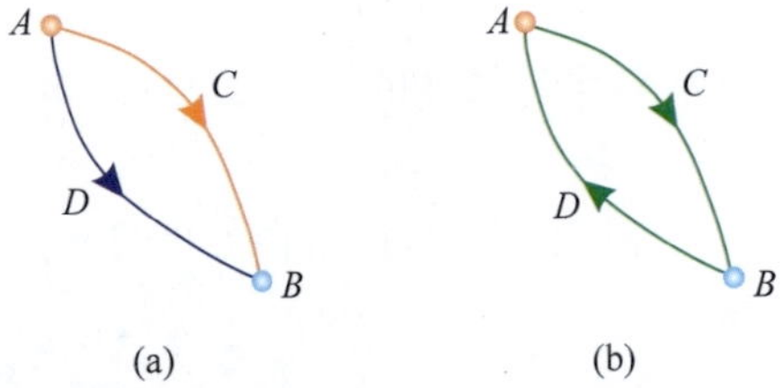

图 8-4 系统内能的改变与过程无关

下面我们用一个例子来体会内能 E 具有态函数的特性。如图 8-4(a)所示，内能为 E_1 的一系统从状态 A 可经 ACB 的过程到达内能为 E_2 的状态 B，也可以经过 ADB 的过程到达状态 B。虽然状态 A 和状态 B 之间这两个过程的中间状态并不同，但系统内能的增量却是相同的，都等于 $\Delta E = E_2 - E_1$。显然，如果我们使系统经历图 8-4(b)所

示的过程，即从状态 A 出发，经 $ACBDA$ 过程后，又回到起始状态 A，系统的状态没有变化，则系统内能的增量为零，即 $\Delta E=0$。这就是说，系统的状态经一系列变化又回到初始状态时，系统的内能不改变。总之，**系统内能的增量只与系统的初状态和末状态有关，与系统所经历的过程无关，它是系统状态的单值函数**。

8.2.2 热力学第一定律

综上所述，当一系统从外界吸收热量 Q 和外界对其做功 W' 后，系统的状态将发生变化，即由一个平衡态 1 变化到另一个平衡态 2，相应的其内能增量为 $\Delta E=E_2-E_1$。实验证明：系统内能的增量等于系统从外界吸收热量 Q 和外界对系统做功 W' 之和。即

$$\Delta E=E_2-E_1=Q+W'$$

式中 W' 可视为系统对外界做功 W 的负值，即 $W=-W'$，这样上式可写成

$$Q=E_2-E_1+W=\Delta E+W \tag{8-11}$$

式(8-11)表明，**系统从外界吸收的热量，一部分使系统的内能增加，另一部分使系统对外界做功**，这就是**热力学第一定律**。式(8-11)是热力学第一定律的数学表达式。热力学第一定律是热力学的基本定律之一，是能量转换与守恒定律在热现象领域中的具体形式。

如果系统的初、末两态无限接近，即过程为一无限小过程，则热力学第一定律可表述为

$$\mathrm{d}Q=\mathrm{d}E+\mathrm{d}W \tag{8-12}$$

注意在式(8-12)的符号表示中，由于 E 为状态量，所以其微小增量 $\mathrm{d}E$ 与过程无关。功是过程量，热是在过程中传递的能量，热也是过程量，它们的微小量 $\mathrm{d}W$ 和 $\mathrm{d}Q$ 决定于具体的过程。对于气体系统 $\mathrm{d}W=p\mathrm{d}V$，因此，气体系统的热力学第一定律可表述为

$$\mathrm{d}Q=\mathrm{d}E+p\mathrm{d}V \tag{8-13a}$$

$$Q=E_2-E_1+\int_{V_1}^{V_2}p\mathrm{d}V \tag{8-13b}$$

应该指出，热力学第一定律实质是包括热现象在内的能量转换与守恒定律，它适用于任何系统的任何过程。在应用热力学第一定律时，只要初态和末态是平衡态即可，中间过程所经历的各态不需要一定是平衡态。

热力学第一定律表明：不需要动力、能量或燃料而使机器永远不停地做功的永动机是不可能制成的。在热力学第一定律建立以前，历史上曾有人企图设计一种机器，既不消耗内能，也不需要外界向它传递热量，就能不断地对外界做功，人们把这种机器叫做**第一类永动机**。热力学第一定律建立后，人们知道永动机是违背能量守恒定律的，是不可能制成的。应该引以为戒的是，在今后的工作实践中，一定要严格遵循热力学第一定律，以免重犯制造第一类永动机那样的错误。

[例题 8-2]

一系统由如图 8-5 所示的 a 状态经路径 abc 过程到达 c 状态，有 336J 热量传入系统，而系统做功 126J。(1) 经 adc 过程，系统做功 42J，试问有多少热量传入系统？(2) 当系统由 c 状态沿 ca 曲线返回状态 a 时，外界对系统做功为 84J，试问系统是吸热

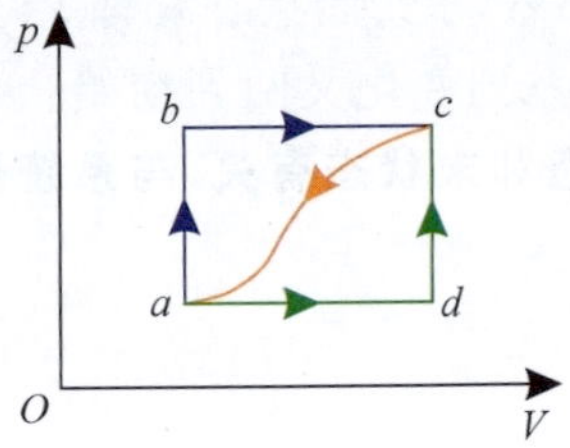

图 8-5　例题 8-2 用图

还是放热？传递的热量是多少？

解　(1) 已知系统由 $a \to b \to c$ 过程中 $Q_1 = 336\text{J}, W_1 = 126\text{J}$，由热力学第一定律有 $\Delta E = Q - W$，即

$$\Delta E_{ca} = Q_1 - W_1 = 210\text{J}$$

当系统由 $a \to d \to c$ 时，已知：$W_2 = 42\text{J}, \Delta E_{ca} = 210\text{J}$，由热力学第一定律有 $Q = \Delta E + W$，即

$$Q_2 = \Delta E + W_2 = 252\text{J}$$

(2) 已知系统由 $c \to a$，$W_3 = -84\text{J}$，$\Delta E_{ac} = -\Delta E_{ca} = -210\text{J}$，由热力学第一定律有

$$Q = \Delta E_{ac} + W = -210\text{J} - 84\text{J} = -294\text{J} < 0$$

即该过程为放热过程。

8.3 理想气体的等体过程和等压过程

如果在气体状态变化过程中有一个状态量保持不变，这样的过程称为**等值过程**。对于理想气体，状态参量中有 p、V，相应地有等体、等压这两种等值过程。作为热力学第一定律的应用，本节讨论理想气体的这两种等值过程中功、热量和内能的计算方法及它们之间的相互转化。

8.3.1 理想气体的等体过程

气体体积保持不变的过程称为**等体过程**(isochoric process)。过程特征为体积 V 等于常量或 $\mathrm{d}V = 0$，代入理想气体物态方程，得到理想气体等体过程的过程方程为

$$p/T = 常量 \tag{8-14}$$

在 p-V 图上等体线是一条平行于 p 轴的直线段，如图 8-6 所示。

由于等体过程气体的体积不变，所以气体对外界不做功，从过程曲线也可以看到，等体线下的面积等于零，即

$$\mathrm{d}W_V = 0, \quad W_V = 0$$

由热力学第一定律，有

$$\mathrm{d}E = \mathrm{d}Q_V$$

$$\Delta E = E_2 - E_1 = Q_V$$

这表明，等体过程中内能的增量就等于气体吸收的热量。

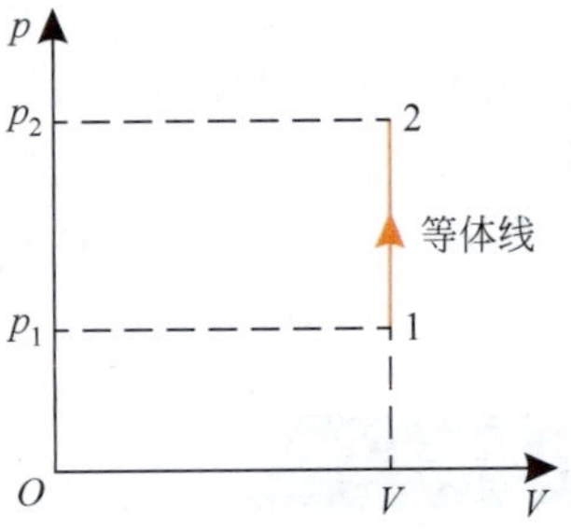

图 8-6　等体过程

利用摩尔定体热容的定义式(8-6)和理想气体的内能公式(7-14)，可以计算出理想气体的摩尔定体热容

$$C_{V,\mathrm{m}} = \frac{1}{\nu}\frac{\mathrm{d}Q_V}{\mathrm{d}T} = \frac{1}{\nu}\frac{\mathrm{d}E}{\mathrm{d}T} = \frac{1}{\nu}\frac{\mathrm{d}}{\mathrm{d}T}\left(\nu\frac{i}{2}RT\right) = \frac{i}{2}R \tag{8-15}$$

式(8-15)表明，理想气体的摩尔定体热容是只决定于分子自由度的常量，而与气体的温度无关。

对于摩尔定体热容为 $C_{V,\mathrm{m}}$，而物质的量为 ν 的理想气体，可得气体从温度 T_1 的状态变化到温度为 T_2 的状态的等体过程中，气体内能增量或气体吸收的热量为

$$\Delta E = Q_V = \int_{T_1}^{T_2} \nu C_{V,\mathrm{m}} \mathrm{d}T = \nu C_{V,\mathrm{m}} (T_2 - T_1) \tag{8-16}$$

理想气体的内能是温度的单值函数，其变化只取决于温度的变化，而与气体所经历的过程无关。因此，我们常用式(8-16)来计算任意过程的理想气体内能变化，即

$$\Delta E = \nu C_{V,\mathrm{m}} (T_2 - T_1) \tag{8-17}$$

8.3.2　理想气体的等压过程

气体压强保持不变的过程称为**等压过程**(isobaric process)。过程特征为压强 p 等于常量或 $\mathrm{d}p=0$，代入理想气体的物态方程，得到理想气体等压过程的方程为

$$V/T = 常量 \tag{8-18}$$

在 p-V 图上等压线是一条平行于 V 轴的直线段，如图 8-7 所示。

由于等压过程中气体的压强不变，所以气体对外界做的功为

$$W_p = \int_{V_1}^{V_2} p\,\mathrm{d}V = p(V_2 - V_1) \tag{8-19a}$$

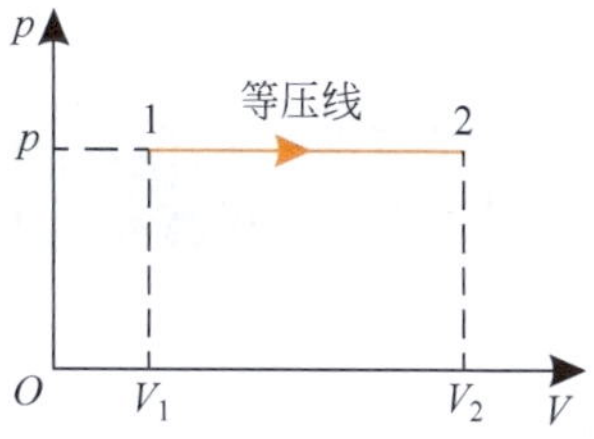

图 8-7　等压过程

图 8-7 中过程曲线下的面积就等于气体对外界所做的功，也可从过程曲线直接得到这个结果。利用理想气体的物态方程，即 $pV_1 = \nu RT_1$，$pV_2 = \nu RT_2$，式(8-19a)也可写为

$$W_p = p(V_2 - V_1) = \nu R(T_2 - T_1) \tag{8-19b}$$

利用摩尔定压热容的定义式(8-7)、热力学第一定律式(8-13)和理想气体的内能公式(7-14)，可以计算出理想气体的摩尔定压热容

$$\begin{aligned} C_{p,\mathrm{m}} &= \frac{1}{\nu}\frac{\mathrm{d}Q_p}{\mathrm{d}T} = \frac{1}{\nu}\frac{\mathrm{d}E + p\mathrm{d}V}{\mathrm{d}T} = \frac{1}{\nu}\frac{\mathrm{d}E}{\mathrm{d}T} + \frac{1}{\nu}\frac{p\mathrm{d}V}{\mathrm{d}T} \\ &= \frac{1}{\nu}\frac{\mathrm{d}}{\mathrm{d}T}\left(\nu\frac{i}{2}RT\right) + \frac{1}{\nu}\frac{p\mathrm{d}V}{\mathrm{d}T} = \frac{i}{2}R + \frac{1}{\nu}\frac{p\mathrm{d}V}{\mathrm{d}T} \end{aligned} \tag{8-20}$$

对理想气体物态方程 $pV = \nu RT$ 两边求微分，得到 $p\mathrm{d}V + V\mathrm{d}p = \nu R\mathrm{d}T$，在等压过程中有 $p\mathrm{d}V = \nu R\mathrm{d}T$，将这个关系式代入式(8-20)得

$$C_{p,\mathrm{m}} = \frac{i}{2}R + R = \frac{i+2}{2}R \tag{8-21a}$$

式(8-21a)表明，理想气体的摩尔定压热容同样只决定于分子的自由度，而与气体的温度无关。从式(8-21a)还可以得到 $C_{p,\mathrm{m}}$ 与 $C_{V,\mathrm{m}}$ 之差为

$$C_{p,\mathrm{m}} - C_{V,\mathrm{m}} = R \tag{8-21b}$$

这表明，1mol 的理想气体温度升高 1K，等压过程比等体过程多吸收 8.31J 的热量。式(8-21b)称为**迈耶公式**。这是因为在等压过程中气体吸收的热量一部分用来增加内能，一部分用来气体膨胀时对外界做功；而在等体过程中气体吸收的热量全部用来增加内能。

对于摩尔定压热容为 $C_{p,\mathrm{m}}$，而物质的量为 ν 的理想气体，从温度 T_1 的状态变化到温

度为 T_2 的状态的等压过程中，气体吸收的热量为

$$Q_p=\nu\int_{T_1}^{T_2}C_{p,\mathrm{m}}\mathrm{d}T=\nu C_{p,\mathrm{m}}(T_2-T_1) \tag{8-22}$$

理想气体等压过程的内能变化可用公式 $\Delta E=\nu C_{V,\mathrm{m}}(T_2-T_1)$ 计算。

在实际应用中，常常用到 $C_{p,\mathrm{m}}$ 与 $C_{V,\mathrm{m}}$ 的比值，这个比值叫做**比热容比**，用 γ 表示：

$$\gamma=\frac{C_{p,\mathrm{m}}}{C_{V,\mathrm{m}}} \tag{8-23}$$

由式(8-15)和式(8-21a)可得理想气体的比热容比为

$$\gamma=\frac{i+2}{i} \tag{8-24}$$

因此，理想气体的比热容比大于1，它也只决定于分子的自由度，而与气体的温度无关。

对于单原子分子：$i=3,C_{V,\mathrm{m}}=3R/2,C_{p,\mathrm{m}}=5R/2,\gamma=1.67$。

对于刚性双原子分子：$i=5,C_{V,\mathrm{m}}=5R/2,C_{p,\mathrm{m}}=7R/2,\gamma=1.40$。

对于刚性多原子分子：$i=6,C_{V,\mathrm{m}}=3R,C_{p,\mathrm{m}}=4R,\gamma=1.33$。

摩尔热容可以由理论值得出，也可通过实验测出。表8-1给出了几种气体的摩尔热容的实验值。

表 8-1　几种气体的摩尔热容的实验值

气体	摩尔质量 M /(kg·mol^{-1})	$C_{p,\mathrm{m}}$/(J·mol^{-1}·K^{-1})	$C_{V,\mathrm{m}}$/(J·mol^{-1}·K^{-1})	$C_{p,\mathrm{m}}-C_{V,\mathrm{m}}$/(J·mol^{-1}·K^{-1})	$\gamma=C_{p,\mathrm{m}}/C_{V,\mathrm{m}}$
单原子气体					
氦(He)	4.003×10^{-3}	20.79	12.52	8.27	1.66
氩(Ar)	39.95×10^{-3}	20.79	12.45	8.34	1.67
双原子气体					
氢(H_2)	2.016×10^{-3}	28.82	20.44	8.38	1.41
氮(N_2)	28.01×10^{-3}	29.12	20.80	8.32	1.40
氧(O_2)	32.00×10^{-3}	29.37	20.98	8.39	1.40
空气	28.97×10^{-3}	29.01	20.68	8.33	1.40
一氧化碳(CO)	28.01×10^{-3}	29.04	20.74	8.30	1.40
多原子气体					
二氧化碳(CO_2)	44.01×10^{-3}	36.62	28.17	8.45	1.30
一氧化二氮(N_2O)	44.01×10^{-3}	36.90	28.39	8.51	1.31
硫化氢(H_2S)	34.04×10^{-3}	36.12	27.36	8.76	1.32
水蒸气(H_2O)	18.02×10^{-3}	36.21	27.82	8.39	1.30

[例题 8-3]

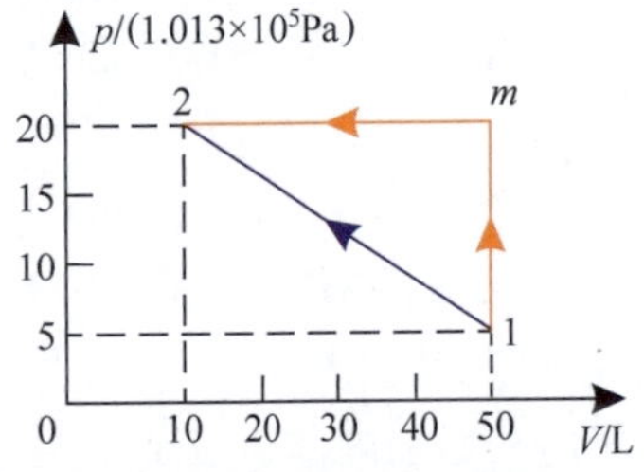

图 8-8　例题 8-3 用图

20mol 氧气由状态 1 变化到状态 2 所经历的过程如图 8-8 所示，(1) 沿 $1\to m\to 2$ 路径；(2) 沿 $1\to 2$ 直线。试分别求出这两个过程中的功 W 与热量 Q 以及氧气内能的变化 E_2-E_1。氧分子当成刚性理想气体分子看待。

解　(1) $1\to m\to 2$ 过程

对于 $1\to m$ 过程，由于是等体过程，所以 $W_{1m}=0$，

$$Q_{1m}=\nu C_{V,\mathrm{m}}(T_m-T_1)=\frac{i}{2}\nu R(T_m-T_1)=\frac{i}{2}(p_2V_1-p_1V_1)$$

$$=\frac{i}{2}(p_2-p_1)V_1=\frac{5}{2}(20-5)\times 1.013\times 10^5\,\mathrm{Pa}\times 50\times 1\times 10^{-3}\,\mathrm{m}^3$$

$$=1.90\times 10^5\,\mathrm{J}$$

$$\Delta E_{1m}=\nu C_{V,\mathrm{m}}(T_m-T_1)=Q_{1m}=1.90\times 10^5\,\mathrm{J}$$

对于 $m\to 2$ 过程,为等压过程,

$$W_{m2}=\int_{V_1}^{V_2}p\,\mathrm{d}V=p_2(V_2-V_1)=20\times 1.013\times 10^5\,\mathrm{Pa}\times(10-50)\times 10^{-3}\,\mathrm{m}^3$$

$$=-8.10\times 10^4\,\mathrm{J}$$

$$Q_{m2}=\nu C_{p,\mathrm{m}}(T_2-T_m)=\frac{i+2}{2}\nu R(T_2-T_m)=\frac{i+2}{2}p_2(V_2-V_1)$$

$$=\frac{5+2}{2}\times 20\times 1.013\times 10^5\,\mathrm{Pa}\times(10-50)\times 10^{-3}\,\mathrm{m}^3=-2.84\times 10^5\,\mathrm{J}$$

$$\Delta E_{m2}=\nu C_{V,\mathrm{m}}(T_2-T_m)=\frac{i}{2}\nu R(T_2-T_m)=\frac{i}{2}P_2(V_2-V_1)$$

$$=\frac{5}{2}\times 20\times 1.013\times 10^5\,\mathrm{Pa}\times(10-50)\times 10^{-3}\,\mathrm{m}^3=-2.03\times 10^5\,\mathrm{J}$$

对于整个 $1\to m\to 2$ 过程,

$$W=W_{1m}+W_{m2}=0+(-0.81\times 10^5)\,\mathrm{J}=-8.10\times 10^4\,\mathrm{J}$$

是气体对外界做负功或外界对气体做功 $0.81\times 10^5\,\mathrm{J}$。

$$Q=Q_{1m}+Q_{m2}=1.90\times 10^5\,\mathrm{J}-2.84\times 10^5\,\mathrm{J}=-9.40\times 10^4\,\mathrm{J}$$

是气体向外界放热。

$$\Delta E=E_2-E_1=(\Delta E)_{1m}+(\Delta E)_{m2}=1.90\times 10^5\,\mathrm{J}-2.03\times 10^5\,\mathrm{J}$$

$$=-1.30\times 10^4\,\mathrm{J}$$

气体内能减小了。

以上分别独立地计算了 W、Q 和 ΔE,从结果可以看出它们符合热力学第一定律:

$$Q=E_2-E_1+W$$

(2) $1\to 2$ 过程

功可由直线下面的面积求出,由于气体被压缩,是外界对气体做正功,而气体对外界做的功为

$$W=-\frac{p_1+p_2}{2}(V_1-V_2)=-\frac{5+20}{2}\times 1.013\times 10^5\,\mathrm{Pa}\times(50-10)\times 10^{-3}\,\mathrm{m}^3$$

$$=-5.07\times 10^4\,\mathrm{J}$$

$$\Delta E=\nu C_{V,\mathrm{m}}(T_2-T_1)=\frac{i}{2}\nu R(T_2-T_1)=\frac{i}{2}(p_2V_2-p_1V_1)$$

$$=\frac{5}{2}\times(20\times 10-5\times 50)\,\mathrm{Pa}\times 1.013\times 10^5\times 10^{-3}\,\mathrm{m}^3=-1.30\times 10^4\,\mathrm{J}$$

由热力学第一定律

$$Q=\Delta E+W=-0.13\times 10^5\,\mathrm{J}-0.51\times 10^5\,\mathrm{J}=-6.40\times 10^4\,\mathrm{J}$$

是气体向外界放热。

比较以上两个过程的计算结果可以看出,内能的变化和过程无关,内能是系统的状态函数。功和热量则随过程不同而不同,是过程量。

8.4 理想气体的等温过程和绝热过程

作为热力学第一定律的另一方面的应用，我们讨论理想气体的等温过程和绝热过程。

8.4.1 理想气体的等温过程

气体温度保持不变的过程称为**等温过程**(isothermal process)。过程特征是 T 等于常量或 $dT=0$，等温过程的过程方程为

$$pV=\nu RT=常量 \tag{8-25}$$

将上述过程方程在 p-V 图上画出来就得到一条等温线，显然等温线是双曲线，如图 8-9 所示。由于等温过程中气体的温度不变，所以气体的内能也保持不变，即

$$\Delta E=0 \quad 或 \quad E_1=E_2 \tag{8-26}$$

由功的计算公式(8-2)和理想气体的物态方程 $pV=\nu RT$，可以得到等温过程中气体对外界所做的功为

$$W_T=\int_{V_1}^{V_2}p\,dV=\nu\int_{V_1}^{V_2}RT\,\frac{dV}{V}$$

$$=\nu RT\ln\frac{V_2}{V_1} \tag{8-27a}$$

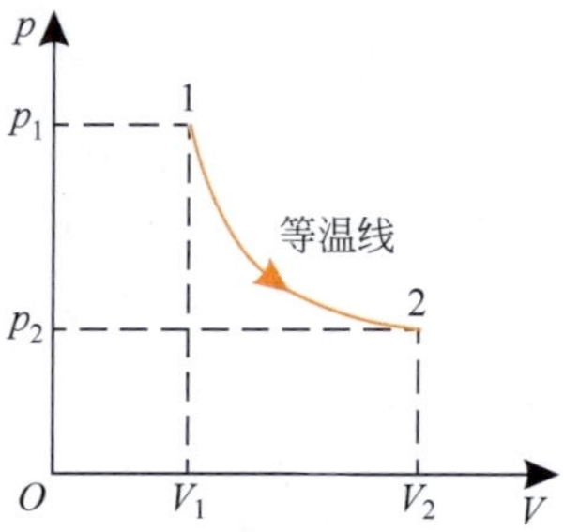

图 8-9 等温过程

因为 $p_1V_1=p_2V_2$，式(8-27a)也可写成

$$W_T=\nu RT\ln\frac{p_1}{p_2} \tag{8-27b}$$

由热力学第一定律可得

$$Q_T=W_T=\nu RT\ln\frac{V_2}{V_1}=\nu RT\ln\frac{p_1}{p_2} \tag{8-28}$$

式(8-28)表明，理想气体在等温膨胀过程中，气体吸收的热量全部转化为气体对外界所做的功；当气体被压缩时，气体对外界做负功，表明外界对气体所做的功，全部以热量形式传递给恒温热源。

[例题 8-4]

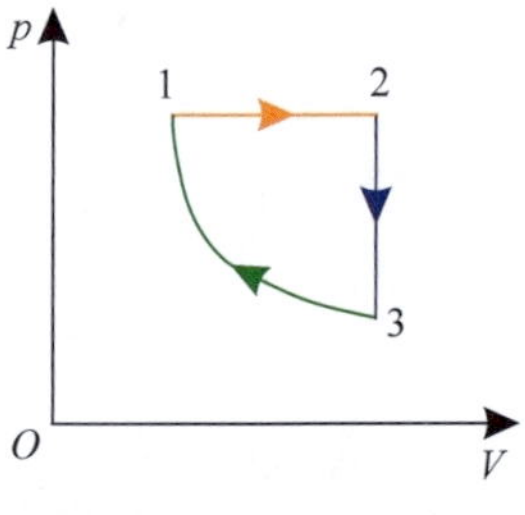

图 8-10 例题 8-4 用图

1mol 刚性分子理想气体经历如图 8-10 所示的过程，其中 1→2 是等压过程，2→3 是等体过程，3→1 是等温过程。试分别讨论在这三个过程中，气体吸收的热量、对外所做的功以及气体内能的增量是大于、小于还是等于零。

解 (1) 由图 8-10 可知，1→2 是等压过程，$V_2>V_1$，由理想气体物态方程，得到 $T_2>T_1$。因此，对 1mol 的理想气体有

$$Q_p=C_{p,m}(T_2-T_1)>0$$

$$W_p=p(V_2-V_1)=R(T_2-T_1)>0$$

$$\Delta E = C_{V,m}(T_2 - T_1) > 0$$

Q_p、W_p、ΔE 都大于零，表明在此过程中，气体从外界吸收的热量一部分用来对外做功，另一部分用来增加内能。

(2) 2→3 是等体过程，气体做功为零，即

$$W_V = 0$$

从图 8-10 可以看出，此过程中气体的压强变小，根据理想气体物态方程，气体的温度降低，即 $T_3 < T_2$，所以有

$$Q_V = C_{V,m}(T_3 - T_2) < 0$$

$$\Delta E = Q_V < 0$$

Q_V、ΔE 都小于零，表明在此过程中，气体向外界放出热量，内能减少。

(3) 3→1 是等温过程，内能变化为零：

$$\Delta E = 0$$

从图 8-10 可以看出，$V_3 > V_1$。根据式(8-28)，1mol 理想气体在等温过程中对外界所做的功等于吸收的热量，即

$$W_T = Q_T = RT_1 \ln \frac{V_1}{V_3} < 0$$

W_T 和 Q_T 小于零，表明在此等温过程中，实际上是外界对气体做了正功，同时气体向外界放出热量，使系统内能不变。

8.4.2 理想气体的绝热过程

绝热过程是热力学过程中一个十分重要的过程。如果在整个过程中，系统和外界无热量交换，则此过程称为**绝热过程(adiabatic process)**。绝热过程的特点是系统与外界无热量交换，所以在实际中被良好绝热材料所封闭的系统内进行的过程，或者过程进行得很快以至于来不及和外界进行显著热交换的过程，都可以近似地看作是绝热过程。例如，内燃机中热气体的突然膨胀、柴油机或压气机中空气的压缩、声波中气体的压缩(稠密)和膨胀(稀疏)等。可见绝热过程也是一种理想化的过程。

利用热力学第一定律、绝热过程的特点和理想气体物态方程，可以导出理想气体的绝热过程方程。假如在一个密闭气缸中储有理想气体，气缸壁、底部和活塞均由绝热材料制成，活塞与缸壁间的摩擦略去不计。绝热过程的特征是 $dQ = 0$。

因为在绝热过程中 $dQ = 0$，故由热力学第一定律，有

$$0 = dE + dW$$

由于理想气体的内能仅是温度的函数，故由式 $dE = \nu C_{V,m} dT$，$dW = p dV$ 可得

$$0 = \nu C_{V,m} dT + p dV$$

已知理想气体物态方程为 $pV = \nu RT$，对它取微分，有

$$p dV + V dp = \nu R dT$$

由上面两式消去 dT 可得

$$C_{V,m} p dV + C_{V,m} V dp = -R p dV$$

将 $C_{p,\mathrm{m}}-C_{V,\mathrm{m}}=R$ 和 $\gamma=\dfrac{C_{p,\mathrm{m}}}{C_{V,\mathrm{m}}}$代入，得

$$\gamma\frac{\mathrm{d}V}{V}=-\frac{\mathrm{d}p}{p}$$

积分，有

$$\gamma\ln V+\ln p=\text{常量}$$

得

$$pV^{\gamma}=\text{常量}\tag{8-29}$$

这就是理想气体绝热过程的过程方程，称为**泊松(Simeon-Denis Poisson，1781—1840 年，法国数学家、几何学家、物理学家)公式**。利用理想气体物态方程 $pV=\nu RT$ 和式(8-29)，还可以将泊松公式表示成用(V,T)或(p,T)作为变量的形式：

$$\begin{cases}TV^{\gamma-1}=\text{常量}\\ p^{\gamma-1}T^{-\gamma}=\text{常量}\end{cases}\tag{8-30}$$

注意，式(8-29)、式(8-30)中的常量各不相同。

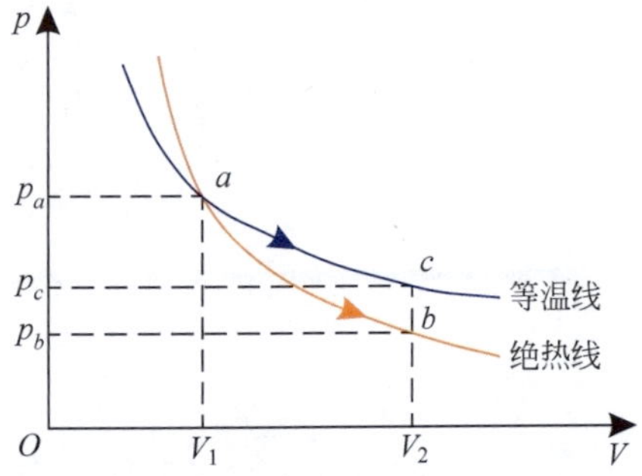

图 8-11　绝热线与等温线比较

根据泊松公式，在 p-V 图上可以画出理想气体绝热过程所对应的曲线，称为**绝热线**。绝热线比等温线更陡一些。如图 8-11 所示，气体从状态 a 出发，经过绝热过程到达状态 b，经过等温过程到达状态 c，体积都从 V_1 膨胀到 V_2，但绝热过程压强下降得比等温过程多，即 $p_b<p_c$。另外，不难看出 $T_b<T_a$，这是因为 $p=nkT$，在等温过程中只有分子数密度 n 减小，在绝热过程中除了 n 减小同样的数值外，温度也要降低。所以体积膨胀相同数值时，绝热过程比等温过程压强降低得多些。

由式 $0=\nu C_{V,\mathrm{m}}\mathrm{d}T+p\,\mathrm{d}V$，可得理想气体绝热过程做的功和气体内能的减少量为

$$W_Q=-\Delta E=-\nu C_{V,\mathrm{m}}(T_2-T_1)=\nu C_{V,\mathrm{m}}(T_1-T_2)\tag{8-31}$$

这表明，绝热过程的功等于系统内能的减少，即气体以降低温度、减少系统内能为代价对外界做功。

理想气体绝热做功的表达式也可以用物态参量 p、V 来表示。将理想气体物态方程代入式(8-31)，得

$$W_Q=\frac{C_{V,\mathrm{m}}}{R}(p_1V_1-p_2V_2)\tag{8-32a}$$

$$W_Q=\frac{p_1V_1-p_2V_2}{\gamma-1}\tag{8-32b}$$

[例题 8-5]

设有 5mol 的氢气(视为刚性分子理想气体)，初始状态的温度为 300K，压强为 1×10^5 Pa，求经绝热过程，将气体压缩为原来体积的 1/10 需要做的功。若是等温过程，结果如何？

解　氢气是双原子分子，比热容比 $\gamma=7/5=1.4$，由绝热过程方程式(8-30)，可得气体

绝热压缩后的温度为

$$T_2 = T_1\left(\frac{V_1}{V_2}\right)^{\gamma-1} = 300\text{K}\times 10^{1.4-1} = 754\text{K}$$

由式(8-31)计算绝热压缩过程中气体做的功为

$$\begin{aligned} W &= \nu C_{V,m}(T_1 - T_2) = \nu\frac{i}{2}R(T_1 - T_2) \\ &= 5\text{mol}\times\frac{5}{2}\times 8.31\text{J/(mol}\cdot\text{K)}\times(300-754)\text{K} \\ &= -4.72\times 10^4\text{J} \end{aligned}$$

式中负号表示当气体被绝热压缩时，外界对气体做功。

对等温过程，由式(8-27a)，得等温过程中气体对外界所做的功为

$$\begin{aligned} W_T &= \nu RT\ln\frac{V_2}{V_1} \\ &= 5\text{mol}\times 8.31\text{J/(mol}\cdot\text{K)}\times 300\text{K}\times\ln 0.1 \\ &= -2.87\times 10^4\text{J} \end{aligned}$$

本题计算结果表明，当系统从同一状态出发，压缩相同的体积时，绝热过程中外界对气体做的功比等温过程中做的功多。

原理应用

喷气发动机的燃料及其选择

1. 喷气燃料

喷气燃料(jet fuel)是轻质石油产品，广泛用于各种喷气飞机。喷气发动机燃料又称为**航空涡轮燃料**，主要由原油蒸馏的煤油馏分经精制加工，有时还加入添加剂制得，也可由原油蒸馏的重质馏分油经加氢裂化生产，分为宽馏分型(沸点60～280℃)和煤油型(沸点150～315℃)两大类。喷气燃料的质量有严格规定，主要质量指标为：①体积发热量：指单位体积燃料完全燃烧时释放的净热量，为燃料的质量发热量与其密度的乘积。严格地说，它对用于导弹(冲压导弹和巡航导弹)的石油燃料才有决定意义。体积发热量对飞行器的航程有重要意义，其值大表示航程也可以远。提高燃料密度是增大其体积发热量最有效的途径。②冰点：它是燃料低温性能的重要指标之一，指燃料在冷却时形成烃类结晶而在加热时又消失的温度。喷气燃料要求冰点低，对高空长时间飞行用的燃料应低于－50℃(短时间飞行的可不高于－40℃)。③密度：密度越高越好，体积发热量大的燃料习惯上又称高密度燃料。④芳烃含量：要求质量分数不大于20%。⑤燃料要洁净，热稳定性要好。

2. 喷气发动机燃料的选择

喷气发动机燃料的选择涉及许多方面，是个复杂的问题。下面从简单、典型的物理模型入手，

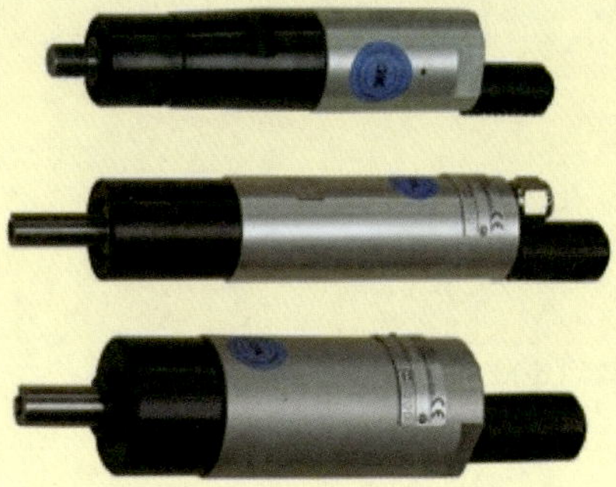

图 P8-1　喷气发动机

运用物理学的基本规律讨论喷气发动机燃料的选择原则。当喷气发动机的孔径显著地超过气体分子的平均自由程时，容器内向外逸出的压缩气体形成一束喷射状的宏观气流。假如孔径并不很大，在短时间内喷射出的气流几乎不影响容器内气体的温度和压强，那么气流可看成是稳恒流动。图 P8-1 所示为喷气发动机。

设气体的摩尔质量为 M，气体的定压摩尔热容是 $C_{p,\mathrm{m}}$，气体的温度为 T，气体元的宏观流速为 v。利用热力学准静态绝热过程和热力学第一定律，得

$$C_{p,\mathrm{m}}T+\frac{1}{2}Mv^2=\text{恒量} \tag{P8-1}$$

选取喷气发动机的燃烧室为流管的横截面 1，室内气流速率 v_1 为零，温度为 T_1；选取喷口附近为流管截面 2，该处气流元速率为 v_2，温度为 T_2。由式(P8-1)得

$$C_{p,\mathrm{m}}T_1=C_{p,\mathrm{m}}T_2+\frac{1}{2}Mv_2^2$$

因为喷口附近是太空的稀薄气体，其温度 T_2 近似为零，由此可得喷口附近的气流速率 v_2 为

$$v_2=\sqrt{\frac{2T_1}{M}C_{p,\mathrm{m}}} \tag{P8-2}$$

式(P8-2)表明，喷气发动机的喷气速率 v_2 与燃烧产生的高温气体的 $\sqrt{T_1}$ 成正比，与气体的摩尔质量的 $\sqrt{M}$ 成反比。因此，所选择的燃料，首先要有很高的燃烧值，使燃烧室内气体有较高的温度 T_1；其次是燃烧后产生的高温气体，应是 M 较小的多原子分子气体，因为多原子分子气体的定压摩尔热容较大。

通过式(P8-2)估算，氢气是喷气发动机的理想燃料，NH_2NH_2 以 F_2 作氧化剂也可获得较好的结果，这种估算与实验事实较为接近。

8.5 循环过程

8.5.1 热力学循环过程

在生产实践上，往往需要通过物质系统把热与功之间的转换持续不断地进行下去，这就需要利用循环过程来完成。一个系统由某一状态出发，经过一系列状态变化后又回到初始状态，这样的过程称为**循环过程**(**thermodynamic cycle**)，简称为**循环**。经历循环过程的物质叫做**工作介质**(**working substance**)，简称**工质**(**work medium**)。对于理想气体，如果循环过程是准静态的，则该循环可用 p-V 图上一条闭合曲线来表示，按照循环过程进行的方向不同可把循环过程分为两类，如图 8-12 所示。曲线上的箭头表示过程进行的方向，沿顺时针

方向进行的循环称为**正循环**或**热机**(**heat engine**)**循环**(见图8-12(a)),沿逆时针方向进行的循环称为**逆循环**或**制冷机**(**refrigerator**)**循环**(见图8-12(b))。

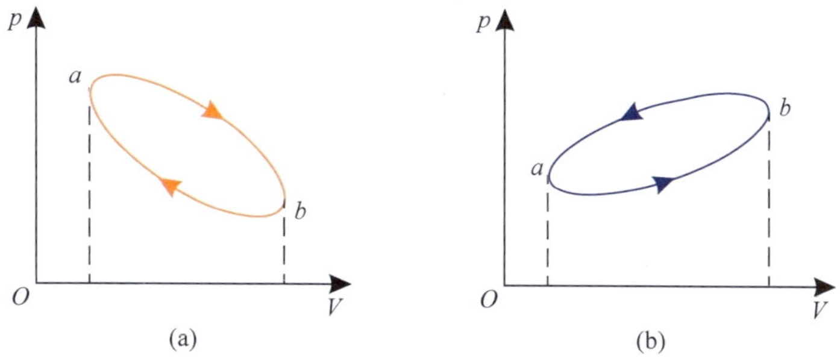

图 8-12 循环过程

(a) 正循环;(b) 逆循环

在一次正循环中,气体膨胀时对外界所做的功 W_1 在数值上等于图8-12(a)中过程 $a \to b$ 曲线下面的面积,气体被压缩时外界对系统所做的功 W_2 在数值上等于图8-12(a)中过程 $b \to a$ 曲线下的面积,显然 W_1 大于 W_2,两者之差 $W = W_1 - W_2$ 为气体对外界所做的净功,该净功为正。同理,如果气体经历逆循环,气体对外做功大小仍然是循环过程所包围的面积,只不过此时净功为负值。

应当指出,在任何一个循环过程中,系统所做的净功大小都等于 p-V 图上循环过程所包围的面积。内能是状态的单值函数,经过一个循环后系统的状态复原,故内能增量为零,这是循环过程的基本特点。

注意:在循环过程中,常约定用 Q_1、Q_2、W 分别表示系统吸热、系统放热和系统做功的绝对值,这与热力学第一定律式(8-11)关于 Q、W 的正负规定有所不同。

动画:循环过程

8.5.2 热机循环 循环效率

如图8-13(a)所示,一热机经过一次正循环后,由于工质又回到原始状态,内能不变,因此,工质从高温热源 T_1 吸收热量 Q_1,一部分通过做功 W 转化为机械能,另一部分在低温热源 T_2 中通过放热 Q_2(绝对值)而传给外界。这就是说,在热机经历一个正循环后,吸收的热量 Q_1 不能全部转化为功,转化为功的只是

$$W = Q_1 - Q_2 \tag{8-33}$$

由此定义**热机效率**(**efficiency of heat engine**)或**循环效率** η 为

$$\eta = \frac{W}{Q_1} = 1 - \frac{Q_2}{Q_1} \tag{8-34}$$

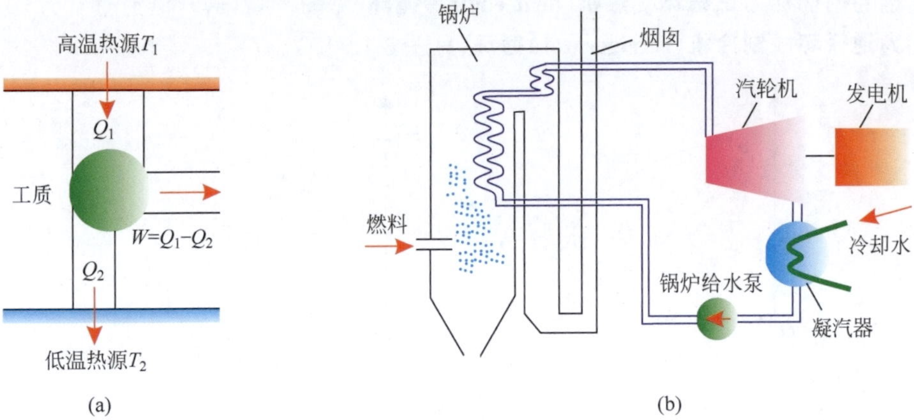

图 8-13 热机循环的工作原理(a)及蒸汽机的示意图(b)

它是衡量热机效能的重要参量,通常用百分数表示。在热机循环中,工质总要向外界放出一部分热量,即 Q_2 不能等于零,所以热机效率永远小于 1,即 $\eta<1$。第一部实用的热机是蒸汽机(见图 8-13(b)),创制于 17 世纪末,用于煤矿中抽水。目前的蒸汽机主要用于发电厂中。热机除蒸汽机外,还有内燃机、喷气机等。虽然它们在工作方式、效率上各不相同,但工作原理却基本相同,都是不断地把热量转变为功。前面介绍的"第一类永动机"的效率大于100%,违背了热力学第一定律,所以效率大于 100%的热机不可能实现。表 8-2 给出了几种装置的热机效率。

表 8-2 几种装置的热机效率

液体燃料火箭	燃气轮机	柴油机	汽油机	蒸汽机车	热电偶
$\eta=0.48$	$\eta=0.46$	$\eta=0.37$	$\eta=0.25$	$\eta=0.08$	$\eta=0.07$

8.5.3 制冷机 制冷系数

图 8-14 所示为一个制冷机的示意图,气体从低温热源吸取热量而膨胀,并在压缩过程中,把热量放出给高温热源。为实现这一点,外界必须对制冷机做功。图中 Q_2 为制冷机从低温热源吸收的热量,W 为外界对它做的功,Q_1 为它放出给高温热源热量的值。于是当制冷机完成一个逆循环后有

$$-W=Q_2-Q_1 \quad 或 \quad W=Q_1-Q_2$$

这就是说,制冷机经历一个逆循环后,由于外界对它做功,可把热量由低温热源传递到高温热源。外界不断做功,就能不断地从低温热源吸取热量,传递到高温热源,这就是制冷机的工作原理。通常把

$$e=\frac{Q_2}{W}=\frac{Q_2}{Q_1-Q_2} \tag{8-35}$$

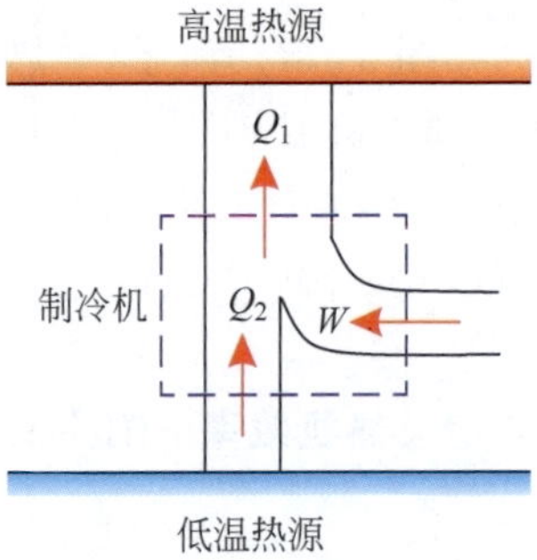

图 8-14 制冷机的示意图

叫做制冷机的**制冷系数**(**coefficient of refrigerator**)。制冷系

数的大小，表示外界对制冷机做功而制冷机可以从低温热源吸收多少热量。制冷机消耗的外界功越少，吸收的热量越多，制冷机的性能就越好。生活中常见的制冷机有冰箱和空调。对于冰箱而言，其冷冻室就是低温热源，冷凝器周围处于室温下的空气就是高温热源，冰箱内部的制冷剂就是工质。通过工质的汽化吸收，使低温热源的温度更低，高温热源的温度更高。制冷机也可以起热泵的作用，例如空调，在冬季室内空气为高温热源，室外空气为低温热源，此时只需改变空调中的工质流向，就可以实现从低温热源（室外）吸热，向高温热源（室内）放热的热泵效果。

[例题 8-6]

1mol 单原子分子的理想气体，经历如图 8-15 所示的循环过程（$abcda$），求循环效率。

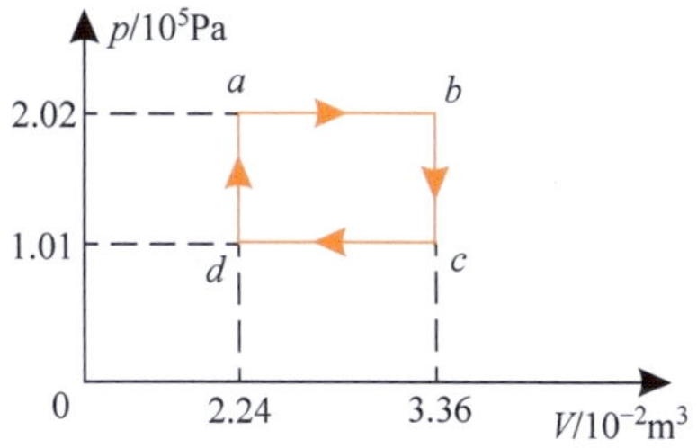

图 8-15 例题 8-6 用图

解 该循环是正循环，对应热机，故求循环效率即求热机效率 η。$\eta=\frac{W}{Q_1}=1-\frac{Q_2}{Q_1}$，其中，$W$ 为净功，为循环各过程气体所做功的代数和，即循环曲线所围的面积；Q_1 为整个循环过程中所有吸热过程所吸收的热量之和；Q_2 为整个循环过程中所有放热过程所放出的热量之和。如果循环曲线所围的面积易求，就应首选 $\eta=\frac{W}{Q_1}$ 来求循环效率。

方法一 利用 $\eta=\frac{W}{Q_1}$ 求解。

循环过程的净功 W 为循环曲线所围矩形的面积，即

$$W=S_{矩形}=(p_a-p_d)(V_c-V_d)=1.01\times10^5\,\text{Pa}\times1.12\times10^{-2}\,\text{m}^3=1131\text{J}$$

由循环曲线可知：da 为等体过程，压强增大，温度升高，吸热；ab 为等压过程，体积增大，温度升高，吸热；bc 为等体过程，压强减小，温度降低，放热；cd 为等压过程，体积减小，温度降低，放热。气体为单原子分子，自由度 $i=3$，$C_{V,\text{m}}=\frac{3}{2}R$，$C_{p,\text{m}}=\frac{5}{2}R$。各分过程吸收的热量为

$$Q_{da}=\nu C_{V,\text{m}}(T_a-T_d)=\nu\frac{3}{2}R(T_a-T_d)=\frac{3}{2}V_a(p_a-p_d)$$

$$=\frac{3}{2}\times2.24\times10^{-2}\,\text{m}^3\times1.01\times10^5\,\text{Pa}=3394\text{J}$$

$$Q_{ab}=\nu C_{p,\text{m}}(T_b-T_a)=\nu\frac{5}{2}R(T_b-T_a)=\frac{5}{2}p_a(V_b-V_a)$$

$$=\frac{5}{2}\times2.02\times10^5\,\text{Pa}\times1.12\times10^{-2}\,\text{m}^3=5656\text{J}$$

整个循环过程吸收的热量为

$$Q_1 = Q_{da} + Q_{ab} = 9050\text{J}$$

循环效率为

$$\eta = \frac{W}{Q_1} \times 100\% = 12.5\%$$

方法二 利用 $\eta = 1 - \frac{Q_2}{Q_1}$ 求解。

各分过程放出的热量为

$$Q_{bc} = \nu C_{V,\text{m}}(T_c - T_b) = \nu \frac{3}{2}R(T_c - T_b) = \frac{3}{2}V_b(p_c - p_b)$$

$$= -\frac{3}{2} \times 3.36 \times 10^{-2}\,\text{m}^3 \times 1.01 \times 10^5\,\text{Pa} = -5090\text{J}$$

$$Q_{cd} = \nu C_{p,\text{m}}(T_d - T_c) = \nu \frac{5}{2}R(T_d - T_c) = \frac{5}{2}p_d(V_d - V_c)$$

$$= -\frac{5}{2} \times 1.01 \times 10^5\,\text{Pa} \times 1.12 \times 10^{-2}\,\text{m}^3 = -2828\text{J}$$

整个循环过程放出的热量为

$$Q_2 = |Q_{bc}| + |Q_{cd}| = 7918\text{J}$$

循环效率为

$$\eta = 1 - \frac{Q_2}{Q_1} = 12.5\%$$

由此可见，两种方法得到的循环效率是一样的。

8.5.4 卡诺循环

18 世纪，蒸汽机的广泛使用促进了整个工业的发展，但是当时蒸汽机的效率普遍低于 5%，绝大部分的热量都被浪费了。虽然瓦特改进了蒸汽机，使热机效率大为提高，但人们仍迫切要求进一步提高热机效率。卡诺循环是一种重要的循环，它是由法国青年工程师卡诺于 1824 年首先提出的。这种循环确定了热转变为功的最大限度。让我们以理想气体为工作介质来讨论这种循环。

卡诺循环是由两条等温线和两条绝热线构成的，如图 8-16 所示，AB 和 CD 为两条温度分别为 T_1 和 T_2 的等温线，在这两个过程中，系统将分别与温度为 T_1 的高温热源和温度为 T_2 的低温热源相接触，并进行热量传递。BC 和 DA 为两条绝热线，在这两个过程中，系统不再与任何热源相接触，与外界也没有热量交换。其中各分过程的传热情况如下：

(1) $A \to B$ 过程：如果系统中的理想气体最初处于状态 A，状态参量为 V_1、p_1、T_1，然后经等温膨胀过程 AB 缓慢地到达状态 B，状态参量变为 V_2、p_2、T_1。在这过程中，系统与高温热源接触并从中吸取热量值为

$$Q_1 = \nu R T_1 \ln \frac{V_2}{V_1}$$

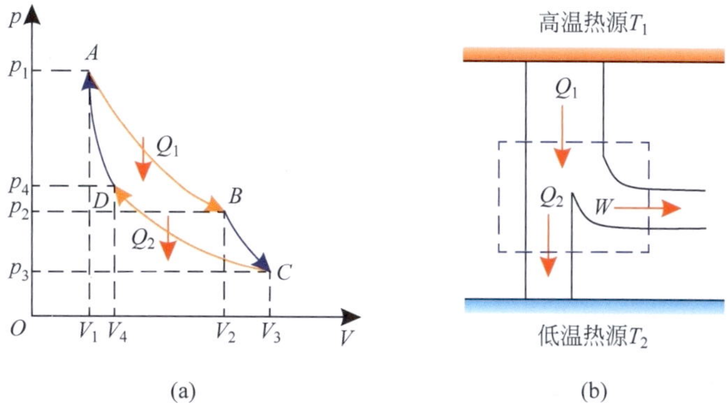

图 8-16　卡诺循环——热机

(a) p-V 图；(b) 工作示意图

(2) $B \to C$ 过程：系统由状态 B 经绝热膨胀过程到达状态 C，状态参量变为 V_3、p_3、T_2。在这过程中，移去高温热源，系统与外界没有热量交换。

(3) $C \to D$ 过程：系统由状态 C 经等温压缩到达状态 D，状态参量变为 V_4、p_4、T_2。在这过程中系统与低温热源接触，系统向外界释放热量值为

$$Q_2 = \nu R T_2 \ln \frac{V_3}{V_4}$$

(4) $D \to A$ 过程：系统由状态 D 经绝热压缩过程到达原状态 A，完成一次正循环。在这过程中，移去低温热源，系统与外界没有热量交换。

这样，经过上述四个过程，系统完成了一个正循环，根据热机效率的定义，卡诺循环的效率可表示为

$$\eta = 1 - \frac{Q_2}{Q_1} = 1 - \frac{T_2 \ln \frac{V_3}{V_4}}{T_1 \ln \frac{V_2}{V_1}} \tag{8-36}$$

由绝热方程，应有

$$T_1 V_2^{\gamma-1} = T_2 V_3^{\gamma-1}$$

$$T_1 V_1^{\gamma-1} = T_2 V_4^{\gamma-1}$$

上两式相除，有

$$\frac{V_2}{V_1} = \frac{V_3}{V_4}$$

代入式(8-36)，就得到卡诺循环效率的表达式

$$\eta = \frac{W}{Q_1} = \frac{T_1 - T_2}{T_1} = 1 - \frac{T_2}{T_1} \tag{8-37}$$

由式(8-37)可见，以理想气体为工作介质的卡诺循环的效率，只取决于高温热源的温度和低温热源的温度。当高温热源的温度越高，低温热源的温度越低，卡诺循环的效率也就越高。

现在让我们看一下逆卡诺循环的情况，在一次逆循环中，系统从状态 A 出发，沿着图 8-16 中箭头所示的相反方向，即闭合曲线 $ADCBA$ 循环一周返回状态 A。外界对系统做功 W，

系统从低温热源吸收热量 Q_2，同时向高温热源释放热量 Q_1。根据式(8-35)，逆卡诺循环的制冷系数可表示为

$$e=\frac{Q_2}{W}=\frac{Q_2}{Q_1-Q_2}=\frac{T_2}{T_1-T_2} \tag{8-38}$$

式(8-38)表示，逆卡诺循环的制冷系数也只取决于高温热源的温度和低温热源的温度。低温热源的温度越低，制冷系数越小。这说明，系统从温度较低的低温热源中吸取热量时，外界必须消耗较多的功。

为了节省能源，在逆循环中系统向高温热源排放的热量是可以利用的。

原理应用

冰箱制冷

理想制冷机是以理想气体为工质的卡诺制冷机，其制冷系数为

$$e=\frac{Q_2}{W}=\frac{T_2}{T_1-T_2}$$

由于实际制冷机存在各种不可逆损耗，其有效制冷系数要小于同样工作在 T_1 和 T_2 两温度间的卡诺制冷机。

冰箱制冷的方法很多，根据制冷的工作原理，一般可分气体制冷、蒸汽制冷和半导体制冷。蒸汽制冷又有蒸汽压缩式制冷、吸收式制冷等方式。

1. 气体制冷

气体制冷所用的空气制冷机由压缩机、冷凝器、膨胀机及冷冻室组成，如图 P8-2 所示。其工作过程是：经膨胀机绝热膨胀后的低温、低压(标准气压)气体进入冷冻室吸热；吸热后的低压气体再被压缩机吸入，经压缩后，温度和压力同时升高，该高温高压气流进入冷凝器与冷却介质进行热交换，在冷凝器的出口得到高压常温气流，然后进入膨胀机进行绝热膨胀，重新获得常压低温气流进入冷冻室吸热制冷。如此循环，不断地得到低温。这种方法是最早采用的制冷方法，但由于效率低，目前仅应用于极低温度的制冷中。

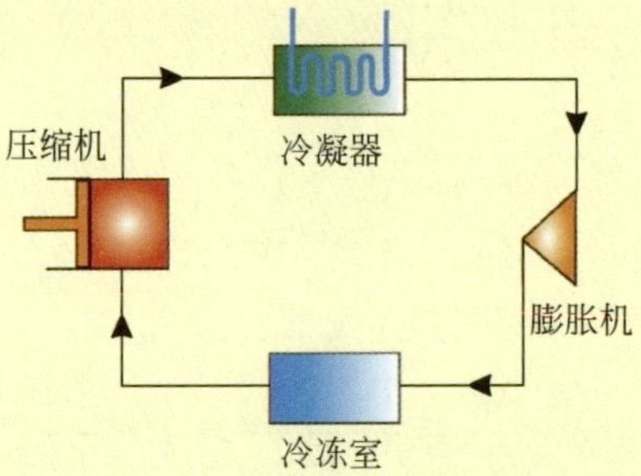

图 P8-2　空气制冷机示意图

2. 蒸汽制冷

蒸汽压缩式制冷是利用某些低沸点的液态工质[如氨(NH_3)沸点为-33.5℃,汽化热为1366kJ·kg^{-1},氟利昂R_{12}(CCl_2F_2)沸点为-29.8℃,汽化热为165kJ·kg^{-1}]在不同压力下汽化时,吸收热量来实现制冷的。这是目前家用电冰箱所普遍采用的制冷方式,过去工质多用氟利昂。蒸汽压缩式家用冰箱由压缩机、冷凝器(又称散热器)、毛细管和蒸发器四部分构成,如图P8-3所示。其工作过程如下:压缩机首先吸入在蒸发器中已蒸发制冷后的常温低压制冷工质蒸汽,经压缩机活塞对其进行绝热压缩,使其内能增加,温度升高。因此,常温、低压的制冷工质蒸汽经绝热压缩后成为高温、高压的干蒸汽。经管道送入直径为5~6mm铜管冷凝器,在一定压力下,经冷凝器冷却后,蒸汽放出热量,通过空气自然对流带走,使干蒸汽变为高压液体。经紧靠着冷凝器的出口过滤器,除去水分、杂质,制冷工质状态不变。再进入长约2~4m,内径为0.5~1mm的毛细管,由于管道的横截面突然缩小并有相当的长度从而在毛细管进出口之间相应压力下降,温度降低,此即毛细管的节流作用。同时,毛细管的全部长度几乎都穿在由蒸发器到压缩机的回气管中,回气管中工质温度比毛细管中的温度低,两者又相向流动。因此,在毛细管中的工质在流向蒸发器的同时,散发热量。由于毛细管的节流和散热共同作用,从毛细管流出的工质变为低温、低压液体,随后进入冷冻室蒸发器中,因压力大大减少,工质迅速汽化从周围物体吸热,使冷冻室温度降低。蒸发后的工质蒸汽经回气管回到压缩机中,实现一次循环,如此往复,实现电冰箱的制冷目的。

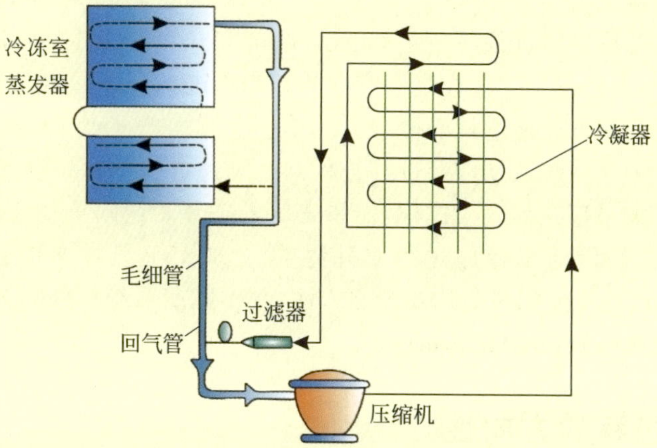

图 P8-3 蒸汽压缩式电冰箱示意图

3. 半导体制冷

半导体式电冰箱采用半导体制冷又称为温差电制冷,它可使热量从低温物体移到高温物体。该类电冰箱利用珀耳帖效应,即用n型和p型两种半导体材料制成电偶,当电流流过半导体材料时,除产生不可逆的焦耳热外,在不同的接头处出现吸热或放热现象,如图P8-4所示。如果电流反向,吸热的接头处便放热,放热的接头处便吸热。吸收和放出热量与电流成正比。目前,用半导体制冷,温差可达150℃之多。当这种冰箱制冷容量超过几十升时,其效率小于压缩式制冷冰箱;但对小容量冰箱,它是相当优越的。在汽车上已使用这种小型半导体冰箱。由于这种冰箱具有无机械传动、不用制冷剂、无噪声等特点,将会被广泛应用。

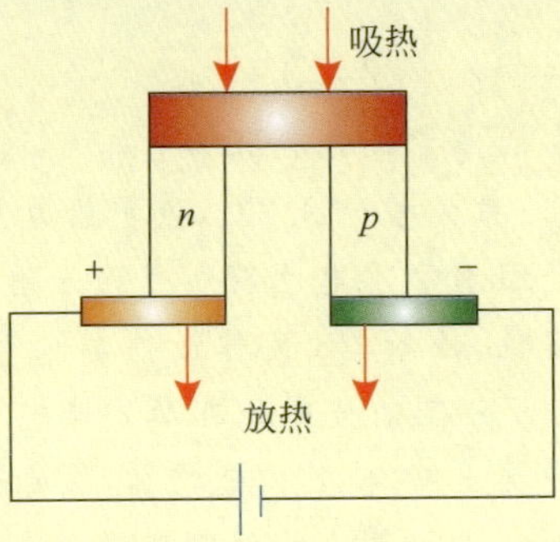

图 P8-4 半导体式电冰箱制冷示意图

8.6 热力学第二定律 卡诺定理

热力学第一定律是能量转换与守恒定律在与热现象有关的过程中的具体形式，任何热力学过程都必须遵从热力学第一定律。但是热力学第一定律并未限定过程进行的方向，满足热力学第一定律的热力学过程不一定都能实现。热力学第二定律指出了在一个与外界无相互作用的系统内，自然发生的过程是有方向的。为了进一步讨论热力学第二定律的含义，需要先介绍可逆过程和不可逆过程的概念。

假设有一个热力学系统从初态经过某过程到达末态，同时在系统状态变化过程中对外界产生一定影响。如果存在另一个过程，使系统从末态开始逆向重复原过程的每一个状态而回到初态，并且能够同时消除原过程对外界的一切影响，则原来的过程即为**可逆过程**(**reversible process**)。反之，如果无论用什么方法，都不能使系统和外界恢复到原状态，则此过程叫做**不可逆过程**(**irreversible process**)。

8.6.1 自然过程的方向性

在自然界中，自然过程都是按一定方向进行的，即具有方向性，反方向的逆过程不能自动进行。热力学研究的是最简单也是最基本的情况。下面举三个典型的例子。

1. 气体自由膨胀具有方向性

如图 8-17 所示，一密封容器被中间的隔板分成左右两部分，其中左边有气体，右边是真空。把隔板抽掉后，左边的气体分子自动向右边真空迅速扩散，最后达到均匀分布的平衡状态。而相反的过程，即充满整个容器均匀分布的气体自动地收缩到左半部分，使右半部分成为真空的过程，在没有外力作用的情况下，是不可能实现的。因此，气体向真空中绝热自由膨胀的过程是有方向的。

2. 功热转换具有方向性

自然界中功热转换过程也具有方向性。功热转换过程的方向性可以用典型的焦耳实验

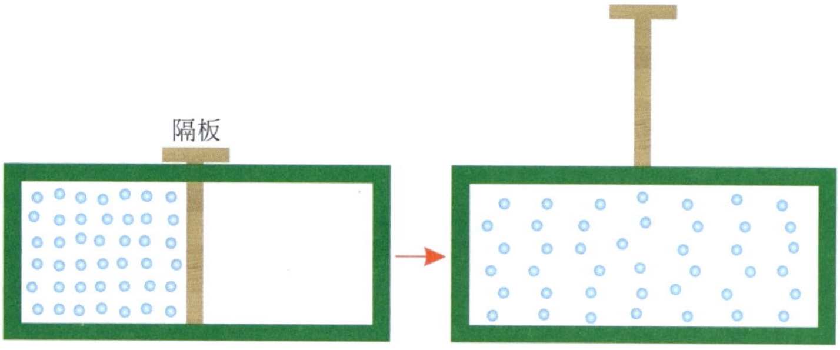

图 8-17 气体的自由膨胀过程

（见图 8-18）来说明。在实验中，将水盛在绝热壁包围的容器中，使叶片在水中转动，和水摩擦，叶片所做的机械功可以全部转化为系统的内能，提高水的温度。但相反的过程，即水自动降温，产生水流，推动叶片转动，使叶片自动转动起来，即将一定量的热量自动地转化为机械功，这样的过程却从来没有实现过，它是不可能发生的，因此，通过摩擦使功变成热的过程是不可逆的。

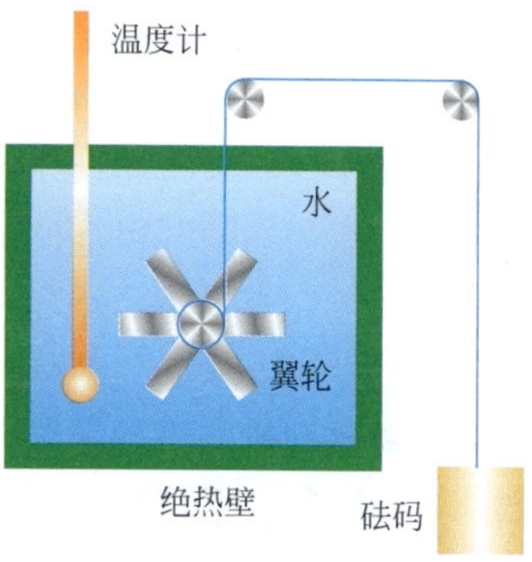

图 8-18 功热转换装置示意图

3. 热传导具有方向性

温度不同的两个物体相互接触，热量总是自动地从高温物体传向低温物体，最后使两个物体的温度相同而达到热平衡。相反的过程，即热量自动地从处于热平衡两个物体中的一个传到另一个，使两个物体出现温差，或者是热量自动地从低温物体传到高温物体，使它们的温差越来越大，这样的过程也从来没有出现过。因此，热传导也具有方向性。

由于自然界中一切与热现象有关的宏观过程都涉及功热转换或热传导，因此可以说，一切与热现象有关的实际宏观过程都是不可逆的。

8.6.2 热力学第二定律

上述研究表明，在自然界中不是所有符合热力学第一定律的过程都能发生，自然界自发进行的过程是有方向性的。**热力学第二定律**指明了自然界的这种自发过程的方向性，它是热力学的基本定律之一。热力学第二定律可有多种表述，其中在历史上最具代表性的经典表述有两种，这就是克劳修斯表述和开尔文表述。

1. 热力学第二定律的克劳修斯表述

1850 年克劳修斯在研究制冷机热传导的基础上提出了热力学第二定律的一种表述：**不可能把热量从低温物体传到高温物体而不引起其他变化**。

克劳修斯表述中“其他变化”是指除低温物体放热和高温物体吸热以外的任何其他变化。因此，克劳修斯表述也可以说成是：**热量不能自动地从低温物体传到高温物体**。

热力学第二定律的克劳修斯表述指明热传导过程的不可逆性，即热量能自动地从高温物体传到低温物体,但不能自动地从低温物体传到高温物体。如果借助制冷机,当然可以把热量由低温物体传递到高温物体,但要以外界做功为代价,也就是引起了其他变化。

2. 热力学第二定律的开尔文表述

自热机问世以来,人们一直关心热机效率的提高,热力学第一定律从能量守恒的观点指明热机的效率不可能大于100%。那么,热机效率能达到100%吗?效率等于100%就意味着从高温热源吸收的热量可以全部变为有用的功,而不向低温热源放出热量。如果这种热机能制造成功,就可以把我们周围的海洋和大气作为一个单一热源,从中吸收热量,并把它全部转化为功。曾有人计算过,只要海水的温度下降0.1K,就能使全世界的机器转动很多年,这样一来,地球上辽阔的海洋和厚厚的大气层就成了我们取之不尽、用之不竭的新能源。

开尔文通过研究热机效率即热功转换,在1851年提出了热力学第二定律的另一种表述:**不可能从单一热源吸取热量,使之完全变成有用的功而不产生其他影响**。

开尔文表述中"单一热源"是指温度各处一致并且恒定不变的热源,"其他影响"是指除了系统从单一热源吸热和对外做功以外的任何其他变化。

热全部变为功的过程也是有的,如理想气体的等温膨胀。但在这一过程中除了气体从单一热源吸热完全变为功外,还引起了其他变化,即过程结束时,气体的体积增大了。

历史上把可以从单一热源吸收热量,使之完全变成有用的功而不产生其他影响的机器称为**第二类永动机**。第二类永动机是效率为100%的热机,它并不违背热力学第一定律,但它违反了热力学第二定律。因此,开尔文表述也可以说成是:**第二类永动机不可能制成**。

热力学第二定律的克劳修斯表述和开尔文表述,虽然表述不同,但它们是等价的。即:如果一种表述是正确的,另一种表述也必然是正确的;如果一种表述不成立,另一种表述也必然不成立。

总之,克劳修斯表述的实质在于指明了热传导过程的方向性;开尔文表述的实质则在于指明了功热转换过程的方向性。除了上述两种表述以外,热力学第二定律还有多种表述,但其实质都是指明了自然界中一切自发过程进行的方向性,即一切与热现象有关的物理过程都是不可逆的。

8.6.3 热力学第二定律的微观含义

我们还是从功热转换过程、热传导过程以及理想气体向真空的绝热自由膨胀过程,来查看这些过程的不可逆性在微观上有什么表现。

在功热转换过程中,例如,功变为热的过程是大量分子的定向有序运动转变为无序的热运动,而系统不能将大量分子的无序热运动自动地转化为有序运动。从微观上看,在功热转换过程后系统的分子运动无序性增加了。在热传导过程中,热量自动地从高温物体向低温物体或者从物体的高温部分向低温部分传递,最终达到系统温度到处都相等的平衡状态。温度是大量分子热运动剧烈程度(平均平动动能)的宏观统计量,热传导开始时系统各处温度不均匀,即各处的分子运动剧烈程度有差异,而到达平衡态时系统各处的温度相同,即分子运动剧烈程度都变得一样,大量分子在运动速率分布上的差异消失。这表明,系统中分子运动的无序性由于热传导增加了。在理想气体的绝热自由膨胀过程中,系统中的气体分子从开始时占据某个空间体积中的一部分到膨胀后占据整个空间体积,分子在这个空间内的位置分布变得更加无序。

以上这些分析表明，实际不可逆的热力学过程总是伴随着系统微观状态无序度的增加，或者说，**一切自然过程总是朝着分子热运动更加无序的方向进行**。这就是实际热力学过程在宏观上表现出的不可逆性的微观本质，也是热力学第二定律的微观含义。

8.6.4 卡诺定理

前面我们学习了卡诺循环，并推导了卡诺正循环和逆循环的效率，但是没有介绍这个循环的重要意义，下面将介绍基于卡诺循环的**卡诺定理**(**Carnot theorem**)，该定理为我们设计实际循环过程提供了理论指导。卡诺提出在温度为 T_1 的热源和温度为 T_2 的热源之间工作的循环动作的机器必须遵守以下两条结论。

(1) 在相同的高温热源(温度为 T_1)与相同的低温热源(温度为 T_2)之间工作的一切可逆机(即工作介质的循环是可逆的)，无论用什么工作介质，效率都相等，都等于 $1-\frac{T_2}{T_1}$。

(2) 在相同的高温热源和相同的低温热源之间工作的一切不可逆机(即工作介质的循环是不可逆的)的效率，不可能高于(实际上是小于)可逆机，即

$$\eta \leqslant 1-\frac{T_2}{T_1}$$

式中"="适用于可逆机，而"<"适用于不可逆机。

卡诺定理为我们指出了提高热机效率的途径：就过程而言，应当是实际的不可逆过程尽量接近可逆过程，例如，减小散热、漏气、摩擦等不可逆因素的影响。就热源的温度而言，应尽量增大高低温热源之间的温差。但在实际应用中，例如蒸汽机等热机，低温热源的温度通常就是用来冷却蒸汽机的冷凝器温度。想获得更低的温度，就必须额外用制冷机，因此用降低低温热源的温度来提高热机效率的方案是不经济的，通常是从提高高温热源的温度着手。

原理应用

提高热机效率的一种方法

热力学第二定律的发现与提高热机效率的研究有密切关系。蒸汽机虽然在 18 世纪就已发明，但它从初创到广泛应用，经历了漫长的年月。1765 年和 1782 年，瓦特(James Watt，1736—1819 年，英国发明家、企业家)两次改进蒸汽机的设计，使蒸汽机的应用得到了很大发展，但是效率仍不高。热机的效率是热机问世以来科学家、发明家和工程师们一直研究的重要问题。现在的内燃机和喷气机跟最初的蒸汽机相比，效率虽然提高了很多，但从节约能源的要求来看，热机的效率还远远不能令人满意。目前最好的空气喷气发动机，在比较理想的情况下其效率也只有 60%。应用最为广泛的内燃机，其效率最多只能达到 40%。大部分能量被浪费掉了。如何进一步提高机器的效率呢？

在工程技术中，各种热机(如内燃机、蒸汽机等)均有其高温热源 T_1 和低温热源 T_2，由卡诺定理可知，实际热机的效率是

$$\eta \leqslant 1-\frac{T_2}{T_1} \tag{P8-3}$$

实际情况下如何提高热机效率？其物理原理又是什么？下面简单介绍提高热机效率的一种有效方法：两台热机进行联合循环。

如图 P8-5 所示，热机Ⅰ从高温热源 T_1 处吸收热量 Q_1，对外界做功 W_1，并向热源 T_2 处放出热量 Q_2；热源 T_2 既是热机Ⅰ的低温热源，同时也是热机Ⅱ的高温热源。热机Ⅱ从热源 T_2 处吸收热量 Q_2，对外界做功 W_2，并向低温热源 T_3 放出热量 Q_3。在此联合循环中，系统总的循环效率为

$$\eta_{总}=\frac{W_{总}}{Q_1}=\frac{W_1+W_2}{Q_1} \tag{P8-4}$$

式(P8-4)表明，联合循环的循环效率大于单机循环效率 $\eta_1=\frac{W_1}{Q_1}$。

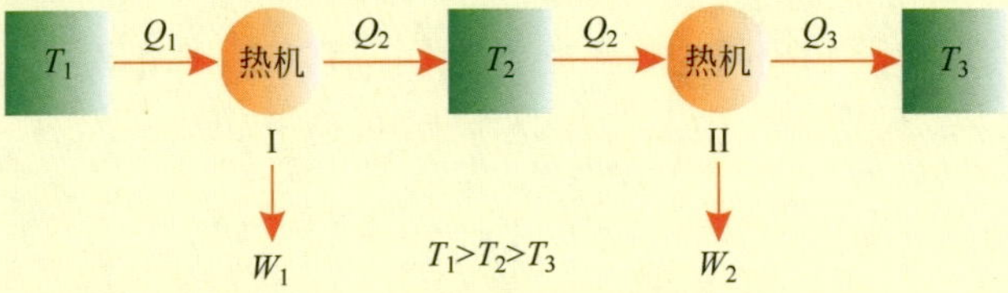

图 P8-5 联合循环的两台热机

一般情况下，联合循环是将两台不同类型的热机联合或将使用两种不同工质的热机进行联合，例如蒸汽机与燃气机的联合。由于燃气机依靠燃烧化学燃料进行循环，最高温度可达 500℃以上，循环排出的废气仍具有较高的温度。若用一台蒸汽机作为第二级热机与其联合，则燃气机排出的热能可以为蒸汽机所利用，从而提高总效率。

*8.7 熵

8.7.1 熵 熵增加原理

熵(entropy)是热力学系统的一个重要的状态函数。熵的变化指明了自发过程进行的方向，并可给出孤立系统达到平衡的必要条件。因此，它是热力学第二定律的简明概括。

一个实际过程除了必须遵守能量守恒以外，还有一个能量转换和传递过程的方向问题。人们期望有一个普适判据来描述自发过程的方向。根据热力学第二定律概括的关于热力学过程单向性的经验，自发过程的方向决定于系统初态和末态的差异。因此，应该可以找到一个决定于系统状态的物理量，用它的变化来表述自发过程的方向。

克劳修斯在研究卡诺热机(见卡诺循环)时，根据卡诺定理，得出对任意循环过程都有

$$\oint \frac{dQ}{T} \leqslant 0 \tag{8-39}$$

式中，dQ 为系统从温度为 T 的热源所吸收的热量，等号对应可逆过程，不等号对应不可逆过程。式(8-39)称为克劳修斯不等式。如果过程是可逆的，式(8-39)中的 T 也是系统的温度，因为可逆过程中热源与系统的温度相同。

若系统从初态 A 经可逆过程 C 变到末态 B，又经任意另一可逆过程 D 回到初态 A，构成一个可逆循环(见图 8-19)，则对可逆循环有

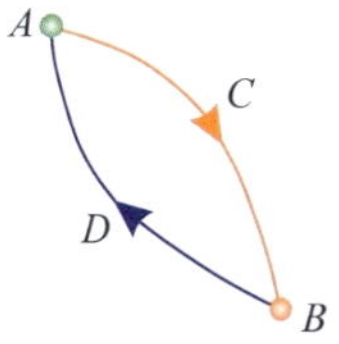

图 8-19 可逆循环过程

$$\oint \frac{dQ}{T} = \int_{ACB} \frac{dQ}{T} + \int_{BDA} \frac{dQ}{T} = 0 \tag{8-40}$$

或

$$\int_{ACB} \frac{dQ}{T} = \int_{ADB} \frac{dQ}{T} \tag{8-41}$$

由于过程 C、D 是任意的，所以积分 $\int \frac{dQ}{T}$ 的值与状态 A、B 之间经历的过程无关，完全由初态 A 和末态 B 决定，因此被积函数应当是一个状态函数的全微分，这一状态函数称为**熵**，以符号 S 表示，则

$$dS = \frac{dQ}{T} \tag{8-42}$$

或

$$S_A - S_B = \int_A^B \frac{dQ}{T} \tag{8-43}$$

在国际单位制中，熵的单位是 J/K(焦/开)。

对于不可逆微变化过程，有

$$dS > \frac{dQ}{T} \tag{8-44}$$

可见，在可逆微变化过程中，熵的变化等于系统从热源吸收的热量与热源的热力学温度(热力学温标)之比，在不可逆微变化过程中，这个比小于熵的变化。这是热力学第二定律的直接结果和概括，是热力学第二定律的数学表达式。

对于绝热过程，$dQ=0$，因而 $dS>0$。即系统经绝热过程，由一种状态到达另一种状态时，系统的熵永不减少(熵在可逆过程中不变，在不可逆绝热过程中增加)。此结论称为**熵增加原理**(**principle of entropy increase**)。

如果系统是孤立的，其内部一切变化与外界无关，必然是绝热过程。所以熵增加原理的一个通常说法是，“**一个孤立系统的熵永不会减少**”。在这种说法中，孤立系统的熵必然包括非平衡态的熵。因为一个孤立系统在变化的时候，不可能处在平衡态。根据熵的广延性质，非平衡态的熵可定义为处在局域平衡的各部分的熵之和。

根据熵增加原理，孤立系统越接近平衡态，其熵值越大。当系统的熵达到最大值时，系统达到平衡态，过程不再进行，只要没有外界作用，系统将始终保持平衡态。因此，可由孤立系统熵的变化来判断系统中过程进行的方向，只有 $dS>0$ 的过程才是允许的。

可以证明，熵增加原理与热力学第二定律的克劳修斯、开尔文等表述是等效的。实质

上，熵增加原理就是热力学第二定律。如果系统从平衡态有一微小变动，系统熵的变化 dS 必小于零。因此，$dS<0$ 是判定孤立系统是否达到平衡的条件。熵或熵的变化不仅可以用来判断过程进行的方向，还反映该系统所处状态的稳定情况。

8.7.2 熵增加原理与热力学第二定律

回顾热力学第二定律的表述和熵增加原理的表述，可以看到它们对宏观热现象进行的方向和限度的叙述是等效的。例如在热传导问题中，热力学第二定律的叙述为：热量只能自动地从高温物体传递给低温物体，而不能自动向相反方向进行。熵增加原理则叙述为：孤立系统中进行的从高温物体向低温物体传递热量的热传导过程，使系统的熵增加，是一个不可逆过程；当孤立系统达到温度平衡时，系统的熵具有最大值。对比以上两种叙述可以看出，热力学第二定律和熵增加原理对热传导方向的叙述是协调的、等效的。它们对热功转换等其他不可逆的热现象的叙述也是等效的。不过，熵增加原理是把热现象中不可逆过程进行的方向和限度用简明的数量关系表达出来了，尽管这种表达只限于孤立系统。

原理应用

耗散结构

1. 宇宙真的正在走向死亡吗

根据最新的研究结果，我们的宇宙大约在140亿年前是由一个极小的点爆炸而成的。在140亿年前，宇宙尚是“没有时间、没有空间、没有能量、没有物质”的空虚的“无”的状态，偶然发生了一个量子涨落事件，它产生了一个基本的空间单元。这个基本空间单元也就是宇宙的最小结构。这个偶然现象像多米诺骨牌一样，把周围的地方都带动成和它一样的性质，空间不断地向四周传播，传播之处就形成了新的空间，而新的空间又加入到传播的队伍中。空间的传播就是光，也就是电磁波，是停不下来的，真空中的光速也是不变的，因为它是宇宙诞生时的根本性质，是初始规律，它决定了此后宇宙万物的各种规律。

传统的宇宙学有一个很难理解的现象：宇宙在大爆炸的一刹那怎么会一次性地产生了如此巨大的能量和负熵？要回答这个问题，还要回到宇宙诞生和演化的过程中，原来空间单元在传播，每个空间单元诞生时都产生了一个偏离“无”的量，我们将其定义为能量，而能量的实质就是本能地要克服偏离、回归到“无”的状态，并在这一过程中做功。空间单位以电磁波形式一轮一轮地呈量化跳跃式地传播，于是催生了一轮又一轮的新的空间，就使得宇宙又摄入了一轮又一轮的新能量。因此，宇宙像一个被星星之火点燃的草原，而不是一颗被引爆的炸弹，宇宙大爆炸是被火种点燃的一个时刻，而不是像炸弹爆炸那样释放出所有能量的一个时刻，当宇宙诞生后，就像一个被点燃的草原在扩大燃烧空间的同时不断释放能量，而这些能量来源于宇宙的膨胀。图P8-6所示为宇宙大爆炸图片。

图 P8-6　宇宙大爆炸

每一轮新空间的诞生都增加了整个宇宙的不同状态的可能性，因此宇宙膨胀本身是一个熵增加的过程，是一个无序增加的过程。与此同时，从一轮轮新空间中进入宇宙的能量却使宇宙产生了有序，即负熵。

热力学第二定律指出，自然界的一切实际过程都是不可逆的。从能量上来说，一个不可逆过程虽然不"消灭"能量，但总要或多或少地使一部分能量变成不能再做有用功了。这种现象叫做能量的退降或能量的耗散。从微观上说，过程的不可逆性表现为：在孤立系中的各种自发过程总是要使系统的分子（或其他的单元）的运动从某种有序的状态向无序的状态转化，最后达到最无序的平衡态而保持稳定。这就是说，在孤立系统中，即使初始存在着某种有序或某种差别（非平衡态），随着时间的推移，由于不可逆过程的进行，这种有序将被破坏，任何的差别将逐渐消失，有序状态将转变为最无序的状态（平衡态）；而热力学第二定律又保证了这最无序的状态的稳定性，它再也不能转变为有序的状态了。

如果把上述结论推广到整个宇宙，则可得出这样的结论：宇宙的发展最终走向一个除了分子热运动以外没有任何宏观差别和宏观运动的死寂状态。这意味着宇宙的死亡和毁灭，因此，有人认为热力学第二定律在哲学上预示了一幅平淡的、无差别的死寂沉沉的宇宙图像。这种"热寂说"是错误的。有一种观点认为宇宙是无限的，不能当成一个孤立系统看待，因此不能将上面关于孤立系统演变的规律套用于整个宇宙。实际上我们现今看到的宇宙万物以及迄今所知的宇宙发展确实是充满了由无序向有序的发展与变化，在我们面前完全是一幅丰富多彩、千差万别、生机勃勃的图像。

2. 通过涨落达到有序

无论是平衡态还是非平衡态都是系统在宏观上不随时间改变的状态，实际上由于组成系统的分子仍在不停地作无规则运动，因此系统的状态在局部上经常与宏观平均态有暂时的偏离。这种自发产生的微小偏离称为**涨落**。系统中存在的涨落的类型影响分叉的选择。跨越分叉是个随机过程，例如掷钱币。它不再遵循某一条单独的轨道。我们无法预言随时间而演变的详情，只有统计的描述才是可行的。某种不稳定性的存在可被看作是某个涨落的结果，这一涨落起初局限在系统的一小部分内，随后扩展开来，并引出一个新的宏观态。

这种情形改变了对微观层次和宏观层次之间关系的传统观点。在许多情形中，涨落只相当于小的校正。作为一个例子，我们取体积为 V 的容器中的由 N 个分子组成的气体。我们把这个体积划分为两个相等的部分。其中一个部分内的粒子数 X 是多少？这里变量 X 是一个"随机"变量，我们可以期望其值在 $N/2$ 左右。

概率论中的一个基本定理，即大数定律，给出对由涨落造成的"误差"的一个估计。实际上，大数定律指出，假如 N 是个很大的数，则由涨落所引入的差值可能也很大；但是由涨落所引起的相对误差趋近于零。只要系统变得足够大，我们根据大数定律便可在均值和涨落之间作出清晰的区分，而可以把涨落略去。

但是在非平衡过程中，我们可能发现刚好相反的情形，涨落决定全局的结果。我们可以说，涨落在此时并不是平均值中的校正值，而是改变了这些均值。这是一种新的情形，我们把由涨落得出的情形称为“通过涨落达到有序”。例如，读者可能熟悉海森堡测不准关系，它以引人注目的方式表达出量子论的概率特点。由于我们在量子论中不再能同时测量位置和速度，因而经典的决定论被打破了。人们曾相信这一点对于描述如生命系统那样的宏观客体来说并不重要。但涨落在非平衡系统中的作用表明事情并非如此。在宏观层次上随机性仍然是主要的。值得注意的是和量子理论(它赋予所有的基本粒子以波的性质)的另一个类比，如远离平衡态的化学系统可能引出相干波的状态，即量子力学在微观层次上所发现的某些性质在宏观层次上又出现了，即系统进入一种宏观有序状态，这样，就形成了**耗散结构**。

总之，宏观系统所受的外界条件或多或少地总有一些变动。因此，宏观系统的宏观状态总是不停地受到各种各样的扰动，远离平衡态的系统的定态的不稳定以致发展到耗散结构的出现就植根于这种涨落。

内容提要

1. 准静态过程　准静态过程的功

系统对外界做的功：$W=\int_{V_1}^{V_2} p\,\mathrm{d}V$（体积功）

2. 摩尔热容　热量的计算

理想气体的摩尔定体热容：$C_{V,\mathrm{m}}=iR/2$，摩尔定压热容：$C_{p,\mathrm{m}}=(i+2)R/2$。

等体过程系统所吸收的热量：$Q_V=\nu\int_{T_1}^{T_2} C_{V,\mathrm{m}}\mathrm{d}T=\nu C_{V,\mathrm{m}}(T_2-T_1)$

等压过程系统所吸收的热量：$Q_p=\nu\int_{T_1}^{T_2} C_{p,\mathrm{m}}\mathrm{d}T=\nu C_{p,\mathrm{m}}(T_2-T_1)$

3. 内能

热力学系统内能的变化用过程中外界对系统所做的功和传递的热量之和来定义。

4. 热力学第一定律

系统从外界吸收的热量 Q 一部分用来使系统的内能增加，另一部分用来对外界做功 W：

$$Q=E_2-E_1+W=\Delta E+W$$

5. 理想气体的等体过程

$$\Delta E=Q_V=\nu C_{V,\mathrm{m}}(T_2-T_1),\quad W_V=0$$

6. 理想气体的等压过程

$$\Delta E=\nu C_{V,\mathrm{m}}(T_2-T_1)$$

$$W_p=\int_{V_1}^{V_2} p\,\mathrm{d}V=p(V_2-V_1)$$

$$Q_p = \nu C_{p,\mathrm{m}}(T_2 - T_1)$$

迈耶公式

$$C_{p,\mathrm{m}} - C_{V,\mathrm{m}} = R$$

比热容比

$$\gamma = \frac{C_{p,\mathrm{m}}}{C_{V,\mathrm{m}}}$$

7. 理想气体的等温过程

$$\Delta E = 0$$

$$Q_T = W_T = \nu RT \ln \frac{V_2}{V_1} = \nu RT \ln \frac{p_1}{p_2}$$

8. 理想气体的绝热过程

绝热过程方程：

$$pV^\gamma = 常量$$

绝热过程中的能量转换关系：

$$Q = 0;\quad W_Q = -\Delta E = -\nu C_{V,\mathrm{m}}(T_2 - T_1) = \nu C_{V,\mathrm{m}}(T_1 - T_2)$$

9. 热力学循环过程

循环过程的基本特点：系统的状态复原，内能增量为零。

热机效率

$$\eta = \frac{W}{Q_1} = 1 - \frac{Q_2}{Q_1}$$

卡诺热机效率

$$\eta = \frac{W}{Q_1} = \frac{T_1 - T_2}{T_1} = 1 - \frac{T_2}{T_1}$$

制冷机的制冷系数

$$e = \frac{Q_2}{W} = \frac{Q_2}{Q_1 - Q_2}$$

卡诺循环的制冷系数

$$e = \frac{Q_2}{W} = \frac{Q_2}{Q_1 - Q_2} = \frac{T_2}{T_1 - T_2}$$

10. 宏观过程的方向性　不可逆过程　不可逆性的相互依存

11. 热力学第二定律

热力学第二定律的两种表述：克劳修斯表述和开尔文表述。

热力学第二定律的微观含义：一切自然过程总是朝着分子热运动更加无序的方向进行。

12. 熵和熵增加原理

习题

一、选择题

8-1 如图所示，一定量的理想气体由平衡态 A 变到平衡态 B，且它们的压强相等，即 $p_A = p_B$。则在状态 A 和状态 B 之间，气体无论经过的是什么过程，气体必然(　　)。

(A) 对外做正功　　(B) 内能增加　　(C) 从外界吸热　　(D) 向外界放热

8-2 两个相同的刚性容器，一个盛有氢气，一个盛有氦气(均视为刚性分子的理想气体)。开始时它们的压强和温度都相同。现将3J热量传给氦气，使之升高到一定的温度。若使氢气也升高同样的温度，则应向氢气传递热量为(　　)。

(A) 6J　　(B) 3J　　(C) 5J　　(D) 10J

8-3 一定量理想气体分别经过等压、等温和绝热过程从体积 V_1 膨胀到体积 V_2，如图所示，则下述正确的是(　　)。

(A) $A \to C$ 吸热最多，内能增加

(B) $A \to D$ 内能增加，做功最少

(C) $A \to B$ 吸热最多，内能不变

(D) $A \to C$ 对外做功，内能不变

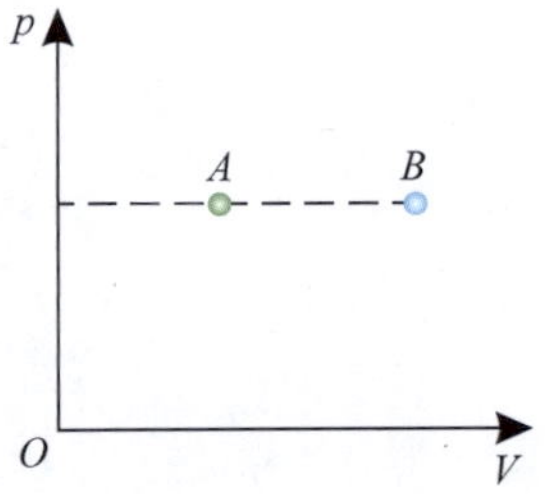

习题 8-1 图

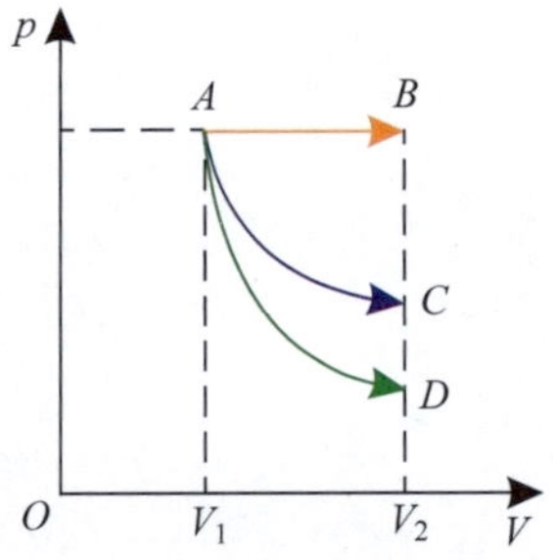

习题 8-3 图

8-4 一台工作于温度分别为327℃和27℃的高温热源与低温热源之间的卡诺热机，每经历一个循环吸热2000J，则对外做功(　　)。

(A) 2000J　　(B) 1000J　　(C) 4000J　　(D) 500J

8-5 一定量的理想气体，经历了某过程后，它的温度升高了。则根据热力学定律可以判断：(1)该理想气体在此过程中从外界吸了热；(2)在此过程中，外界对理想气体做了正功；(3)该理想气体的内能增加了；(4)在此过程中，理想气体既从外界吸了热，又对外界做了正功。以上正确的叙述是(　　)。

(A) (1)、(3)　　(B) (2)、(3)　　(C) (3)　　(D) (4)

二、填空题

8-6 从任何一个中间状态是否可近似看成平衡态，可将热力学过程分为________过程和

________过程，只有________过程才可以用 p-V 图上的一条曲线表示。

8-7 一定量的某种理想气体，在等压过程中对外做功为200J。若此种气体为单原子分子气体，则在该过程中需吸热________；若为刚性双原子分子气体，则需吸热________。

8-8 热力学温度为 T 的刚性双原子分子理想气体，分子的平均平动动能为________，1mol 这种气体的内能为________。

8-9 一理想的可逆卡诺热机，低温热源的温度为300K，热机的效率为40%，其高温热源的温度为________。

8-10 热力学第二定律的两种表述是等价的，它揭示了自然界中一切与热现象有关的实际宏观过程都是不可逆的。开尔文表述指出了________的过程是不可逆的；而克劳修斯表述则指出了________的过程是不可逆的。

三、计算题

8-11 如图所示，1mol 氦气，由状态 $A(p_1, V_1)$ 沿直线变到状态 $B(p_2, V_2)$，求此过程中内能的变化、对外做的功、吸收的热量。

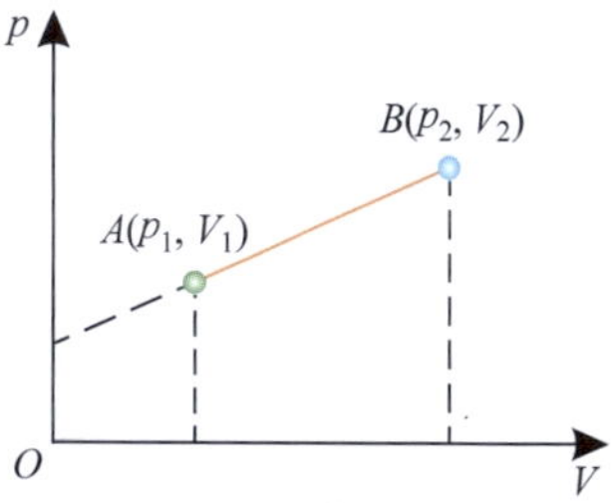

习题 8-11 图

8-12 一定量的氮气经历一热力学过程，此过程气体保持 1.0×10^5 Pa 的压强不变，它从外界吸收了 1.71×10^3 J 的热量后，体积从 1.0×10^{-12} m^3 膨胀到 1.5×10^{-2} m^3，求此热力学过程中氮气对外所做的功及内能的增量？

8-13 如图所示，系统从状态 A 沿 ABC 变化到状态 C 的过程中，外界有326J的热量传递给系统，同时系统对外做功126J。如果系统从状态 C 沿另一曲线 CA 回到状态 A，外界对系统做功为52J，则此过程中系统是吸热还是放热？传递的热量是多少？

8-14 一压强为 1.0×10^5 Pa、体积为 1.0×10^{-3} m^3 的氧气自0℃加热到100℃，求：(1)当压强不变时，需要多少热量？当体积不变时，需要多少热量？(2)在等压或等体过程中各做了多少功？

8-15 如图所示，使1mol 氧气分别经历以下过程：(1)由 A 等温地变到 B；(2)由 A 等体地变到 C，再由 C 等压地变到 B。试分别计算氧气所做的功和吸收的热量。

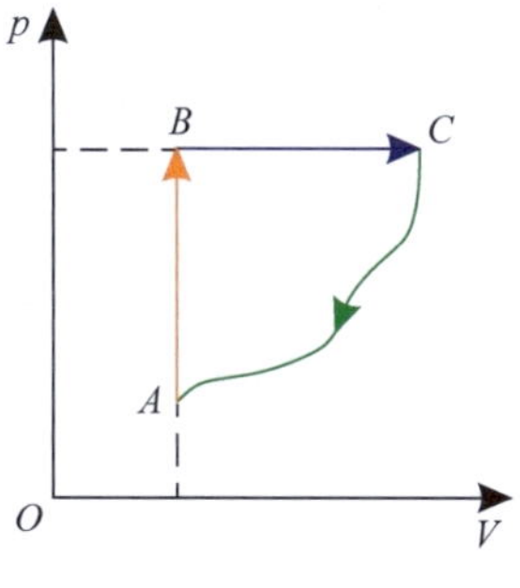

习题 8-13 图

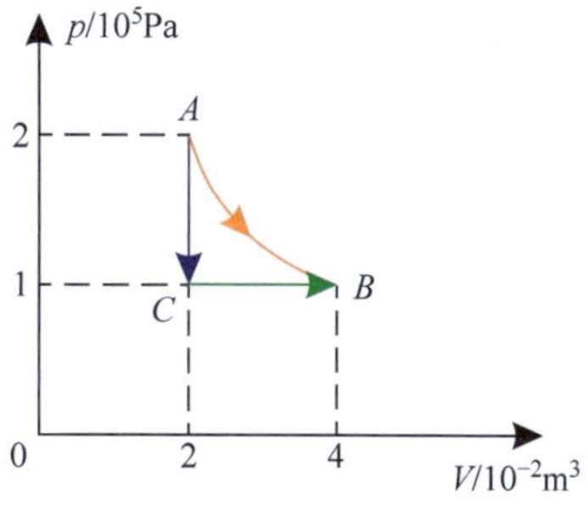

习题 8-15 图

8-16 1mol 氧气，温度为300K时体积是 2×10^{-3} m^3。若氧气分别经历过程：(1)绝热膨胀到体积为 2×10^{-2} m^3；(2)等温膨胀到体积为 2×10^{-2} m^3 后，再等体冷却到绝热膨胀最后达到的温度。试计算两种过程中氧气所做的功。

8-17 一卡诺热机工作于温度分别为1000K与300K的两个热源之间，如果：(1)将高温热源的温度提高100K；(2)将低温热源的温度降低100K，试问理论上热机的效率各增加多少？

8-18 一卡诺热机的低温热源温度为7℃，效率为40%，若要将其效率提高到50%，求高温热源的温度需提高多少？

8-19 卡诺热机工作于50℃与250℃之间，在一个循环中做功 1.05×10^{5}J。试问卡诺热机在一个循环中吸收和放出的热量至少应是多少？

8-20 在夏季，假定室外温度恒定为37℃，启动空调使室内温度始终保持在17℃。如果每天有 2.51×10^{8}J 的热量通过热传导等方式自室外流入室内，则空调一天耗电多少？(设该空调制冷机的制冷系数为同条件下的卡诺制冷机制冷系数的60%。)

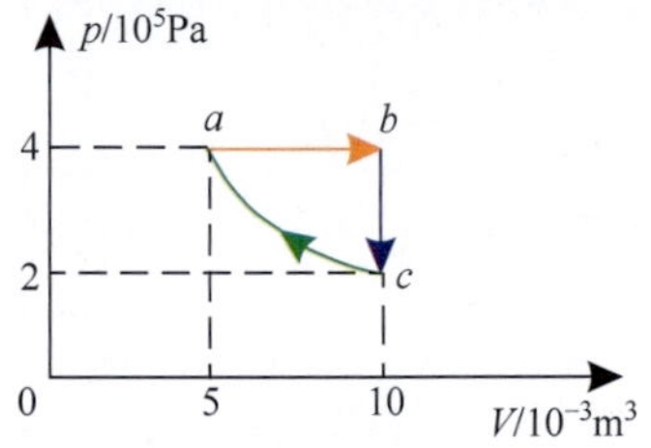

习题 8-21 图

8-21 1mol 氮气(N_2)作如图所示的 $abca$ 的循环过程，其中 ca 为等温线，试求：(1)气体在 ab、bc、ca 过程中分别所做的功；(2)气体在 ab、bc、ca 过程中分别传递的热量；(3)该循环的效率。

附　　录

附录 A　矢量

矢量代数在物理学中是常用的数学工具，它可用较为简洁的数学语言表达某些物理量及其变化规律，这对加深理解物理量及物理定律的含义是很有帮助的。这里主要介绍矢量的概念，矢量的加减和分解，矢量的标积和矢积。希望读者在教师的指导下，随着课程的进行，通过查阅和应用本附录的有关内容，逐步熟练掌握矢量的基本概念和计算方法。

一、标量和矢量

在基础物理学范围内，我们经常遇到两类物理量，一类是标量物理量（简称**标量**），如质量、时间、体积等，它们仅有大小和单位，并遵循通常的**代数运算法则**；另一类是矢量物理量（简称**矢量**），如位移、速度、力等，它们不仅有大小和单位，还有方向，它们遵循**矢量代数运算法则**。

矢量通常用黑体字母 $\boldsymbol{A}$ 或带有箭号的字母 $\vec{A}$ 来表示，在作图时，常用有向线段表示（见图 A-1(a)）。线段的长短按一定比例表示矢量的大小，箭头的指向表示矢量的方向。如一列高速火车以 50m/s 的速度向东行驶，则其速度矢量 $\boldsymbol{v}$ 可用图 A-1(b)中的有向线段表示。

矢量的大小叫做矢量的**模**，矢量 $\boldsymbol{A}$ 的模常用符号 $|\boldsymbol{A}|$ 或 A 表示。

如果有一矢量，其模与矢量 $\boldsymbol{A}$ 的模相等，方向相反，这时就可用 $-\boldsymbol{A}$ 来表示这个矢量（见图 A-1(a)）。

如图 A-2 所示，如把矢量 $\boldsymbol{A}$ 在空间平移，则矢量 $\boldsymbol{A}$ 的大小和方向都不会因平移而改变。矢量的这个性质称为**矢量平移的不变性**。它是矢量的一个重要性质。

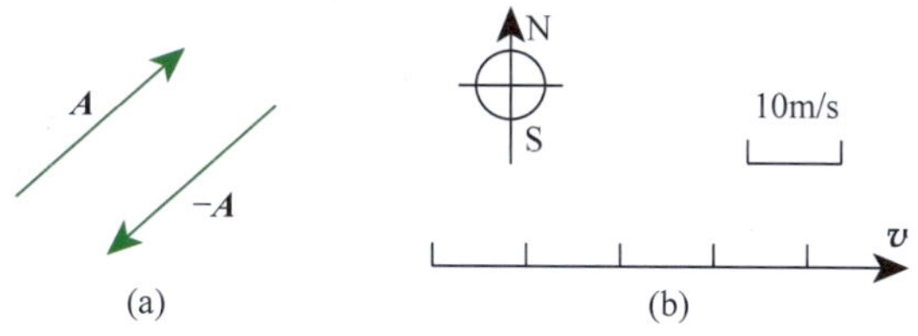

图 A-1　矢量的图像表示

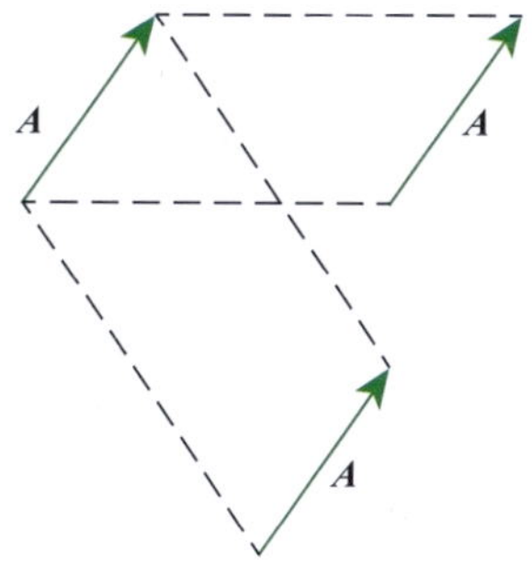

图 A-2　矢量平移

二、矢量合成的几何法

1. 矢量相加

如图 A-3 所示，设一质点最初位于点 a，然后到达点 b，最后处于点 c。它从 a 到 b 的位移为 $\boldsymbol{A}$，从 b 到 c 的位移为 $\boldsymbol{B}$，且质点从 a 直接到 c 的位移为 $\boldsymbol{C}$。因此

$$\boldsymbol{A}+\boldsymbol{B}=\boldsymbol{C} \tag{A-1}$$

即位移 $\boldsymbol{C}$ 是位移 $\boldsymbol{A}$ 与位移 $\boldsymbol{B}$ 的矢量和。应当指出，式(A-1)虽是从位移得出的，实际上对任何具有矢量性质的物理量相加都可用此关系式。图 A-3 所示的矢量相加也常叫做矢量相加的**三角形法则**。这个法则为：自矢量 $\boldsymbol{A}$ 的末端画出矢量 $\boldsymbol{B}$，则自矢量 $\boldsymbol{A}$ 的始端到矢量 $\boldsymbol{B}$ 的末端画出矢量 $\boldsymbol{C}$，$\boldsymbol{C}$ 就是 $\boldsymbol{A}$ 和 $\boldsymbol{B}$ 的合矢量。

利用矢量平移不变性，可把图 A-3 中矢量 $\boldsymbol{B}$ 的始端平移到点 a，这样，点 a 就为 $\boldsymbol{A}$、$\boldsymbol{B}$ 的交点(见图 A-4)。从图 A-4 中可以看出，$\boldsymbol{C}$ 是从以 $\boldsymbol{A}$ 和 $\boldsymbol{B}$ 为邻边的平行四边形交点 a 所作的对角线，这就是说，两矢量 $\boldsymbol{A}$ 和 $\boldsymbol{B}$ 相加的合矢量是以这两矢量为邻边的平行四边形对角线矢量 $\boldsymbol{C}$。利用平行四边形求合矢量的方法叫做矢量相加的**平行四边形法则**。要注意，在画此平行四边形时，矢量 $\boldsymbol{A}$、$\boldsymbol{B}$ 和 $\boldsymbol{C}$ 的始端应共处于一点。

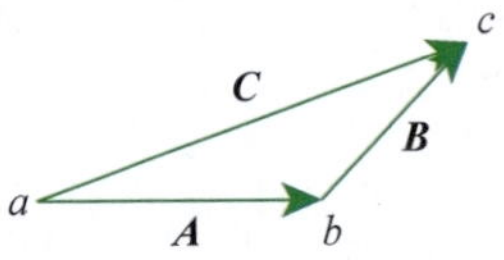

图 A-3　两矢量合成的三角形法则

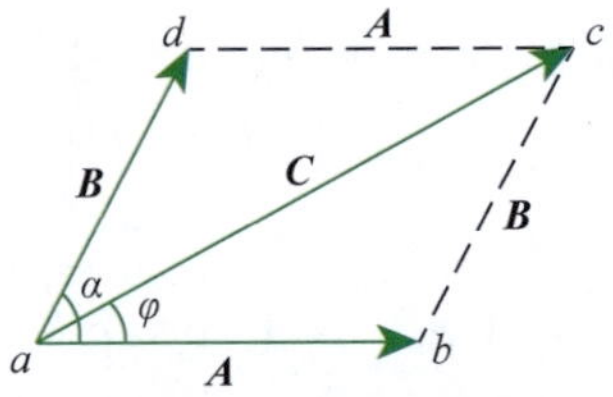

图 A-4　两矢量合成的平行四边形法则

合矢量的大小和方向，除了上述几何作图法外，还可由计算求得。在图 A-4 中，设 α 为矢量 $\boldsymbol{A}$ 和 $\boldsymbol{B}$ 之间小于 π 的夹角，合矢量 $\boldsymbol{C}$ 与矢量 $\boldsymbol{A}$ 的夹角为 φ。由图 A-5 可知

$$C=\sqrt{A^2+B^2+2AB\cos\alpha} \tag{A-2a}$$

$$\varphi=\arctan\frac{B\sin\alpha}{A+B\cos\alpha} \tag{A-2b}$$

合矢量 $\boldsymbol{C}$ 的大小和方向由式(A-2a)和式(A-2b)确定。

在同一平面上多矢量的相加可以逐次采用三角形法则，即多个矢量合成时的**多边形法则**进行，如图 A-6 所示，若要求出 $\boldsymbol{A}$、$\boldsymbol{B}$、$\boldsymbol{C}$、$\boldsymbol{D}$ 四个矢量的合矢量，可从 $\boldsymbol{A}$ 矢量出发，通过平

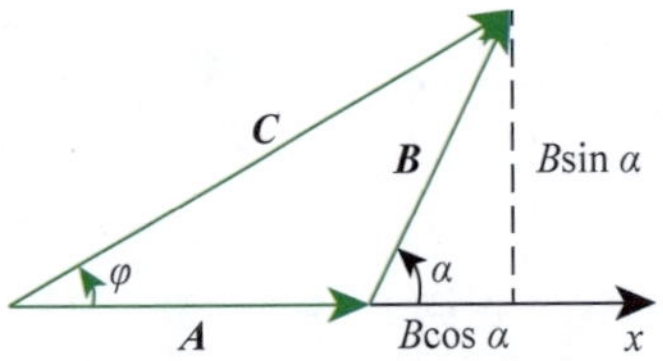

图 A-5　合矢量 $\boldsymbol{C}$ 的计算

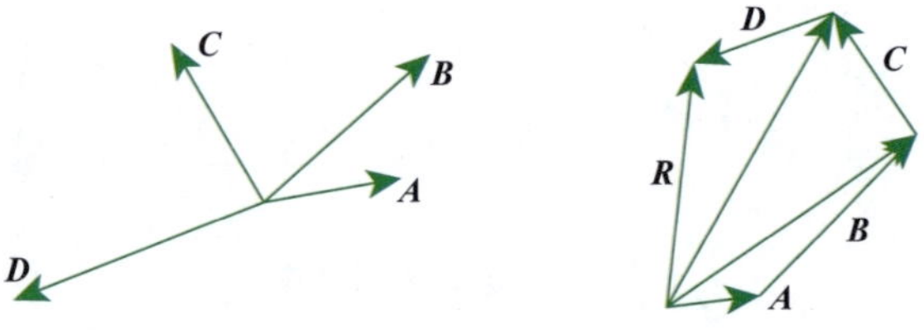

图 A-6　同平面多矢量相加

移方法**首尾相接**地依次画出 $\boldsymbol{B}$、$\boldsymbol{C}$、$\boldsymbol{D}$ 各矢量，然后由第一矢量 $\boldsymbol{A}$ 的始端到最后一个矢量 $\boldsymbol{D}$ 的末端连接一有向线段 $\boldsymbol{R}$，这个矢量 $\boldsymbol{R}$ 就是 $\boldsymbol{A}$、$\boldsymbol{B}$、$\boldsymbol{C}$、$\boldsymbol{D}$ 四个矢量的合矢量。

2. 矢量相减

两个矢量 $\boldsymbol{A}$ 与 $\boldsymbol{B}$ 之差也是一个矢量，可用 $\boldsymbol{A}-\boldsymbol{B}$ 表示。矢量 $\boldsymbol{A}$ 与 $\boldsymbol{B}$ 之差可写成矢量 $\boldsymbol{A}$ 与矢量 $-\boldsymbol{B}$ 之和，即

$$\boldsymbol{A}-\boldsymbol{B}=\boldsymbol{A}+(-\boldsymbol{B}) \tag{A-3}$$

如同两矢量相加一样，两矢量相减也可以采用平行四边形法则（见图 A-7(a)）。从图 A-7(b)中也可以看出，如两矢量 $\boldsymbol{A}$ 和 $\boldsymbol{B}$ 从同一点画起，则自 $\boldsymbol{B}$ 末端向 $\boldsymbol{A}$ 末端作一矢量，就是矢量 $\boldsymbol{A}$ 与 $\boldsymbol{B}$ 之差 $\boldsymbol{A}-\boldsymbol{B}$。

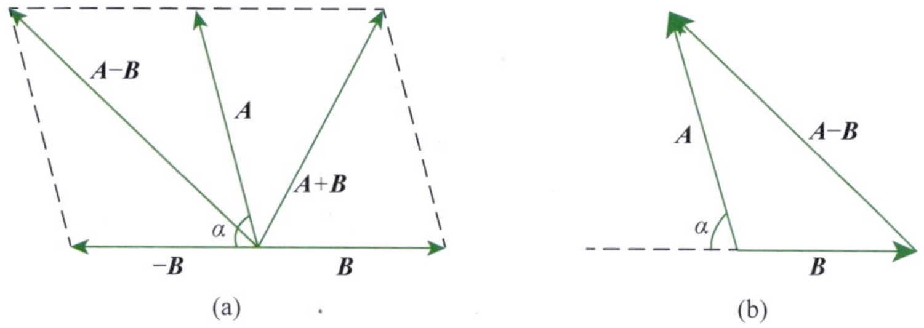

图 A-7　两矢量相减

求矢量差的大小和方向，仍可用式(A-2a)及式(A-2b)进行计算，但必须注意，这时角 α 是 $\boldsymbol{A}$ 与 $-\boldsymbol{B}$ 之间小于 π 的夹角，而不是矢量 $\boldsymbol{A}$、$\boldsymbol{B}$ 之间的夹角。

三、矢量合成的解析法

1. 矢量在直角坐标轴上的分矢量和分量

由前述已知，任意几个矢量可以相加为一个合矢量。反过来，一个矢量也可以分解为任意数目的**分矢量**。就一个矢量分解为两个分矢量而言，相当于已知一平行四边形的对角线求平行四边形两邻边的问题。由于对角线不变的平行四边形可以有无限多种，因此把一个矢量分解为两个分矢量可以有无限多种方法，图 A-8 所示只是其中的两种。

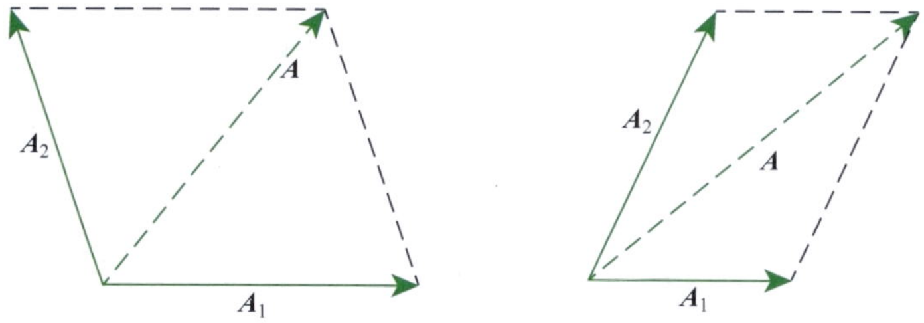

图 A-8　矢量分解

在实际问题中，常把一个矢量在选定的直角坐标系上进行分解。如图 A-9 所示，在平面直角坐标系 Oxy 上，矢量 $\boldsymbol{A}$ 的始端位于原点 O，它与 x 轴的夹角为 α。矢量 $\boldsymbol{A}$ 在 x 轴上的分矢量 $\boldsymbol{A}_x$ 和在 y 轴上的分矢量 $\boldsymbol{A}_y$ 都是一定的，即

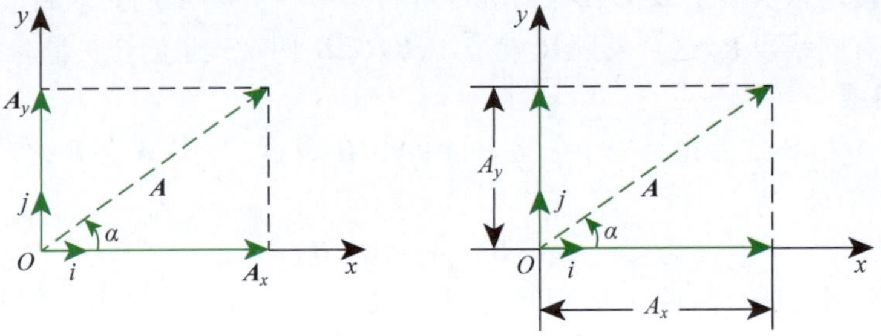

图 A-9　矢量在平面直角坐标轴的正交分量

$$\boldsymbol{A}=\boldsymbol{A}_x+\boldsymbol{A}_y \tag{A-4}$$

若沿 Ox 轴的正向取一长度为 1 的**单位矢量 $\boldsymbol{i}$**，沿 Oy 轴的正向取一长度为 1 的**单位矢量 $\boldsymbol{j}$**，则分矢量 $\boldsymbol{A}_x$ 和 $\boldsymbol{A}_y$ 为

$$\boldsymbol{A}_x=A_x\boldsymbol{i},\quad \boldsymbol{A}_y=A_y\boldsymbol{j} \tag{A-5}$$

其中 A_x 和 A_y 分别为矢量 $\boldsymbol{A}$ 在 x 轴和在 y 轴上的**分量**，即它们是矢量 $\boldsymbol{A}_x$ 和 $\boldsymbol{A}_y$ 的模，所以有

$$A_x=A\cos\alpha,\quad A_y=A\sin\alpha$$

应当注意角 α 是由 Ox 轴按逆时针方向旋转至 $\boldsymbol{A}$ 的角度。于是式(A-4)可写成

$$\boldsymbol{A}=A_x\boldsymbol{i}+A_y\boldsymbol{j} \tag{A-6}$$

显然，矢量 $\boldsymbol{A}$ 的模为

$$A=\sqrt{A_x^2+A_y^2}$$

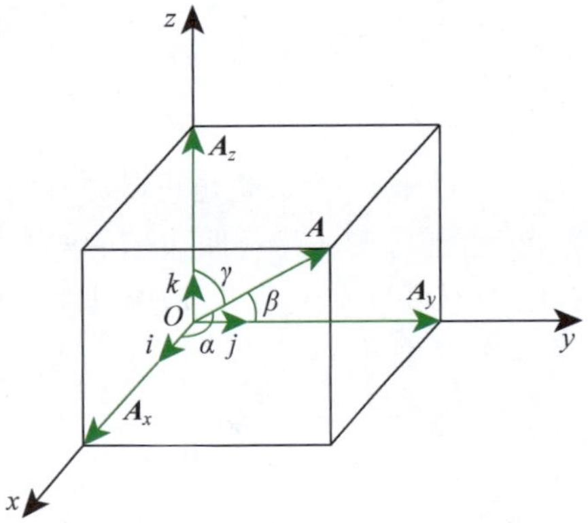

图 A-10　两矢量合成的解析法

矢量 $\boldsymbol{A}$ 与 x 轴的夹角 α 以及分量 A_x、A_y 之间的关系为

$$\alpha=\arctan\frac{A_y}{A_x}$$

分量 A_x、A_y 的值可正可负，取决于矢量 $\boldsymbol{A}$ 与 x 轴的夹角 α。由式(A-5)可见，当 $\boldsymbol{A}$ 与 x 轴的夹角 $\alpha=0°$ 时，$A_x=A$，$A_y=0$；当 $\alpha=\pi$ 时，$A_x=-A$，$A_y=0$。

若一矢量 $\boldsymbol{A}$ 在如图 A-10 所示的三维直角坐标系中，那么它在 x、y 和 z 轴上的分矢量分别为 $\boldsymbol{A}_x$、$\boldsymbol{A}_y$ 和 $\boldsymbol{A}_z$，于是有

$$\boldsymbol{A}=\boldsymbol{A}_x+\boldsymbol{A}_y+\boldsymbol{A}_z$$

另外，矢量 $\boldsymbol{A}$ 在 x、y 和 z 轴上的分量分别为 A_x、A_y 和 A_z，如以 $\boldsymbol{i}$、$\boldsymbol{j}$ 和 $\boldsymbol{k}$ 分别表示 x、y 和 z 轴上的单位矢量，则有

$$\boldsymbol{A}=A_x\boldsymbol{i}+A_y\boldsymbol{j}+A_z\boldsymbol{k} \tag{A-7}$$

矢量 $\boldsymbol{A}$ 的模为

$$A=\sqrt{A_x^2+A_y^2+A_z^2}$$

矢量 $\boldsymbol{A}$ 的方向由该矢量与 x、y 和 z 轴的夹角 α、β 和 γ 来确定，有

$$\cos\alpha=\frac{A_x}{A},\quad \cos\beta=\frac{A_y}{A},\quad \cos\gamma=\frac{A_z}{A}$$

2. 矢量合成的解析法

运用矢量在直角坐标轴上的分量表示法，可以使矢量加减运算简化。设平面直角坐标内有矢量 $\boldsymbol{A}$ 和 $\boldsymbol{B}$，它们与 x 轴的夹角分别为 α 和 β(见图 A-11)。根据式(A-5)，矢量 $\boldsymbol{A}$ 和 $\boldsymbol{B}$ 在两坐标轴上的分量分别表示为

$$\begin{cases}A_x=A\cos\alpha\\ A_y=A\sin\alpha\end{cases}\quad 及 \quad \begin{cases}B_x=B\cos\beta\\ B_y=B\sin\beta\end{cases}$$

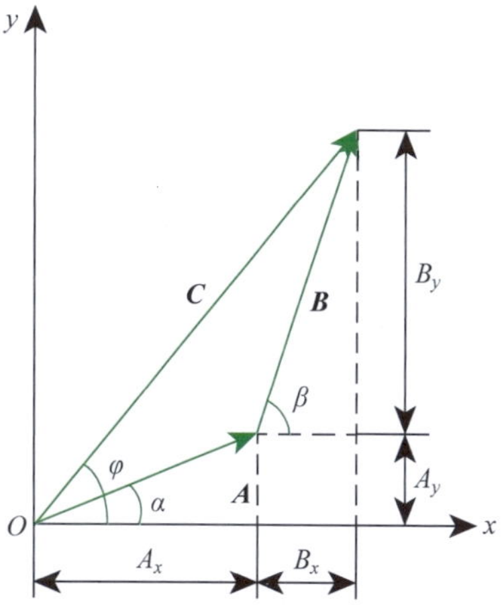

图 A-11　矢量在三维直角坐标轴上的正交分量

由图 A-11 可以看出，合矢量 $\boldsymbol{C}$ 在两坐标轴的分量 C_x 和 C_y 与矢量 $\boldsymbol{A}$、$\boldsymbol{B}$ 的分量之间的关系为

$$\begin{cases}C_x=A_x+B_x\\ C_y=A_y+B_y\end{cases}\tag{A-8}$$

式(A-8)亦可用式(A-4)导出。因为

$$\boldsymbol{A}=A_x\boldsymbol{i}+A_y\boldsymbol{j},\quad \boldsymbol{B}=B_x\boldsymbol{i}+B_y\boldsymbol{j}$$

所以

$$\boldsymbol{C}=\boldsymbol{A}+\boldsymbol{B}=(A_x+B_x)\boldsymbol{i}+(A_y+B_y)\boldsymbol{j}$$

而

$$\boldsymbol{C}=C_x\boldsymbol{i}+C_y\boldsymbol{j}$$

故亦有

$$\begin{cases}C_x=A_x+B_x\\ C_y=A_y+B_y\end{cases}$$

矢量 $\boldsymbol{C}$ 的大小和方向由下列两式确定：

$$\begin{cases}C=\sqrt{C_x^2+C_y^2}\\ \varphi=\arctan\dfrac{C_y}{C_x}\end{cases}\tag{A-9}$$

四、矢量的标积和矢积

在物理学中，除经常遇到矢量的加减外，还经常遇到不同矢量的乘积。矢量乘积常见的有两种，一种是标积(或称点积、点乘)，一种是矢积(或称叉积、叉乘)。例如，功是力和位移两矢量的标积，力矩是位矢和力两矢量的矢积。

1. 矢量的标积

设两矢量 $\boldsymbol{A}$ 和 $\boldsymbol{B}$ 之间小于 π 的夹角为 α，矢量 $\boldsymbol{A}$ 和 $\boldsymbol{B}$ 的标积用符号 $\boldsymbol{A}\cdot\boldsymbol{B}$ 表示，并定义

$$\boldsymbol{A}\cdot\boldsymbol{B}=AB\cos\alpha\tag{A-10}$$

即矢量 $\boldsymbol{A}$ 和 $\boldsymbol{B}$ 的标积是矢量 $\boldsymbol{A}$ 和 $\boldsymbol{B}$ 的大小及它们夹角 α 余弦的乘积，为标量。$\boldsymbol{A}\cdot\boldsymbol{B}$ 也相

当于 **A** 的大小与 **B** 沿 **A** 方向分量的乘积(或相当于 **B** 的大小与 **A** 沿 **B** 方向分量的乘积)。当 **A** 与 **B** 同向时($\alpha=0°$),$\boldsymbol{A}\cdot\boldsymbol{B}=AB$;当 **A** 与 **B** 反向时($\alpha=180°$),$\boldsymbol{A}\cdot\boldsymbol{B}=-AB$;当 **A** 与 **B** 互相垂直时($\alpha=90°$),$\boldsymbol{A}\cdot\boldsymbol{B}=0$。

在直角坐标系中,有两矢量 **A** 和 **B**,它们分别为

$$\boldsymbol{A}=A_x\boldsymbol{i}+A_y\boldsymbol{j}+A_z\boldsymbol{k},\quad \boldsymbol{B}=B_x\boldsymbol{i}+B_y\boldsymbol{j}+B_z\boldsymbol{k}$$

于是它们的标积为

$$\boldsymbol{A}\cdot\boldsymbol{B}=A_xB_x+A_yB_y+A_zB_z \tag{A-11}$$

2. 矢量的矢积

设两矢量 **A** 和 **B** 之间小于 180°的夹角为 α。**A** 和 **B** 的矢积用符号 $\boldsymbol{A}\times\boldsymbol{B}$ 表示,并定义它为另一矢量 **C**,即

$$\boldsymbol{C}=\boldsymbol{A}\times\boldsymbol{B} \tag{A-12}$$

矢量 **C** 的大小为

$$C=AB\sin\alpha \tag{A-13}$$

矢量 **C** 的方向垂直于 **A** 和 **B** 所在的平面,其指向可用右手螺旋定则确定。如图 A-12 所示,当右手四指从 **A** 经小于 180°的角转向 **B** 时,右手拇指的指向(即右螺旋前进的方向)就是 **C** 的方向。如果以 **A** 和 **B** 构成平行四边形的邻边,则 **C** 是这样一个矢量,它垂直于四边形所在的平面,且其指向代表着此平面的正法线方向,而它的大小则等于平行四边形的面积。

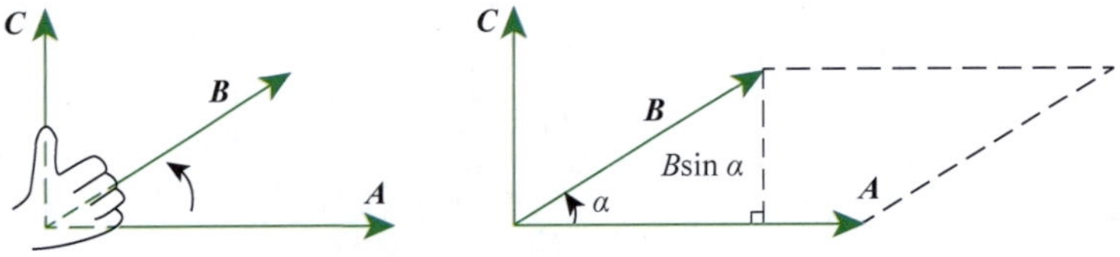

图 A-12 矢量 **A** 和 **B** 的矢积

在直角坐标系中,有两矢量 **A** 和 **B**,它们分别为

$$\boldsymbol{A}=A_x\boldsymbol{i}+A_y\boldsymbol{j}+A_z\boldsymbol{k},\quad \boldsymbol{B}=B_x\boldsymbol{i}+B_y\boldsymbol{j}+B_z\boldsymbol{k}$$

于是它们的矢积为

$$\boldsymbol{A}\times\boldsymbol{B}=(A_yB_z-A_zB_y)\boldsymbol{i}+(A_zB_x-A_xB_z)\boldsymbol{j}+(A_xB_y-A_yB_x)\boldsymbol{k} \tag{A-14a}$$

上式还可写成行列式

$$\boldsymbol{A}\times\boldsymbol{B}=\begin{vmatrix}\boldsymbol{i} & \boldsymbol{j} & \boldsymbol{k}\\ A_x & A_y & A_z\\ B_x & B_y & B_z\end{vmatrix} \tag{A-14b}$$

附录 B 我国法定计量单位和国际单位制(SI)单位

我国法定计量单位,是以国际单位制单位为基础,同时选用了一些非国际单位制的单位。本书使用我国法定计量单位。为此,对国际单位制择要予以介绍。

一、国际单位制的基本单位

物理量		单　位		
名称①	符号	名称①	符号	定　义
长度	l	米	m	1 米是光在真空中在 1/299 792 458 秒的时间间隔内的距离
质量	m	千克(公斤)②	kg	1 千克是对应普朗克常量为 $6.626\ 070\ 15\times10^{-34}$ J · s 时的质量单位
时间	t	秒	s	1 秒是铯-133 原子基态两个超精细能级之间跃迁所对应的辐射的 9 192 631 770 周期的持续时间
电流	I	安[培]	A	在真空中相距 1 米的两无限长直导线(截面可忽略),若流过其中的电流使得两条导线之间产生的力在每米长度上等于 2×10 牛,则此时的电流就是 1 安
热力学温度	T	开[尔文]	K	1 开是水三相点热力学温度的 1/273.16
物质的量	ν 或 n	摩[尔]	mol	摩尔是精确包含 $6.022\ 140\ 76\times10^{23}$ 个原子或分子等基本单元的系统的物质数量
发光强度	I	坎[德拉]	cd	坎德拉是一光源在给定方向的发光强度的单位,该光源发出频率为 540×10^{12} Hz 的单色辐射,且在此方向上的辐射强度为 1/683W/sr

注:① 去掉方括号时为单位名称的全称,去掉方括号和其中的字时即成为单位名称的简称;无方括号的单位名称,简称与全称同。

② 圆括号中的名称与它前面的名称是同义词。

二、国际单位制的辅助单位

量的名称	单位名称	单位符号		定　义
		中文	国际	
平面角	弧度	弧度	rad	当一个圆内两条半径在圆周上截取的弧长与半径相等时,则其间的夹角为 1 弧度
立体角	球面度	球面度	sr	如果一个立体角的顶点位于球心,其在球面上所截取的面积等于以球半径为边长的正方形面积时,即为一个球面度

三、国际单位制中具有专门名称的导出单位

量	名称	符号	用其他 SI 单位表示的表示式	用 SI 基本单位表示的表示式
频率	赫[兹]	Hz		1/s
力	牛[顿]	N		$kg\cdot m/s^2$
压强,应力	帕[斯卡]	Pa	N/m^2	$kg/(m\cdot s^2)$

续表

量	名称	符号	用其他 SI 单位表示的表示式	用 SI 基本单位表示的表示式
能[量]，功，热量	焦[耳]	J	N·m	$kg \cdot m^2/s^2$
功率，辐[射能]通量	瓦[特]	W	J/s	$kg \cdot m^2/s^3$
电荷[量]	库[仑]	C		A·s
电势，电压，电动势	伏[特]	V	W/A	$kg \cdot m^2/(s^3 \cdot A)$
电容	法[拉]	F	C/V	$s^4 \cdot A^2/(kg \cdot m^2)$
电阻	欧[姆]	Ω	V/A	$kg \cdot m^2/(s^3 \cdot A^2)$
电导	西[门子]	S	A/V	$s^3 \cdot A^2/(kg \cdot m^2)$
磁通[量]	韦[伯]	Wb	V·s	$kg \cdot m^2/(s^2 \cdot A)$
磁感应强度，磁通[量]密度	特[斯拉]	T	Wb/m^2	$kg/(s^2 \cdot A)$
电感	亨[利]	H	Wb/A	$kg \cdot m^2/(s^2 \cdot A^2)$
摄氏温度	摄氏度	℃		
光通量	流[明]	lm		cd·sr
[光]照度	勒[克斯]	lx	lm/m^2	$cd \cdot sr/m^2$
[放射性]活度	贝可[勒尔]	Bq		1/s
吸收剂量	戈[瑞]	Gy	J/kg	m^2/s^2
剂量当量	希[沃特]	Sv	J/kg	m^2/s^2

四、我国选定的非国际单位制单位

量的名称	单位名称	单位符号	与 SI 换算关系和说明
时间	分 [小]时 日(天)	min h d	1min=60s 1h=60min=3600s 1d=24h=86 400s
[平面]角	[角]秒 [角]分 度	(″) (′) (°)	1″=(π/648 000)rad(π 为圆周率) 1′=60″=(π/10 800)rad 1°=60′=(π/180)rad
旋转速度	转每分	$r \cdot min^{-1}$	$1r \cdot min^{-1}=(1/60)s^{-1}$
长度	海里	n mile	1n mile=1852m(只用于航行)
速度	节	kn	$1kn=1n\ mile \cdot h^{-1}$ $=(1852/3600)m \cdot s^{-1}$(只用于航行)
质量	吨 原子质量单位	t u	$1t=10^3 kg$ $1u \approx 1.660\ 540\ 2 \times 10^{-27} kg$
体积	升	l 或 L	$1L=1dm^3=10^{-3} m^3$
能	电子伏	eV	$1eV \approx 1.602\ 177\ 33 \times 10^{-19} J$
级差	分贝	dB	1B=10dB
线密度	特[克斯]	tex	$1tex=10^{-6} kg \cdot m^{-1}$
面积	公顷	hm^2	$1hm^2=10^4 m^2$

附录 C　空气、水、地球、太阳系的一些常用数据

空气和水的一些性质（在 20℃、1.013×10^5 Pa 时）

性　质	空　气	水
密度	1.20kg/m^3	$1.00\times10^3\text{kg/m}^3$
比热容	$1.00\times10^3\text{J/(kg}\cdot\text{K)}$	$4.18\times10^3\text{J/(kg}\cdot\text{K)}$
声速	343m/s	$1.26\times10^3\text{m/s}$

有关地球的一些常用数据

密度	$5.49\times10^3\text{kg/m}^3$
半径	$6.37\times10^6\text{m}$
质量	$5.98\times10^{24}\text{kg}$
大气压强（地球表面）	$1.01\times10^5\text{Pa}$
地球与太阳间平均距离	$1.50\times10^{11}\text{m}$

有关太阳系的一些常用数据

星体	平均轨道半径/m	星体半径/m	轨道周期/s	星体质量/kg
太阳*		6.69×10^8	8×10^{15}	1.99×10^{30}
水星	5.79×10^{10}	2.42×10^6	7.51×10^6	3.31×10^{23}
金星	1.08×10^{11}	6.10×10^6	1.94×10^7	4.87×10^{24}
地球	1.50×10^{11}	6.37×10^6	3.15×10^7	5.98×10^{24}
火星	2.28×10^{11}	3.38×10^6	5.94×10^7	6.42×10^{23}
木星	7.78×10^{11}	7.13×10^7	3.74×10^8	1.90×10^{27}
土星	1.43×10^{12}	6.04×10^7	9.35×10^8	5.69×10^{26}
天王星	2.87×10^{12}	2.38×10^7	2.64×10^9	8.71×10^{25}
海王星	4.50×10^{12}	2.22×10^7	5.22×10^9	1.03×10^{26}
月球	3.84×10^8（地球）	1.74×10^6	2.36×10^6	7.35×10^{22}

* 太阳距银河系中心约为 2.1×10^{20}m（2.6 万光年），银河系的直径约为 6.622×10^{20}m（10 万光年）。

附录 D　部分常用数学公式

一、级数公式

$$(1+x)^n=1+nx+\frac{n(n-1)}{2!}x^2+\cdots,\quad |x|<1$$

$$\ln(1+x)=x-\frac{1}{2}x^2+\frac{1}{3}x^3-\cdots,\quad -1<x\leqslant1$$

$$e^x=1+x+\frac{x^2}{2!}+\frac{x^3}{3!}+\cdots$$

$$\frac{1}{1+x}=1-x+x^2-x^3+x^4-\cdots,\quad -1<x<1$$

$$\sin\theta=\theta-\frac{\theta^3}{3!}+\frac{\theta^5}{5!}-\cdots$$

$$\cos\theta=\theta-\frac{\theta^2}{2!}+\frac{\theta^4}{4!}-\cdots$$

泰勒级数

$$f(x)=f(x_0)+\frac{f'(x_0)}{1!}(x-x_0)+\frac{f''(x_0)}{2!}(x-x_0)^2+\cdots+\frac{f^{(n)}(x_0)}{n!}(x-x_0)^n+\cdots$$

二、三角函数公式

$$\sin(\alpha\pm\beta)=\sin\alpha\cos\beta\pm\sin\beta\cos\alpha$$

$$\cos(\alpha\pm\beta)=\cos\alpha\cos\beta\mp\sin\alpha\sin\beta$$

$$\tan(\alpha\pm\beta)=\frac{\tan\alpha\pm\tan\beta}{1\mp\tan\alpha\tan\beta}$$

$$\sin2\alpha=2\sin\alpha\cos\alpha$$

$$\cos2\alpha=\cos^2\alpha-\sin^2\alpha=1-2\sin^2\alpha=2\cos^2\alpha-1$$

$$\tan2\alpha=\frac{2\tan\alpha}{1-\tan^2\alpha}$$

$$\sin^2\left(\frac{\alpha}{2}\right)=\frac{1}{2}(1-\cos\alpha)$$

$$\cos^2\left(\frac{\alpha}{2}\right)=\frac{1}{2}(1+\cos\alpha)$$

$$2\sin\alpha\cos\beta=\sin(\alpha+\beta)+\sin(\alpha-\beta)$$

$$2\cos\alpha\cos\beta=\cos(\alpha+\beta)+\cos(\alpha-\beta)$$

$$2\sin\alpha\sin\beta=\cos(\alpha-\beta)-\cos(\alpha+\beta)$$

$$\sin\alpha\pm\sin\beta=2\sin\frac{\alpha\pm\beta}{2}\cos\frac{\alpha\mp\beta}{2}$$

$$\cos\alpha+\cos\beta=2\cos\frac{\alpha+\beta}{2}\cos\frac{\alpha-\beta}{2}$$

$$\cos\alpha-\cos\beta=-2\sin\frac{\alpha+\beta}{2}\sin\frac{\alpha-\beta}{2}$$

三、导数公式

$$\frac{\mathrm{d}}{\mathrm{d}x}(\sin ax)=a\cos ax$$

$$\frac{\mathrm{d}}{\mathrm{d}x}(\cos ax)=-a\sin ax$$

$$\frac{\mathrm{d}}{\mathrm{d}x}(\tan ax)=a\sec^2 ax$$

$$\frac{\mathrm{d}}{\mathrm{d}x}a^{nx}=na^{x}\ln a$$

$$\frac{\mathrm{d}}{\mathrm{d}x}\mathrm{e}^{ax}=a\mathrm{e}^{ax}$$

四、积分公式

$$\int u\,\mathrm{d}v=uv-\int v\,\mathrm{d}u$$

$$\int x^{n}\,\mathrm{d}x=\frac{1}{n+1}x^{n+1}+C,\quad n\neq -1$$

$$\int \frac{\mathrm{d}x}{x}=\ln x+C$$

$$\int \frac{\mathrm{d}x}{a+bx}=\frac{1}{b}\ln(a+bx)+C$$

$$\int \frac{x\,\mathrm{d}x}{a+bx^2}=\frac{1}{2b}\ln(a+bx^2)+C$$

$$\int x\mathrm{e}^{ax}\,\mathrm{d}x=\frac{\mathrm{e}^{ax}}{a^2}(ax-1)+C$$

$$\int \ln ax\,\mathrm{d}x=x\ln ax-x+C$$

$$\int \sin ax\,\mathrm{d}x=-\frac{\cos ax}{a}+C$$

$$\int \cos ax\,\mathrm{d}x=\frac{\sin ax}{a}+C$$

$$\int \sin^2 x\,\mathrm{d}x=\frac{x}{2}-\frac{\sin 2x}{4}+C$$

$$\int \cos^2 x\,\mathrm{d}x=\frac{x}{2}+\frac{\sin 2x}{4}+C$$

$$\int \tan^2 x\,\mathrm{d}x=\tan x-x+C$$

$$\int_0^{\infty}\frac{\mathrm{d}x}{1+\mathrm{e}^{ax}}=\frac{1}{a}\ln 2,\quad a>0$$

$$\int_0^{\infty}\mathrm{e}^{-ax^2}\,\mathrm{d}x=\frac{\sqrt{\pi}}{2a}$$

$$\int_0^{\infty}x\mathrm{e}^{-ax^2}\,\mathrm{d}x=\frac{1}{2a}$$

$$\int_0^{\infty}\frac{\sin ax}{x}\,\mathrm{d}x=\frac{\pi}{2},\quad a>0$$

附录 E 力学、机械振动、机械波、光学、热学的量和单位

量		单位	
名称	符号	名称	符号
长度	l,L	米	m
质量	m	千克	kg
时间	t	秒	s
速度	v	米每秒	m/s
加速度	a	米每二次方秒	m/s^2
角	$\theta,\alpha,\beta,\gamma$	弧度	rad
		度	°
角速度	ω	弧度每秒	rad/s,1/s
角加速度	α	弧度每二次方秒	$rad/s^2, 1/s^2$
(旋)转速(度)	n	转每秒	r/s
		转每分	r/min
力	F	牛顿	N
摩擦因数	μ	—	1
动量	p	千克米每秒	kg · m/s
冲量	I	牛顿秒	N · s
功	W	焦耳	J
能量,热量	E,E_k,E_p,Q	焦耳	J
功率	P	瓦特	W
力矩	M	牛顿米	N · m
转动惯量	J	千克二次方米	$kg \cdot m^2$
角动量	L	千克二次方米每秒	$kg \cdot m^2/s$
劲度系数	k	牛顿每米	N/m
周期	T	秒	s
频率	ν	赫兹	Hz
角频率	ω	弧度每秒	rad/s
波长	λ	米	m
角波数	k	每米	1/m
振动位移	x,y	米	m
振动速度	v	米每秒	m/s
声强	I	瓦特每平方米	W/m^2
折射率	n		
物距	p	米	m
像距	p'	米	m
焦距	f	米	m
光速	c	米每秒	m/s
辐射强度	I	瓦特每平方米	W/m^2
辐射能密度	$w(u)$	焦耳每立方米	J/m^3
压强	p	帕斯卡	Pa

续表

量		单　位	
名　称	符　号	名　称	符　号
体积	V	立方米	m^3
		升	L(l)
热力学温度	T	开尔文	K
摄氏温度	t	摄氏度	℃
气体分子质量	m'	千克	kg
气体质量	m	千克	kg
分子数密度	n	每立方米	$1/m^3$
物质的量	ν	摩尔	mol
摩尔质量	M	千克每摩尔	kg/mol
分子自由程	λ	米	m
分子碰撞频率	Z	次每秒	1/s
摩尔定压热容	$C_{p,m}$	焦[耳]每摩[尔]开[尔文]	J/(mol · K)
摩尔定体热容	$C_{V,m}$	焦[耳]每摩[尔]开[尔文]	J/(mol · K)
熵	S	焦[耳]每开[尔文]	J/K
摩尔气体常量	R	焦[耳]每摩[尔]开[尔文]	J/(mol · K)
阿伏伽德罗常量	N_A	每摩[尔]	1/mol
玻耳兹曼常量	k	焦[耳]每开[尔文]	J/K

附录 F　基本物理常量

物 理 常 量	符号	最佳实验值	供计算用值
真空中光速	c	$299\ 792\ 458 \pm 1.2 m \cdot s^{-1}$	$3.00 \times 10^8 m \cdot s^{-1}$
引力常量	G	$(6.6720 \pm 0.0041) \times 10^{-11} m^3 \cdot s^{-2}$	$6.67 \times 10^{-11} m^3 \cdot s^{-2}$
阿伏伽德罗常量	N_A	$(6.022\ 045 \pm 0.000\ 031) \times 10^{23} mol^{-1}$	$6.02 \times 10^{23} mol^{-1}$
摩尔气体常量	R	$(8.314\ 41 \pm 0.000\ 26) J \cdot mol^{-1} \cdot K^{-1}$	$8.31 J \cdot mol^{-1} \cdot K^{-1}$
玻耳兹曼常量	k	$(1.380\ 662 \pm 0.000\ 041) \times 10^{-23} J \cdot K^{-1}$	$1.38 \times 10^{-23} J \cdot K^{-1}$
理想气体摩尔体积	V_m	$(22.413\ 83 \pm 0.000\ 70) \times 10^{-3}$	$22.4 \times 10^{-3} m^3 \cdot mol^{-1}$
元电荷	e	$(1.602\ 189\ 2 \pm 0.000\ 004\ 6) \times 10^{-19} C$	$1.602 \times 10^{-19} C$
原子质量	u	$(1.660\ 565\ 5 \pm 0.000\ 008\ 6) \times 10^{-27} kg$	$1.66 \times 10^{-27} kg$
电子静止质量	m_e	$(9.109\ 534 \pm 0.000\ 047) \times 10^{-31} kg$	$9.11 \times 10^{-31} kg$
质子静止质量	m_p	$(1.672\ 648\ 5 \pm 0.000\ 008\ 6) \times 10^{-27} kg$	$1.673 \times 10^{-27} kg$
中子静止质量	m_n	$(1.674\ 954\ 3 \pm 0.000\ 008\ 6) \times 10^{-27} kg$	$1.675 \times 10^{-27} kg$
法拉第常量	F	$(9.648\ 456 \pm 0.000\ 027) C \cdot mol^{-1}$	$96\ 500 C \cdot mol^{-1}$
真空电容率	ε_0	$8.854\ 187\ 818 \cdots \times 10^{-12} F \cdot m^{-2}$	$8.85 \times 10^{-12} F \cdot m^{-2}$
真空磁导率	μ_0	$12.566\ 370\ 614\ 4 \pm 10^{-7} H \cdot m^{-1}$	$4\pi \times 10^{-7} H \cdot m^{-1}$
电子磁矩	μ_e	$(9.284\ 832 \pm 0.000\ 036) \times 10^{-24} J \cdot T^{-1}$	$9.28 \times 10^{-24} J \cdot T^{-1}$

续表

物理常量	符号	最佳实验值	供计算用值
质子磁矩	μ_p	$(1.410\,617\,1 \pm 0.000\,005\,5) \times 10^{-23} J \cdot T^{-1}$	$1.41 \times 10^{-23} J \cdot T^{-1}$
玻尔半径	α_0	$(5.291\,770\,6 \pm 0.000\,004\,4) \times 10^{-11} m$	$5.29 \times 10^{-11} m$
玻尔磁子	μ_B	$(9.274\,078 \pm 0.000\,036) \times 10^{-24} J \cdot T^{-1}$	$9.27 \times 10^{-24} J \cdot T^{-1}$
核磁子	μ_N	$(5.059\,824 \pm 0.000\,020) \times 10^{-27} J \cdot T^{-1}$	$5.05 \times 10^{-27} J \cdot T^{-1}$
普朗克常量	h	$(6.626\,176 \pm 0.000\,036) \times 10^{-34} J \cdot s$	$6.63 \times 10^{-34} J \cdot s$
精细结构常量	a	$7.297\,350\,6(60) \times 10^{-3}$	
里德伯常量	R	$1.097\,373\,177(83) \times 10^{7} m^{-1}$	$10\,973\,731 m^{-1}$
电子康普顿波长	λ_{cp}	$2.426\,308\,9(40) \times 10^{-12} m$	$2.43 \times 10^{-12} m$
质子康普顿波长	λ_{ce}	$1.321\,409\,9(22) \times 10^{-15} m$	
质子电子质量比	m_p/m_e	1836.1515	

习题参考答案

第1章 质点运动学

一、选择题

1-1 (C) 1-2 (D) 1-3 (D) 1-4 (D) 1-5 (B)

二、填空题

1-6 $(4\boldsymbol{i}+2\boldsymbol{j})\mathrm{m}, 8\boldsymbol{i}\,\mathrm{m/s^2}$ 1-7 16m/s,0m/s 1-8 62.5,1.67s

1-9 1s,1.5m,0.5rad,$4.2\mathrm{m/s^2}$ 1-10 $0, 0.075\pi^2\,\mathrm{m/s^2}$

三、计算题

1-11 (1) $(3.0\boldsymbol{i}-8t\boldsymbol{j})\mathrm{m/s}$;(2) 16.3m/s

1-12 (1) $12-12t, -12$;(2) 1s

1-13 (1) $v=1-t^2, x=3+t-\frac{1}{3}t^3$;(2) $x=\frac{11}{3}\mathrm{m}, a=-2\mathrm{m/s^2}$;(3) $\Delta x=\frac{2}{3}\mathrm{m}$

1-14 41.25m,56m/s,$45\mathrm{m/s^2}$

1-15 (1) $\boldsymbol{v}=(6t\boldsymbol{i}+4t\boldsymbol{j})\mathrm{m/s}, \boldsymbol{r}=[(10+3t^2)\boldsymbol{i}+2t^2\boldsymbol{j}]\mathrm{m}$;(2) $y=\frac{2}{3}x-\frac{20}{3}\mathrm{m}$

1-16 $(4.0\boldsymbol{i}+8.0\boldsymbol{j})\mathrm{m/s}, 16\boldsymbol{j}\,\mathrm{m/s^2}$

1-17 (1) $-6\boldsymbol{i}\,\mathrm{m/s}$;(2) 沿 x 轴负方向运动;(3) 6m/s

1-18 (1) $y=-\frac{x^2}{4}+2$;(2) $\boldsymbol{r}_1=(2\boldsymbol{i}+\boldsymbol{j})\mathrm{m}, \boldsymbol{r}_2=(4\boldsymbol{i}-2\boldsymbol{j})\mathrm{m}, \bar{\boldsymbol{v}}=(2\boldsymbol{i}-3\boldsymbol{j})\mathrm{m/s}$;

(3) $\boldsymbol{v}_1=(2\boldsymbol{i}-2\boldsymbol{j})\mathrm{m/s}, \boldsymbol{v}_2=(2\boldsymbol{i}-4\boldsymbol{j})\mathrm{m/s}$;(4) $-2\boldsymbol{j}\,\mathrm{m/s^2}, -2\boldsymbol{j}\,\mathrm{m/s^2}$

1-19 (1) $v=v_0\mathrm{e}^{-kt}$ (2) v_0/k 1-20 $v=\sqrt{v_0^2+kx_0^2-kx^2}$

1-21 (1) $-\pi\mathrm{rad/s^2}$;(2) $25\pi\mathrm{rad/s}$,625;(3) $25\pi\mathrm{m/s}, 625\pi^2\,\mathrm{m/s^2}$

1-22 $\sqrt{\frac{R}{c}}-\frac{b}{c}$

1-23 (1) $\omega=3.14\mathrm{rad/s}, a_n=98.7\mathrm{m/s^2}, a_t=31.4\mathrm{m/s^2}$;(2) $a=103.5\,\mathrm{m/s^2}$,与切向夹角为72°21′

1-24 (1) $\frac{2v'l}{v'^2-v_r^2}$;(2) $\frac{2l}{\sqrt{v'^2-v_r^2}}$

1-25 36km/h,方向为向下偏西30°

第2章 质点动力学

一、选择题

2-1 (D) 2-2 (C) 2-3 (C) 2-4 (B) 2-5 (A) 2-6 (A) 2-7 (B)

2-8 (D) 2-9 (C) 2-10 (C) 2-11 (D) 2-12 (A) 2-13 (D) 2-14 (A)

二、填空题

2-15 $19.6\mathrm{m/s^2}$,0

2-16 式(1)正确;铅直方向无加速度,小球的向心加速度在绳子方向上有投影。

2-17 $\sqrt{\frac{\mu g}{r}}$　2-18 $v=v_0 e^{-\frac{k}{m}t}$　2-19 20m/s,0　2-20 3km/h

2-21 2J　2-22 −18J　2-23 $\frac{3}{8}kl^2$　2-24 9.8J,0,−5.8J,不能

三、计算题

2-25 证明过程：$g=\frac{dv}{dt}\Rightarrow\int_0^v dv=\int_0^t g\,dt\Rightarrow\int_0^y dy=\int_0^t v\,dt\Rightarrow y=\frac{1}{2}gt^2$

2-26 3.6×10^4km　2-27 $\mu_s mg/(\cos\theta+\mu_s\sin\theta)$　2-28 $\frac{m_2-m_1}{m_1+m_2}g,\frac{2m_1m_2}{m_1+m_2}g$

2-29 $(m_1+m_2)(g-a)$,方向向上；$m_1(g-a)$,方向向下

2-30 $\frac{2F_0T}{m}$　2-31 (1) $\mu(mg+F\sin\theta)$；(2) $\frac{F\cos\theta-\mu(mg+F\sin\theta)}{m}$

2-32 $6.1\text{m/s}^2, 0.98\text{m/s}^2$　2-33 25m/s,41.67m　2-34 1.0×10^4N

2-35 $(20\boldsymbol{i}+4\boldsymbol{j}+8\boldsymbol{k})$N·s,$(20\boldsymbol{i}+4\boldsymbol{j}+8\boldsymbol{k})$N·s　2-36 (1) $42\boldsymbol{j}$N·s；(2) $-2.1\times10^3\boldsymbol{j}$N

2-37 (1) 2.7m/s；(2) 1.4×10^3m/s　2-38 $v=14.14$m/s,$\alpha=45°$　2-39 2×10^5J

2-40 (1) 528J；(2) 12W　2-41 $\sqrt{\frac{2F_0}{km}}$　2-42 与竖直方向夹角131°49′

2-43 (1) 6.0m/s；(2) 0.158m

2-44 $\sqrt{\frac{2m_2gR}{m_2+m_1}},-m\sqrt{\frac{2gR}{m_2(m_2+m_1)}}$,“−”号表明圆弧形槽的运动方向与小球的运动方向相反。

第3章 刚体的定轴转动

一、选择题

3-1 (B)　3-2 (C)　3-3 (C)　3-4 (C)　3-5 (A)　3-6 (B)

二、填空题

3-7 >　3-8 $\frac{mr^2}{2},\frac{MR^2}{2}$,=　3-9 $\frac{R_1v_1}{R_2},-\frac{mv_1^2}{2}\left(1-\frac{R_1^2}{R_2^2}\right)$

三、计算题

3-10 $(a+3bt^2+4ct^3)$rad/s；$(6bt+12ct^2)\text{rad/s}^2$

3-11 (1) 4rad/s；(2) 8rad/s；(3) 2 rad/s^2　3-12 $0.136\text{kg}\cdot\text{m}^2$

3-13 $\frac{1}{2}mR^2$

3-14 $a_1=\frac{m_1R-m_2r}{J_1+J_2+m_1R^2+m_2r^2}gR$；$a_2=\frac{m_1R-m_2r}{J_1+J_2+m_1R^2+m_2r^2}gr$

$F_{T1}=\frac{J_1+J_2+m_2r^2+m_2Rr}{J_1+J_2+m_1R^2+m_2r^2}m_1g$；$F_{T2}=\frac{J_1+J_2+m_1R^2+m_1Rr}{J_1+J_2+m_1R^2+m_2r^2}m_2g$

3-15 (1) $a=\frac{m_2g-m_1g\sin\theta-\mu m_1g\cos\theta}{m_1+m_2+J/r^2}$；

(2) $F_{T1}=\frac{m_1m_2g(1+\sin\theta+\mu\cos\theta)+(\sin\theta+\mu\cos\theta)m_1gJ/r^2}{m_1+m_2+J/r^2}$

$F_{T2}=\frac{m_1m_2g(1+\sin\theta+\mu\cos\theta)+m_2gJ/r^2}{m_1+m_2+J/r^2}$

3-16 $\frac{6L}{25\mu}$　3-17 (1) 2.77r/s；(2) 26.2J,72.6J　3-18 $\frac{2M}{m}\sqrt{gL(1-\cos\theta)/3}$

第4章 机械振动

一、选择题

4-1 (D) 4-2 (C) 4-3 (B) 4-4 (B) 4-5 (C)

二、填空题

4-6 $2\sqrt{m}$ 4-7 (1) 1.2s；(2) −0.209m/s 4-8 $A\cos\left(2\pi\frac{t}{T}+\frac{\pi}{3}\right)$

4-9 $2\pi^2 m\frac{A^2}{T^2}$ 4-10 3.74×10^{-2}J

三、计算题

4-11 (1) 0.10m，20πrad/s，0.1s，$\frac{\pi}{4}$；(2) 2πm/s 4-12 $x=0.1\cos\left(\pi t+\frac{\pi}{3}\right)$(m)

4-13 (1) $x=8.0\times10^{-2}\cos(10t+\pi)$m；(2) $x=6.0\times10^{-2}\cos\left(10t+\frac{\pi}{2}\right)$(m)

4-14 (1) $\frac{\pi}{2}$rad/s，$-\frac{\pi}{2}$；(2) $x=2\cos\left(\frac{\pi}{2}t-\frac{\pi}{2}\right)$(cm)，$v=-\pi\sin\left(\frac{\pi}{2}t-\frac{\pi}{2}\right)$(cm/s)，

$a=-\frac{1}{2}\pi^2\cos\left(\frac{\pi}{2}t-\frac{\pi}{2}\right)(\text{cm/s})^2$

4-15 (1) −8.66cm；(2) 2.14×10^{-3}N；(3) 2s；(4) $\frac{4}{3}$s

4-16 $x=\frac{m_1 v}{\sqrt{k(m_1+m_2)}}\cos\left(\sqrt{\frac{k}{m_1+m_2}}t+\frac{\pi}{2}\right)$(m)

4-17 25%，75%，$\pm\frac{\sqrt{2}}{2}$A 4-18 $\frac{1}{2}k\left[\frac{\mu g(m+m_0)}{k}\right]^2$

4-19 (1) 7.8×10^{-2}m，1.48rad；

(2) $2k\pi+0.75\pi$，$k=0,\pm1,\pm2,\cdots$；$2k\pi+1.25\pi$，$k=0,\pm1,\pm2,\cdots$

第5章 机 械 波

一、选择题

5-1 (D) 5-2 (C) 5-3 (C) 5-4 (B) 5-5 (B)

二、填空题

5-6 $\frac{\omega}{u}(x_2-x_1)$ 5-7 $-0.2\pi^2\cos\left(\pi t+\frac{3\pi}{2}\right)$m/s^2 5-8 $\frac{\pi}{2}$，0，$-\frac{\pi}{2}$，π，$\frac{\pi}{2}$

5-9 $\frac{3\pi}{2}$，$\sqrt{2}A$ 5-10 1.58×10^5 W/m^2

三、计算题

5-11 (1) 0.20m，2.5m/s，1.25Hz，2.0m；(2) 1.57m/s

5-12 (1) 8.33×10^{-3}s，0.25m；(2) $y=4.0\times10^{-3}\cos(240\pi t-8\pi x)$m

5-13 (1) $y=0.1\cos\left(200\pi t-\frac{9}{2}\pi\right)$m，$-\frac{9}{2}\pi$；(2) $\frac{\pi}{2}$

5-14 (1) $y=0.2\cos\left[500\pi\left(t+\frac{x}{10000}\right)+\frac{\pi}{3}\right]$m；(2) $y=0.2\cos\left(500\pi t+\frac{5}{6}\pi\right)$m，−50πm/s

5-15 (1) 8.4π，8.2π；(2) π

5-16 1.27×10^{-2} W/m^2，3.18×10^{-3} W/m^2

5-17 (1) $y_P=0.01\cos200\pi t$ m，$y_Q=0.01\cos(200\pi t+\pi)$ m；

(2) PQ 连线间距 P 点 2，6，10，…，34，38，42m

5-18 (1) $x=\frac{1}{2}(2k+1)$m，$k=0,\pm1,\pm2,\cdots$；(2) $x=k$m，$k=0,\pm1,\pm2,\cdots$

第6章　狭义相对论

一、选择题

6-1 (A)　6-2 (B)　6-3 (D)　6-4 (B)　6-5 (C)

二、填空题

6-6 c　6-7 4.33×10^{-8}s　6-8 2.91×10^{8}m/s　6-9 $0.25m_{e0}c^2$　6-10 $\frac{1}{2}\sqrt{3}c$

三、计算题

6-11 3.16×10^{-5}s　6-12 (1) 2.25×10^{-7}s；(2) 3.75×10^{-7}s　6-13 4.72×10^{-14}J

6.14 $\frac{\sqrt{3}}{3}c$　6-15 1.798×10^{4}m　6-16 8倍

第7章　气体动理论

一、选择题

7-1 (C)　7-2 (C)　7-3 (C)　7-4 (B)　7-5 (B)

二、填空题

7-6 6　7-7 0.152J　7-8 3739.5J,2493J　7-9 2

7-10 速率在$v_p\sim\infty$区间内的分子数占总分子数的比例

三、计算题

7-11 10.1kg,1.9×10^{26}个　7-12 7.56×10^{4}Pa　7-13 3.89×10^{-22}J

7-14 (1) 1.35×10^{5}Pa；(2) 7.49×10^{-21}J,3.62×10^{2}K

7-15 (1) 5.7×10^{-21}J,3.8×10^{-21}J；(2) 7.1×10^{2}J；(3) 3.4×10^{3}J

7-16 (1) $\frac{1}{v_0}$；(2) $\frac{1}{2}v_0$　7-17 390m/s,440m/s,478m/s　7-18 $2.4\times10^{6}\mathrm{s}^{-1}$

7-19 2.69×10^{19}个,454m/s,$7.7\times10^{9}\mathrm{s}^{-1}$,$6\times10^{-8}$m

7-20 (1) 1.67；(2) 5.5×10^{-7}m,$8.56\times10^{8}\mathrm{s}^{-1}$

第8章　热力学基础

一、选择题

8-1 (B)　8-2 (C)　8-3 (D)　8-4 (B)　8-5 (C)

二、填空题

8-6 非静态,准静态,准静态　8-7 500J,700J　8-8 $\frac{3}{2}kT$,$\frac{5}{2}RT$

8-9 500K　8-10 功热转换,热传导

三、计算题

8-11 $\frac{3}{2}(p_2V_2-p_1V_1)$,$\frac{1}{2}(V_2-V_1)(p_2+p_1)$,$2(p_2V_2-p_1V_1)+\frac{1}{2}(p_1V_2-p_2V_1)$

8-12 5.0×10^{2}J,1.21×10^{3}J　8-13 系统向外界放热,-252J

8-14 (1) 128.1J,91.5J；(2) 36.6J,0

8-15 (1) 2.77×10^{3}J,2.77×10^{3}J；(2) 2.0×10^{3}J,2.0×10^{3}J

8-16 (1) 3.75×10^{3}J；(2) 5.74×10^{3}J　8-17 (1) 3%；(2) 10%　8-18 93.3K

8-19 2.75×10^{5}J,-1.70×10^{5}J　8-20 8.0kW·h

8-21 (1) 2.0×10^{3}J,0,-1.39×10^{3}J；(2) 7.0×10^{3}J,-5.0×10^{3}J,-1.39×10^{3}J；(3) 8.8%

参 考 文 献

[1] 马文蔚,周雨青.物理学教程[M].北京：高等教育出版社,2006.
[2] 马文蔚,苏蕙蕙,董科.物理学原理在工程技术中的应用[M].北京：高等教育出版社,2015.
[3] 刘克哲.普通物理学[M].北京：高等教育出版社,1994.
[4] 张三慧.大学物理学[M].北京：清华大学出版社,2009.
[5] 吴王杰.物理[M].北京：机械工业出版社,2007.
[6] 陈信义.大学物理教程[M].北京：清华大学出版社,2009.
[7] 祝之光.物理学[M].北京：高等教育出版社,2004.
[8] 朱峰.大学物理学[M].北京：清华大学出版社,2009.
[9] 夏兆阳.大学物理教程[M].北京：高等教育出版社,2005.
[10] 王少杰,顾牡.大学物理学[M].上海：同济大学出版社,2006.
[11] 赵言诚,姜海丽,刘艳磊.新编大学物理教程[M].北京：高等教育出版社,2014.
[12] 毛骏健.大学物理学[M].北京：高等教育出版社,2014.
[13] 王小平,王丽军,寇志起.物理学史与物理学方法论[M].北京：机械工业出版社,2019.